煤矿瓦斯与油型气
精准治理技术及管理体系

唐恩贤 ◎ 主　编
马功社　闫　赞　李学文 ◎ 副主编

应急管理出版社
·北　京·

内容提要

本书在黄陵矿区“十一五”以来瓦斯与油型气治理成果的基础上进行了提炼总结，提出了煤矿瓦斯与油型气精准抽采治理技术体系，从瓦斯与油型气赋存特征、基础参数、精准设计、精准施工、精准管理、达标评判、抽采后评价等七个方面系统论述了黄陵矿区的瓦斯与油型气治理闭环管理体系。

本书可作为煤矿企业安全管理、瓦斯与油型气灾害治理工程技术人员、高等院校相关专业师生的参考用书，对我国矿井瓦斯与油型气治理具有一定的借鉴意义。

煤矿瓦斯与油型气
精准治理技术及管理体系

编　委　会

主　编

唐恩贤

副　主　编

马功社　闫　赞　李学文

编写人员

李树刚　文　虎　黄维明　林海飞　华　军

李　旭　李　川　王春林　李国儒　雷雨龙

序

我第一次到黄陵矿区是2004年的6月下旬，当月，黄陵一号井发生瓦斯爆炸事故，伤亡严重，我跟着时任西安科技大学校长的常心坦教授到店头镇调研事故。一号井是黄陵矿区第一个高产高效矿井，当时属于低瓦斯矿井，竟然发生了重大瓦斯事故，我们都认识不清。此后，近20年来，常教授和我及西安科技大学智能通风与瓦斯治理研究团队长期与黄陵矿业集团所属各生产矿井密切合作，共同攻关研究，力图破解矿区安全生产中遇到的瓦斯防治等难题。

黄陇侏罗纪煤田位于鄂尔多斯盆地南缘，是我国14个亿吨级国家重点大型煤炭基地之一。受到鄂尔多斯盆地煤炭、石油、天然气等多种矿产资源共生伴生地质赋存特征的影响，煤田大多数煤矿属于煤油气共生矿区。随着矿井开采活动的大规模进行，矿井瓦斯涌出量逐年增大。同时，顶底板油型气异常涌出亦愈加严重，成为影响矿井安全高效开采新的致灾因素。

黄陵矿业集团位于陕西省延安市黄陵县境内，主要有黄陵一号煤矿、黄陵二号煤矿、双龙煤矿、瑞能煤矿四对生产矿井。通常情况下，矿井瓦斯治理研究的主要对象为煤层瓦斯，对于顶底板围岩油型气的研究相对较少，特别是当围岩油型气与煤层瓦斯来源、成因不同的情况下，煤炭行业尚未形成有效的勘查、治理理论与技术体系。煤层瓦斯与围岩油型气共存的格局，给黄陵矿区煤炭的安全高效开采造成了严重威胁，矿区瓦斯与油型气治理难度急剧增加，急需就此问题攻坚克难。

唐恩贤高工在黄陵矿区建设之初就投身于煤矿安全生产的技术与管理工作，至今已30余年，尤其在他后任黄陵矿业集团总工程师及副总经理的8年，以他为首的黄陵矿业集团瓦斯与油型气治理研究团队，与西安科技大学、中煤科工集团西安研究院有限公司等国内高等学校、科研院所紧密协作，采用工程类比法、物理模拟法、数值计算法在黄陵矿区工程实践中进行了瓦斯与油型气精准抽采技术的创新研究。涵盖了采煤工作面自巷道掘进前、掘进施工中、工作面回采前、回采过程及回采后全过程瓦斯与油型气精准抽采闭环管理，形成了瓦斯与油型气治理“一矿一策、一面一策、一段一策”的实施方案。通过瓦斯与油型气精准抽采，多方位全过程治理，实现了高瓦斯与油型气矿井低瓦斯安全开采的新模式，防止了瓦斯与油型气突然涌出，创建了黄陵矿区的安全生产环境。

唐恩贤高工团队在此基础上，带领黄陵矿业人，经过艰苦卓绝的努力，采取综合勘查、治理技术及方法，形成了煤油气共生矿井瓦斯综合防治理论与技术体系，对于全面提高黄陵矿区煤油气共生条件下矿井瓦斯与油型气治理水平，保障煤矿的安全高效生产，有着重要的现实意义，遂有本书的产生。

该书内容可以为黄陇煤田或国内其他煤油气共生条件下，包括黄陵、焦坪、旬耀、彬长、永陇、窑街及陕北子长矿区的矿井瓦斯综合防治工作提供指导或借鉴，具有广泛的推广和应用前景，将对进一步完善煤炭行业矿井瓦斯与油型气综合防治理论技术体系，保障煤油气共生矿井的安全高效开采，保证我国煤炭供给有重要意义。

国务院学位委员会第六届、第七届学科评议组　成员

世界矿山通风大会执行委员会主席兼大中华区　执委

西安科技大学安全科学与工程学院　教授

李树刚

2023年国庆，于西安大雁塔

前　言

能源安全是关系国家经济社会发展的全局性、战略性问题，对国家繁荣发展、人民生活改善、社会长治久安至关重要。2021年9月，习近平总书记在陕西省榆林市考察时，来到国家能源集团榆林化工有限公司，强调能源产业要继续发展，否则不足以支撑国家现代化，煤炭能源发展要转化升级，走绿色低碳发展的道路。

煤炭一直是我国能源结构中经济性最好最可靠的主体支撑力量。2021年我国煤炭占一次性能源消费的比重达到56%左右，2022年煤炭消费量占能源消费总量的56.2%，未来很长时间内煤炭仍将是能源供应的“压舱石”。

煤炭在保障国家能源安全的同时，又是一个高危行业，煤矿瓦斯是威胁煤矿安全的重要危险源。煤炭瓦斯灾害治理理论及技术的发展已有几十年的历史，尤其近十多年来，政府加大参与力度，从理论研究到治理技术的发展，都取得了重大突破，煤矿瓦斯由“被动治理”转为“主动预防”，取得了很大的效果，重特大瓦斯事故得到有效遏制。尽管如此，煤矿瓦斯事故至今仍有发生，究其原因，主要是煤矿企业对瓦斯治理仍存在盲目性，系统思维理念及瓦斯防治体制不健全，缺乏闭环管理的体系支撑。瓦斯事故危害性大，给社会及家庭造成的危害也是巨大的。近十年来在鄂尔多斯盆地煤矿出现了油型气这一新的致灾因素，给煤矿瓦斯治理又增添了新的挑战。

黄陵矿业集团对瓦斯治理坚持理念先行、体系支撑、制度保障的系统科学方法，提出了瓦斯治理“一矿一策、一面一策、一段一策”的治理方针，将瓦斯治理由“点面”治理向“区域”治理转变，由“治得快、治得住”向“治得快、治得优、治得省”转变，由“被动治理”向“主动预防”转变。在政府、行业相关规定的基础上，形成了瓦斯治理“摸清情况、掌握属性、精准设计、精准施工、精准管理、达标评判、综合评价”的瓦斯治理“七步法”，形成了对瓦斯与油型气治理的闭环管理，取得了较好成果。2012年至今，黄陵矿业集团高瓦斯矿井实现了瓦斯零超限，消除了瓦斯事故，有效保障了煤矿安全生产，得到了政府、行业的高度认可，对同类型矿井具有借鉴意义。

本书编写分工为：第一章由唐恩贤编写，第二章由李树刚、马功社、华军、李国儒编写，第三章由唐恩贤、李学文、林海飞、闫赞编写，第四章由唐恩贤、黄维明、闫赞、华军编写，第五章由文虎、闫赞、李国儒、雷雨龙编写，第六章由马功社、李旭、雷雨龙编写，第七章由唐恩贤、李川编写，第八章由李学文、王春林编写。

本书出版得到了西安科技大学、西安合智宇信息科技有限公司的资助。在编写过程中得到了陕西煤业集团黄陵矿业集团、西安科技大学、西安合智宇信息科技有限公司、中煤科工集团西安研究院有限公司、煤矿智能化开采技术创新中心等单位相关人员的大力支持和帮助，在此表示衷心感谢！

由于作者水平有限，疏漏之处在所难免，敬请读者批评指正。

编　者

2023年7月

目 录

第一章 绪论

我国的能源禀赋特点是富煤、贫油、少气，这就决定了煤炭是我国的主体消费能源。据统计，煤炭占我国化石能源资源的90%以上，占我国能源消费的60%左右。煤炭作为我国的主体能源，长期以来在支撑我国经济社会平稳发展进程中发挥了能源安全保障的压舱石和稳定器作用，在今后较长时期内，特别是我国能源转型发展中，还将发挥着不可或缺的兜底保障作用。据预测，到“十四五”末，煤炭仍将占我国能源消费比重的50%左右，2030年碳达峰时占比在45%左右。我国井工煤矿数量约占全国煤矿总数量的97%，井工煤矿地质条件复杂，水、火、瓦斯、煤尘、顶板、冲击地压、地热等灾害多发，开采难度大，尤其是瓦斯灾害，被称为煤矿的“第一杀手”。瓦斯灾害具有群死群伤的特点，一旦发生极易造成重特大安全事故。据统计，我国煤矿瓦斯事故造成的死亡人数约占煤矿各类事故死亡总人数的30%，且在重大事故中瓦斯事故占比达70%以上。随着近年来煤矿开采强度逐年增大，开采加快向深部延伸，开采面积增大，导致地应力、瓦斯含量、瓦斯涌出量也随之增加，瓦斯灾害日趋严重。

| 第一节 |

矿区基本情况

黄陇侏罗纪煤田是我国14个亿吨级国家重点大型煤炭基地之一，煤田总面积为11000 km^2，煤炭探明资源量为164亿t，生产良好的动力用煤和气化用煤。煤田位于鄂尔多斯盆地南缘，北以葫芦河为界，西经陇县峡口至陕甘省界，东、南为中侏罗统延安组地层露头线，赋煤构造单元横跨鄂尔多斯凹陷盆地南缘渭北断隆区和西缘褶皱冲断带，自北向南分为黄陵矿区、焦坪矿区、旬耀矿区、彬长矿区和永陇矿区。受鄂尔多斯盆地区域油气地质背景的影响，属于煤油气共生矿区。黄陵、焦坪、彬长等矿区在煤田勘查钻孔中均发现油型气，黄陵矿区和焦坪矿区在煤炭开采过程中多次出现顶底板围岩油型气异常涌出现象，对矿区安全生产造成了严重威胁。

黄陵矿区位于陕北黄土高原南部的低山丘陵区，地处延安地区南部，东靠洛川，西接彬长矿区和甘肃正宁，南邻宜君，北交富县，面积约2600 km^2。矿区有连接西安—延安铁路支线秦家川—店头的煤炭铁路运输专线。黄畛（黄陵—上畛子）三级公路东西向自煤矿西南部穿过，与210国道和铜黄高速公路相通，北至延安，南到铜川、西安。另外，上畛子—槐树庄的简易公路从矿区西部经过，北达直罗镇、富县、延安，西可达甘肃庆阳等地（图1-1）。

矿区内主要有黄陵一号煤矿、黄陵二号煤矿等大型生产矿井，以及双龙煤业、瑞能煤业、芦村煤矿等生产或基建矿井（图1-2）。目前黄陵矿业集团共有生产矿井四对，分别是一号煤矿、二号煤矿、双龙煤业、瑞能煤业，四对矿井均位于陕西省黄陵县境内，总体面积约582.82 km^2，地质储量14.67亿t，可采储量10.55亿t。其中一号煤矿生产能力600万t/a，二号煤矿生产能力800万t/a，双龙煤业生产能力90万t/a，瑞能煤业生产能力60万t/a，矿区核定总产能1550万t。黄陵矿区处于陕北黄土高原南部，基岩裸露，沟壑纵横。区内森林植被广泛分布。地势呈西北高而东南低，属地形较为复杂的中-低山区。

本区属大陆性半干旱暖温带季风气候。据上畛子农场水文站和黄陵气象局资料，

图 1-1 黄陵矿区交通位置图

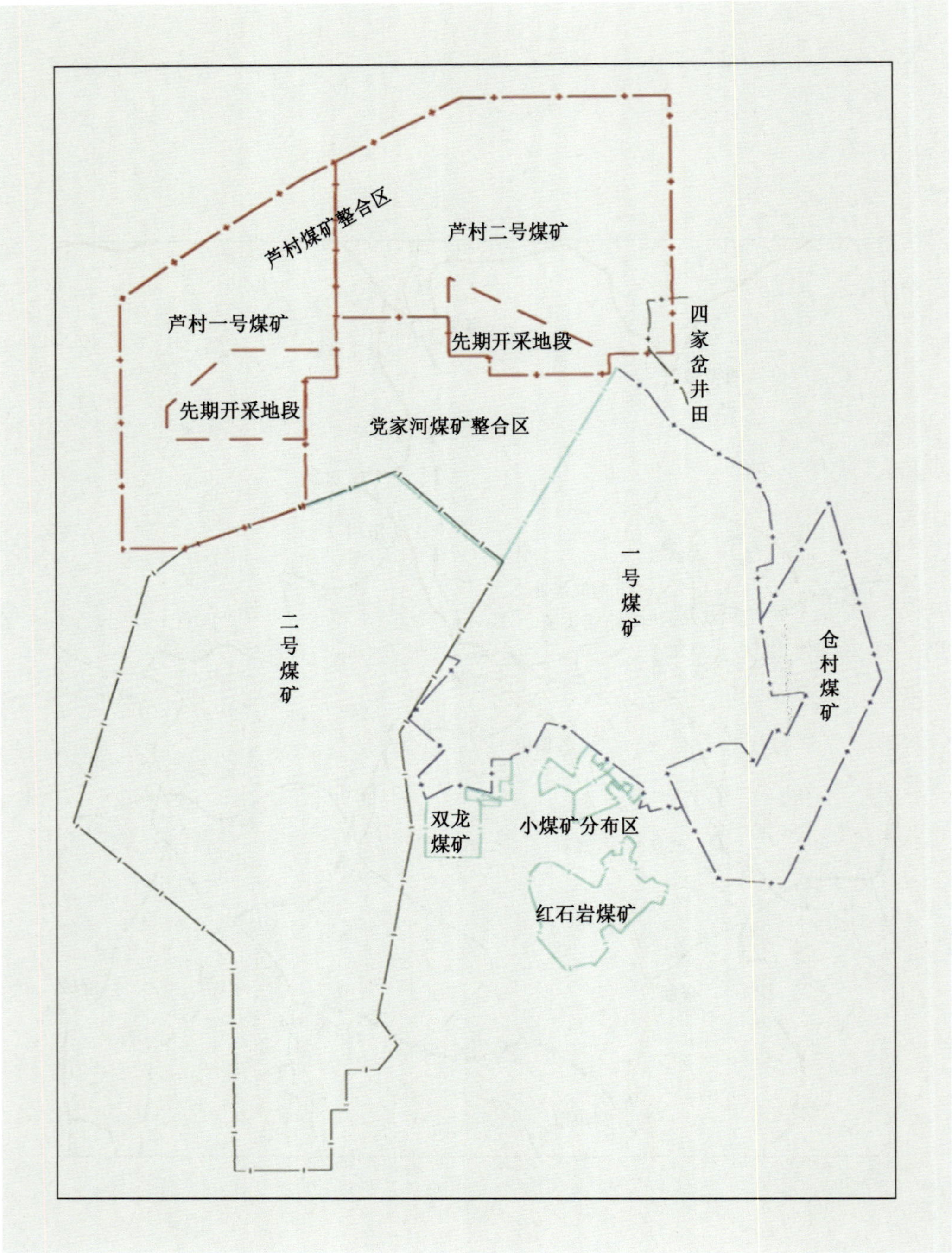

图 1-2　黄陵矿区煤矿分布图

丰水年最大降水量为1036.8 mm(1976年)，枯水年最小降水量为306.0 mm(1978年)，多年平均降水量为775.2 mm。多年平均蒸发量为1472.0 mm。雨季多集中在8—10月，日最大降水量82.1 mm。冰雹多集中在6—8月。区内多年平均气温8.5 ℃，一月份平均气温为-4.8 ℃，最低气温为-23.1 ℃；7月平均气温为20.1 ℃，最高气温为35.4 ℃。无霜期191天，冰冻期为11月至次年3月。最大积雪厚度240 mm，冻土层厚度为660 mm。恒温带深度在25 m左右，温度为9.5 ℃。常年主导风向为西北风和东南风，夏季多为东南风，冬季多为西北风；年平均风速3.3 m/s，最大风速为25 m/s。

区内水系属洛河水系，常年流水的有沮水河、郑家河，其余均为间歇性流水，沮水河为区内最大水系，流经井田西南缘，在黄陵县东注入洛河，全长100 km，平均流量为2.07 m^3/s。郑家河由北西向东南流经一号煤矿井田中部，注入洛河，全长27 km，流量为0.192～0.298 m^3/s。由于受大陆性季风气候影响，流量随季节变化较大。

黄陵矿区的瓦斯与油型气赋存具有分布不均衡、局部区域富集的特点，其中以黄陵一号煤矿和二号煤矿的瓦斯与油型气灾害最为严重。黄陵一号煤矿605进风巷、北二5H带式输送机巷、309进风巷、三盘区2号进风巷等多个地点发生过顶底板瓦斯喷孔或出油现象；黄陵二号煤矿405工作面、413辅运巷、201辅运巷和203掘进巷等地点相继发生过顶底板瓦斯异常涌出，多个地点出现渗油现象。油型气赋存极不规律，且具有较强的隐蔽性和突发性，异常涌出的油型气易造成工作面瓦斯超限，导致采掘停滞，严重危及职工生命安全，影响矿井的安全高效生产。同时，近年来随着矿井开采范围的逐渐扩大和深度的延伸，矿区本煤层瓦斯含量也呈上升趋势，局部区域本煤层瓦斯含量达到8.3 m^3/t以上，瓦斯治理难度也在逐渐增大。黄陵矿区周边的芦村一号、二号煤矿在建井和生产过程中也发现了油型气，对矿井建设和安全生产带来了威胁。

黄陵矿区自2012年在原有瓦斯治理的基础上，加大对油型气灾害防治的研究和投入，进一步加强与科研院所的合作，积极学习引进先进的治理理念、技术、装备，经过多年的研究与工程实践，形成了瓦斯与油型气治理的“七步法”，包含“摸清情况、掌握属性、精准设计、精准施工、精准抽采、达标评判、综合评价”七个方面的闭环管理体系，取得了良好的治理效果。矿区自2012年至今已连续多年实现瓦斯“零超限”，杜绝了油型气异常涌出事故。黄陵矿区的瓦斯与油型气赋存在黄陇煤田具有典型的代表特征，其取得的成功治理经验对保障煤矿的安全高效生产具有重要的现实意义。

| 第二节 |

矿区地质条件

一、区域地层

黄陵矿区位于黄陇侏罗纪煤田东北部，钻孔揭露地层由老至新有：上三叠统永坪组（T_3y）、瓦窑堡组（T_3w）；下侏罗统富县组（J_1f）；中侏罗统延安组（J_2y），中侏罗统直罗组（J_2z）、安定组（J_2a）；下白垩统宜君组（K_1y）、洛河组（K_1l）、环河华池组（K_1h）；新近系上新统（N_2）；第四系中上更新统（Q_{2+3}），全新统（Q_4）等地层，各地层岩性特征及厚度见表1-1。

1. 上三叠统永坪组

永坪组出露于矿区东南部沮河、鲁寺、白石、张湾、东村、腰坪一带。岩石组合以灰绿色、黄绿色厚层状细粒砂岩为主，夹薄层油页岩、泥岩和粉砂岩。砂岩具直线型、收敛型斜层理；油页岩具水平层理，页理发育，含油，层面有虫孔构造；砂岩中多实丹尼蕨、陕西支脉蕨、蔡耶贝尔脑蕨、陕西舌叶等植物化石丰富。厚度不详。

2. 下侏罗统富县组

富县组主要分布于本区北部，南部零星见及。下部为灰绿、灰白色中粒砂岩或砂砾岩，中部为杂色泥岩，上部为灰绿色粉砂岩、杂色团块状泥岩，含菱铁矿鲕粒。含植物化石碎片。局部断续有油迹。本组厚度为0 ~ 85.30 m，一般为5 ~ 20 m，平均厚9.05 m，北厚南薄，北部厚度约70 m，中部厚度为10 ~ 30 m，南部厚度为3 ~ 5 m。该组平行不整合于上三叠统永坪组之上。

3. 中侏罗统延安组

延安组为本区含煤地层，全矿区均有分布，在沮河、南川河谷及鲁寺一带地表可以见及。厚度为0 ~ 188 m，平均厚50 ~ 120 m。按沉积旋回和含煤性自下而上分为四段。

第一段为主要含煤段，由一个旋回组成，下部为灰、白色中细砂岩，中上部为灰、灰黑色泥岩及砂质泥岩夹粉砂岩，含2号主要可采煤层及3号煤层，顶部为黑色泥岩。厚度为0～48 m，一般在15 m左右。与下伏富县组呈平行不整合接触。

第二段由三个沉积旋回组成。下部旋回为灰白色细砂岩，上部泥岩含1号煤层。中部旋回为深灰色粉细砂岩与泥岩和砂质泥岩互层。上部旋回为一套灰黑、黑色泥岩。厚度为0～73 m，一般在40～50 m。

第三段由一个沉积旋回组成。底部为细粒砂岩，下部为粉砂岩夹泥岩，含0号煤层。中上部为一套灰黑、黑色泥岩，夹薄层砂质泥岩、粉砂岩、细粒砂岩。厚度为0～55 m，一般在20～30 m。

第四段仅分布在矿区北部，由灰～灰白色细砂岩、深灰～灰绿色泥岩、粉砂岩组成，岩性组合呈下细上粗特点。厚度为0～22 m，一般在10 m左右。

4. 中侏罗统直罗组

全区分布，厚0～215 m，平均厚140 m。东部因后期剥蚀仅保存25 m左右，西部一般厚120 m左右。按岩性特征分为两段：下段，厚23.54～100.90 m，平均厚71.19 m，与下伏延安组地层呈平行不整合接触；下部为灰绿、灰白色厚层状中～粗粒砂岩，上部为灰绿色粉砂岩夹薄层细砂岩。上段地层厚33.36～139.93 m，平均厚93.66 m，与下伏地层呈整合接触；底部为紫红色、紫灰色细～粗粒砂岩或砂砾岩，富含浅红色长石砾为特征，上部为灰绿、紫红色泥岩，砂质泥岩夹细砂岩薄层。

5. 中侏罗统安定组

分布于矿区西北部，在石灰沟、养马峪及李章河沟脑零星分布。下部为黑色页片状泥岩或油页岩，中部为紫灰、浅黄色泥岩夹紫灰、浅红色白云质泥灰岩，钙质粉砂岩，上部为暗紫、紫灰色泥岩和钙质泥岩互层。与下伏直罗组整合接触，厚度为0～54 m，一般在25 m左右。含裸珠蚌、鱼鳞、鱼刺及介形虫等化石。

6. 下白垩统宜君组

由灰色、紫灰色厚层状砾岩夹砂岩组成，角度不整合于下伏地层之上，厚0～36.84 m，平均厚13 m。砾石成分以石英岩、灰岩砾为主，岩石呈硅、钙质胶结，致密坚硬。

7. 下白垩统洛河组

基本全区分布，在区内东南部石窑子沟和塘浴沟、王村沟支沟等河谷两岸出露，地貌呈陡坎状。其岩性单一，为一套紫红色和棕红色巨厚层状中粒长石、石英砂岩，局部夹紫红色泥岩、粉砂岩和紫灰色砾岩透镜体。砂岩中发育大型板状斜层理。与下伏地层呈整合接触，厚度为0～348 m，平均厚170 m，由西向东厚度渐变薄。

8. 下白垩统环河华池组

本组地层多已剥蚀，出露零星，下部为紫灰色薄层细粒砂岩夹粉砂岩与泥岩；上部以紫灰、紫红色粉砂岩为主，间夹同色泥岩和细粒砂岩。泥岩和粉砂岩具水平层理，层面多含白云母片，易风化，呈板状或薄片状、鳞片状。细粒砂岩中两组节理发育，含矽化木，裂隙常被方解石充填。与下伏地层整合接触，厚度为0～345.07 m，平均厚152 m。

9. 新近系上新统保德组

零星出露于矿区北部，岩性为浅红色～棕红色钙质结核黏土，砂质黏土，底部为杂褐色复成分砾石。岩石胶结松散，与下伏地层呈不整合接触，厚度为0～61 m，平均为26 m。

10. 第四系中上更新统马兰组

主要出露于山梁、山坡地带，岩性以灰黄色亚黏土、亚砂土为主，夹多层钙质结核层和古土壤层。与下伏地层不整合接触，厚度为0～203.20 m，平均厚66.46 m。

11. 第四系全新统冲洪积层

分布于李章河、王村沟等及各大支流沟谷地带。下部为砂砾石层沉积，分选性极差，粒径大小不一，大者可达20 cm；上部以灰褐色亚沙土、沙土为主。与下伏地层不整合接触，厚度为0～8.87 m，平均厚5.73 m。

表1-1　黄陵矿区地层一览表

地层单位			厚度/m	岩性描述
系	统	组	最小～最大 / 一般	
第四系	全新统	Q_4	0～9.7 / 5	以亚黏土、亚砂土为主，下部为砂砾石层
	中上更新统	Q_{2+3}	0～200 / 50	以灰黄色亚黏土、亚砂土为主，中夹多层钙质结核与古土壤层
新近系	上新统	N_2	0～61 / 26	上部为淡红色砂质黏土层，含钙质结核，下部为灰紫色砾岩
白垩系	下统	环河华池组 K_1h	0～345.07 / 152	为紫灰色细砂岩和紫灰、紫红色粉砂岩互层，中夹薄层紫灰色泥岩
		洛河组 K_1l	0～348 / 170	为紫红色和棕红色巨厚层状中粒长石、石英砂岩，发育大型板状斜层理，泥质层理，疏松
		宜君组 K_1y	0～36.84 / 13	为灰色、紫灰色厚层状砾岩，硅、钙质胶结，坚硬。砾石成分以石英岩、灰岩砾为主

表1-1（续）

地层单位			厚度/m	岩性描述
系	统	组	最小～最大 一般	
侏罗系	中统	安定组 J_2a	0～54 25	下部为黑色页片状泥岩或油页岩，中部为紫灰、浅黄色泥岩夹紫灰、浅红色白云质泥灰岩，钙质粉砂岩，上部为暗紫、紫灰色泥岩和钙质泥岩互层
		直罗组 J_2z	0～215 140	下段之下部为灰绿、灰白色厚层状中～粗粒砂岩，上部为灰绿色粉砂岩夹薄层细砂岩。上段底部为紫红色、紫灰色细～粗粒砂岩或砂砾岩，富含浅红色长石砾为特征，上部为灰绿、紫红色泥岩，砂质泥岩夹细砂岩薄层
		延安组 J_2y	0～188 50～120	为区内含煤地层，按沉积旋回和含煤性自上而下分为四段： 第四段仅分布在矿区北部，由灰～灰白色细砂岩、深灰～灰绿色泥岩、粉砂岩组成，岩性组合呈下细上粗特点。厚度为0～22 m，一般在10 m左右。 第三段由一个沉积旋回组成。底部为细粒砂岩，下部为粉砂岩夹泥岩，含0号煤层。中上部为一套灰黑、黑色泥岩，夹薄层砂质泥岩、粉砂岩、细粒砂岩。厚度为0～55 m，一般在20～30 m。 第二段由三个沉积旋回组成。下部旋回为灰白色细砂岩，上部泥岩含1号煤层。中部旋回为深灰色粉细砂岩与泥岩和砂质泥岩互层。上部旋回为一套灰黑、黑色泥岩。厚度0～73 m，一般在40～50 m。 第一段为主要含煤段，由一个旋回组成，下部为灰、白色中细砂岩，中上部为灰、灰黑色泥岩及砂质泥岩夹粉砂岩，含2号主要可采煤层及3号煤层，顶部为黑色泥岩。厚度为0～48m，一般在15 m左右
侏罗系	下统	富县组 J_1f	0～85.30 5～20	下部为灰绿、灰白色砂岩或砂砾岩，中部为杂色泥岩，上部为灰绿色粉砂岩与杂色团块状泥岩互层，夹鲕状菱铁矿薄层
三叠系	上统	瓦窑堡组 T_3w	不详	为灰绿色、灰黑色泥岩、细砂岩、粉砂岩互层，含薄煤层和煤线
		永坪组 T_3y	不详	以灰绿色、黄绿色厚层状细粒砂岩为主，与薄层泥岩、粉砂岩呈互层状，砂岩含油，层面有虫孔构造，水平层理发育

矿区含煤地层为延安组，一般厚80 ~ 120 m，北厚南薄，最厚可达188 m。自下而上划分为四段：第四段由砂泥岩组成，仅保存在矿区北部；第三段及第二段上部以厚层灰黑、黑色泥岩为主，夹粉砂岩及薄层细粒砂岩；第二段下部及第一段由砂、泥岩和煤层组成，含煤4层，黄陵矿区可采煤层为位于第一段的2号煤层，分布广，厚度稳定，构造简单。

二、地质构造

黄陵矿区地处华北板块鄂尔多斯盆地陕北斜坡带庆阳单斜东南角，南与彬长坳褶带毗邻，北与延安单斜和榆林单斜接壤，总体构造格架为褶皱包络面向北西缓倾斜的单斜构造，倾角一般为2° ~ 4°，其上有起伏不大的宽缓褶皱，轴向以北北东为主。含煤地层走向北东，倾向北西，倾角为1° ~ 5°。构造变形微弱，构造形迹简单。矿区构造形迹以包络面内部次级平缓褶皱为主，小型断层次之，大中型断层不发育。根据不同部位中生代构造变形特征和构造面貌差异，将矿区划分为4个次级构造块段（图1-3）。

1. 西峪—南峪口隆起区

位于黄陵矿区南缘，总体构造面貌是前侏罗纪基底向北弧形突出，构成一个较大规模的隆起区。该区侏罗纪沉积向南西方向依次超覆，厚度渐趋变薄，乃至尖灭。围绕矿区南西部无煤边界发育5个相间排列的小幅度波状起伏构造，其中有3个波谷：X81-L43、L7-L19、X19-L17；2个波峰：X80-L35、L9-L20。该隆起构造在矿区西部控制煤系及2号煤层厚度。2号煤层可采边界呈现“花边状”。在平面上，该鼻状构造由西向东倾伏，轴长2.5 ~ 4 km，宽1.5 ~ 2 km，褶幅20 ~ 30 m，两翼地层倾角为3° ~ 4°，倾伏端指向双龙波谷轴，并渐趋消失。

2. 平缓褶皱区

位于黄陵矿区中部，呈开口向西的喇叭形，占矿区面积的80.6%。由北西向南东依次有上畛子北背斜、矿中心向斜、西峪背斜、双龙向斜、圪崂寺背斜、南河通向斜、南峪口背斜和寺湾向斜。褶皱轴向北东，有钻探工程严密控制。现将其各自特征分述如下。

（1）上畛子北背斜（编号①）：位于黄陵矿区二号煤矿西北部，轴迹沿P42-F14-F17-P67等钻孔，总体走向北北东向，平面波状弯曲。该褶皱延伸长约28 km，宽约3.5 km，波幅20 ~ 30 m，卷入褶皱的地层为延安组，两翼大体对称。

（2）矿中心向斜（编号②）：位于黄陵矿区二号煤矿中部，轴迹沿FX7-F1-FX5-R6-FX20-F13-R46-F16-R61-F21-F23等钻孔，走向自北而南由北北东向转为近南北向，并逐渐变窄，延伸长度约34 km。褶皱宽度南部约5 km，中部约2.6 km，北部约3.7 km，波幅40～70 m。

（3）西峪背斜（编号③）：位于黄陵矿区一号煤矿西部，向西延入二号煤矿中，为一轴向向北东延伸、南东突出的马鞍状背斜，由南西向北东倾伏。轴迹从沮河北岸西峪村，向北东经过X71钻孔、L72钻孔、SK16钻孔至L86号钻孔，全长约12 km，小幅度波状起伏。构成该背斜的核部地层为上三叠统永坪组，两翼大体对称

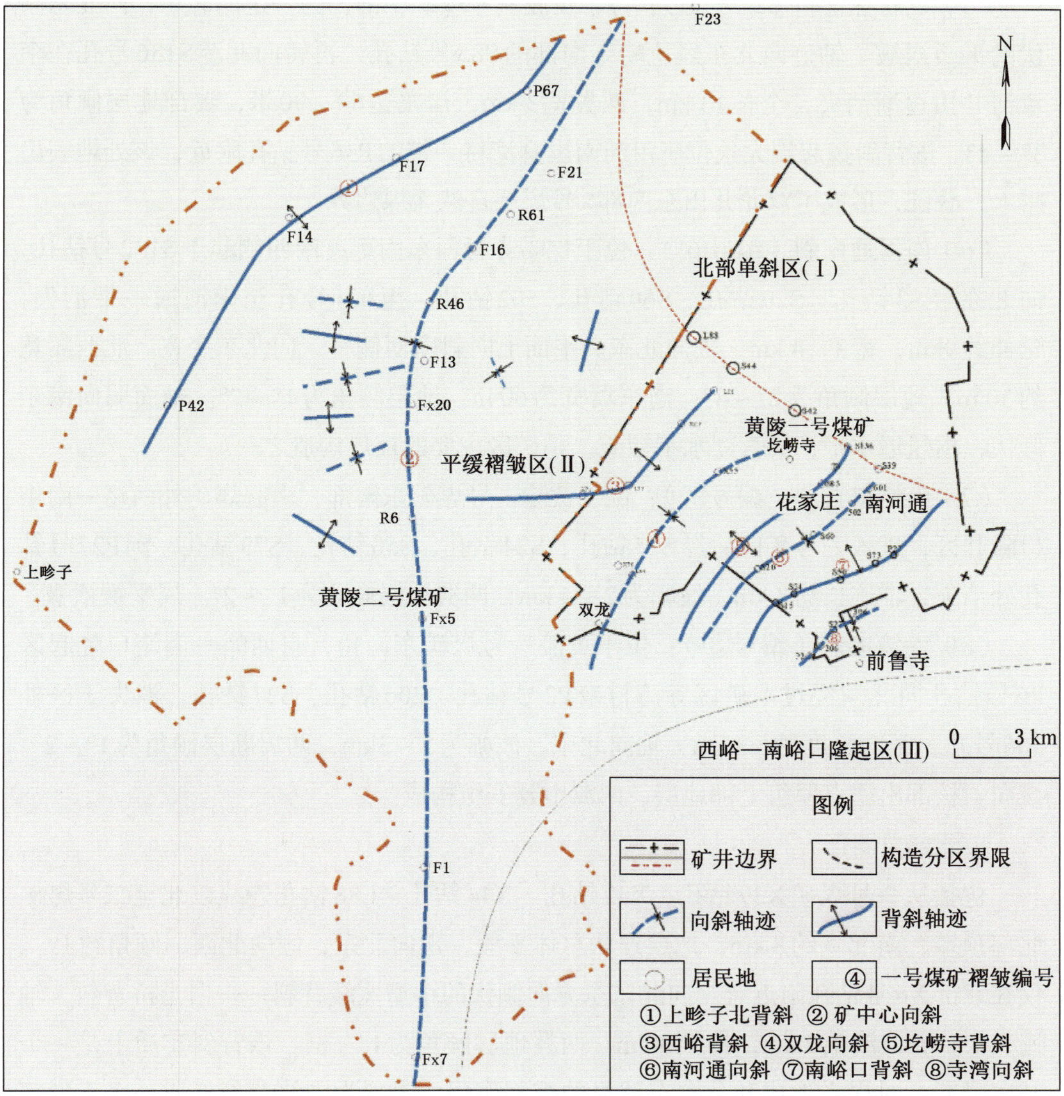

图1-3 黄陵矿区构造纲要图

出现下侏罗统富县组、中侏罗统延安组、直罗组、安定组，地层倾角为1°～3°。褶皱幅度在平面上有一定变化规律，即从南西向北东褶幅由43 m变为10 m、22 m。

（4）双龙向斜（编号④）：位于黄陵一号煤矿西峪背斜东南部，从双龙东南4 km的L1号钻孔开始，向北北东延展至X76与L44号孔之间，然后转为北东向，至X55号孔，至圪崂寺一带逐渐消失，总长度为15km，宽4～5 km。褶皱形态不对称，南东翼宽度为92 m，断层倾角为3°～4°，北西翼宽度为43 m，地层倾角为1°～2°；轴面向南西陡倾斜，向斜形态为直立水平褶皱。该向斜控制了区内2号煤层分布及厚度变化规律，为矿区主要的控煤构造。

（5）圪崂寺背斜（编号⑤）：位于黄陵一号煤矿中部，为一走向北东，向北东倾伏的平缓褶皱。轴迹向北东经圪崂寺南部的S85号钻孔，再转向北至S136号孔在李章河井田逐渐消失，全长13 km，两翼宽3 km，褶幅达60～90米，翼部地层倾角为3°～4°。该背斜扬起端大致位于沮河南岸麻湾村一带的P36号钻孔附近，该处地表出露上三叠统，形成了双龙井田东南部2号煤层自然无煤边界。

（6）南河通向斜（编号⑥）：位于圪崂寺背斜东南部，南西侧起于S132号钻孔，向北东经S3钻孔、S20钻孔、S60钻孔、502钻孔，至601号孔至南河通一带消失，延伸约9km，宽3～4 km，轴向北东。平面上向斜南西侧窄，向北东变宽。北西翼宽约30 m，地层倾角为2°～3°；南东翼宽约60 m，地层倾角为1°～2°。轴面弱向南东倾伏，枢纽近水平，属直立水平褶皱，是矿区主要的控煤构造之一。

（7）南峪口背斜（编号⑦）：位于黄陵一号煤矿东南部，南起煤矿外西峪—南峪口隆起区，进入一号矿区后经S15钻孔、S24钻孔、S50钻孔、S73钻孔，到P27号钻孔处消失，轴迹长约8 km，波幅为2～4 km，两翼地层倾角为1°～2°。属平缓褶皱。

（8）寺湾向斜（编号⑧）：位于黄陵一号煤矿东南角，自西峪—南峪口隆起区P6号钻孔向北东经过本矿区寺湾村南P2号钻孔、206钻孔、S27钻孔，消失于区外306号孔，区内长度约6.3 km，轴向北东，波幅为2～3km，两翼断层倾角为1°～2°。该向斜核部出露直罗组上部地层，两翼由延安组构成。

3. 北部单斜区

包括从一号煤矿X39钻孔、X42钻孔、X44钻孔、L88钻孔连线以北至二号煤矿北部顶端，南北宽约8 km，地层产状总体平缓，走向北东，倾向北西，倾角约1° 。仅在北部X6号钻孔附近有一向北东东方向倾伏的小型宽缓背斜——白土桥背斜，轴迹长4.5 km，波幅2 km，褶幅30 m，两翼地层倾角为1°～3°。该背斜实质上是一个基底隆起，对煤系形成和分布有明显的控制作用，表现为围绕背斜形成一个舌形薄煤区或无煤区。

4. 断层

煤田勘探资料表明：矿区断层不甚发育，在实际开采过程中，于一号煤矿揭露有数条小型断层。其中二、三盘区有两条走向近东西、平行相邻，呈地堑断裂组合（F3、F4断层），F3断层走向80°～84°，倾向北，倾角约80°，平面延伸长度为5 km，为一断距较小的正断层；F4断层与F3断层近似平行，走向近东西，倾向南东，延伸长度约5 km，据井下观察为一断距较小的正断层。据井下探查结果，F3、F4断层导水性较弱，宽度小于1 m，断层带岩性为泥岩、砂质泥岩。

三、煤层煤质

矿区含煤地层为侏罗系中统延安组（J_2y），全区分布，出露于一号煤矿的沮河、鲁寺一带，属一套生油含煤内陆碎屑岩河、湖沼相沉积。地层厚度为7.44～150.8 1m，平均约92.30 m，北厚南薄，西厚东薄，岩相特征从下部的河流相到最后以湖滨三角洲相结束。与下伏富县组呈假整合接触。共含煤4层，自上而下编号为0、1、2、3号煤层，其中2号煤层为本区主要可采煤层，煤层结构较为简单，倾角为3°～5°。经测试，2号煤层煤的视相对密度算术平均值为1.37 t/m^3。2号煤层中上部以半亮及半暗型煤为主，中下部则以半暗及暗淡型煤为主。井田内煤层的变质程度相对较低，属低中灰、中高挥发分煤层。另外，煤层还具有特低-低硫、中-低磷、中高热值、化学反应性较强、高热稳定性、中-高抗破碎强度、中-较低软化温度、富油等特性。

2号煤层位于延安组第一段的中、上部，一号井田煤层厚度为0.30～4.84 m，平均厚2.32 m，二号井田煤层厚度为0.05～6.75 m，平均厚3.91 m。2号煤层直接顶板变化较大，一号井田以黑色泥岩为主，局部为粉砂岩或细粒砂岩，呈厚层状，有时与煤层直接接触，厚度在0.70～20.60 m不等，一般为9 m左右，为不稳定、易冒落顶板。二号井田直接顶以粉砂岩、细粒砂岩为主，局部为泥岩或砂质泥岩，多与煤层直接接触，厚度为0.78～23.48 m，一般厚度为1.50～8.00 m。基本顶以灰白色～浅灰白色中-细粒砂岩为主，俗称“七里镇砂岩”，有时相变为粉细砂岩互层或粉砂岩，厚度为0.90～34.20 m，一般厚度为1.50～10 m，在二号井田北部及西部多见与2号煤层直接接触。2号煤层底板主要为一套灰色团块状粉砂质泥岩，有时含粉砂质、硅质、钙质、菱铁矿鲕粒，顶部含植物根系化石，俗称“根土岩”，呈团块状结构，遇水膨胀，易发生底鼓。基本底岩性多为泥岩或粉砂岩。

| 第三节 |

矿区瓦斯与油型气

一、瓦斯概况

黄陵矿区随着开采范围的扩大和深度的延伸瓦斯灾害呈逐年上升趋势。根据近6年的瓦斯等级鉴定结果，黄陵一号煤矿2016—2021年绝对瓦斯涌出量为143.98～162.67 m^3/min，相对瓦斯涌出量为11.19～12.68 m^3/t，鉴定结果为高瓦斯矿井，其历年瓦斯等级鉴定结果见表1-2。黄陵二号煤矿2016—2021年矿井绝对瓦斯涌出量为81.66～106.06 m^3/min，相对瓦斯涌出量为4.94～6.66 m^3/t，鉴定结果为高瓦斯矿井，其历年瓦斯等级鉴定结果见表1-3。双龙煤业2016—2021年绝对瓦斯涌出量为37.05～47.74 m^3/min，相对瓦斯涌出量为16.23～25.65 m^3/t，鉴定结果为高瓦斯矿井，其历年瓦斯等级鉴定结果见表1-4。瑞能煤业2016—2021年绝对瓦斯涌出量为2.92～4.09 m^3/min，相对瓦斯涌出量为1.48～3.18 m^3/t，鉴定结果为瓦斯矿井，其历年瓦斯等级鉴定结果见表1-5。

表1-2　黄陵一号煤矿近年来矿井瓦斯等级鉴定结果表

年份	甲烷（CH_4）涌出量		二氧化碳（CO_2）涌出量		鉴定结果
	相对涌出量/（$m^3 \cdot t^{-1}$）	绝对涌出量/（$m^3 \cdot min^{-1}$）	相对涌出量/（$m^3 \cdot t^{-1}$）	绝对涌出量/（$m^3 \cdot min^{-1}$）	
2016年	12.68	160.82	1.25	15.85	高
2017年	12.41	159.65	1.16	14.94	高
2018年	11.19	143.98	0.99	12.67	高
2019年	12.65	162.67	1.61	20.66	高
2020年	11.85	152.38	1.36	17.55	高
2021年	12.35	158.86	1.37	17.69	高

表1-3 黄陵二号煤矿近年来矿井瓦斯等级鉴定结果表

年份	甲烷（CH_4）涌出量		二氧化碳（CO_2）涌出量		鉴定结果
	相对涌出量/($m^3 \cdot t^{-1}$)	绝对涌出量/($m^3 \cdot min^{-1}$)	相对涌出量/($m^3 \cdot t^{-1}$)	绝对涌出量/($m^3 \cdot min^{-1}$)	
2016年	4.94	84.08	0.77	11.2	高
2017年	5.47	87.89	0.78	12.56	高
2018年	5.09	81.66	0.73	11.67	高
2019年	5.55	88.68	0.68	10.86	高
2020年	6.23	99.21	1	15.9	高
2021年	6.66	106.06	0.86	13.76	高

表1-4 双龙煤业近年来矿井瓦斯等级鉴定结果表

年份	甲烷（CH_4）涌出量		二氧化碳（CO_2）涌出量		鉴定结果
	相对涌出量/($m^3 \cdot t^{-1}$)	绝对涌出量/($m^3 \cdot min^{-1}$)	相对涌出量/($m^3 \cdot t^{-1}$)	绝对涌出量/($m^3 \cdot min^{-1}$)	
2016年	16.23	38.77	2.48	1.04	高
2017年	18.43	37.06	1.38	2.78	高
2018年	19.81	37.05	1.53	3.12	高
2019年	21.67	40.38	0.85	1.59	高
2020年	21.25	42.96	0.79	1.59	高
2021年	25.65	47.74	0.83	1.55	高

表1-5 瑞能煤业矿近年来矿井瓦斯等级鉴定结果表

年份	甲烷（CH_4）涌出量		二氧化碳（CO_2）涌出量		鉴定结果
	相对涌出量/($m^3 \cdot t^{-1}$)	绝对涌出量/($m^3 \cdot min^{-1}$)	相对涌出量/($m^3 \cdot t^{-1}$)	绝对涌出量/($m^3 \cdot min^{-1}$)	
2016年	3.18	3.45	3.51	4.91	瓦斯
2017年	1.98	3.26	2.07	3.41	瓦斯
2018年	2.22	3.11	2.44	3.42	瓦斯
2019年	1.48	2.92	1.56	3.07	瓦斯
2020年	1.95	4.09	2.8	5.85	瓦斯
2021年	2.19	3.62	2.97	4.9	瓦斯

二、油型气概况

随着矿井开采活动向深部延伸，煤油气共生矿区的特征在生产中逐渐显现出来，矿区内采掘过程中，多次出现围岩油型气异常涌出现象，同时造成矿井瓦斯涌出量相应增加。

据不完全统计，矿区井田范围内近150个见油型气勘查钻孔显示，其分布特点是深部多于浅部，北部多于南部。其中，5个钻孔出现天然气喷出或逸出，气喷孔的气压为4～20个大气压，气喷高度一般可达10多米，F28号钻孔现场估计气量为1万m^3/d。据不完全统计，石油系统在本区施工的钻井中有7个钻井见气层或气喷，气层层位以延安组居多。气喷井气压为3～5个大气压，有的很高，气喷高度达30余米，气量为388～400 m^3/d。

黄陵一号煤矿在605进风巷、北二5H带式输送机巷、309进风巷、三盘区2号进风巷等多个地点发生顶底板油型气涌出或出油现象。

黄陵二号煤矿多个地点相继发生顶底板油型气异常涌出，共计4次，分别为：2011年7月3日，405综采工作面输送机机头至机尾煤层底板发生油型气异常涌出，24 h累计涌出量约6.4万m^3，造成工作面停产一周；2012年5月14日，413辅运巷掘进工作面在掘进中出现顶板油型气涌出，至5月20日，累计涌出量为7000 m^3；2012年10月12日，201带式输送机巷掘进工作面发生底板油型气异常涌出，至10月19日，累计涌出量为8500 m^3；2012年10月26日，201辅运巷掘进工作面发生底板油型气异常涌出，至11月30日，累计涌出量约21万m^3，造成工作面被迫停产，工作面接续推迟一个多月。

根据现场统计数据，黄陵矿区的煤层顶板和底板均含有油型气，其中以煤层底板油型气涌出尤为严重，其涌出具有突发性、隐蔽性（异常涌出前无明显征兆）、涌出量大和涌出时间长等特点。异常涌出气体往往导致采掘工作面瓦斯浓度超限，严重时采掘停滞。就油型气而言，其组分复杂，包含多种灾害气体，会降低瓦斯的爆炸下限，其标志性气体难以确定，监测难度较大，同时存在赋存不规律的特点。在煤层顶板部分区域有原油生成，施工锚杆孔、钻孔等会导致原油渗流，污染井下工作环境，腐蚀生产设备，有的渗漏到工作面甚至引起燃烧。可见，瓦斯与油型气对矿井安全生产造成了严重威胁。

三、煤与瓦斯突出鉴定情况

根据陕西省安全生产委员会办公室2020年11月下发的《关于开展煤矿灾害风险普查核查的通知》（陕安委办〔2020〕122号）文件要求，2021年6月黄陵矿业集团委托中煤科工集团重庆研究院有限公司（简称“重庆研究院”）对黄陵一号煤矿、二号煤矿、双龙煤业三对矿井的2号煤层进行了煤与瓦斯突出危险性鉴定。重庆研究院接受委托后针对各矿井具体情况，制定了鉴定实施方案，并进行了测定。经鉴定，黄陵一号煤矿、二号煤矿和双龙煤业在鉴定范围内均为无突出危险性，具体鉴定结果如下。

一号煤矿：鉴定工作于2021年8月开始，完成了2号煤层36个钻孔的测压工作，并按要求进行封孔测压，同时在井下2号煤层揭露处现场勘察煤体破坏类型，并按标准采集9份煤样进行了瓦斯放散初速度（Δp）和煤的坚固性系数（f）测定，在现场测试和实验室测试结束后提交了《陕西陕煤黄陵一号煤矿2号煤层煤与瓦斯突出危险性鉴定报告》。鉴定报告显示，一号煤矿2号煤层在鉴定范围内无突出危险性，测试的单项指标值见表1-6。

表1-6 一号煤矿2号煤层煤与瓦斯突出危险性鉴定单项指标测值

	指标 盘区	煤体破坏类型	瓦斯放散初速度 Δp_{max}/mmHg	煤的坚固性系数 f_{min}	煤层瓦斯压力 p_{max}/MPa
单项指标测值	八盘区	I～II	16	0.98	0.45
	六盘区	I～II	15	0.85	0.44
	十盘区	I～II	17	0.85	1.19

二号煤矿：鉴定工作于2021年6月正式开始，于2021年8月完成了2号煤层32个钻孔的测压工作，同时在井下2号煤层揭露处现场勘察煤体破坏类型，每个盘区采集3份煤样进行了瓦斯放散初速度（Δp）和煤的坚固性系数（f）测定，在结束现场测试和实验室测试后提交了《陕西黄陵二号煤矿有限公司2号煤层煤与瓦斯突出危险性鉴定报告》。鉴定报告显示，二号煤矿2号煤层在鉴定范围内无突出危险性，测试的单项指标值见表1-7。

双龙煤业：鉴定工作于2021年8月开始，完成了2号煤层12个钻孔的测压工作，同时在井下2号煤层揭露处现场勘察煤体破坏类型，并按标准采集3份煤样进行了瓦斯放散初速度（Δp）和煤的坚固性系数（f）测定，在结束现场测试和实验室测试后提交了《陕西双龙煤业开发有限责任公司2号煤层煤与瓦斯突出危险性鉴定报告》。鉴定报告显示，双龙煤业2号煤层在鉴定范围内无突出危险性，测试的单项指标值见表1-8。

表1-7　二号煤矿2号煤层煤与瓦斯突出危险性鉴定单项指标测值

	指标 / 盘区	煤体破坏类型	瓦斯放散初速度 Δp_{max}/mmHg	煤的坚固性系数 f_{min}	煤层瓦斯压力 p_{max}/MPa
单项指标测值	三盘区	I～II	20	0.92	0.40
	四盘区	I～II	16	0.99	0.38
	二盘区	I～II	15	0.90	0.88

表1-8　双龙煤业2号煤层煤与瓦斯突出危险性鉴定单项指标测值

	指标 / 煤层	煤体破坏类型	瓦斯放散初速度 Δp_{max}/mmHg	煤的坚固性系数 f_{min}	煤层瓦斯压力 p_{max}/MPa
单项指标测值	2	I～II	13	0.90	0.18

| 第四节 |

矿区生产概况

黄陵矿业集团目前4对生产矿井分别是一号煤矿、二号煤矿、双龙煤业和瑞能煤业，其中一号煤矿、二号煤矿、双龙煤业为高瓦斯矿井，瑞能煤业为低瓦斯矿井，各矿井采掘接续正常，符合国家相关要求，通风、瓦斯抽采、油型气治理等灾害防治能力均能满足安全生产需求，矿区自2012年至今均实现瓦斯“零”超限，安全工作保持长期稳定，遏制了重特大事故的发生。

一、一号煤矿生产概况

1. 生产布局

一号煤矿位于黄陵县店头镇。矿井于1991年12月开工建设，是国家“八五”重点建设项目和20项“兴陕工程”之一。矿井井田面积为184.2 km^2，地质储量为6.44亿t，可采储量为4.59亿t，主采2号煤层，煤层厚度为0.30～4.84 m，平均厚2.32 m。矿井采用平硐开拓，单水平盘区开采，分区抽出式通风，智能化长壁后退式采煤。矿井主要大巷沿煤层布置，在大巷两侧布置回采工作面，条带式开采，全井田共分为12个盘区，一、二、三、四盘区已开采结束，八、十盘区为目前生产盘区。矿井按照“一井两面”生产模式，采用后退式走向长壁智能化采煤方法，全部垮落法管理采空区顶板，采掘机械化程度达到100%。

2. 通风系统

矿井通风方式为中央分列式分区通风，一、二号风井已关闭，采用三、四号风井联合运转分区通风，通风方法为抽出式。目前建有主平硐、副一平硐、副二平硐、二号进风斜井及三号进风斜井5条进风井筒，三号回风斜井、四号回风斜井2条回风井筒，形成了“五进两回”通风系统。其中三号风井装备2台FCZ No 26.5/1600（Ⅰ）型抽出式轴流通风机，一台工作，一台备用，配套电机功率为1600 kW，风量为15316 m^3/min，负压为2890 Pa，等积孔为5.65 m^2，服务六盘区、八盘区。四号风井装备2台FBCDZ No 36/2×1250型通风机，一台工作，一台备用，配套电机功率为2×1250 kW，风量为12811 m^3/min，负压为1500 Pa，等积孔为6.56 m^2，服务三、五、十、十二盘区。矿井总进风量为28364 m^3/min，总回风量为28127 m^3/min，有效风量为27474 m^3/min，有效风量率为96.86%，全矿井等积孔为11.74 m^2，矿井通风难易程度属于容易。矿井各盘区均设置有专用回风巷，进、回风巷贯穿整个盘区，矿井通风系统整体稳定可靠。

采掘工作面均实现了独立通风，严格按配风计划分配风量。采煤工作面采用“U”型通风，工作面配风量为1200～1500 m^3/min；掘进工作面采用压入式通风，局部通风机功率为2×45 kW，配风量为400～600 m^3/min，所有局部通风机均实现了“三专两闭锁”，做到了“双风机、双电源、自动切换、自动分风、瓦斯电闭锁、风电闭锁”。

3. 抽采系统

矿井建有三、四号风井地面瓦斯抽采泵站，实行分区、分源、分压抽采，每个泵站均配置3套抽采系统，每套系统安装2台2BEC72型瓦斯抽采泵，一用一备，瓦斯抽采泵单台抽采能力为505 m^3/min。全矿井共建有6套瓦斯抽采系统，安装12台水环式真空泵，总抽采能力为3030 m^3/min。

二、二号煤矿生产概况

1. 生产布局

二号煤矿位于黄陵县双龙镇。矿井于2004年5月16日开工建设，2009年2月20日竣工投产。井田总面积为351.94 km^2，地质储量为9.45亿t，可采储量为6.4亿t，主采2号煤层，煤层厚度为0.05～6.75 m，平均为3.91 m。矿井采用斜井开拓，单水平盘区开采，分区抽出式通风，智能化长壁后退式采煤。矿井主要大巷沿煤层布置，在大巷两侧布置回采工作面，条带式开采，全井田共划分6个盘区，其中一盘区已回采完毕，二、三、四盘区为生产盘区，单翼开采。矿井按照“一井两面”生产模式，采用后退式走向长壁智能化采煤方法，全部垮落法管理采空区顶板，采掘机械化程度均达到100%。

2. 通风系统

矿井通风方式为中央并列与中央分列混合式分区通风，通风方法为抽出式。目前建设有主斜井、副一斜井、副二斜井、一号进风斜井、二号进风斜井5条进风井筒，一号回风斜井、二号回风斜井2条回风井筒，形成了“五进两回”通风系统。其中一号回风斜井装备2台FCZ No26.5/1600型抽出式轴流通风机，一台工作，一台备用，配套电机功率为1600 kW，风量为14204 m^3/min，负压为2900 Pa，等积孔为5.23 m^2，服务于三、四盘区。二号回风斜井装备2台FBCDZ No32型防爆对旋轴流通风机，一台工作，一台备用，配套电机功率为2×500 kW，风量为10165 m^3/min，负压为2200 Pa，等积孔为4.3 m^2，服务于矿井二盘区。矿井总进风量为24663 m^3/min，总回风量为24369 m^3/min，有效风量为23147 m^3/min，有效风量率为93.85%，全矿井等积孔为9.52 m^2，矿井通风难易程度属于容易。矿井各盘区均设置有专用回风巷，进、回风巷贯穿整个盘区，矿井通风系统整体稳定可靠。

采掘工作面均实现了独立通风，严格按配风计划分配风量。采煤工作面采用“U+L”型通风，工作面配风量为1500～2500 m^3/min；掘进工作面采用压入式通风，局部通风机功率为2×45 kW，配风量为400～600 m^3/min，所有局部通风机均实现了“三专两闭锁”，做到了“双风机、双电源、自动切换、自动分风、瓦斯电闭锁、风电闭锁”。

3.抽采系统

矿井采用地面固定泵、井下固定泵联合布置，实行分区、分源、分压抽采。在一号风井场地建设2套抽采系统，每套系统安装2台2BEC67型瓦斯抽采泵，一用一备，瓦斯抽采泵单台抽采能力为400 m^3/min。在二号风井设有3套抽采系统，每套系统安装2台2BEC72型瓦斯抽采泵，一用一备，瓦斯抽采泵单台抽采能力为500 m^3/min。在井下四盘区设置固定瓦斯抽采泵站，建设3套抽采系统，每套抽采系统安装2台2BEC67型瓦斯抽采泵，一用一备，瓦斯抽采泵单台抽采能力为400 m^3/min。全矿井共建有8套瓦斯抽采系统，安装16台水环式真空泵，总抽采能力为3500 m^3/min。

三、双龙煤业生产概况

1.生产布局

双龙煤业位于黄陵县双龙镇，矿井于1992年7月开工建设，2000年12月投产，2013年进行技术改造扩产，生产能力提高到90万t/a。矿井井田南北长1.75～6 km，东西宽2～6 km，井田面积为18.3946 km^2，2012年保有资源量为5074万t，井田唯一可采煤层为2号煤层，煤层平均厚度为2.4 m。矿井采用斜井开拓，单水平盘区开采，分区抽出式通风，智能化长壁后退式采煤。矿井主要大巷沿煤层布置，在大巷两侧布置回采工作面，条带式开采，目前主要开采一、二盘区。矿井按照“一井两面”生产模式，采用后退式走向长壁智能化采煤方法，全部垮落法管理采空区顶板，采掘机械化程度均达到100%。

2. 通风系统

矿井通风方式为中央分列式通风，通风方法为抽出式。目前建设有主斜井、副斜井、检修井3条进风井筒，回风立井回风，形成了“三进一回”通风系统。在回风立井场地安装2台FCZ No26.5/1600（I）型抽出式轴流通风机，一台工作，一台备用，配套电机功率为1600 kW。矿井总进风量为13740 m^3/min，总回风量为13651 m^3/min，有效风量为12503 m^3/min，有效风量率为91%，等积孔为5.58 m^2，负压为2350 Pa，矿井通风难易程度属于容易。矿井各盘区均设置有专用回风巷，进、回风巷贯穿整个盘区，矿井通风系统整体稳定可靠。

采掘工作面均实现了独立通风，严格按配风计划分配风量。采煤工作面实行“110工法”回采，采用“Y”型通风，工作面配风量为1200～2000 m^3/min；掘进工作面采用压入式通风，局部通风机功率为2×45 kW，配风量为400～600 m^3/min，局部通风机均实现了“三专两闭锁”，做到了“双风机、双电源、自动切换、自动分风、瓦斯电闭锁、风电闭锁”。

3. 抽采系统

矿井在回风井场地建设2座地面瓦斯抽采泵站，实行分区、分源、分压抽采。其中1号泵站配置2套抽采系统，一套系统安装2台2BEC-72型瓦斯泵，一用一备，瓦斯抽采泵单台抽采能力为505 m^3/min；一套系统安装2台BEC62-62型瓦斯泵，一用一备，瓦斯抽采泵单台抽采能力为323 m^3/min。2号泵站配置2套抽采系统，每套系统安装2台2BEC-72型瓦斯泵，一用一备，瓦斯抽采泵单台抽采能力为510 m^3/min。全矿井共建有4套瓦斯抽采系统，安装8台水环式真空泵，总抽采能力为1848 m^3/min。

四、瑞能煤业生产概况

1. 生产布局

瑞能煤业位于黄陵县店头镇，矿井始建于1987年9月，1989年12月投产，原设计生产能力30万t/a，2012年12月完成机械化升级改造后核定生产能力为60万t/a。矿井井田面积为15.4885 km^2，截至2021年5月底，剩余地质储量为1421.06万t，可采煤层为2号煤层，煤层厚度为0.8～2.4 1m，平均为1.64 m。矿井采用斜井开拓，单水平盘区开采，分区抽出式通风，智能化长壁后退式采煤。矿井主要大巷沿煤层布置，在大巷两侧布置回采工作面，条带式开采，井田自西向东共划分3个盘区，分别为121、122、123盘区，目前主要开采121盘区。矿井按照“一井一面”生产模式，采用后退式走向长壁智能化采煤方法，全部垮落法管理采空区顶板，采掘机械化程度均达到100%。

2. 通风系统

矿井通风方式为中央分列式，通风方法为抽出式。目前建设有主斜井、副斜井、缓坡副斜井、1号进风立眼、2号进风立眼5条进风井筒，回风斜井回风，形成了“五进一回”通风系统。回风斜井安装2台BD-Ⅱ-8-No27型对旋轴流式通风机，一台运转，一台备用，配套电机功率为2×355 kW。矿井总进风量为8880 m^3/min，总回风量为9191 m^3/min，等积孔为3.31 m^2，负压为2430 Pa，矿井通风难易程度属于容易。矿井各盘区均设置有专用回风巷，进、回风巷贯穿整个盘区，矿井通风系统整体稳定可靠。

采掘工作面均实现了独立通风，严格按配风计划分配风量。采煤工作面实行“110工法”回采，采用“Y”型通风，工作面配风量为1200～1500 m^3/min；掘进工作面采用压入式通风，局部通风机功率为2×45 kW，配风量为400～600 m^3/min，局部通风机均实现了“三专两闭锁”，做到了“双风机、双电源、自动切换、自动分风、瓦斯电闭锁、风电闭锁”。

第二章 黄陵矿区瓦斯与油型气赋存特征

黄陵矿区的瓦斯与油型气是相伴而存，既有一定共性又有很大区别的地质赋存物质，对本区域内的瓦斯与油型气需要精准掌握赋存特性，才能为后期的治理打下基础。对于瓦斯的多种影响因素在大量采集数据的基础上分析其形成的赋存状况，根据煤层埋深、煤层厚度、围岩透气性、地质构造、水动力条件等因素对煤层瓦斯含量进行了分析，确定出了黄陵矿区主要生产矿井的瓦斯分布特征，为油型气的研究确立了基础。

对于黄陵矿区的油型气从性质、生成特点、赋存规律通过实验、分析、工程验证的方法进行了系统研究，基本确定了油型气的成分、赋存状态、爆炸性等参数，掌握了本区域内的分布规律与运移特点，对生气层、储集层和盖层的分布特征在地质数据分析与实验基础上结合水文地质条件得到了赋存规律，为进一步的工程治理确立了基本的工程方法与基础规律。

| 第一节 |

黄陵矿区瓦斯赋存特征

影响煤层瓦斯分布的因素很多，根据国内外研究成果，影响煤层瓦斯分布的因素可归纳为如下几大类：煤层生气因素，主要表现为煤的变质程度；煤的储气能力，主要指煤的吸附能力；保气条件，主要指煤系地层的历史演化、煤层顶底板岩性和水文地质条件等因素。储存在煤层中的瓦斯能够经历漫长的地史演化较好地保存下来，说明其有良好的封闭条件。煤层瓦斯保存所需的地质封闭条件主要有三类：致密岩层作为盖层封闭，以挤压构造为主的构造封闭，地下滞流水圈闭。而造成煤层中瓦斯的逸散也有三个途径：地史期地层随地壳抬升加之上述岩层剥蚀使煤层瓦斯大量散失，开放型构造使煤层中瓦斯散失，煤层地层中地下水活动将瓦斯带走。

同时煤层的埋深和变质程度也是影响煤层瓦斯含量大小的地质因素。对于一个含煤盆地（煤田、井田），上述构造、变质演化、盖层、埋深及水文地质条件都在起作用，瓦斯赋存是各种地质因素共同作用的结果。但是，对于不同煤田，尤其是分布范围更小的一个井田，由于所处的地质背景不同，其沉积和构造演化不同，则不同地质因素所起的作用差别很大。

一、瓦斯赋存的影响因素分析

（一）煤的变质程度

煤的变质程度决定了成煤过程中生成瓦斯量的能力，煤的变质程度越高，生成的瓦斯量就越大，此外煤的灰分和水分会降低煤的含瓦斯能力。

黄陵矿区所在的黄陇煤田，为中生代鄂尔多斯聚煤盆地的一部分，为稳定地台陆相成煤。矿区内煤层均属低变质的弱黏煤或气煤。根据煤科总院西安院所做的不同煤岩组分热模拟生烃实验结果，气煤的总生气量在48 ~ 122 m^3/t。从该阶段煤的生、储能力看，气煤在整个煤演化阶段中属“少生中储”类型，即生气量小于最大吸附容量，吸附能力中等，孔隙度较大。由此可见，2号煤层所在的煤化阶段仍有大量甲烷生成。因此，黄陵二号煤矿2号煤层具有良好的原始瓦斯生成能力。

（二）煤层埋藏深度

国内外大量研究表明，一般情况下，煤层瓦斯含量随煤层埋深的增加而增大。煤层埋深的增加，不仅因地应力增高而使煤层及围岩的透气性变差，而且瓦斯向地表运移的距离也增长，二者都有利于封存瓦斯。黄陵矿区2号煤层总体特征是由南至北、由东往西埋藏深度逐渐增大，东部苍村煤矿、瑞能煤矿等，由于煤层埋藏浅，南部及东部边界有煤层露头及风氧化带，大量瓦斯经煤层露头逸散，矿井煤层瓦斯含量普遍较低。

在统计分析黄陵二号煤矿2号煤层原煤瓦斯含量与埋藏深度关系的基础上，对2号煤层进行瓦斯含量与煤层埋藏深度的相关性分析（图2-1）。结果表明，2号煤层瓦斯含量（W）与煤层埋藏深度（H）有如下关系：$W=0.0076H-1.2709$，其相关系数为0.306。可见，煤层埋藏深度对瓦斯含量分布的影响较为明显，即总体上井田内由东南向西北方向，随着煤层埋深增加，瓦斯含量有较为明显的增大趋势。

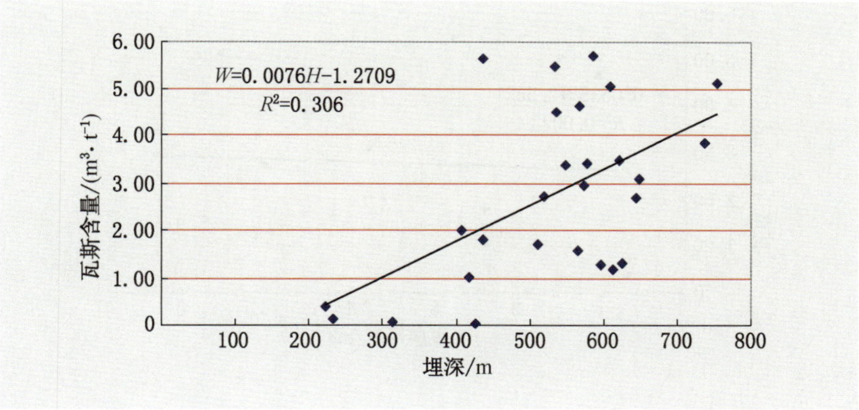

图 2-1　黄陵二号煤矿 2 号煤层瓦斯含量与埋深关系

（三）煤层厚度

煤层作为瓦斯的生气源岩，其瓦斯生成量与煤层厚度密切相关；煤层厚度的变化间接地反映了局部构造的变化和煤层的原始沉积环境。一般认为煤层越厚，生成瓦斯的量就越大。以黄陵一、二号煤矿为例进行分析。

在一号煤矿井田范围内，统计分析了原煤瓦斯含量与煤层厚度关系，如图2-2所示。统计结果表明，一号矿井2号煤层瓦斯含量（W）与煤层厚度（d）有如下关系：$W=0.0854d+1.2844$，相关系数为0.0025。

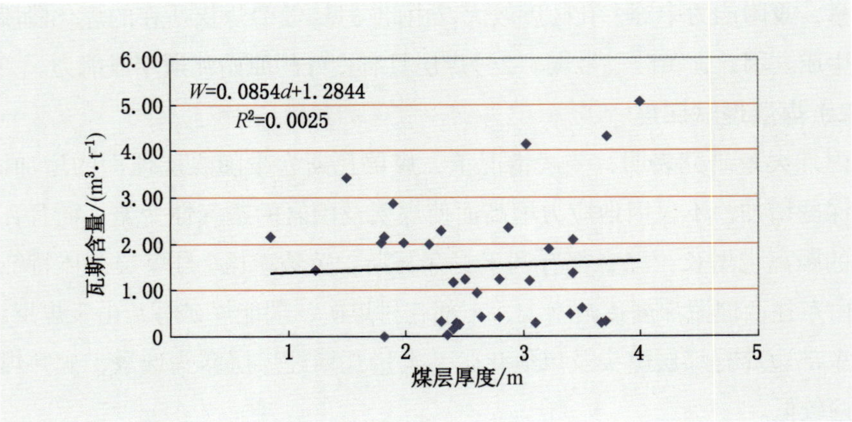

图 2-2　黄陵一号煤矿 2 号煤层瓦斯含量与煤层厚度关系

在二号煤矿井田范围内，统计分析了原煤瓦斯含量与煤层厚度关系，如图2-3所示。统计结果表明，二号矿井2号煤层瓦斯含量（W）与煤层厚度（d）有如下关系：W=0.0536d+2.5621，相关系数为0.0023。

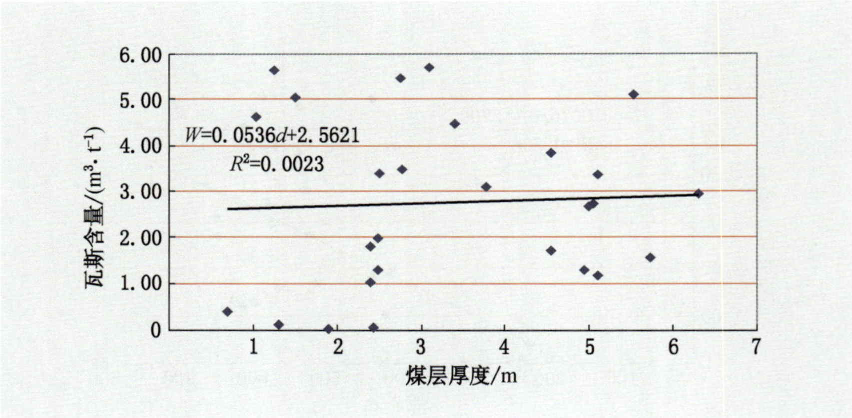

图 2-3　黄陵二号煤矿 2 号煤层瓦斯含量与煤层厚度关系

从一号煤矿与二号煤矿的煤层瓦斯含量和煤层厚度的统计关系来看，未发现煤层厚度变化对瓦斯异常分布有明显的影响。

（四）围岩透气性

煤层顶底板对煤层瓦斯含量的影响是最为基础、首要的，尤其是顶底板的岩性及其厚度。一般来讲，煤层顶底板为一定厚度的砂质泥岩、泥岩类或致密灰岩时有利于瓦斯保存；顶板岩层的岩性越疏松、颗粒及孔隙越大，则越利于瓦斯的运移和逸散。

1号煤层主要分布于黄陵矿区东部一号煤矿井田范围内，其顶板岩性以泥岩和粉砂岩为主，细粒砂岩和砂质泥岩次之，整体上有利于煤层瓦斯的保存。2号煤层全区稳定分布，顶板岩性以细粒砂岩和粉砂岩为主，分布于二号煤矿井田大部以及一号煤矿井田东北部；泥岩、砂质泥岩及炭质泥岩类顶板主要分布于矿区东部、东南部，如图2-4所示。3号煤层主要分布于黄陵一号煤矿井田范围内，在二号煤矿井田仅有23个见煤点，3号煤层顶板岩性以泥岩和粉砂岩为主，细砂岩次之。

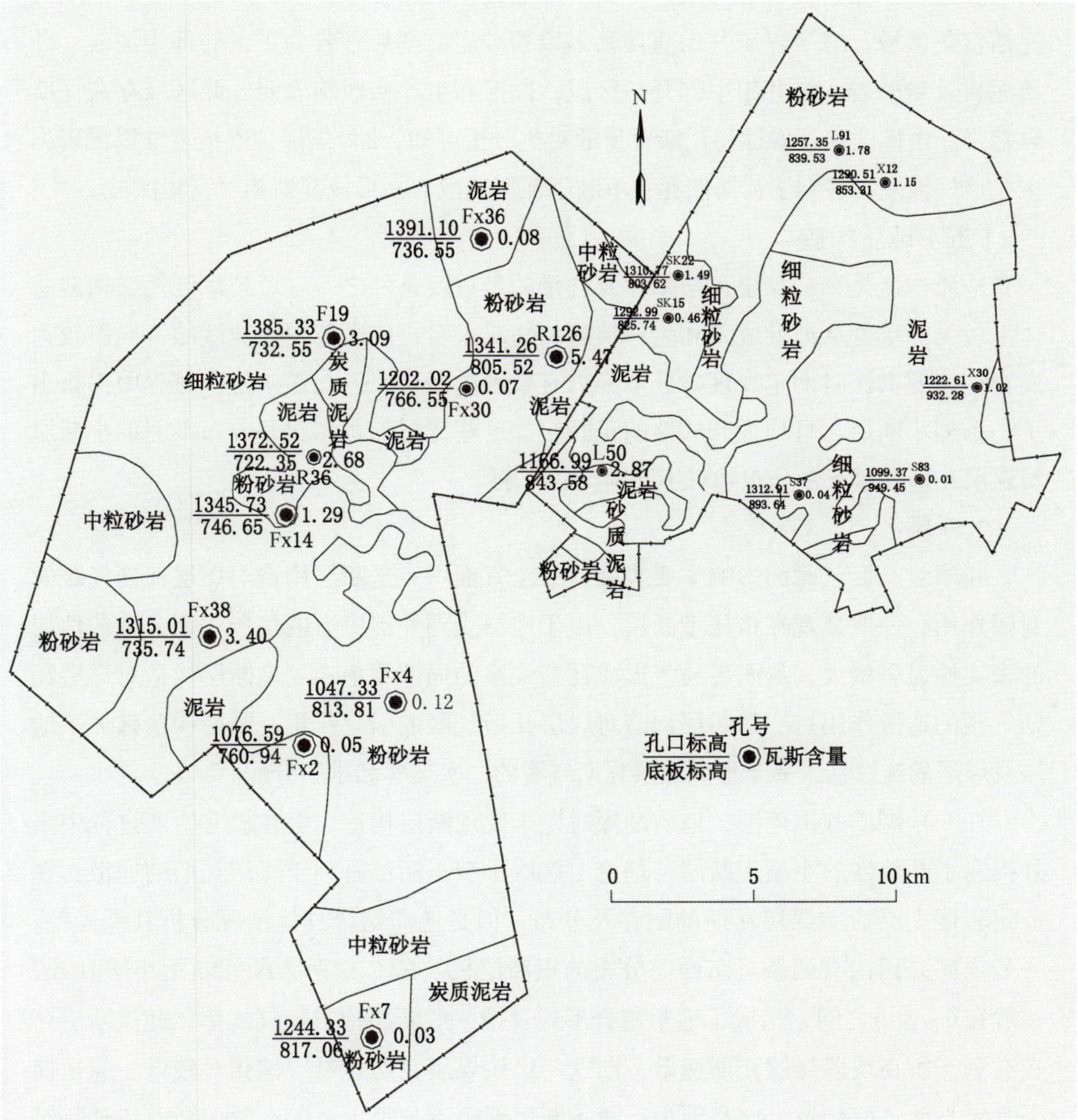

图2-4　黄陵2号煤层顶板岩性分布图

结合2号煤层瓦斯含量分布情况，从顶板岩性分布（图2-4）可以看出，煤层顶板岩性对煤层瓦斯含量的分布具有一定影响。如一号煤矿井田北部单元为瓦斯相对富集区，勘探钻孔瓦斯数据显示，所有地勘钻孔瓦斯含量测试结果均大于1.0 m^3/t，最大值达到3.02 m^3/t，瓦斯含量测值平均值为2.02 m^3/t，而此区域煤层顶板岩性为粉砂岩及泥岩，即一般情况下容易封存瓦斯的岩层；在勘探钻孔L71、L72、L73、L74、L75、L76勘探线附近及以南的区域为瓦斯相对富集区域，绝大多数勘探钻孔瓦斯含量测试值大于2 m^3/t，最大达到4.13 m^3/t，瓦斯含量测值平均值为2.70 m^3/t，该区域的煤层顶板以泥岩类岩性为主，不利于煤层瓦斯的运移和扩散，形成了井田范围的瓦斯富集区域。二号煤矿井田直接顶多以粉砂岩、细粒砂岩为主，局部为泥岩、砂质泥岩及粉砂岩，如井田中部开拓区域，勘探和生产实践均表明，此区域存在瓦斯异常带。由矿区顶板岩性与瓦斯含量的对比分析可知，2号煤层顶底板岩性以泥岩为主，透气性差，有利于瓦斯储存，不利于瓦斯逸散，易形成瓦斯相对富集区域。

（五）地质构造

地质构造是影响煤层瓦斯赋存及含量的最重要条件之一。黄陵矿区地质构造总体上较为简单，从地勘成果和生产揭露的情况来看，矿区范围内宽缓的背向斜较为发育；资源勘探时期未发现矿区范围内有较大的断层，但在煤矿生产过程中揭露出了一系列小断层，且均为开放性的正断层。这些宽缓的背向斜和分布不明的小断层对煤层瓦斯的赋存及分布均有不同程度的影响。

1. 断层

断层对瓦斯气藏的影响主要表现在三个方面：一是断层构造对煤层瓦斯气藏的封闭作用，一般显现在挤压型断层，由于地层受到外部应力的挤压作用，上覆地层的密实性显著增大，从而更易于形成瓦斯气藏的局部聚集；二是断层构造对煤层瓦斯气藏的逸散作用；三是断层构造对煤层瓦斯气藏的引导作用，断层构造破坏了地层及煤层的连续性，易于形成煤层瓦斯气藏的二次运移和重新分配。

在一号煤矿井田范围，地质勘探时期未发现断层构造，但在矿井生产过程中多处揭露了开放性的小型正断层，理论上这些小型正断层有利于煤层瓦斯的逸散，在一定程度上会影响煤层瓦斯的赋存及分布，但是还需结合具体情况分析其差异性。一号煤矿井田内有两条近东西向分布的正断层F3、F4，这两条断层断距小于10 m，一般在6～8 m之间，构成了地堑组合形式。按一般断裂构造控气规律，此类断层存在有利于所在块段煤层瓦斯逸散，即这一区块煤层瓦斯含量应该相对较低。但是探采事实与此正好相反，这是因为：两条断层断距不是很大，未有效切穿上述延安组主要盖层；工作面断层探水钻孔结果表明，断层带宽度在0.3～0.6 m，为泥岩、砂质泥岩充填，胶结致密，两条断层不导水；形态上两条断层具张剪性质，但开放程度不强，两盘煤岩层压实紧密。据此可以证实，紧密胶结的断层带不导水，同样也不会导气，是一组相对封闭性的构造。当井下采掘揭露时，则又相当打开了一个内部瓦斯的“积聚罐”，即对外没有形成外泄的瓦斯，此时会向采掘空间涌入，造成局部瓦斯涌出量增大。

在二号煤矿井田范围内，地质勘探期间未发现断层，在生产过程中勘探发现有6条规模较小的断层，其中F1～F4断层已被巷道揭露，F5和F6在巷道揭露的范围外围，还没有井巷工作验证。井田内发育的断层均为高角度正断层，断层走向一般为NE～SW，倾角为60°～80°，6条断层中，除F3断层的最大落差小于10 m外，其他各断层的最大落差均大于10 m小于12.5 m，延伸长度为1.80～3.80 km。在断层附近，瓦斯沿断层向上逸散，煤层上下地层的瓦斯含量不高，但在局部裂隙区域会导致局部瓦斯大量积聚。

2. 褶曲

煤层凹凸构造对瓦斯分布控制的基本规律是，构造凹区，各种封闭条件好、构造应力集中，故煤层本身瓦斯不易逸散，即煤岩层中瓦斯含量较高、瓦斯压力也相对较大；构造凸区正好相反，构造应力相对低，煤岩层中构造裂隙相对发育，煤层中瓦斯易向围岩中运移或逸散。需要指出的是，煤岩层的凹凸构造有时都会形成高瓦斯带，但凸起部位煤层瓦斯含量高不同于凹部所形成的瓦斯高，凹部是以应力大、煤层以吸附形式存在的高瓦斯带。断层不发育、盖层良好的煤层当遇到凸起带时，以游离形式积聚的瓦斯相对于凹部高，因而当井下采掘揭露时会出现涌出量增大现象。

一号煤矿井田北部区域为一简单的走向北东、向北西缓倾的单斜构造，地层倾角为1°左右，在北部围绕X6号孔有一北东东走向的宽缓小型隆起（亦称白土桥波峰），轴线长约4.5 km，宽约2 km，波幅为30 m，两翼地层倾角为1°～3°，勘探瓦斯含量统计显示该区为瓦斯富集带，这点在实际生产期间也得到了验证。

二号煤矿井田范围发育有两个规模较大的平缓褶皱，分别为西部的背斜和中部的向斜，两个平缓褶皱之间发育6条次级褶皱。从黄陵二号煤矿瓦斯地质图上可以看出，瓦斯含量的变化趋势与背向斜轴迹的展布方向基本一致，构造斜坡位置瓦斯含量较大，且煤矿生产过程中矿井瓦斯涌出量也比较大。

双龙煤业总体构造为宽缓的向、背斜及单斜构造，地层走向北东，倾向北西，倾角为1°～4°，对瓦斯的赋存影响不明显。

（六）水动力条件

瓦斯地质基本理论研究已经表明，水文地质条件也是影响井田煤层瓦斯赋存的一个重要因素。在煤层未受采掘或钻井扰动情况下，煤层中气、水相互依存，孔裂隙中的吸附气、溶解气、游离气处于一种平衡状态。煤层气成藏理论研究又表明，煤层所处的含水层水动力环境极大地控制着煤层甲烷的保存与运移。即如果煤层处于地下水的径流区，水流交替较为积极，则原始含气性再高的煤层，其中所含气也会逐渐地以溶解方式被水带走、逸失，煤层含气性较差；相反处于相对滞流水动力环境的煤层，煤层甲烷保存良好，对于地面煤层气开发称之为容易成藏，在生产矿区则称为瓦斯富集带。在一定范围内，围绕煤系地层的水动力条件研究对于探索解决煤层瓦斯差异赋存分布具有重要意义。

黄陵矿区侏罗系中统直罗组、延安组富水性较弱，是以裂隙为主的孔隙-裂隙型弱富水含水层。由于侏罗系中统直罗组（J_2z）与延安组（J_2y）地层中发育了多层泥岩、砂质泥岩、粉砂岩等致密岩性的隔水层，隔水层在阻断地下水径流的同时，一定程度上也阻断了煤系地层含水层之间的水力联系，垂向上各含水层基本处于孤立状态。矿区地下水主要在露头地带接受大气降水补给，顺层向深部运移，地下水从矿区浅部的无压潜水逐渐转变为承压含水，同时水力增强，活动性变弱，矿化度增高，最后过渡为滞流区，阻碍了煤层气的顺层逸散。在一定深度范围内，因地下水承压使煤储层压力增高，也造成煤层气侧向封堵，从而使煤层瓦斯气藏在深部发生富集。

二、瓦斯赋存的主控因素分析

根据煤层埋深、煤层厚度、围岩透气性、地质构造、水动力条件等因素对煤层瓦斯含量的统计结果可以看出，这些因素对煤层瓦斯含量总体趋势上有一定程度的影响，见表2-1、表2-2。

表2-1　一号煤矿瓦斯含量分布影响因素分析统计表

影响因素	埋藏深度	煤层厚度	基岩厚度	顶板岩性	地质构造	水动力条件
相关系数	0.0228	0.0025	0.149			
影响程度	较小	较小	较小	显著	显著	显著

表2-2　二号煤矿瓦斯含量分布影响因素分析统计表

影响因素	埋藏深度	煤层厚度	基岩厚度	顶板岩性	地质构造	水动力条件
相关系数	0.306	0.0023	0.149			
影响程度	显著	较小	较小	较小	显著	显著

从表2-1可以看出，在一号煤矿井田范围内，由于2号煤层埋藏深度较浅，煤层

厚度变化不大，埋深、上覆基岩厚度、煤层厚度等对瓦斯赋存的影响作用较小，而煤层顶板岩性特征、地质构造、水动力条件等对瓦斯赋存的影响作用更为明显，亦即一号煤矿瓦斯分布不是某一单因素主导，而受多种因素综合影响的结果。

从表2-2可以看出，在二号煤矿井田范围内，总体上煤层瓦斯含量随埋藏深度增加具有较为明显的增大趋势，而上覆基岩厚度、煤层厚度、煤质特征等的影响较小，局部地区地质构造及水动力条件的影响较显著。

此外，通过对黄陵矿区钻孔瓦斯含量大于3 m^3/t的钻孔资料进行分析，结果表明，这些钻孔附近岩层顶板多为泥岩和致密性相对较好的粉砂岩、细粒砂岩，且多处于构造或煤层底板凹陷部位。因此，可初步认为黄陵矿区煤层瓦斯含量较高的区域主要受到矿区褶皱构造、地下水的相对滞流区和煤层顶板岩性控制。

三、各矿井瓦斯分布特征

（一）一号煤矿瓦斯分布特征

一号煤矿2号煤层以往各勘查阶段共采集煤层瓦斯样品79个，其中CH_4含量<10%的样品有26个，占测试总数的33%；CH_4含量<20%的样品有12个，占测试总数的15%；CH_4含量<80%的样品有38个，占测试总数的48%；CH_4含量>80%的样品有3个，占测试总数的4%。瓦斯分带以N_2-CH_4、N_2带为主，CO_2-N_2带和CH_4带少量。

一号煤矿煤层瓦斯的赋存主要有以下几个规律：一是原煤瓦斯含量随小型构造的不同而发生变化，一定程度上存在“气帽”现象；二是断距小于10 m的断层一般对煤层瓦斯起“富集”影响，断距大于10 m的断层对煤层瓦斯起稀释作用；三是原煤瓦斯含量与煤层厚度呈正相关关系；四是聚煤盆地原煤瓦斯含量表现为中部大而边部相对较小；五是煤层顶板岩性为砂质泥岩、泥岩封闭性能好的岩类，较有利于煤层瓦斯的保存；六是油型气亦是煤层瓦斯重要且显著的来源之一。

一号煤矿煤层瓦斯含量总体较低，但瓦斯含量分布很不均衡。根据地质构造特点、煤层瓦斯含量分布情况将煤矿瓦斯划分为小于1 m^3/t的低瓦斯区，介于1～3 m^3/t的瓦斯相对富集区和大于3 m^3/t的瓦斯富集区等三种类型的瓦斯分布区域（图2-5）。

从图2-5可以看出，一号煤矿东南部包括二、四、七、九盘区在内的区域为低瓦斯区，勘探钻孔瓦斯含量均小于1 m^3/t，瓦斯绝对涌出量小于5 m^3/min。

煤矿八盘区南部边界一线以北及北部单斜区域（十二、十三、十四盘区）为瓦斯相对富集区域（瓦斯绝对涌出量为5～10 m^3/min），勘探及生产实测瓦斯含量均大于1 m^3/t，局部（HLC-01地面钻孔附近）生产实测瓦斯含量达4.31 m^3/t，而位于该区

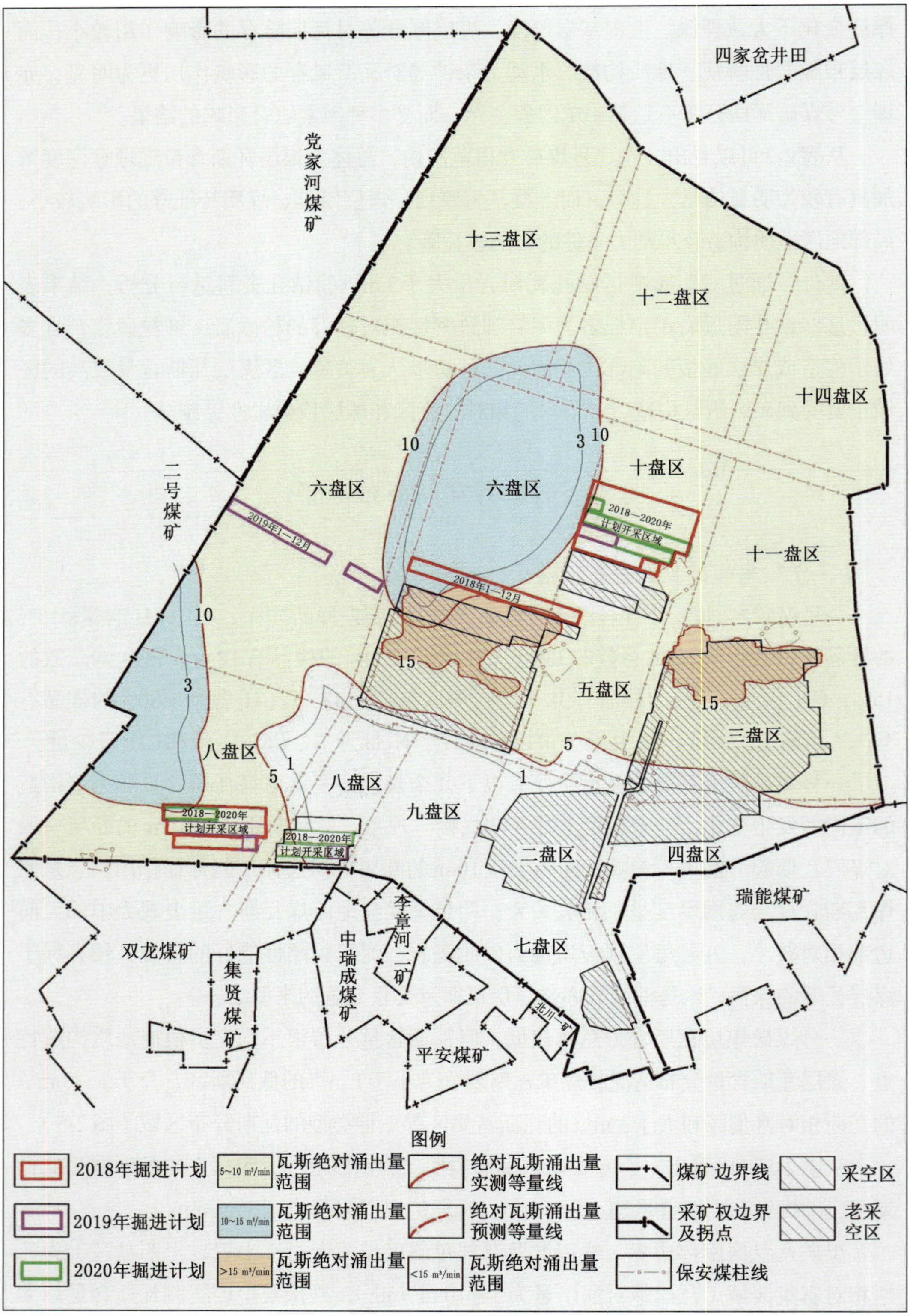

图 2-5　一号煤矿瓦斯分布区域图

域的八盘区在采掘时瓦斯涌出量一般较大。经分析，该区域煤层顶板多为透气性较差的粉砂岩，顶板致密是造成此区域瓦斯相对富集的主要原因。

煤矿井田范围内瓦斯富集区域（瓦斯含量大于3 m^3/t，瓦斯绝对涌出量为10～15 m^3/min）有两处：一处是中西部以X25（含油）、HK10、HK16、HK23、X43（含油）、X45（含油）、X49（含油）钻孔为轴线，长约5 km，宽1～2.5 km范围；另一区块则是矿区西南部X61（含油）、L72（含油）、L58（含油）钻孔连线附近，长约2 km，宽0.5～1.5 km范围。据分析，矿区西南部煤层顶板以泥岩及粉砂岩为主，而该区域大部分位于双龙向斜轴部，存在地下水滞留带等地质条件，对该区瓦斯富集有利。

（二）二号煤矿瓦斯分布特征

二号煤矿2号煤层共采集瓦斯样品145个，干燥无灰基瓦斯含量中CH_4含量为0～6.91 mL/g，平均为0.97 mL/g，瓦斯成分以N_2为主，含量变化在11.75%～100%之间，平均为73.50%；CO_2含量变化在0～16.52%之间，平均为4.29%；CH_4含量变化在0～88.25%，平均为22.19%，CH_4含量>80%的有一个点Fx6，该点位于一盘区中部。此外，145个瓦斯样品中有26个点测试含有乙烷（C_2H_6）成分，变化在0.04%～3.95%之间，平均为1.25%。该煤层除Fx6号钻孔为CH_4带外，其他均处于瓦斯风化带的N_2–CH_4带和CO_2–N_2带。从煤层瓦斯含量等值线图2-6中可知，“N_2–CH_4”带大面积覆盖在一、三、四盘区，“N_2”带大面积覆盖在二、五盘区。

根据瓦斯含量测试数据，结合井田地质构造特征及瓦斯含量分布情况，将二号煤矿划分为瓦斯含量小于1 m^3/t、1～3 m^3/t、3～5 m^3/t及大于5 m^3/t的区域，对瓦斯分布规律进行分析，如图2-6所示。

从图2-6可以看出，二号煤矿井田从东南向西北随着煤层埋深增加，瓦斯含量逐渐增大。埋深对煤层瓦斯含量具有非常明显的控制，浅部瓦斯含量较低，深部瓦斯含量相对较大，但埋深相近的区域又受到井田宽缓的背向斜等因素影响。井田南部，即图中填充灰色区域，煤层埋藏浅，为低瓦斯区，所有勘探钻孔瓦斯含量数据均小于1 m^3/t，除此区域外，其余区域瓦斯含量均大于1 m^3/t。

井田浅部区域总体上瓦斯含量相对较低，但在该区域内又出现了两个瓦斯异常带，一个在井田中东部即二号煤矿的首采区，地勘瓦斯含量测值介于1.01～5.63 m^3/t之间，平均值为2.35 m^3/t，井下测得瓦斯含量的最大值为7.17 m^3/t，矿井揭穿煤层后瓦斯涌出量也比较大，而形成这一瓦斯异常带的原因主要是次级褶曲发育，该区域处于两背斜夹一向斜的褶皱组合影响范围内；另外一个在井田东北部，以钻孔R126为中心而形成的一个带，钻孔瓦斯含量测值达到5.47 m^3/t，据分析，该区域与黄陵一号煤矿西南部存在地下水的相对滞流区，这可能是导致该区瓦斯富集的主要原因。井田

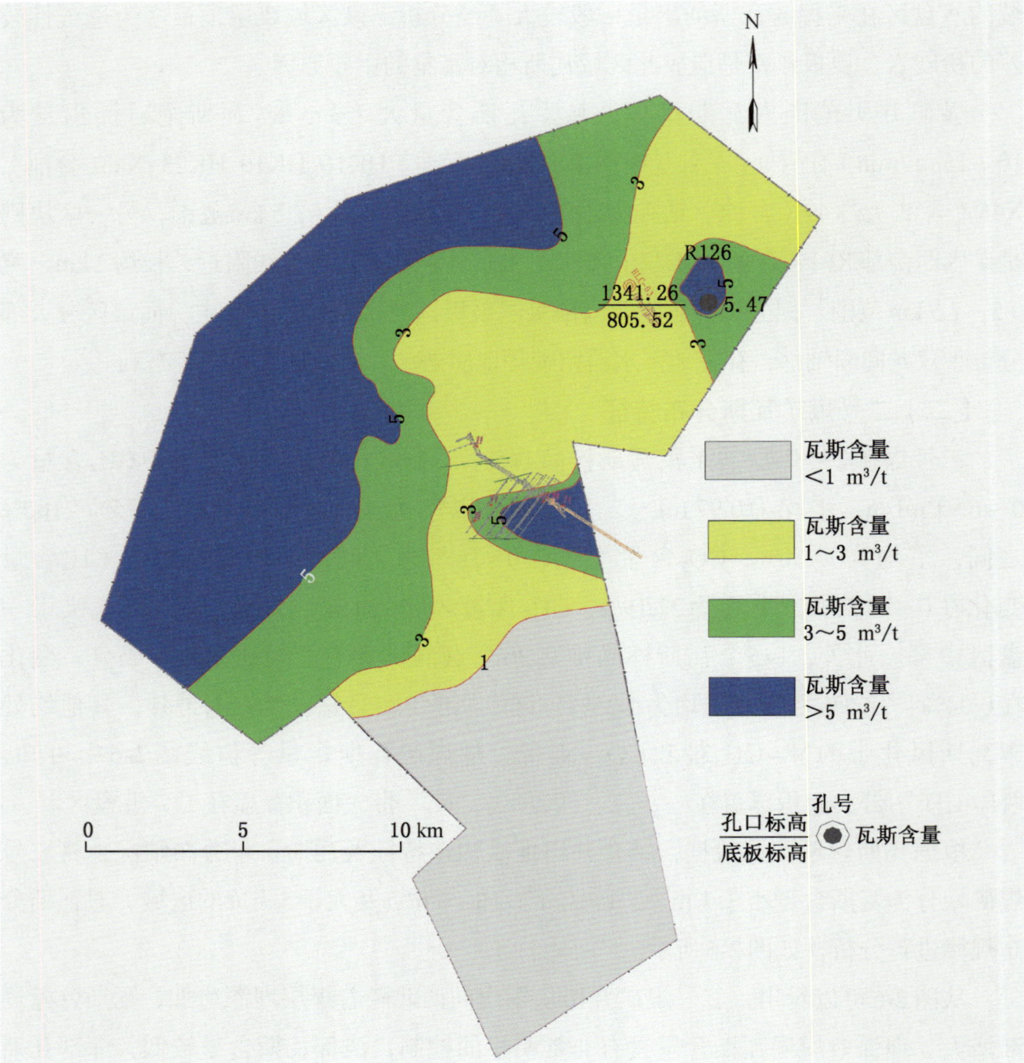

图 2-6　二号煤矿 2 号煤层瓦斯含量等值线图

西北部受煤层埋藏深度的影响，形成瓦斯相对富集区域和瓦斯异常区域，瓦斯含量测值介于1.29～5.70 m^3/t之间，瓦斯含量平均值为3.50 m^3/t，瓦斯含量由东向西逐渐升高。

（三）双龙煤业瓦斯分布特征

本矿瓦斯赋存变化整体相对平稳，局部地点瓦斯含量偏高，地质构造较简单。根据双龙煤业以往资料，区内瓦斯成分为：CH_4占41.44%～77.88%，平均65.89%；CO_2占0%；N_2占20.62%～34.50%，平均26.92%。根据瓦斯风化带分带标准，矿井处于N_2-CH_4带中。勘探阶段瓦斯样品测试成果，2号煤层钻孔煤层瓦斯含量为0～5.73 m^3/t，平均为3.09 m^3/t，瓦斯分带属N_2-CH_4带。

第二节

黄陵矿区油型气赋存特征

一、油型气的性质

（一）油型气的鉴别

天然气中的有机成因气根据其母质类型划分为煤成气和油型气，煤成气是指煤系地层或亚煤系地层中的煤与分散腐殖型有机质在成煤作用中形成的天然气，其包括煤层气（瓦斯），由于煤成气是由腐殖型有机质生成的，所以也称为“腐殖气”。油型气系指成油有机质（腐泥型和混合型干酪根）在热力作用下以及石油热裂解形成的各种天然气，主要包括石油伴生气、凝析油伴生气和热裂解干气。由于腐泥型和腐殖型母质生成的生物气特征相似，难以区别，故天然气成因类型鉴别中所讲的油型气和煤成气分别指由腐泥型和腐殖型母质在成熟-过成熟演化阶段所形成的油型热解气、油型裂解气和煤成热解气、煤成裂解气。

气体运移对重烃含量影响明显，然而同位素在运移过程中未发生改变，可以用来评价运移气体的成因和源岩性质。烷烃气碳同位素是判别各类天然气成因最有效的指标，也是常用指标，其受控于天然气的母质类型与成熟度。就母质类型而言，相同热演化程度的煤成气碳同位素较油型气重；同一母质类型形成的天然气随其成熟度的增加碳同位素变重。

由于煤层气主要赋存于煤层，并以吸附气为主，基本上没有经过二次运移，同时煤层气的气源类型单一，因此，煤层气地球化学特征与常规天然气有一定的差异。常规天然气在不同演化阶段气体组分不同，未成熟的生物气和高成熟的裂解气为干气，成熟阶段生成的热降解气重烃含量较高，为湿气；而煤层气组分主要表现在高甲烷含量和低重烃气，为干气或特干气，但二者没有明显的界限。

油型气和煤成气的鉴别指标众多，其中较为常用的指标为烷烃气碳同位素。我国常规天然气的甲烷 $\delta^{13}C_1$ 值为 $-66‰\sim-25‰$，煤层气表现出甲烷 $\delta^{13}C_1$

偏轻，为−72.3‰～−24.9‰。统计数据表明，我国煤成气甲烷 $\delta^{13}C_1$ 值分布范围为−52‰～−24‰，其中主要分布区间为−38‰～−32‰；油型气的甲烷 $\delta^{13}C_1$ 分布范围为−58‰～−30‰，主要分布范围为−40‰～−35‰。章复康等认为油型气甲烷 $\delta^{13}C_1$ 值为−52‰～−36‰，煤成气甲烷 $\delta^{13}C_1$ 值为−36‰～−31‰。张士亚等认为油型气甲烷 $\delta^{13}C_1$ 值主要集中在−46‰～−30‰，而煤成气甲烷 $\delta^{13}C_1$ 值主要集中在−42‰～−26‰；可以看出，煤成气与油型气甲烷碳同位素测值具有重叠性。相比之下，有机质类型不同的烃源岩生成的天然气其 $\delta^{13}C_2$ 值存在显著差异。张士亚认为可以将−29‰作为判别油型气与煤成气的界线，即 $\delta^{13}C_2$ 值大于−29‰的为煤成气，$\delta^{13}C_2$ 值小于−29‰的为油型气。刚文哲等通过煤、泥岩、油页岩、生物灰岩和泥灰岩的热模拟实验，得出腐泥型和腐殖型 $\delta^{13}C_2$ 界限值为−29‰。宋岩根据我国前陆盆地天然气成因类型分析认为，煤成气 $\delta^{13}C_2$ 值大于−26‰、油型气 $\delta^{13}C_2$ 值小于−29‰，−29‰～−26‰是煤成气和油型气叠加或混合气的 $\delta^{13}C_2$ 分布区间。王世谦在研究了四川盆地侏罗系-震旦系天然气的地球化学特征后，指出 $\delta^{13}C_2$ 值大于−29‰为煤成气。戴金星等指出，$\delta^{13}C_2$ 值小于−29‰为油型气，$\delta^{13}C_2$ 值大于−27.5‰为煤成气。

综上所述，煤成气与油型气的 $\delta^{13}C_1$ 测值往往重叠在同一区域内，但其 $\delta^{13}C_2$ 值却存在显著差异，将 $\delta^{13}C_2$ 值小于−29‰划分为油型气存在普遍共识。

（二）油型气的成分

采用《天然气的组成分析　气相色谱法》（GB/T 13610—2020）进行油型气成分测定。通过黄陵矿区前期项目研究，在黄陵二号煤矿井田范围内采集底板油型气气样，进行了实验室测试分析，共测定油型气气成分29组，测试结果见表2-3。

由表2-3可以看出：油型气的成分中 CH_4 为52.74～96.20%，平均为79.81%；N_2 为3.20～41.91%，平均为16.31%；CO_2 为0～5.54%，平均为1.34%；C_2 为0.05～2.95%，平均为0.95%；C_3 为0～1.50%，平均为0.34%；iC_4 为0～0.19%，平均0.06%；nC_4 为0～0.16%，平均0.08%；iC_5 为0～0.06%，平均0.02%；nC_5 为0～0.04%，平均为0.01%。综合以上分析可以得出：油型气成分以甲烷为主，且含有重烃气。

（三）油型气的赋存状态

根据黄陵矿区前期研究结果，黄陵矿区顶底板的油型气与2号煤层瓦斯不同，其储集层是煤层顶底板的砂岩层，赋存状态以游离态为主，揭露后储集层气体快速逸散。油型气涌出量的大小与储集层的孔隙体积及含气面积等因素密切相关，若储集层裂隙发育及含气面积大，则其中的油型气储量较大。

（四）油型气的闪点与爆炸界限

闪燃是指液体表面产生足够的蒸气与空气混合形成可燃性气体时，遇火源产生

表2-3　油型气成分测试结果

样品编号	成分测试结果/%												
	CH_4	N_2	CO_2	C_2	C_3	iC_4	nC_4	iC_5	nC_5	C_6	He	Ar	H_2S
HLYXQ-1	73.37	21.30	2.26	2.14	0.20	0.01	0.00	0.00	0.00	0.00	0.08	0.63	0.00
HLYXQ-2	86.79	8.04	1.56	2.56	0.24	0.02	0.00	0.00	0.00	0.00	0.09	0.70	0.01
HLYXQ-3	69.86	26.57	2.18	0.06	0.00	0.00	0.00	0.00	0.00	0.00	0.13	1.20	0.00
HLYXQ-4	65.37	31.08	2.25	0.05	0.00	0.00	0.00	0.00	0.00	0.00	0.12	1.12	0.00
HLYXQ-5	53.89	41.91	2.79	0.48	0.15	0.05	0.01	0.00	0.00	0.00	0.11	0.62	0.00
HLYXQ-6	62.71	33.38	2.41	0.56	0.18	0.00	0.00	0.00	0.00	0.00	0.12	0.65	0.00
HLYXQ-7	82.64	14.39	0.94	0.98	0.43	0.11	0.15	0.06	0.03	0.02	0.13	0.14	0.00
HLYXQ-8	87.08	10.13	0.86	1.03	0.40	0.15	0.06	0.05	0.02	0.00	0.13	0.10	0.00
HLYXQ-9	65.31	30.30	2.83	0.16	0.01	0.00	0.00	0.00	0.00	0.00	0.10	1.28	0.00
HLYXQ-10	77.14	17.23	0.00	1.06	0.50	0.07	0.10	0.02	0.01	0.00	0.05	1.84	2.01
HLYXQ-11	77.75	16.87	0.00	1.08	0.51	0.07	0.10	0.02	0.01	0.00	0.05	1.75	1.78
HLYXQ-12	75.19	19.19	0.00	1.02	0.50	0.07	0.10	0.02	0.01	0.00	0.04	2.14	1.72
HLYXQ-13	82.61	14.58	1.33	0.72	0.27	0.06	0.09	0.03	0.01	0.00	0.07	0.22	0.00
HLYXQ-14	52.74	39.71	2.19	0.45	0.14	0.03	0.03	0.00	0.00	0.00	0.06	4.66	0.00
HLYXQ-15	81.64	10.86	5.54	0.30	0.04	0.00	0.00	0.00	0.00	0.00	0.12	1.50	0.00
HLYXQ-16	96.12	3.29	0.36	0.10	0.01	0.00	0.00	0.00	0.00	0.00	0.06	0.06	0.00

表2-3（续）

样品编号	成分测试结果 /%												
	CH_4	N_2	CO_2	C_2	C_3	iC_4	nC_4	iC_5	nC_5	C_6	He	Ar	H_2S
HLYXQ-17	96.20	3.20	0.36	0.10	0.01	0.00	0.00	0.00	0.00	0.00	0.07	0.07	0.00
HLYXQ-18	95.79	3.57	0.40	0.10	0.01	0.00	0.00	0.00	0.00	0.00	0.06	0.07	0.00
HLYXQ-19	87.71	9.46	0.85	1.02	0.40	0.09	0.15	0.05	0.04	0.01	0.14	0.09	0.00
HLYXQ-20	90.45	6.93	0.49	1.06	0.41	0.09	0.15	0.05	0.04	0.02	0.14	0.18	0.00
HLYXQ-21	89.82	7.53	0.60	1.04	0.41	0.10	0.16	0.05	0.04	0.00	0.12	0.13	0.00
HLYXQ-22	89.44	7.86	0.66	1.03	0.41	0.10	0.16	0.05	0.04	0.00	0.13	0.12	0.00
HLYXQ-23	78.30	17.69	1.20	0.91	0.38	0.09	0.14	0.04	0.03	0.01	0.11	1.09	0.00
HLYXQ-24	77.91	18.02	1.27	0.91	0.38	0.09	0.14	0.04	0.03	0.01	0.11	1.10	0.00
HLYXQ-25	85.83	11.13	1.11	0.92	0.34	0.08	0.14	0.05	0.04	0.02	0.12	0.22	0.00
HLYXQ-26	85.17	11.54	1.16	0.92	0.35	0.08	0.14	0.04	0.04	0.01	0.13	0.42	0.00
HLYXQ-27	84.97	11.92	1.20	0.91	0.34	0.08	0.14	0.04	0.04	0.02	0.12	0.21	0.00
HLYXQ-28	80.79	13.12	1.06	2.95	1.46	0.18	0.13	0.02	0.01	0.00	0.07	0.18	0.01
HLYXQ-29	81.84	12.14	0.97	2.95	1.50	0.19	0.13	0.03	0.01	0.00	0.07	0.16	0.01
最大值	96.20	41.91	5.54	2.95	1.50	0.19	0.16	0.06	0.04	0.02	0.14	4.66	2.01
最小值	52.74	3.20	0.00	0.05	0.00	0.00	0.00	0.00	0.00	0.00	0.04	0.06	0.00
平均值	79.81	16.31	1.34	0.95	0.34	0.06	0.08	0.02	0.01	0.00	0.10	0.78	0.19

短暂的火光，发生一闪即灭的现象，闪燃的最低温度称为闪点。油型气闪点的测定对预防油品因闪燃着火而引发油气爆炸有重要指导意义。根据西安科技大学对黄陵二号煤矿综采工作面顶板淋油进行闪点测定的报告，纯油的闪点约为50 ℃，油中混入水后其闪点有所升高，达到60～66 ℃。根据西安煤科院对黄陵二号煤矿205、207、414工作面采集的油型气进行爆炸测试结果，现场采集的气样甲烷爆炸下限最小值为2.91%，爆炸上限最大值为14.79%。

二、油型气的生成

（一）油型气的分布特点

鄂尔多斯盆地蕴藏着丰富的煤、石油、天然气资源。在纵向上，煤主要分布在上古生界的石炭、二叠系及中生界的三叠系和侏罗系，石油主要分布在三叠系延长组和侏罗系，天然气除直罗油田三叠系油顶气藏以外，绝大部分分布于上古生界和下古生界（图2-7）。鄂尔多斯盆地油型气分布整体具有“上油下气、南油北气”的特点。在黄陵矿区内，煤主要分布在中侏罗统延安组下部，石油和天然气主要分布在三叠系延长组和侏罗系部分地层中。

地层		代号	煤	油	气
新生界		Q			
		N+E			
中生界		K			
		J	■	●	⊙≡
		T	■	●	⊙
古生界	上古	P	■		○≡
		C	■		≡
		D	地层缺失		
	下古	S			
		O			○
		€			

注：■煤；●石油；⊙溶解气；○气层；≡煤层气

图 2-7　鄂尔多斯盆地已发现油、煤和气层位分布图（李江涛，2005）

通过收集整理前人对鄂尔多斯盆地煤、石油、天然气的时空分布规律，在地质条件研究和评价的基础上，总结出黄陵矿区主要有以下几类多种能源共存富集形式。

1. 油中气

油中气主要是指天然气（狭义）以溶解气的形式存在于石油中的油、气共存富集形式，常见于饱和或过饱和油藏中。其特点是重烃气含量高，有时可达40%。天然气的含量不等，少则每吨含几至几十立方米，多则每吨可达几百至上千立方米。

2. 上气下油（油顶气）

上气下油指天然气与石油共存，且其中的天然气呈游离气顶状态的油、气共存形式。天然气在成因和分布上均与石油关系密切，重烃的含量可达百分之几到几十，仅次于甲烷。

3. 煤中气

煤中气主要是指由煤系地层产生并以吸附状态为主，储存于煤层的一种非常规天然气与煤层的共存富集形式。

4. 煤、石油和天然气独立富集

矿区内煤、石油和天然气之间虽然有多种共存富集的形式，但更多的是以独立富集的形式产出。

（二）油型气的来源

1. 烃源岩分析

1）侏罗系烃源岩

（1）有机质成熟度。本次研究测得延安组有机质成熟度为0.62%～0.86%（煤样），平均为0.67%（不包含煤样）；富县组有机质成熟度为0.49%～0.78%，平均为0.63%；瓦窑堡组顶部有机质成熟度为0.50%～0.85%，平均为0.70%，干酪根整体处于低成熟阶段（图2-8），整体生油气的效率比较低。因此，延安组、富县组和瓦窑堡组顶部的泥岩层从热演化方面不具备大量生油气的条件。

但是对于煤层来讲，其本身是很好的气态烃源岩，在煤化作用过程中，Ⅲ型干酪根的生气过程是连续的，镜质体反射率R_0从0.5%到4.0%的各个演化阶段都有天然气生成，小于0.5%时在微生物的作用下生成生物气，大于0.5%时可热解形成热成因气。黄陵矿区热成熟度达0.86%，已具备生气潜力。煤层中赋存的气体相当部分为

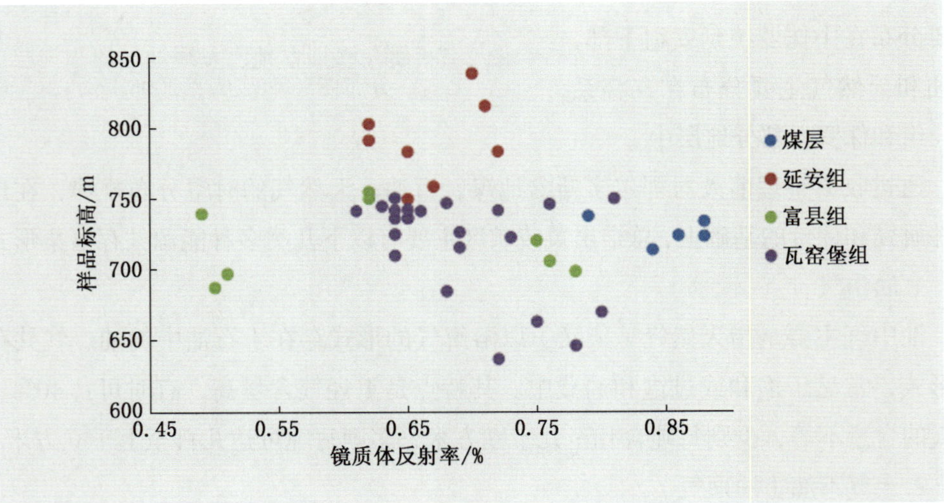

图2-8　研究区镜质体反射率测试结果

自生自储，也有部分逸散到围岩中。

（2）有机碳含量。根据有机碳含量测试数据（图2-9），结合煤系烃源岩有机质丰度评价标准（表2-4）可知：延安组二段泥岩大多为中等有机质丰度烃源岩，2号煤层底部泥岩属非烃源岩，富县组泥岩属非烃源岩，瓦窑堡组上部大部分属于差有机质丰度烃源岩。从有机质丰度上来看，延安组底部、富县组和瓦窑堡组上部泥岩都不是良好的烃源岩。

表2-4　煤系烃源岩有机质丰度评价标准（陈建平等，1997）

烃源岩级别	非	差	中	好	很好
TOC/%	<0.75	0.75 ~ 1.5	1.5 ~ 3.0	3.0 ~ 6.0	>6.0

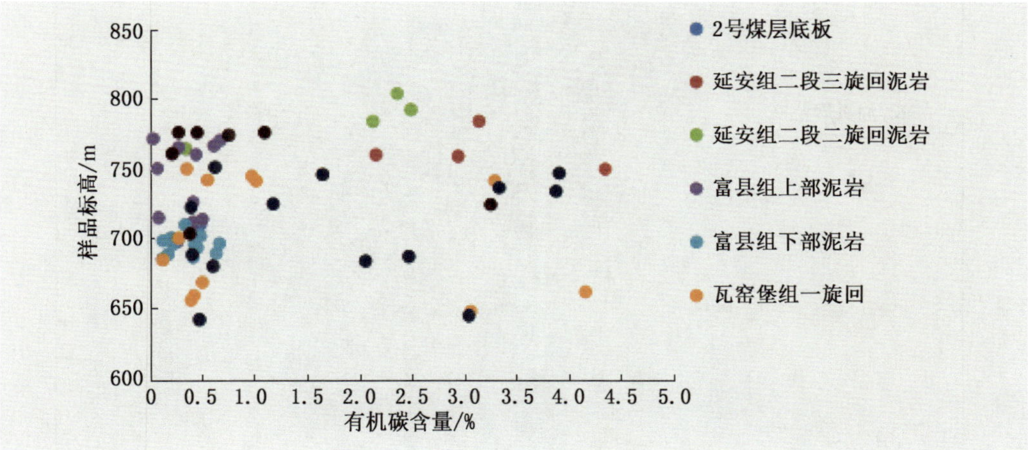

图2-9　有机碳含量测试结果

2）三叠系烃源岩

鄂尔多斯盆地延长组属于大型内陆湖盆沉积，油源充足，在沉积过程中形成了一套深湖－半深湖相富含有机质的暗色泥岩，具有连续沉积厚度大、层位稳定、生油母质类型好、全盆地范围可稳定追踪对比的特点。有机质是以藻类为主的湖生低等生物，其干酪根类型为混合型至腐泥型，盆地中烃源岩具有较高产烃能力（张文正，2001）。盆地中有效生油岩呈北西—南东向倾斜展布，长10至长8期盆地总体处于河流、三角洲、滨浅湖及沼泽等沉积环境，地势相对平坦，仅仅在志丹—富县一带发育油页岩，俗称“李家畔页岩”；长7期沉积中心为华池—正宁—黄陵一带，沉积了一套厚度大、有机质丰度高的暗色泥岩和油页岩，俗称“张家滩页岩”，范围约在9万km^2以上（图2-10）。

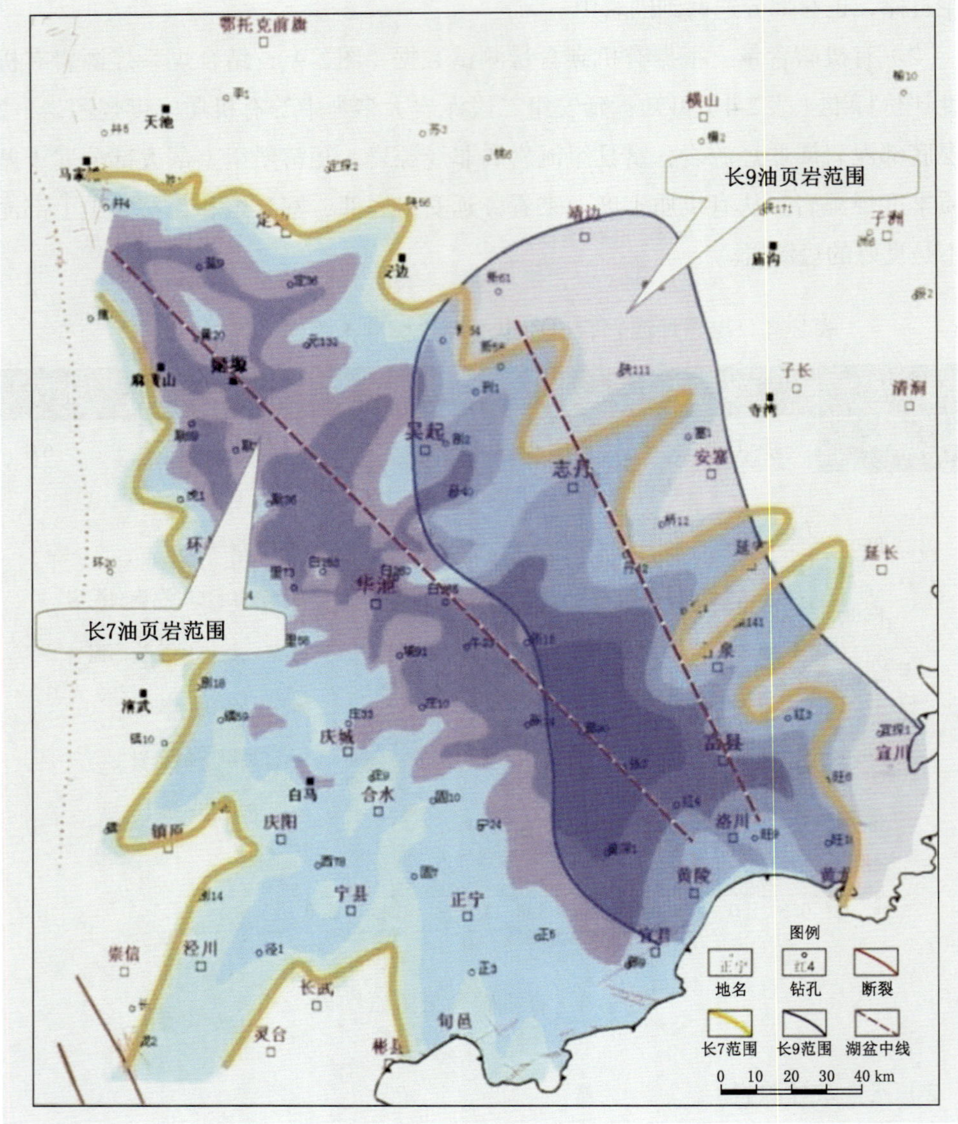

图 2-10　鄂尔多斯盆地晚三叠世湖盆中心迁移演化图

长7烃源岩一般厚度大，有机碳含量为2.45%～5.81%，氯仿“A”含量为0.254%～0.506%，总烃（H_C）为407.1～5754.45 ppm，平均为2445.7 ppm。盆地中生界累计总生油量为1091亿t，总排油量为845亿t。丰富的油源为延长组石油富集成藏奠定了雄厚的物质基础。盆地生烃强度高值区与深湖区范围基本一致，黄陵二号煤矿所在区域生烃强度在400×10^4 t/km^2（图2-11）。

鄂尔多斯盆地南部烃源岩累计厚度大，累计厚度达140～240 m，有效烃源岩厚度达20～100 m，不同湖泛面形成了多层烃源岩。黄陵二号煤矿位于数层烃源岩叠合

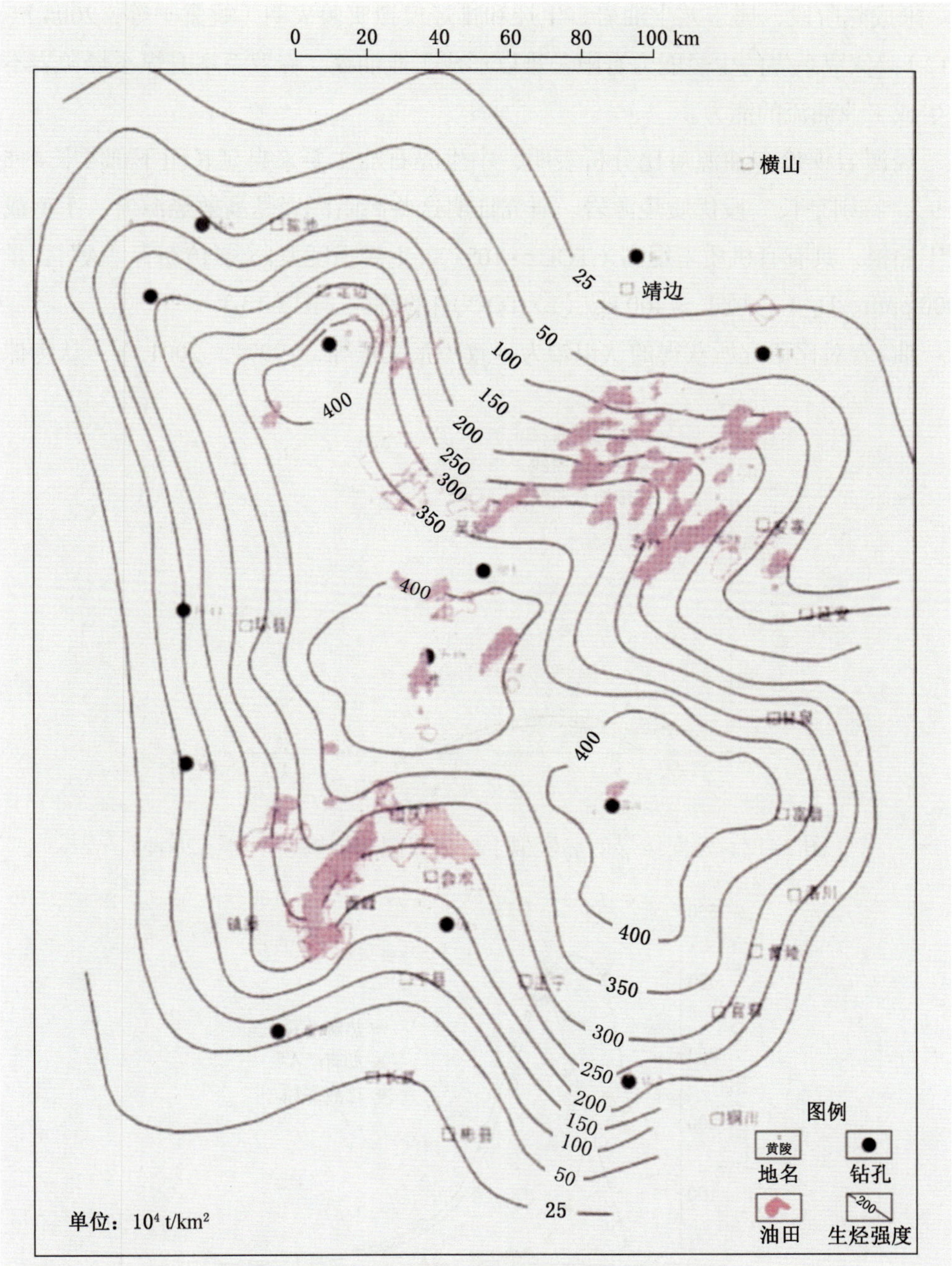

图 2-11　鄂尔多斯盆地中生界生烃强度图

分布深湖区范围，这正是本区存在油型气的根本原因。

2. 油源对比

鄂尔多斯盆地煤有机质丰度较低，显微组分中的壳质组含量低，且尚处于低成熟~未成熟阶段，属于差生油岩。生烃和排烃模拟实验表明（姚素平等，2004）（图2-12）：侏罗系煤的生烃能力有限，难以形成工业油藏。侏罗系本身煤系烃源岩不具备生成工业油流的能力。

烃源岩评价和油源对比分析表明，中生界石油主要来自延长组下部（长4+5—长9），特别是长7_3段优质烃源岩。研究证明这些高阻泥岩是高效烃源岩，Ⅰ型或Ⅱ型干酪根，具有有机质丰度高（TOC＞10%）、生烃强度大[（氯仿沥青“A”含量＞6000 ppm、H_C（总烃）＞400 kg/（t·TOC）]的特征（图2-13）。

油-岩对比研究所获得的认识较为一致（张文正等，1997①，2001②）：认为侏罗

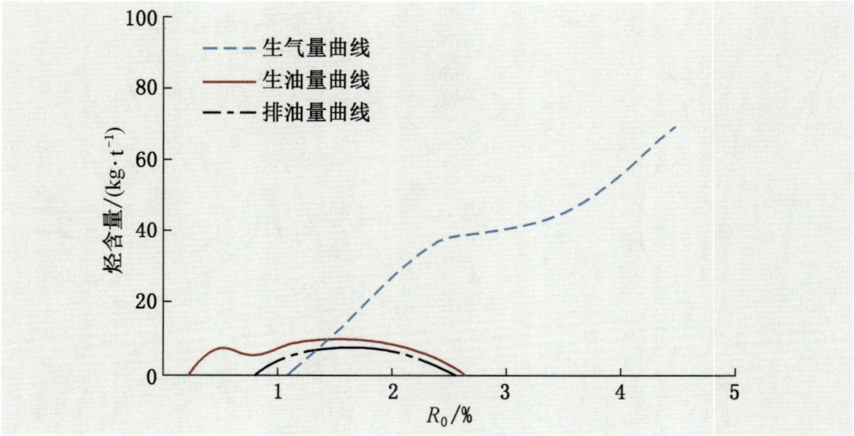

图 2-12　延安组煤的热模拟生烃曲线图（据姚素平等，2004）

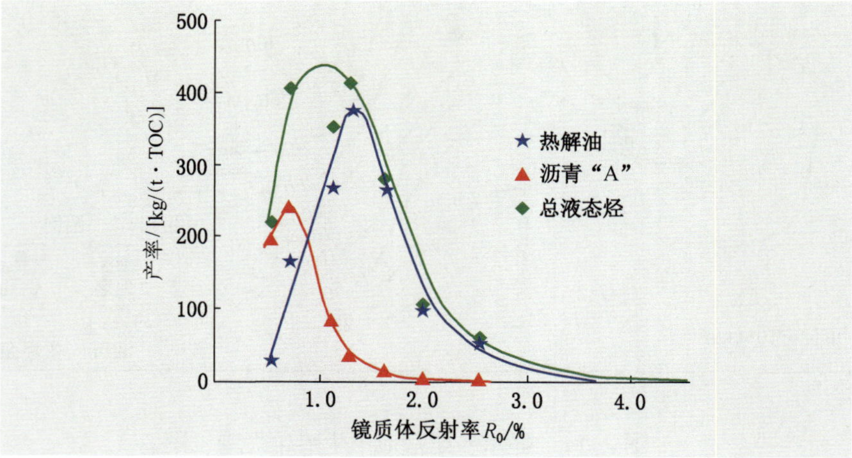

图 2-13　解 674 井长 7 油页岩热模拟液态烃产率曲线

① 张文正，昝川莉 . 烃源岩残留沥青中正构烷烃分子的碳同位素研究［J］. 沉积学报，1997，15（2）：212-215.

② 张文正，李剑峰 . 鄂尔多斯盆地油气源研究［J］. 中国石油勘探，2001，6（4）：28-36.

系与三叠系原油地球化学特征相似（图2-14~图2-16），油源岩为延长组长4+5~长8段半深湖-深湖相暗色泥页岩，特别是长7段优质烃源岩，而与侏罗系煤系烃源岩相差甚远。

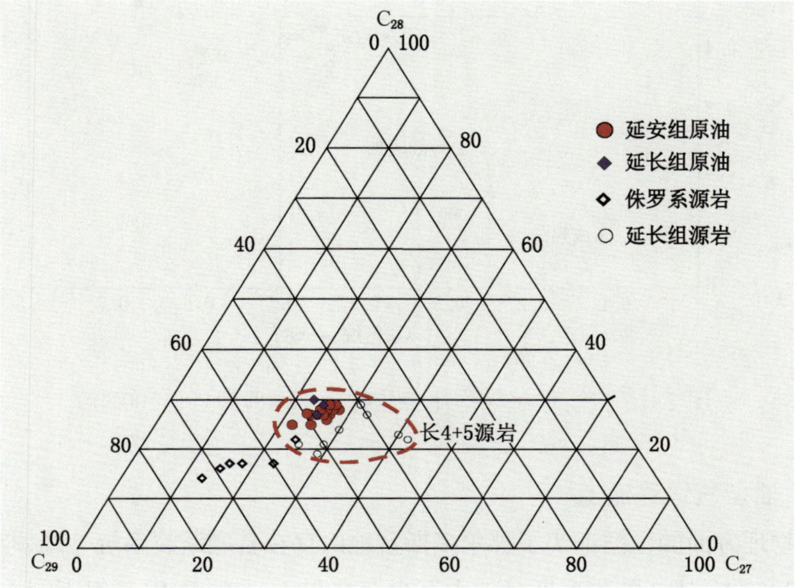

图2-14　规则甾烷 C_{27}、C_{28}、C_{29} 三角图（据段毅等，2007修改）

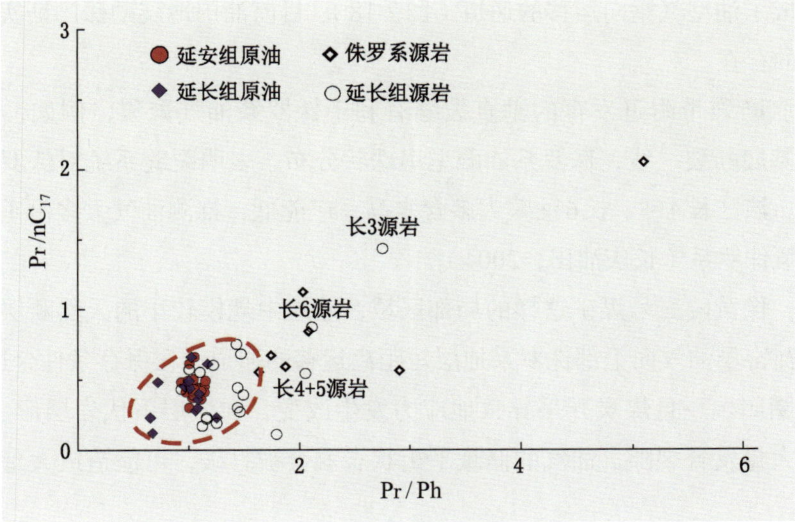

注：Pr/nC_{17}为姥鲛烷与正十七烷化合物含量之比值，指示热演化程度、生物降解程度等；Pr/Ph即姥鲛烷比植烷，常用于油源对比

图2-15　油-岩 Pr/nC_{17} 与Pr/Ph比值关系图（据段毅等，2007）

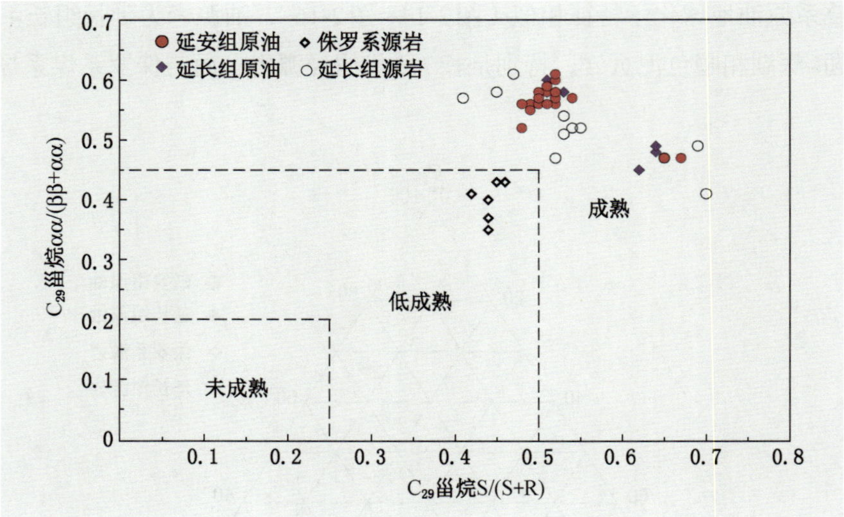

图 2-16　C_{29} 甾烷异构化参数特征（据段毅等，2007）

（三）油型气运移通道

地球物理方面的证据证实了鄂尔多斯盆地内存在基底断裂系统（邸领军，2000；赵文智，2003），认为鄂尔多斯盆地内至少存在EW、NE、NW三组不同方向的基底断裂（图2-17）；这些断裂的“隐性”活动及其在活动过程中产生的小断层和微裂缝，区域上构成了油型气垂向运移的通道（图2-18），目前油田地震勘探已证实了地层中垂直裂缝的存在。

沿基底断裂带附近发育的垂直裂缝有利于侏罗系油气聚集，例如，陕北沿大同—环县基底断裂一线，侏罗系油藏呈串珠状分布，表明裂缝系统对侏罗系油气聚集有贡献。该区长4+5、长6油藏大多含水高，产能低，推测油气大多沿垂直裂缝运移到了上覆侏罗系（长庆油田，2004）。

另外，像黄陵二号煤矿这样的局部区域，地层中规模较小的天然断层、裂隙同样是下部瓦窑堡油气向上部侏罗系地层短距离运移的通道，在保存条件合适的地方，可能形成圈闭。一旦煤炭开采导致地应力发生改变，在煤层下伏岩层形成松动圈，松动圈中大量发育裂隙，油气的储藏平衡状态就会被打破，可能造成大量气体涌入采掘空间。

三、黄陵矿区油型气赋存规律

油型气的赋存规律主要与生气层、储集层和盖层的分布特征相关，通过对现已

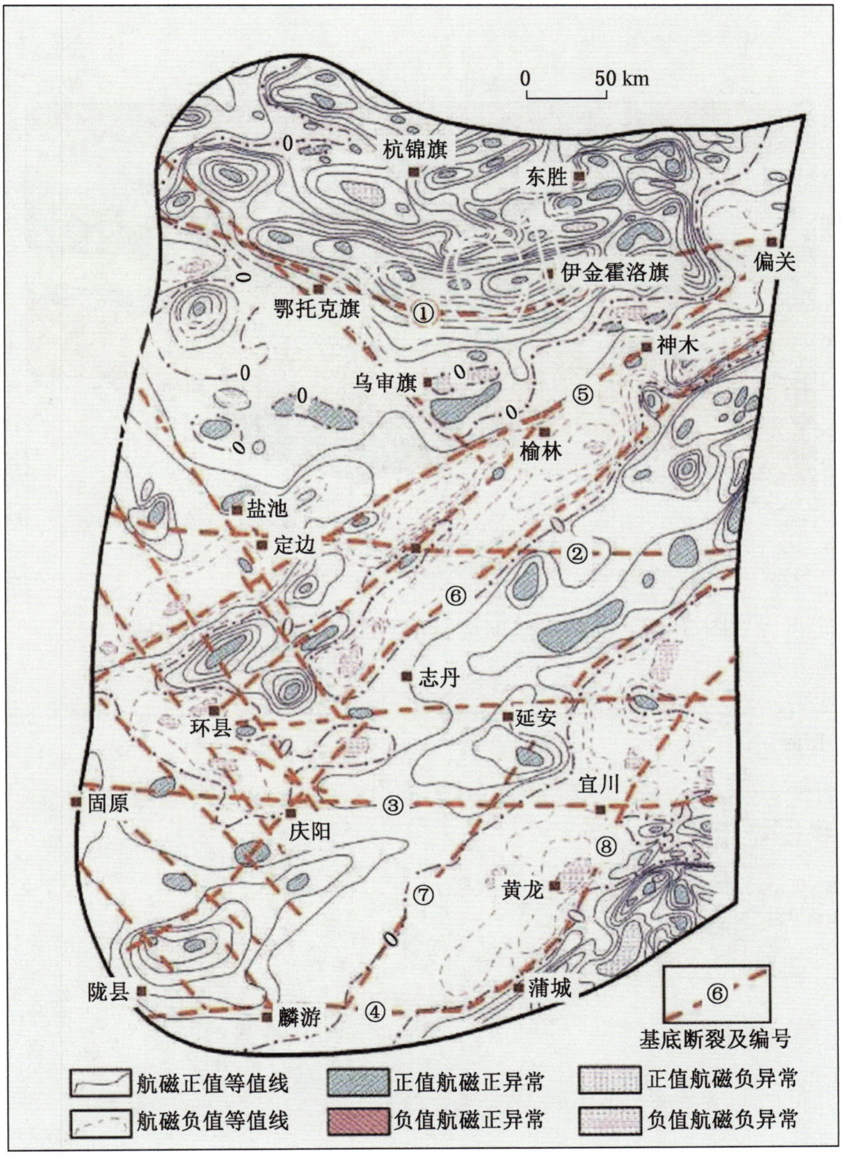

图 2–17 鄂尔多斯盆地航磁异常与基底断裂解译图（据赵文智等，2003）

发现的涌出点特征进行分析，可以找出油型气赋存的主控因素。目前在黄陵矿区二号煤矿井田范围内发现有油型气异常涌出点18个（包含钻孔）（图2-19），将这些涌出点对应到油型气储气层进行分析，发现迄今油型气涌出的层位主要集中在延二段七里镇砂岩段、富县组下部砂岩段和瓦窑堡组顶部砂岩段。

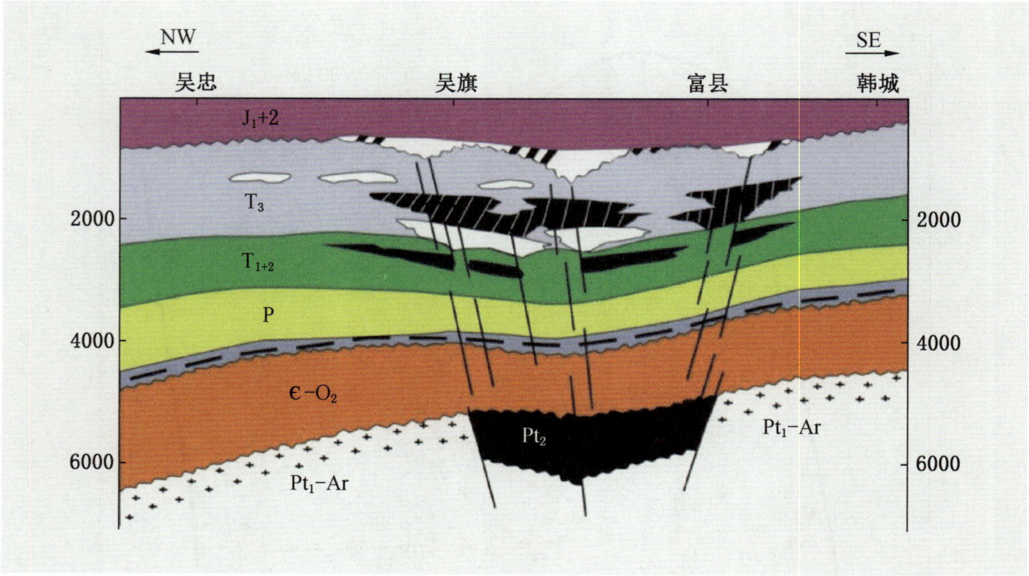

图 2-18　油型气垂向运移示意图（长庆油田，2004）

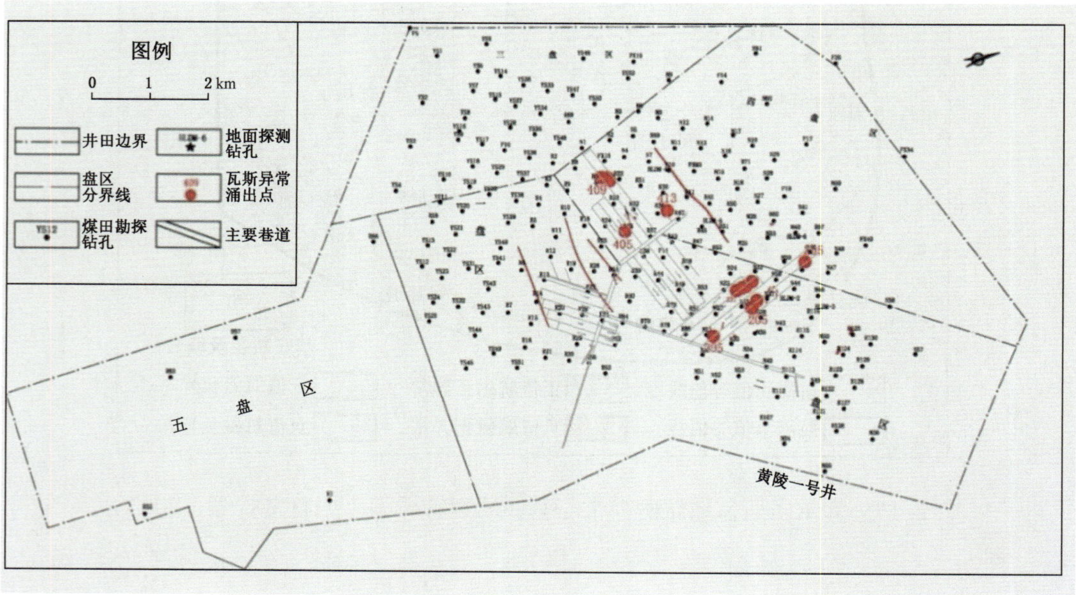

图 2-19　黄陵二号煤矿 18 个异常涌出点位置图

（一）地质构造影响因素分析

1. 褶曲构造

二号煤矿地质构造简单，总体构造格架是一个具有波状起伏的倾向北西的单斜构造，地层倾角一般为1°～5°，局部达7°～15°。延安组呈一倾向北西西之单斜构造，其上发育有两个较大的宽缓波状起伏，一是位于井田中部，纵向贯穿井田大部的宽缓波谷，由近南北向转为北北东向，并逐渐变窄，长约34 km，南部宽约5 km、中部约为2.6 km、北部约为3.7 km，波幅为40～70 m；二是位于井田西部一走向北北东向的宽缓波峰，长约28 km，宽约3.5 km，波幅为20～30 m。

褶曲对瓦斯的赋存控制作用主要是：当顶板封闭条件良好时，背斜轴部和向斜的转折端（斜坡）有利于瓦斯富集（袁珍，2007）。将3个储集层段的异常涌出点与对应储集层的顶面标高图进行叠合，发现涌出点的平面分布与褶曲形态有比较密切的关系，主要集中在背斜轴部和背向斜转折端（斜坡）附近。如延二段七里镇砂岩储集层中瓦斯异常涌出点位于背斜和向斜转折端附近（图2-20），富县组下部砂岩储集层中瓦斯异常涌出点位于宽缓背斜轴部和断裂附近（图2-21），瓦窑堡组顶部砂岩储集层中瓦斯异常涌出点位于背斜轴部和背向斜转折端附近（图2-22）。

2. 断裂构造

二号煤矿井田内断裂发育较少，根据二维地震勘探和井巷采掘资料，井田共发育有6条规模较小的断裂。

在断层附近，局部会发育一些小裂隙，这些裂隙有可能沟通下部三叠系储集层，而导致局部油型气大量聚集。2014年4月25日凌晨，20501钻孔在底板以下29.8 m发生严重喷孔，根据巷道瓦斯浓度及通风数据计算，该孔初始瓦斯涌出量约为9 m^3/min，

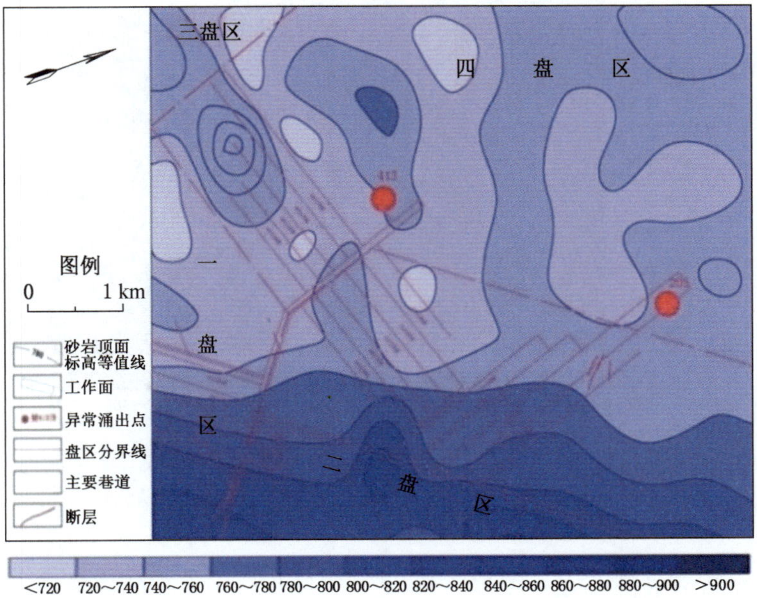

图 2-20　延二段七里镇砂岩储集层顶面标高与瓦斯异常涌出点位置图

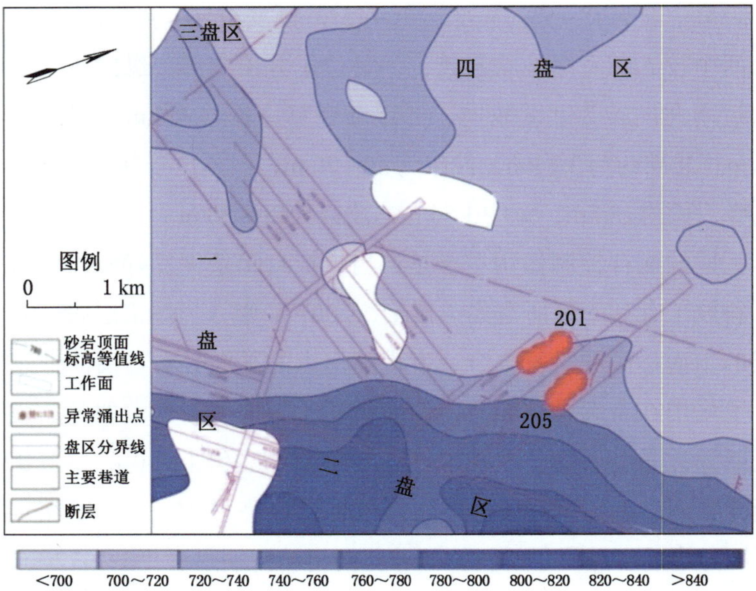

图 2-21 富县组下部砂岩储集层顶面标高与瓦斯异常涌出点位置图

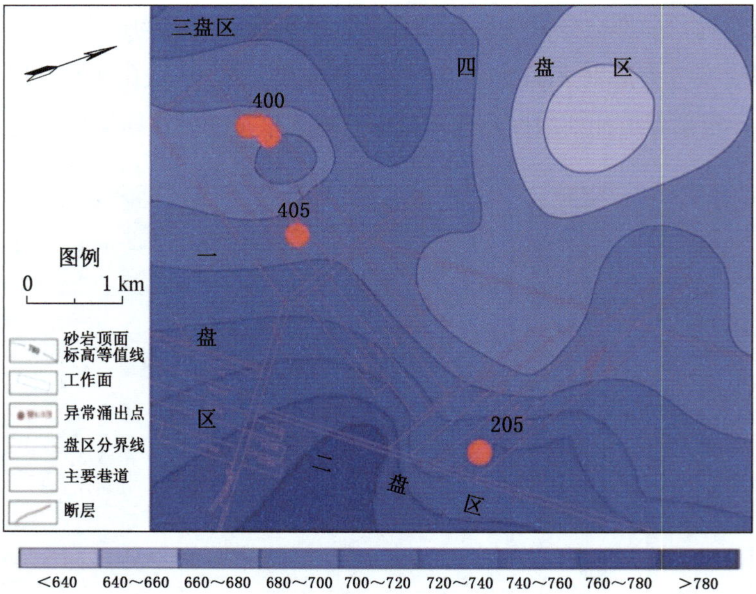

图 2-22 瓦窑堡组顶部砂岩储集层顶面标高与瓦斯异常涌出点位置图

在喷孔层位发现有裂隙存在（图 2-23）。富县组储集层中发现的异常涌出点也多位于断裂附近。

图 2-23　20501 取心钻孔岩心裂隙图

（二）储集层影响因素分析

1. 储集层埋深

将二号煤矿的油型气异常涌出点位置与相对应的储集层埋深图进行叠合后发现，异常涌出点主要发生在矿井深部位置（图2-24～图2-26）。如延二段七里镇砂岩储集层中二号煤矿413工作面的异常涌出点位于埋深550～600 m之间，处于斜坡位置。

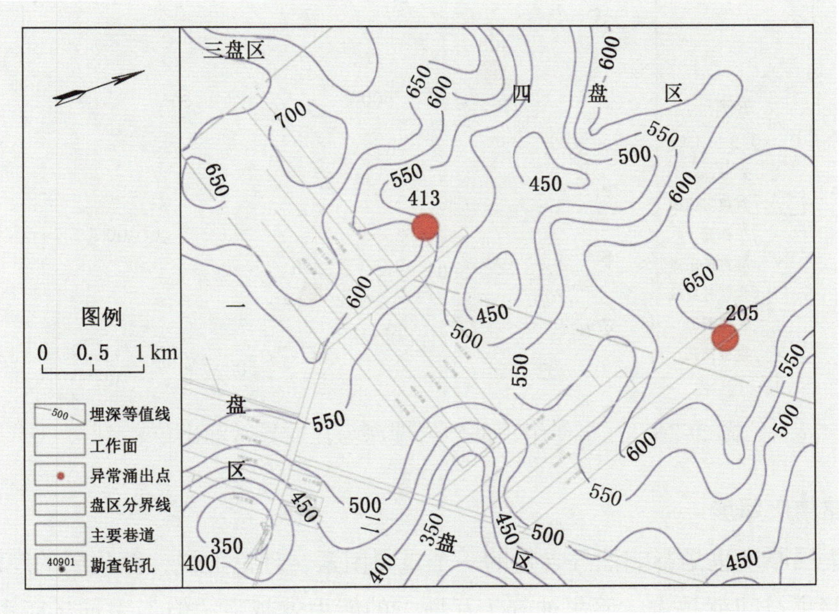

图 2-24　延二段七里镇砂岩埋深与瓦斯异常涌出位置图

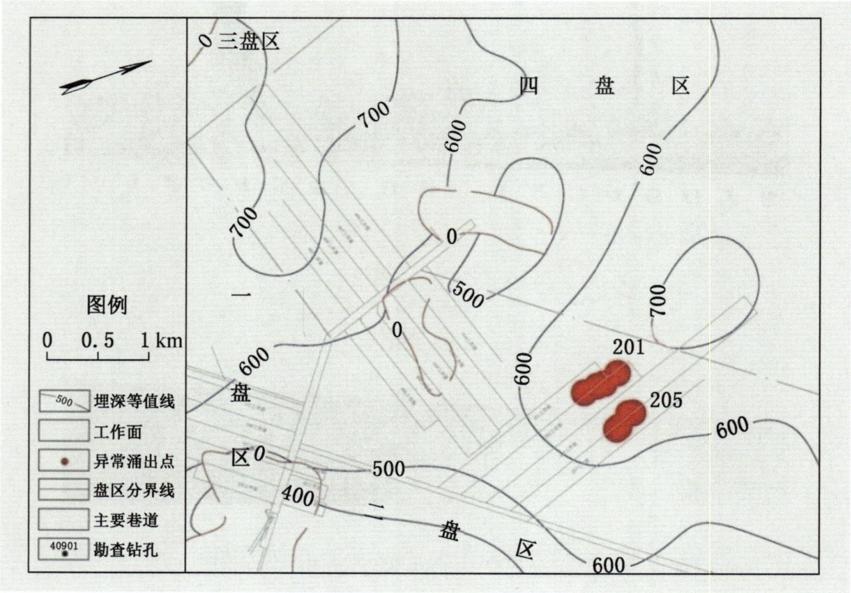

图 2–25　富县组下部砂岩埋深与瓦斯异常涌出位置图

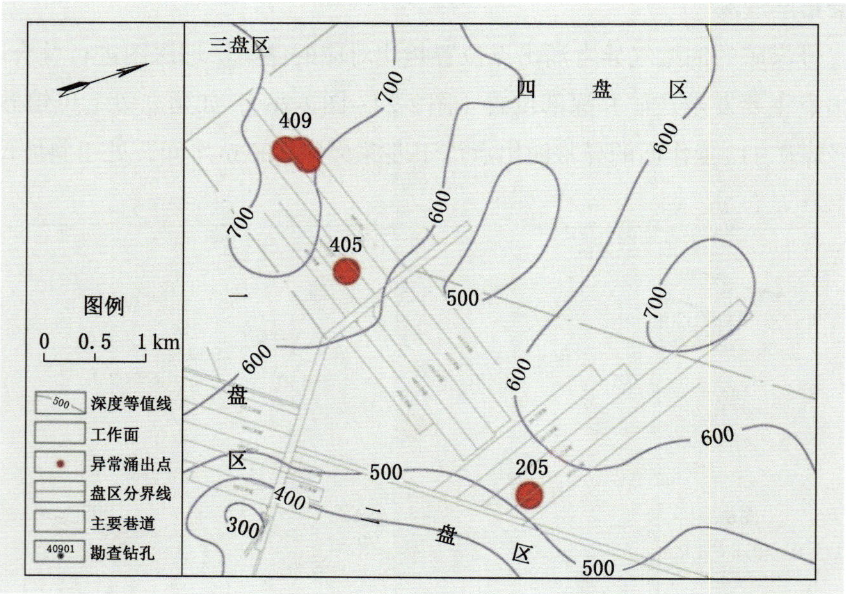

图 2–26　瓦窑堡组顶部砂岩埋深与瓦斯异常涌出位置图

2. 储集层厚度

储集层厚度也是影响油气含量的一个重要因素，理论上说，储集层的厚度越大，油气的储集空间就越大，储集油气（瓦斯）的能力就越强（但不表示瓦斯含量一定就高）。延二段七里镇砂岩厚度为0.35 ~ 29.05 m，平均为8.03 m；富县组下部砂岩厚度为0 ~ 27.23 m，平均为3.06 m；瓦窑堡组顶部砂岩厚度为1.23 ~ 50.97 m，平均为19.41 m。将异常涌出位置与储集层厚度进行叠合，发现储集层厚度大的地方，并未发现大量瓦斯异常涌出。因此，储集层厚度与瓦斯异常涌出并无明显联系（图2-27 ~ 图2-29）。对比各层的气测录井值及实际测得的瓦斯浓度，发现储集层厚度与瓦斯含

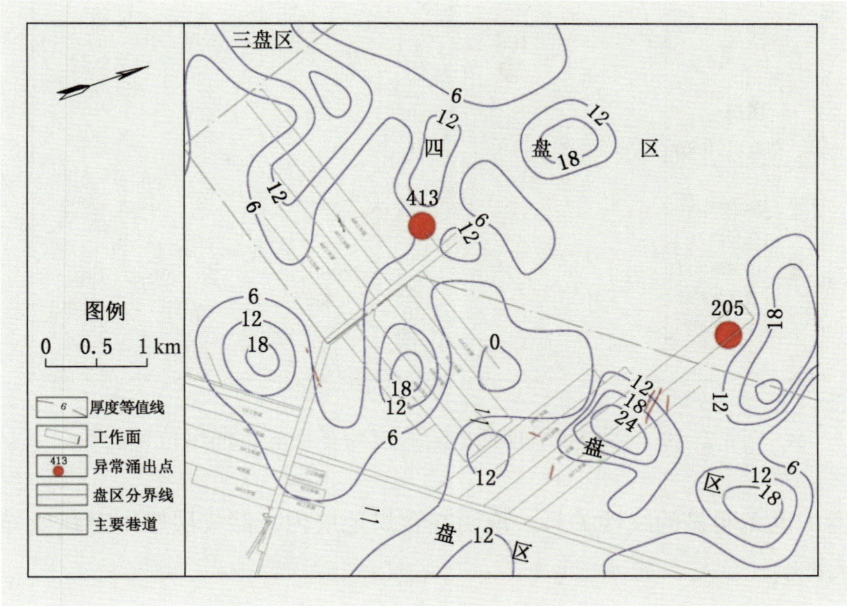

图 2-27　延二段七里镇砂岩厚度与瓦斯异常涌出位置图

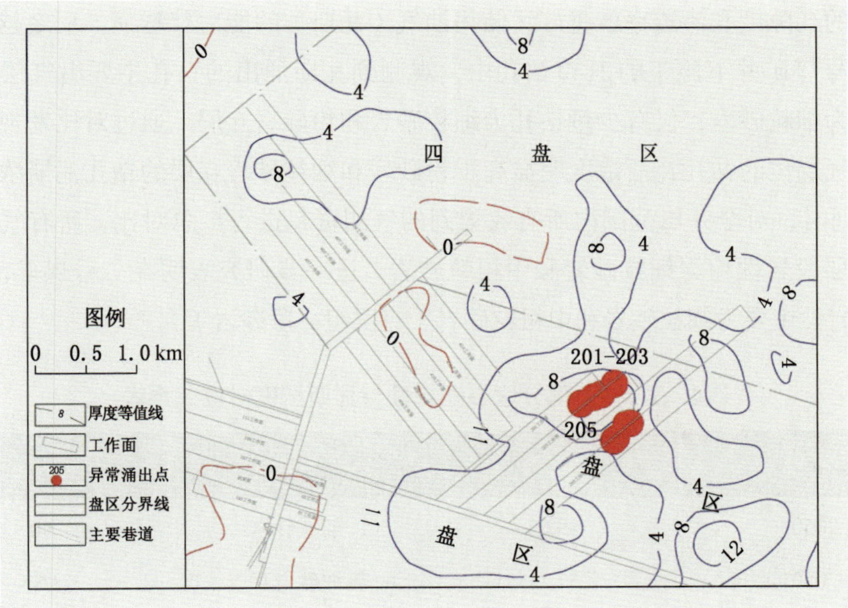

图 2-28　富县组下部砂岩厚度与瓦斯异常涌出位置图

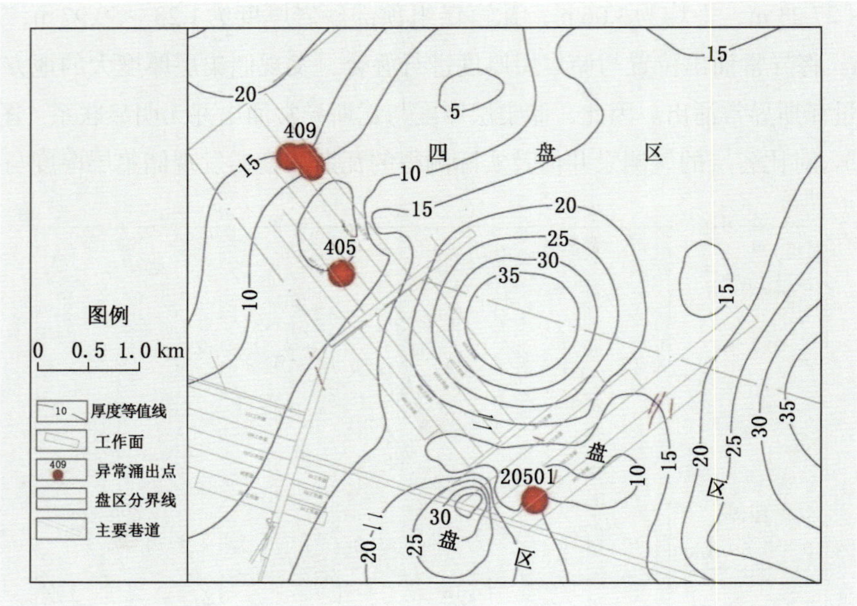

图 2–29　瓦窑堡组顶部砂岩厚度与瓦斯异常涌出位置图

量（浓度）也无明显的线性关系。说明在含煤地层内，储集层厚度对瓦斯异常涌出并无太大影响。

3. 储集层岩性

储集层岩性决定着储集层孔隙度、渗透率和成岩作用。一般情况下，岩性越粗，储集层的孔隙度和渗透率就越好，储集油气（瓦斯）的能力就越强，反之越差。在黄陵二号煤矿井下施工的21口钻孔中，观测到瓦斯涌出的钻孔主要出气层位的岩性主要为细粒砂岩，仅有少量钻孔为细粒砂岩和粉砂岩互层。通过对比发现，细粒砂岩含气层位的钻孔瓦斯浓度明显高于粉砂岩和细粒砂岩互层的钻孔瓦斯浓度（表2-5）。同时，对全井田范围内所有收集到的气测资料进行汇总对比，所有气测录井异常的层段岩性均为细粒砂岩和中粗粒砂岩，进一步研究表明在二号煤矿范围内，储集层岩性主要为细粒砂岩和中粗粒砂岩（直罗组一段砂岩）。

表2-5　井下部分取心孔岩性与瓦斯浓度对应关系表

孔号	深度 /m	岩性	瓦斯浓度 /%
20501	39.03	细粒砂岩	90
20501	57.11	粉细砂岩互层	1.83
20502	56.03	细粒砂岩	＞5

表2-5（续）

孔号	深度/m	岩性	瓦斯浓度/%
20502	64.53	粉砂岩	1.80
20506	12.36	粉砂质	0.03
20506	13.65	细粒砂岩	0.05
40901	44.15	粉细砂岩互层	0.03
40903	33.19	粉砂岩	0.47
40903	97.25	细粒砂岩	2.13

在井下施工过程中，发现许多异常涌出点在平面上涌出不连续，通过对井下取心孔做连井剖面后发现，这些异常涌出点与砂岩的上倾尖灭和砂岩透镜体有非常密切的关系。上倾尖灭和砂岩透镜体作为一种不连续的储集层，在矿区范围内分布极不均匀。如在二号煤矿203工作面1800 m左右，富县组下部砂岩储集层的瓦斯抽采孔浓度突然增高，在剖面上该部位为砂岩上倾尖灭端（图2-30）。

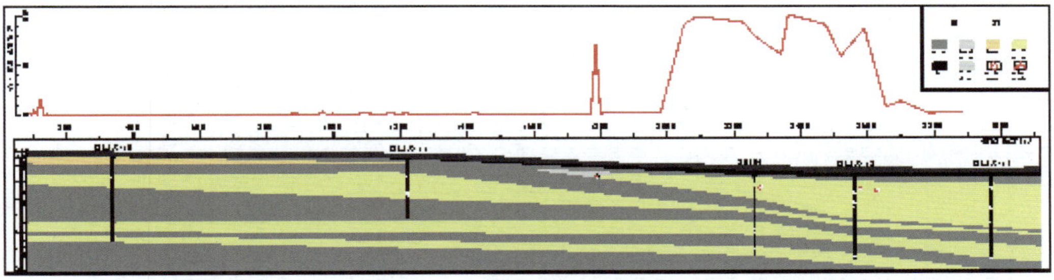

图2-30　203带式输送机巷井下取心孔连井剖面示意图

二号煤矿205工作面也存在这一现象，延安组底部2号煤层和3号煤层之间的细粒砂岩上倾尖灭端、富县组砂岩储集层的上倾尖灭端在取心过程中都发生了明显的瓦斯或油型气涌出（图2-31）。砂岩透镜体一般分布范围较小，储集层呈透镜状分布，

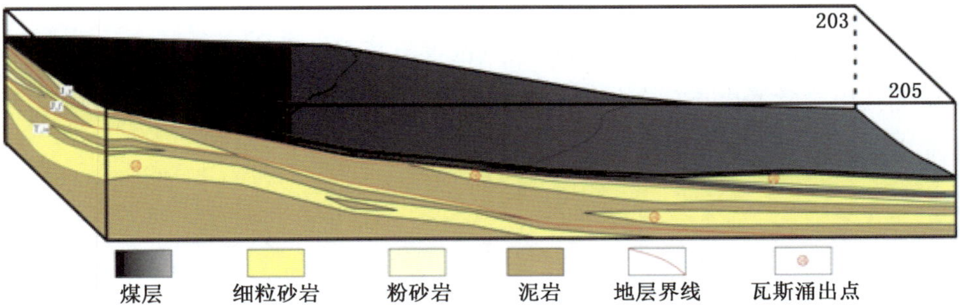

图2-31　205工作面煤层底板三维示意图

一般被泥岩所包围，容易形成局部瓦斯及油型气聚集带，应加以重视。

（三）盖层条件影响分析

油型气在储集层（圈闭）中聚集成藏，盖层的封盖是一个重要因素。盖层的好坏及分布，直接影响油型气在储集层中的聚集和保存，是含油型气系统的重要组成部分。

二号煤矿井田内延安组属于湖沼相沉积，整体粒度较细，泥岩、粉砂岩分布广泛，容易形成良好的区域盖层。以富县组砂岩储集层的盖层为例，盖层岩性以泥岩和粉砂质泥岩为主，在东北部发育有少量粉砂岩，说明富县组砂岩整体封闭条件较好，有利于下部瓦斯的保存（图2-32）。纵观煤层上下50 m范围内，所有储集层的上部均与泥岩直接接触，少量与粉砂岩接触，泥岩的孔隙率均小于2.6%，说明该地区泥岩的压实程度高，封闭性能好，区域盖层发育良好。因此，不再对其余储集层的盖层岩性进行详细描述。

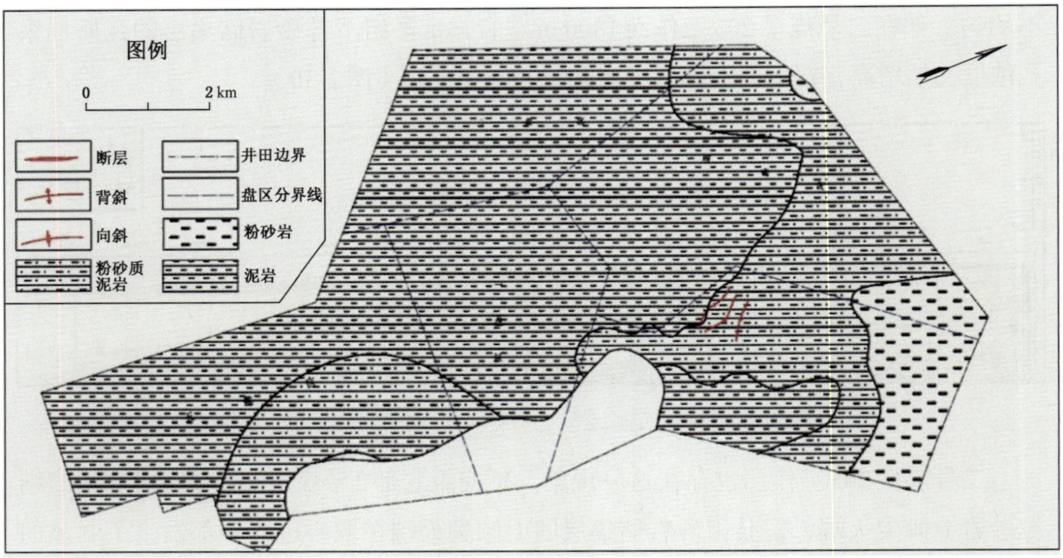

图 2–32　富县组砂岩储集层顶板岩性分布图

将二号煤矿范围内的18个异常涌出点位置与其相对应储集层的盖层厚度进行叠合，试图找出异常涌出点分布位置与盖层厚度的关系。由图2-33～图2-35可以看出，异常涌出点的位置与盖层厚度关系并不明显。

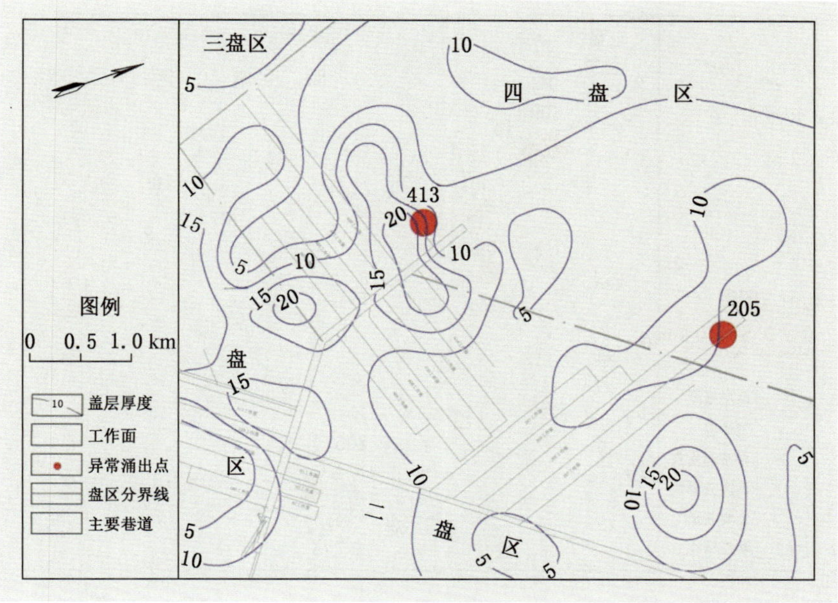

图 2-33　延二段七里镇砂岩异常涌出点位置与上覆盖层厚度图

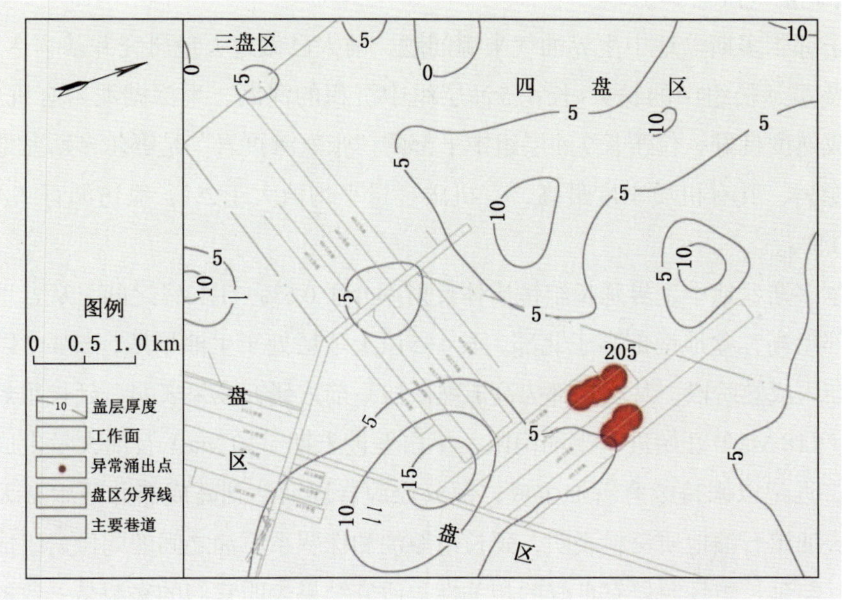

图 2-34　富县组下部砂岩异常涌出点位置与上覆盖层厚度图

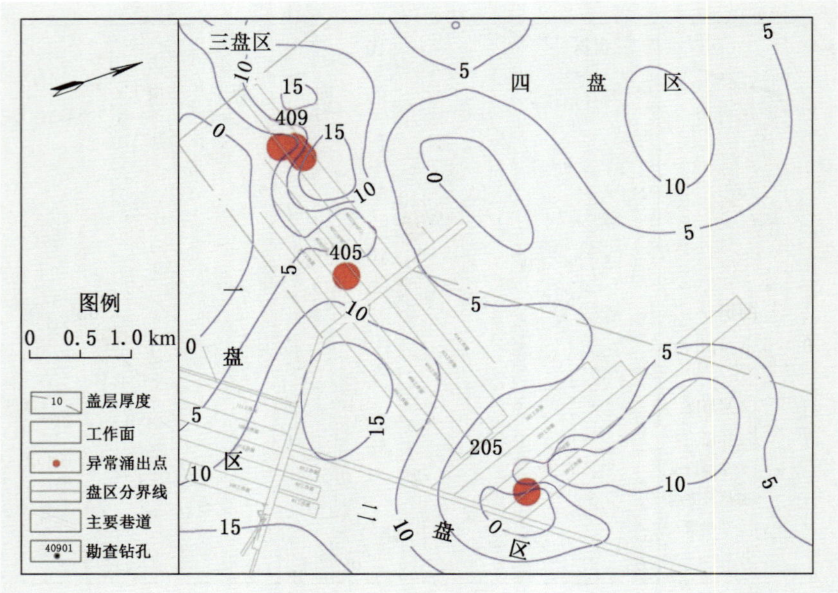

图 2–35 瓦窑堡组顶部砂岩异常涌出点位置与上覆盖层厚度图

（四）生气层条件分析

关于鄂尔多斯盆地中生界油气来源问题，前人已做过大量研究并基本达成共识，认为三叠系延长组中的长9～长4+5油层组中沉积的深湖、半深湖泥岩有机质丰度、类型及成熟度良好，位于长7油层组中下部的“张家滩页岩”是鄂尔多斯盆地中生界优质烃源岩，其有机质丰度最高，有机碳含量平均值大于2%，氯仿沥青“A”平均值大于0.3%。

鄂尔多斯盆地中生界延长组镜质体反射率介于0.5%～1.13%之间，从盆地边缘向盆地内部增高，盆地南部高于北部。长4+5以上地层处于生油早期，长4+5以下延长组地层渐入成熟阶段，甚至局部为高成熟阶段。前人研究成果表明，延长组烃源岩早白垩世（118 Ma）开始进入生油门限，早白垩世末期（10 Ma）石油大量生成；晚白垩世—古近纪以来持续有石油生成，部分烃源岩逐渐达到高成熟并开始有天然气生成。长庆油田石油地质资料表明，延长组原油和侏罗系原油之间的同位素组成性质十分相似，与延长组烃源岩有良好的相关性，研究结果表明它们的来源是一致的，属于湖相原油，并确定了鄂尔多斯盆地南部中生界原油的主力烃源岩为延长组暗色泥岩。

研究区域处于鄂尔多斯盆地南部，下部延长组烃源岩具有大面积分布、大面积生烃的特征，特别是长7沉积时期的张家滩页岩，是鄂尔多斯盆地主力烃源岩，其分布范围控制了油气的聚集和分布。油井资料表明，矿区以下张家滩页岩发育，该套地层生成的油型气，有一部分逸散并聚集到煤系地层范围内。因此，下部三叠系烃源岩的展布对油型气（瓦斯）分布从大范围上来说，有一定影响。

（五）水文地质条件分析

矿井直接充水含水层为延安组裂隙含水层，补给条件差，富水性弱，钻孔单位涌水量为0.0000216～0.0000665 L/（s · m），小于0.1 L/（s · m），水流交替作用慢，浅部地下水补给和排泄很难波及深部，中深部地下水交替缓慢，基本处于滞留状态，对瓦斯聚集比较有利。

根据上述对油型气各影响因素的分析可知，对在油型气（瓦斯）赋存的各个因素中，每个因素对油型气的赋存和展布都有一定影响，但影响程度不同。对二号煤矿井田范围内来说，下部烃源岩几乎是全区展布，因此对小范围来说，烃源岩的分布就不占主导；此外整个井田范围内水文地质条件差异不大，属于简单型，所以对油型气的赋存控制作用不明显。同时，储集层埋深也只是从区域上反映出油型气在深部区域相对富集，但进一步分析可知深部油型气富集点仍是处在构造、砂岩上倾尖灭端或砂岩透镜体附近，故在此认为储集层埋深只是反映油型气赋存的一种趋势，而非主控因素。

通过对油型气赋存影响因素的对比分析，综合认为构造和岩性（细～粗粒砂岩、砂岩上倾尖灭及砂岩透镜体等）与油型气赋存规律存在明显联系，即在背斜轴部、背向斜转折端、井田深部及砂岩上倾尖灭端（砂岩透镜体）油型气含量明显高于其他部位；同时，小的断层及微小裂隙会使下部储集层与上部储集层贯通，有利于瓦斯逸出。因此，在研究区范围内，油型气的展布主要受构造（背向斜和断层）和岩性（细～粗粒砂岩、砂岩上倾尖灭及砂岩透镜体等）等因素控制。

第三章 瓦斯基础参数与油型气参数测定

瓦斯基础参数和油型气相关参数是治理瓦斯与油型气的基础，瓦斯基础参数主要包含煤层瓦斯含量、煤层瓦斯压力、钻孔瓦斯流量衰减系数、煤层透气性系数、瓦斯放散指数、煤的坚固性系数、瓦斯抽采半径、瓦斯吸附常数（a、b值）、孔隙率、煤质工业分析等。瓦斯含量和瓦斯压力是瓦斯治理过程中使用频率最高的两个参数，只有准确掌握相关参数才能避免方案设计中的盲目性，做到经济、有效、可靠和可预见，提高治理措施的准确度和有效性，使灾害防治工作有的放矢，实现“治得快、治得准、治得省”的目标，有效防范各类瓦斯事故发生。

油型气是黄陵矿业集团近年来发现的一种新的灾害，关于油型气治理方面的标准在行业内尚属空白，黄陵矿业集团根据井下生产实际制定了切实可行的管理办法，确定了油型气各项参数，其中主要包含含量、压力、成分、孔隙度、渗透率、饱和度、抽采影响半径等参数。油型气含量主要用于衡量单位体积内油型气的储量；压力的测定主要用于衡量油型气的危害程度，初步估计油型气的储量大小；成分的测定用于识别油型气的标志性气体，分辨油型气与瓦斯，并为监测监控提供数据支撑；孔隙度和渗透率主要用于衡量围岩含有油型气的程度和渗透性；饱和度反映了地层油气储量的变化；抽采影响半径为钻孔布置提供依据。

| 第一节 |

瓦斯基础参数测定基本要求

一、煤层瓦斯基础参数的测试范围

（1）勘探及补勘期间煤层原始瓦斯参数测试。

（2）掘进期间煤层原始瓦斯参数测试。

（3）回采前煤层残余瓦斯参数测试。

二、煤层原始瓦斯参数测点布置

1. 构造处测点布置

在背斜和向斜轴部布置1个测点，距离轴部50 m范围内各布置1个测点，在断层上下盘20 m范围内各布置1个测点。

2. 同一地质单元范围内测点布置

单斜或背斜、向斜的一翼或同一地质单元每隔300 m选择一个测点。

3. 瓦斯异常区域内测点布置

当掘进工作面地质条件发生变化、风排瓦斯量变化超过1 m^3/min或钻孔施工时出现喷孔、顶钻等瓦斯动力现象，必须及时布置测点测定瓦斯基础参数。

三、残余瓦斯基础参数测点布置

（1）残余瓦斯基础参数的测点布置应沿工作面进回风巷取样检测。测点布置范围为钻孔有效控制范围，按照钻孔长度方向的控制边缘线、最边缘2个钻孔及钻孔开孔位置连线确定，钻孔长度方向的控制边缘线为钻孔有效孔深点连线，相邻有效钻孔中较短孔的终孔点作为相邻钻孔有效孔深点。

（2）取样点应布置在预抽钻孔控制条带边界影响范围内的上、下边界处。各测点应布置在原始瓦斯含量较高、钻孔间距较大、预抽时间较短的位置，并尽可能远离预抽钻孔或与周围预抽钻孔保持等距离，且避开采掘巷道瓦斯自然排放范围和工作面的预抽超前距。

（3）在地质构造复杂区域应增加测点。

| 第二节 |

瓦斯基础参数测定标准

一、煤层瓦斯含量测定

（一）测定方法选择

煤层瓦斯含量是指煤层中1 t煤中所含的瓦斯量，包含吸附态和游离态两种瓦斯量的综合。测定方法选择直接测定法，主要依据《煤层瓦斯含量井下直接测定方法》（GB/T 23250—2009）。

（二）直接法测定煤层瓦斯含量

黄陵矿业集团瓦斯实验室目前主要使用中煤科工集团重庆研究院有限公司研制的DGC型瓦斯含量直接测定装置（图3-1），实现了井下煤层瓦斯含量的快速直接测定。

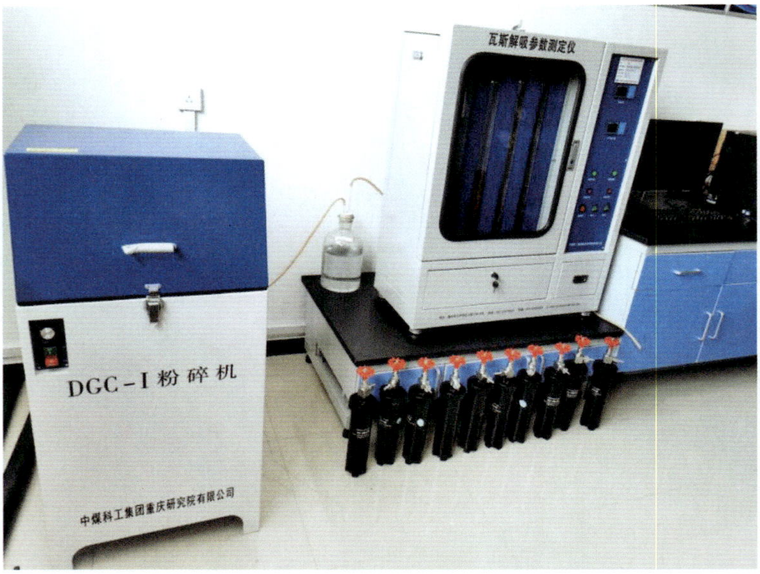

图 3-1　DGC 型瓦斯含量直接测定装置

1. 测定原理

向煤层施工取心钻孔，利用密闭取心技术将煤心从煤层深部取出，并在井下现场解吸，测得井下解吸瓦斯量 W_{11}；把取心筒带到实验室然后在地面解吸仪上测量从取心筒中释放出的瓦斯量 W_{12}，与井下测量的解吸瓦斯量 W_{11} 一起计算煤心解吸瓦斯量 W_1（$W_1=W_{11}+W_{12}$）；然后将煤样筒中的部分煤心经称量系统称重后装入密封的粉碎系统加以粉碎，测量在粉碎过程及粉碎后一段时间所解吸出的瓦斯量（常压下），并以此计算粉碎解吸瓦斯量 W_2；借助水分测定系统、气体成分测定系统和数据计算系统求取可解吸瓦斯量：取样煤心解吸瓦斯量和粉碎解吸瓦斯量之和就是可解吸瓦斯量，即 $W_a=W_1+W_2$。测定煤心的常压吸附量 W_c，则煤层瓦斯量等于可解吸瓦斯量和常压吸附量之和，即 $W=W_a+W_c$。

2. 仪器、设备

（1）密闭取心装置：主要构件有外套筒、取心钻头、联动装置、取心内筒等。

（2）瓦斯解吸速度测定仪（简称解吸仪）：量管有效体积不小于800 cm^3，最小刻度2 cm^3。

（3）空盒气压计：80～106 kPa，分度值0.1 kPa。

（4）秒表。

（5）穿刺针头或阀门。

（6）温度计：-30～50 ℃。

（7）真空脱气装置或常压自然解吸测定装置。

（8）球磨机或粉碎机。

（9）天秤：秤量不小于1000 g，感量不大于1 g。

（10）水分快速测定仪。

3. 采样

1）采样前准备

（1）取样前应检查密闭取心装置，确保各部件完好，对取心内筒进行气密性检测。气密性检测需向取心筒内注入空气，空气压力不应低于煤储层压力，关闭后搁置30 min，压降不大于10%方可使用。

（2）解吸仪在使用之前，将量管内灌满水，关闭底塞并倒置过来，放置10 min后量管内水面不下降为合格。

2）煤样采集

（1）采样钻孔布置。同一地点至少布置两个取样钻孔，取样点终孔间距不小于5 m。

（2）采样方式。应首选密闭取心方法，在石门或岩石巷道可打穿层钻孔采取煤心，在新暴露的煤巷中可施工取心钻孔定点取心，在卸压区域取心时应避开卸压范围。取心时煤心长度不能小于0.4 m。

（3）采样深度。采样深度应根据以下两种情况确定：①测定煤层原始瓦斯含量时，采样深度应超过钻孔施工地点巷道（围岩裂隙）的影响范围，并满足以下要求：在采掘工作面取样时，采样深度应根据采掘工作面的暴露时间来确定，但不应小于30 m；在石门或岩石巷道采样时，距煤层的垂直距离应视岩性而定，但不应小于5m。②抽采后测定煤层残余瓦斯含量时，采样深度应大于30 m，以钻孔终孔抽采薄弱区最佳，且应远离抽采钻孔。

（4）采样时间。采样时间是指从开始取心到取心结束后投入封堵球的时间，一般不应超过5 min。

（5）采样要求。采集煤样时应满足以下要求：①对于柱状煤芯，采取中间不含矸石的完整部分；②取心长度不应小于0.4 m；③取心器提出后应立即检查取心筒的关闭性和气密性，确认取心筒球阀关闭良好后，将取心筒密封端浸入水中，观察5 min，检查有无气泡冒出。

（6）采样记录。采样时，应同时收集以下有关参数记录在采样记录表中：①采样地点：矿井名称、煤层名称、埋深（地面标高、煤层底板标高）、采样深度、钻孔方位、钻孔倾角；②采样时间：取样开始时间、取样结束时间；③编号：取心筒号、样品编号。

4. 测定方法及步骤

1）井下自然解吸瓦斯量测定

（1）井下自然解吸瓦斯量测定采用排水集气法，瓦斯解吸速度测定仪与取心筒连接（图3-2、图3-3）。

图 3-2　井下自然解吸瓦斯量测定

（2）每间隔一定时间记录量管读数及测定时间，连续观测60～120 min或解吸瓦斯量小于2 cm^3/min为止。开始观测前30 min内，间隔1 min读一次数，以后每隔2～5 min读一次数；将观测结果填写到测定记录表中，同时记录气温、水温及大气压力。

（3）测定结束后，将取心筒沉入清水中，仔细观察5 min，如果发现有气泡冒出，则该试样作废应重新取样测试；如不漏气，送实验室继续测定。

2）地面解吸瓦斯量测定

（1）井下取心与解吸工作结束后立即把取心筒带入实验室进行地面瓦斯解吸，并记录到达实验室和开始地面解吸的时间。

（2）地面解吸装置包括地面瓦斯解吸测量管和煤样粉碎瓦斯解吸测量管，并配有化学试剂（指示剂）的液体；将取心筒出气嘴连接到地面瓦斯解吸测量管上，开启地面解吸装置背光灯管，操作玻璃管操作手柄到吸水排气档，按动真空泵启动按钮进行排气吸水，当液面到达适当位置（根据解吸瓦斯量确定）时停止，调节解吸管操作手柄到隔绝真空泵连通状态，使解吸管处于密封状态。

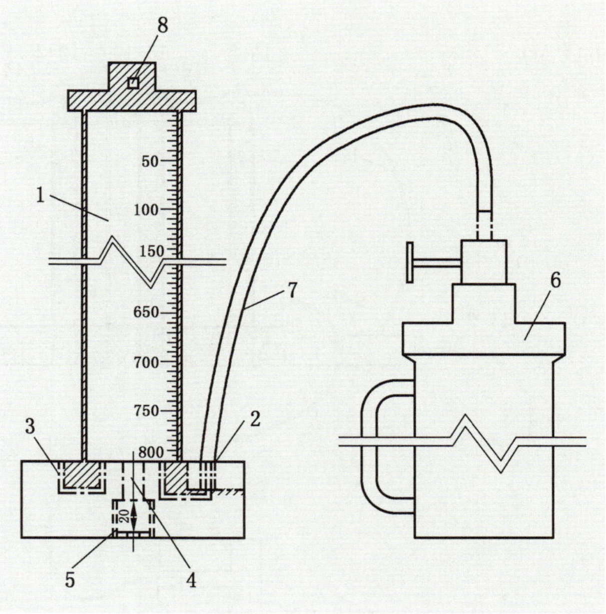

1—管体；2—进气口；3—排水口；4—灌水通道；
5—底塞；6—煤样筒；7—连接胶管；8—吊耳

图 3-3　井下解吸装置连接图

（3）解吸管密封性检测：在打开取心筒阀门解吸开始前观察液面下降情况，是否有漏气存在，若存在要及时排除方可进行瓦斯解吸。

（4）确认调试完好后，注意记录解吸管的初始刻度，缓慢打开取心筒阀门，隔一定时间间隔读取一次解吸瓦斯量，时间间隔的长短取决于解吸速度，解吸时间约 40 min，具体视解吸情况而定；并注意观察解吸累计量的变化规律，发现异常及时处理；若长时间无气体出现可停止解吸，记录终止读数。

（5）当实测解吸瓦斯体积达到单根测量管最大量程 85% 时，打开转换手柄用第二根测量管测量；若解吸瓦斯体积超过两个测量管总量程 80% 时，关闭取心筒阀门换水，并重复（2）~（5）操作步骤。

（6）记录周围环境的温度、大气压力及测试人员等。

（7）测量结束后，记录释放出的瓦斯量 W_{12}，W_{12} 与井下解吸瓦斯量 W_{11} 之和换算为标况下单位质量瓦斯体积即为可解吸瓦斯量 W_1；解吸完毕转入煤样称重操作系统。

地面解吸瓦斯系统管路连接如图 3-4 所示。实验室解吸瓦斯量测定如图 3-5 所示。

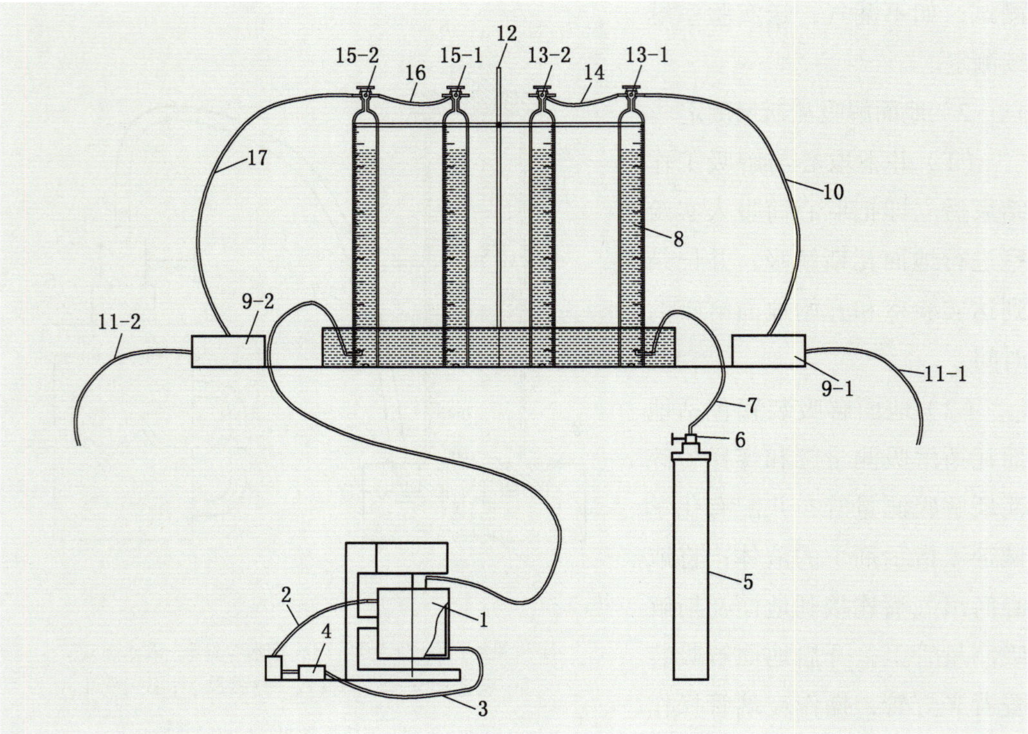

1—粉碎机缸体；2—冷却水出水管；3—冷却水进水管；4—水泵；5—煤样筒；6—阀门；7—进气管；8—量管；9-1、9-2—微型真空泵；10、17—抽气管；11-1、11-2—排气管；12—试验架；13-1、13-2—1500 mL 量管阀门；14—1500 mL 量管连接管；15-1、15-2—1000 mL 量管阀门；16—1000 mL 量管连接管

图 3-4　地面解吸瓦斯系统管路连接图

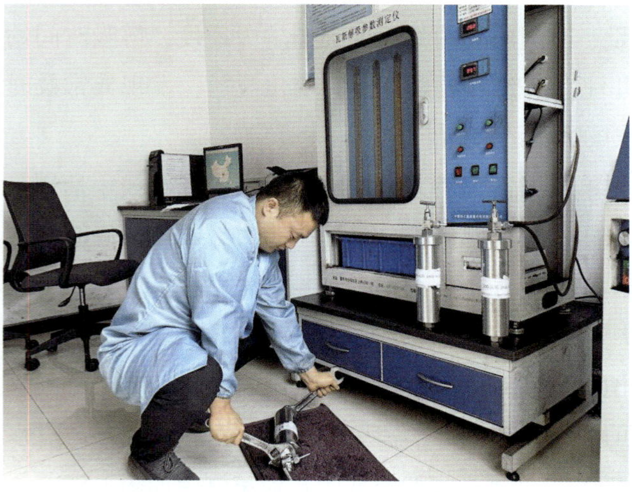

图 3-5　实验室解吸瓦斯量测定

3）粉碎煤样称重

（1）从煤样盆中取两份相等量的二次煤样，记录二次煤样质量 G_2，煤样的质量一般是 50 ~ 200 g，选择整芯或较大块的煤样，确保二次煤样和全煤样有相同的特性。如果两份二次煤样测试结果有较大差别，应该再取第三份二次煤样。

（2）若煤样粒度较大（粒

径大于26 mm），则用铁锤在破碎试验台上砸为较小颗粒（最大粒径不超过26 mm），测量每份二次煤样的质量G_2后，逐份将煤样装入粉碎机容器中粉碎解吸。

注意事项：在电子天平上放被称量物时要轻拿轻放，所称量物品切勿超过其最大量程；称量结束后及时把称量物从电子天平上取下以避免长时间使电子天平处于受重状态；称量结束后要关机断电。

4）粉碎解吸

（1）将称量好的二次煤样放入缸体内，盖好带有密封圈的盖子，并压紧密封严实。

（2）连接容积测量装置（其操作与地面解吸系统中测量管操作相同），检查气路部分的气密性，保证气路系统和缸体、盖三者之间不漏气。

（3）将粉碎机定时器定时为3～5 min，运行时观测解吸瓦斯量体积W_{21}或W_{22}，当实测解吸瓦斯体积达到测量管最大量程的85%时，打开转换开关用第二根测量管测量，粉碎结束时记录量管终止读数；将实验测定数据填入观测记录表中。

（4）若两份同质量的煤样解吸瓦斯量W_{21}和W_{22}相差不大，则取其平均值作为残余可解吸瓦斯量W_2并作记录；若二者相差过大（大于30%），则要重新称取第三份二次煤样进行粉碎。若待粉碎煤样块度较大，应事先将煤样捣碎至粒径25 mm以下。

（5）煤粒在粉碎机粉碎3～5 min，或粉碎至基本无可解吸瓦斯解吸出为止，切勿长时间粉碎。解吸结束后读取的量管终止读数与解吸前量管初始读数之差即为在本次条件下的解吸瓦斯体积，同时记录大气压力、室温，将观测结果填写到观测记录表中。

（6）粉碎结束后，将缸体内煤样倒出并用棉花擦拭干净，重复步骤进行另一份煤样的粉碎，直至全部煤样粉碎结束。

（7）将未粉碎煤样、粉碎后的两次煤样分别装入煤样袋，并填写标签一同放入煤样袋保存。标签所填内容包括取心时间、取心地点、取心深度、煤样总重、粉碎二次煤样质量及其粉碎解吸瓦斯量等。

注意事项：二次煤样应及时粉碎；振动台要采取固定和减震措施；操作过程要防止碰撞，避免损坏设备。

5）煤质工业分析

将筛分后的煤样装入煤样盆，进行煤质工业分析，并记录煤质工业分析中的水分、灰分、挥发分，填写在地面解吸原始记录册上，以备计算分析和后期查验。

6）实验数据处理及计算

打开DGC型瓦斯含量直接测定装置计算软件，添加煤样编号，并录入矿井名称、取样地点，选择原始含量测定或残余含量测定，输入取样时间、井下大气压力、地面大气压力、井下环境温度、实验室温度等信息，输入取样深度、取样人员等基本信息。填入井下解吸数据、地面解吸数据和粉碎解吸数据，计算可解吸瓦斯量W_a。

在软件信息栏内填入a值和b值、煤的孔隙度、视密度、煤层温度、灰分、水分等实验测定值，即可计算出残余瓦斯含量W_c和原煤瓦斯含量W，保存计算数据。最终的瓦斯含量测定结果如图3-6所示。

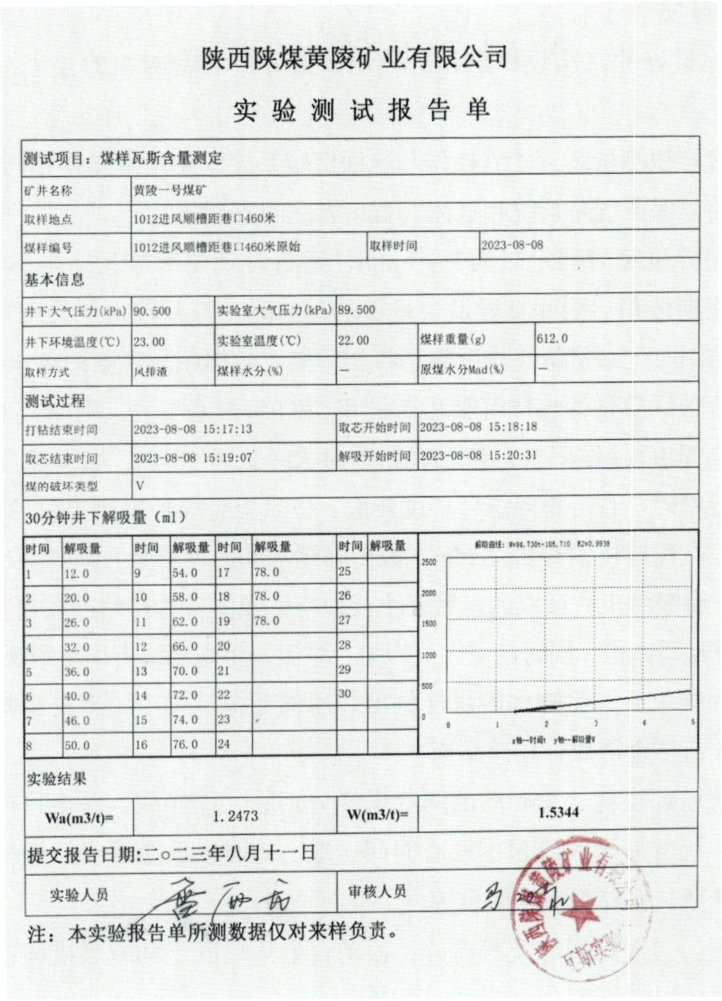

陕西陕煤黄陵矿业有限公司

实 验 测 试 报 告 单

测试项目：煤样瓦斯含量测定			
矿井名称	黄陵一号煤矿		
取样地点	1012进风顺槽距巷口460米		
煤样编号	1012进风顺槽距巷口460米原始	取样时间	2023-08-08

基本信息

井下大气压力(kPa)	90.500	实验室大气压力(kPa)	89.500		
井下环境温度(℃)	23.00	实验室温度(℃)	22.00	煤样重量(g)	612.0
取样方式	风排渣	煤样水分(%)	—	原煤水分Mad(%)	—

测试过程

打钻结束时间	2023-08-08 15:17:13	取芯开始时间	2023-08-08 15:18:18
取芯结束时间	2023-08-08 15:19:07	解吸开始时间	2023-08-08 15:20:31
煤的破坏类型	V		

30分钟井下解吸量（ml）

时间	解吸量	时间	解吸量	时间	解吸量	时间	解吸量
1	12.0	9	54.0	17	78.0	25	
2	20.0	10	58.0	18	78.0	26	
3	26.0	11	62.0	19	78.0	27	
4	32.0	12	66.0	20		28	
5	36.0	13	70.0	21		29	
6	40.0	14	72.0	22		30	
7	46.0	15	74.0	23			
8	50.0	16	76.0	24			

实验结果

Wa(m3/t)=	1.2473	W(m3/t)=	1.5344

提交报告日期:二○二三年八月十一日

实验人员		审核人员	

注：本实验报告单所测数据仅对来样负责。

图 3-6　瓦斯含量测试报告单

二、煤层瓦斯压力测定

（一）测定方法

煤层瓦斯压力指煤层中所具有的瓦斯气体的压力，测定采用被动测压法，主要依据《煤矿井下煤层瓦斯压力的直接测定方法》（AQ/T 1047—2007）。使用囊袋封孔器进行封孔，待瓦斯压力平衡后确定其瓦斯压力大小。

（二）设备材料、仪表及工具

（1）钻孔设备：打钻孔用的钻机可根据实际情况选用，其能力必须满足测压钻孔长度的要求，钻头直径选用75～94 mm。

（2）材料：囊袋封孔器、矿用膨胀水泥、纱网、4分测压管、筛孔管、管箍、生胶带等。

（3）仪表：压力表，量程为预计煤层瓦斯压力的1.5倍，准确度为1.0级。

（4）工具：管钳、扳手、剪刀、皮尺、水桶、螺丝刀、扎带等。

（5）封孔设备：注浆封孔泵，压力不低于1.5 MPa。

（三）瓦斯压力测定工艺

1.测定地点的选择

（1）测定地点应优先选择在石门或岩巷中，选择岩性致密的地点，且无断层、裂隙等地质构造处布置测点，其瓦斯赋存状况要具有代表性。

（2）测压钻孔应避开含水层、溶洞，并保证测压钻孔与其距离不小于50 m。

（3）对于测定煤层原始瓦斯压力的测压钻孔应避开采动、瓦斯抽采及其他人为卸压影响范围，并保证测压钻孔与其距离不小于50 m。

（4）对于需要测定煤层残余瓦斯压力的测压钻孔，则根据测压目的选择测压地点。

（5）选择测压地点应保证测压钻孔有足够的封孔深度（穿层测压钻孔的见煤点或顺层测压钻孔的测压气室应位于巷道的卸压圈之外），采用注浆封孔的上向测压钻孔倾角应不小于5°。

（6）同一地点应设置两个测压钻孔，其终孔见煤点或测压气室应在相互影响范围外，其距离除石门测压外应不小于20 m。石门揭煤瓦斯压力测定钻孔的布置按《防治煤与瓦斯突出细则》的有关规定进行。

（7）瓦斯压力测定地点宜选择在进风系统，行人少且便于安设保护栅栏的地方。

2.钻孔施工

（1）钻孔直径宜为65～92 mm，钻孔长度应保证测压所需的封孔深度。

（2）钻孔的开孔位置应选在岩石（煤壁）完整的地点。

（3）钻孔施工应保证钻孔平直、孔形完整，穿层测压钻孔除特厚煤层外应穿透煤层全厚，对于特厚煤层测压钻孔应进入煤层1.5～3 m。

（4）钻孔施工好后，应立即用压风或清水清洗钻孔，清除钻屑，保证钻孔畅通。

（5）在钻孔施工中应准确记录钻孔方位、倾角、长度、钻孔开始见煤长度及钻孔在煤层中的长度、钻孔开钻时间、见煤时间及钻毕时间。

（6）钻孔施工前应制定详细的技术及安全措施（包括测压观测期间应采取的技术及安全措施）。

（四）封孔

（1）钻孔施工完后应在24 h内完成钻孔的封孔工作，完成封孔工作24 h后进行测定工作。

（2）按选用的囊袋式封孔方法准备好封孔材料、仪表、工具等，检查测压管是否通畅及其与压力表连接的气密性，钻孔为下向孔时应将钻孔内积水排除。

（3）封孔深度应超过测压钻孔施工地点巷道的影响范围，封孔深度一般不小于20 m，煤层分层测压时则应封堵至被测煤层在钻孔侧的顶板或底板。应尽可能加长测压钻孔的封孔深度，并保证其测压气室长度不小于1.5 m。

钻孔施工完毕必须在24 h之内封孔，封孔时将测压管与囊袋封孔器捆扎在一起，然后送入钻孔预定深度。然后采用封孔泵将配制好的水泥浆（水灰比为2 ：1）一次连续注入封孔器，直至封孔器返浆。撤下注浆泵，等待24 h浆液凝固后在孔口安装三通及压力表。注浆封孔测压如图3-7所示。

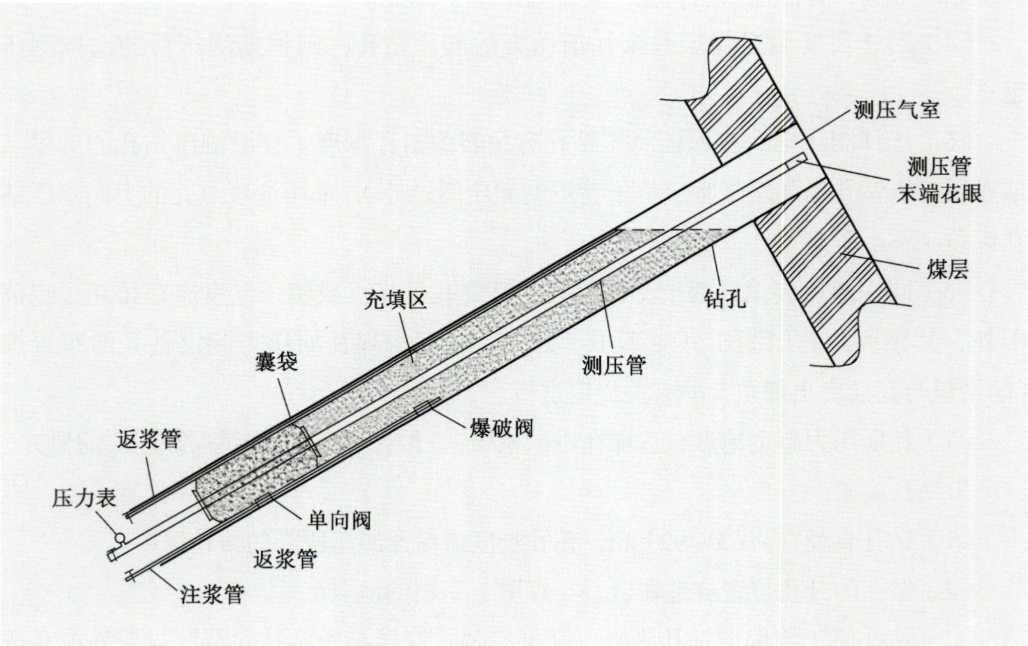

图 3-7　注浆封孔测压示意图

（五）瓦斯压力观测与确定

1. 测压管理

必须设专人负责瓦斯压力的测定工作。在瓦斯压力测定过程中，应做好各种参数及施工情况的记录。

2. 观测

至少2天观测一次。在观测中发现瓦斯压力值变化较大，则应增加观测次数，记录表的格式见表3-1。

表3-1 瓦斯压力测定记录表

<table>
<tr><td colspan="2">矿井名称</td><td colspan="2">测压地点</td><td colspan="2">煤层名称</td><td colspan="2">煤层厚度</td></tr>
<tr><td colspan="2"></td><td colspan="2"></td><td colspan="2"></td><td colspan="2"></td></tr>
<tr><td colspan="2">煤层倾角</td><td colspan="2">见煤标高</td><td colspan="2">见煤埋深</td><td colspan="2">开钻时间</td></tr>
<tr><td colspan="2"></td><td colspan="2"></td><td colspan="2"></td><td colspan="2"></td></tr>
<tr><td colspan="2">见煤时间</td><td colspan="2">钻毕时间</td><td colspan="2">封孔时间</td><td colspan="2">封孔深度</td></tr>
<tr><td colspan="2"></td><td colspan="2"></td><td colspan="2"></td><td colspan="2"></td></tr>
<tr><td rowspan="2">孔号</td><td colspan="3">钻孔参数</td><td rowspan="2">岩孔长度/m</td><td rowspan="2">煤孔长度/m</td><td rowspan="2">封孔长度/m</td><td rowspan="2">备注</td></tr>
<tr><td>方位/（°）</td><td>倾角/（°）</td><td>长度/m</td></tr>
<tr><td></td><td></td><td></td><td></td><td></td><td></td><td></td><td></td></tr>
<tr><td>时间</td><td>压力/MPa</td><td>时间</td><td>压力/MPa</td><td>时间</td><td>压力/MPa</td><td>时间</td><td>压力/MPa</td></tr>
<tr><td></td><td></td><td></td><td></td><td></td><td></td><td></td><td></td></tr>
<tr><td></td><td></td><td></td><td></td><td></td><td></td><td></td><td></td></tr>
</table>

观测人　　　　　　　　记录人　　　　　　　　审核人

3. 瓦斯压力观测时间

瓦斯压力观测时，当压力变化连续3天小于0.015 MPa/d时，即可结束观测。

4. 瓦斯压力的确定

将观测结果绘制在以时间（d）为横坐标，瓦斯压力（MPa）为纵坐标的坐标图上。对于上向测压钻孔，在结束测压工作、拆卸压力表时（应制定相应的安全措施），应测量从钻孔中放出的水量，根据钻孔参数、封孔参数计算钻孔水的静水压力，并从测定压力中扣除。对水平及下向测压钻孔则以测定值作为瓦斯压力值。同一地点以最高瓦斯压力作为测定结果。

三、钻孔瓦斯流量衰减系数测定

钻孔瓦斯流量衰减系数是钻孔瓦斯流量随时间推移呈衰减变化的特征，是表征钻孔自然瓦斯涌出特征的重要参数，是评价预抽煤层瓦斯难易的重要指标之一。其测定主要参考《煤矿瓦斯抽放规范》（AQ 1027—2006）的相关要求。

（一）钻孔瓦斯流量衰减系数测定原理

钻孔瓦斯流量衰减系数是钻孔瓦斯流量随时间延续呈衰减变化关系的系数，其测算方法为：选择具有代表性的地点打钻孔，先测定其初始瓦斯流量q_0，经过自然排放瓦斯时间t后，再测其瓦斯流量q_1，然后按下式计算，求出钻孔瓦斯涌出量衰减系数，其衰减趋势由负指数方程式结果表示。

$$q_1 = q_0 e^{-\beta t} \tag{3-1}$$

$$\beta = \frac{1}{t}(\ln q_0 - \ln q_1) \tag{3-2}$$

式中 β——100 m钻孔瓦斯流量衰减系数，d^{-1}；

q_0——100 m钻孔初始瓦斯流量，m^3/（min · 100 m）；

q_1——经过时间t_1的100 m钻孔瓦斯流量，m^3/（min · 100m）；

$\ln q_0$、$\ln q_1$——q_0、q_1的自然对数；

e——自然对数的底数；

t——时间，d。

$$q_0 = \frac{Q_{CH_4}}{L} \times 100 \tag{3-3}$$

式中 q_0——100 m钻孔初始瓦斯流量，m^3/（min . 100m）；

Q_{CH_4}——瓦斯流量，由流量计测定，m^3/min；

L——钻孔长度，m。

（二）钻孔瓦斯流量测定方法

钻孔瓦斯流量衰减系数测算最重要的参数就是钻孔瓦斯流量，准确测定各个时间的钻孔瓦斯流量值成为瓦斯流量衰减系数测算的关键。通常使用气体流量计测定钻孔瓦斯流量。

在钻孔瓦斯压力测定结束后测定瓦斯流量。瓦斯流量的测定一般要求在降压排瓦斯后的几天内进行，尽量延长测定时间。其测定方法和步骤如下：

（1）待瓦斯压力稳定以后，卸掉压力表，钻孔瓦斯呈自然排放状态。

（2）自然排放一段时间后，在测压管口安装气体流量计开始测定钻孔瓦斯流量，并将测试时间、测试地点、测试结果等参数填写到记录表中。

（3）观测结束后，卸下气体流量计，保持测压管呈自然排放状态。

（4）上述测定过程一般要求在2 min内完成，每间隔24 h测定一次钻孔瓦斯流量。

（三）钻孔瓦斯流量衰减系数计算

根据测得的时间和流量数据按照式（3-2）计算出流量衰减系数β。

四、煤层透气性系数测定

煤层透气性表征煤层对瓦斯流动的阻力，反映了瓦斯沿煤层流动的难易程度，是衡量煤层瓦斯预抽难易程度的重要指标，其测定是依据中国矿业大学的径向不稳定流动理论为基础而得出的。

（一）施工钻孔测定煤层瓦斯压力

由岩石巷道向煤层施工测压钻孔，钻孔与煤层夹角应尽量接近90°，钻孔要打穿煤层全厚，孔径不限。记录钻孔的方位角、仰角和钻孔在煤层中的长度。记录钻孔见煤和打完煤层的时间（年、月、日、时、分），取这两个时间的平均值作为钻孔开始排放瓦斯时间的起点。钻孔打完后，清洗钻孔，封孔测瓦斯压力。上压力表之前测定钻孔瓦斯流量，并记录流量与测定流量的时间（年、月、日、时、分）。当压力表读数上升至稳定的最高位时，即为煤层原始瓦斯压力值。

（二）卸压测定钻孔瓦斯流量

卸下压力表排放瓦斯，卸压1天后测定钻孔瓦斯流量，测定时要记录时间（年、月、日、时、分），即卸下压力表后大量排放瓦斯时间与每次测定瓦斯流量的时间，两者的时间差即为时间准数中的值。

测量流量的仪表，当流量大时可用小型孔板流量计，而流量小时可用0.5 m^3/h的湿式气体流量计（煤气表）。封孔后上表前测得的流量也可用来计算透气性系数。

（三）煤层瓦斯含量系数测定

煤层的瓦斯含量系数一般是在实验室通过吸附试验确定。

（四）透气性系数计算方法

钻孔瓦斯流动是径向不稳定流动，求出其流动方程的解析解是困难的。中国矿业大学在实验室用相似模型试验方法进行试验，并用相似准数表达了试验结果。

径向不稳定流动的计算公式为

$$Y = aF_0^b \tag{3-4}$$

式中　Y——流量准数，无因次；

F_0——时间准数，无因次；

a、b——无因次系数。

$$F_0=\frac{4\lambda p_0^{15}}{ar_1^2}t \tag{3-5}$$

$$Y=\frac{qr_1}{\lambda(p_0^2-p_1^2)} \tag{3-6}$$

式中　p_0——钻孔中的原始瓦斯压力，MPa；

p_1——空气压力，一般为0.1 MPa；

λ——煤层透气性系数，m^2/（MPa^2・d）；

r_1——钻孔半径，m；

t——从钻孔卸压到测定钻孔瓦斯流量的时间，d；

a——煤层瓦斯含量系数；

q——排放时间为t时钻孔煤壁单位面积的瓦斯流量，m^3/（m^2・d）。

$$q=\frac{Q}{2\pi r_1L} \tag{3-7}$$

$$a=\frac{X}{\sqrt{p}} \tag{3-8}$$

式中　Q——时间为t时测出的钻孔流量，m^3/d；

L——钻孔见煤长度，一般为煤层厚度，m；

X——煤层瓦斯含量，m^3/t；

p——确定煤层瓦斯含量时的瓦斯压力，MPa。

$$Y=\frac{A}{\lambda} \tag{3-9}$$

为了简化计算，导出如下计算透气性的公式：

$$F_0=B\lambda \tag{3-10}$$

$$\begin{cases} A=\dfrac{qr_1}{p_0^2-p_1^2} \\ B=\dfrac{4\times p_0^{15}}{ar_1^2}t \end{cases} \tag{3-11}$$

由于流量准数与时间准数的关系难以用简单的公式表达，故按时间准数F_0分段表示，得出以下专门计算透气件系数的公式：

$$\begin{cases} F_0 = 10^{-2} \sim 1 & \lambda = A^{1.61}B^{0.61} \\ F_0 = 1 \sim 10 & \lambda = A^{1.39}B^{0.391} \\ F_0 = 10 \sim 10^2 & \lambda = 1.1A^{1.25}B^{0.25} \\ F_0 = 10^2 \sim 1^3 & \lambda = 1.83A^{1.14}B^{0.137} \\ F_0 = 10^3 \sim 1^5 & \lambda = 2.1A^{1.11}B^{0.111} \\ F_0 = 10^5 \sim 1^7 & \lambda = 3.14A^{1.07}B^{0.07} \end{cases} \quad (3\text{-}12)$$

由于计算透气性系数的公式较多，须采用试算法来确定选取的计算式。即先选用其中任一个公式计算出λ值，然后将算出的λ值代入公式，校验F_0是否在选用公式的适用范围内。如在适用范围，则选式正确，算出的λ值即为煤层透气性系数；如不在适用范围，则需重新选公式计算λ值，并再次校验F_0值是否在选用公式的适用范围内。

测定透气性系数时应注意如下事项：

（1）打测压钻孔时要注意有无喷孔，如有喷孔，应测定喷出煤量，然后折合计算孔径；

（2）测定钻孔瓦斯流量时，可在不同时间多测几个瓦斯流量值，以便分析距钻孔不同距离煤体透气性的变化规律；

（3）卸压后到测定流量时间长时，钻孔见煤长度可不取实测值（如钻孔与煤层面斜交），而取等于煤厚；如时间短，则L值可取为钻孔见煤长度。

五、瓦斯抽采的可行性分析

瓦斯抽采的可行性取决于煤层的自然透气性，其评价指标有两个：煤层透气性系数（λ）和钻孔瓦斯流量衰减系数（α）。开采层预抽瓦斯可行性评价指标见表3-2，评价参数以煤层透气性系数为主。

表3-2 煤层瓦斯抽采难易程度表

抽采难易程度	钻孔瓦斯流量衰减系数α/（d^{-1}）	煤层透气性系数λ/（$m^2 \cdot MPa^{-2} \cdot d^{-1}$）
容易抽采	<0.003	>10
可以抽采	0.003 ~ 0.05	10 ~ 0.1
较难抽采	>0.05	<0.1

开采层瓦斯抽采的可行性是指在原始透气性条件进行预抽的可能性。一般来说，其衡量指标有两个：一为煤层的透气性系数（λ）；二为钻孔瓦斯流量衰减系数（α）。根据测试结果或同一煤层的测试结果判断煤层瓦斯抽采的难易程度。

六、瓦斯放散指数测定

煤的瓦斯放散指数 Δp 是一个假定的指标，表示煤层瓦斯放散的快慢程度，其数值大小与煤的孔隙结构、孔隙表面性质和大小有关，其测定依据《煤的瓦斯放散初速度指标（Δp）测定方法》（AQ 1080—2009）。

（一）测定仪器

瓦斯放散指数 Δp 测定装置如图3-8所示。仪器两侧有两个圆筒形玻璃杯1，其内径为18 mm，高60 mm，上端内部磨口，玻璃杯1内装3.5 g煤样；2是水银压力计，高220～250 mm，从标尺3测得读数。管口4、5分别与真空泵和瓦斯罐相接，管口直径为6 mm。玻璃管7是盛煤样杯子与真空泵相通的管路，内径为5 mm。6是玻璃球形腔，内径为30 mm。在玻璃杯1的上部和套管9的内部安有磨口玻璃塞8，塞内有弯曲通道，顶部有把手，可以左右转动变换使煤样与真空泵或与瓦斯罐相通。

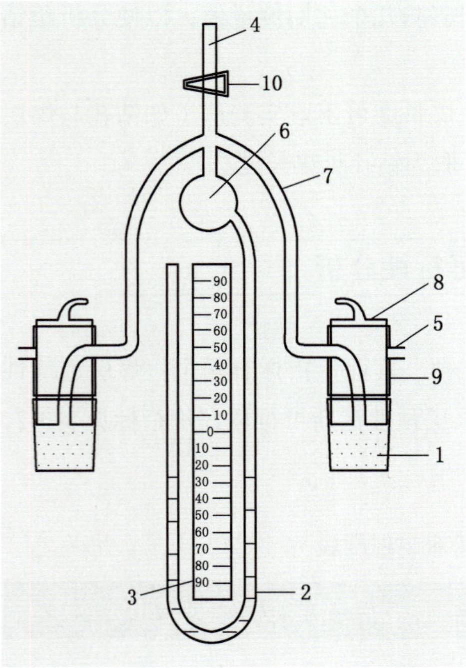

1—玻璃杯；2—水银压力计；3—标尺；4、5—管口；6—玻璃球形腔；7—玻璃管；8—玻璃塞；9—套管；10—开关

图3-8 Δp 测定装置

（二）测定步骤

当仪器接好真空泵和瓦斯（甲烷）罐，而且玻璃塞的磨口上涂好真空油后，仪器即可工作。

（1）首先把3.5 g煤样装入杯内，煤样粒度取决于煤的牌号，对于无烟煤粒度为2～3 mm，其他煤种为0.25～0.5 mm。煤样上放入一个小棉花团，将装好试样的杯口涂真空油并安在玻璃塞上。

（2）煤样脱气。打开开关10，扭转测杯的玻璃塞，使内部通道与套筒上管口4相通，开动真空泵，抽吸煤样中的气体1.5 h。

（3）煤样充气。扭转测杯玻璃塞，使内部通路与管口5相通，甲烷从瓦斯罐经气表流入测杯内，使煤在0.1 MPa条件下充甲烷1.5 h。

（4）测定瓦斯放散指数。测定前检查水银压力计的两个水银柱面是否在同一水平线上，若不在同一水平线上，应把开关10打开数秒钟，把自由空间和水银压力计空间抽真空后再关上开关10。

（5）依次测定两个测杯的煤样。扭转玻璃塞8使测杯内煤样与水银压力计相通。当水银柱面开始变化时，立刻开动秒表，10秒钟时把玻璃塞扭至中立位置（即切断测杯与水银压力计的通路），但不停秒表，记录水银压力计两汞面之差p_1（mmHg），玻璃塞保持中立位置35秒钟，即第45秒时再把玻璃塞扭转到使测杯与水银压力计相通位置15秒钟。在第60秒时停止秒表，把玻璃塞拧到中立位置，再次读出水银压力计两汞面之差p_2（mmHg），这样该煤样的瓦斯放散指数为

$$\Delta p = p_2 - p_1 \tag{3-13}$$

煤样一般要求1.5~2.0 kg，其中一部分做工业分析、坚固性系数以及煤的孔隙率测定用。欲测 Δp 的煤样在过筛取得合乎要求的粒度后，应蜡封保存、备用，以防煤样氧化改变 Δp 的性能。试验温度要求为20 ℃。

七、煤的坚固性系数测定

煤的坚固性系数表征煤的坚固性，测定方法按照《煤和岩石物理力学性质测定方法　第12部分：煤的坚固性系数测定方法》（GB/T 23561.12—2010）执行。

（一）仪器、设备和用具

捣碎筒、计量筒（图3-9）；分样筛：孔径20 mm、30 mm和0.5 mm各一个；天平：最大称量1000 g，感量0.5 g；小锤、漏斗、容器。

MJC型煤的坚固性系数测定装置如图3-10所示。

（二）采样和制样

在新暴露的煤层沿煤层厚度的上、中、下部各采取块度为10 cm左右的煤样两块。当在地面打钻取样时，也应在沿煤层厚度的上、中、下部各采取长度约10 cm的煤芯两块。煤样采出后应及时用纸包上并浸蜡封固以免风

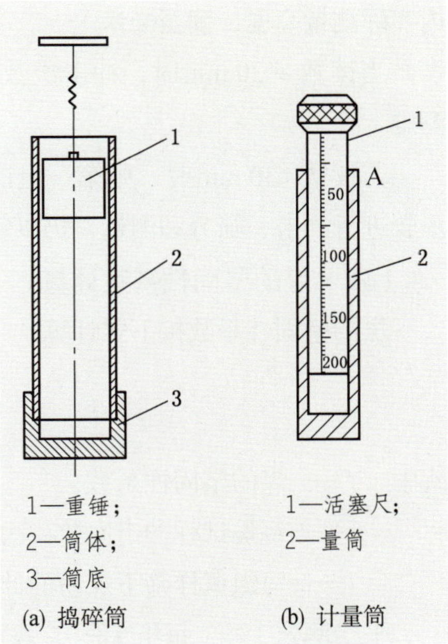

图3-9　捣碎筒和计量筒

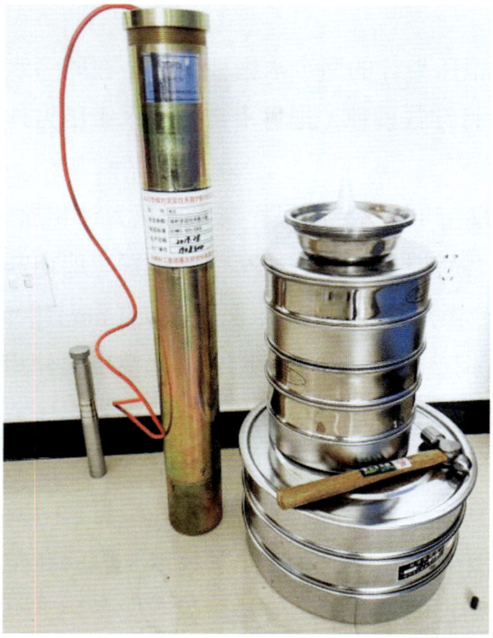

图 3-10 MJC 型煤的坚固性系数测定装置

化。煤样要附有标签，注明采样地点、层位、时间等。煤样在携带、运送过程中应注意不得摔碰。把煤样用小锤碎制成块度为20 ~ 30 mm的小块，用孔径为20 mm或30 mm的筛子筛选。称取制备好的试样50 g为1份，每5份为一组，共称取3组。

（三）测定步骤

将捣碎筒放置在混凝土或水泥地板中2 cm厚的铁板上，放入试样1份，将质量为2.4 kg的重锤提高到600 mm（锤底面至筒底上表面）高度，使其自由落下冲击试样，每份冲击3次，把5份捣碎后的试样装在同一容器中。把每组（5份）捣碎后的试样一起倒入孔径0.5 mm分样筛中筛分，端平分样筛轻筛，筛动幅度约200 mm即可，筛至不再漏下煤粉为止。把筛下的粉末用漏斗装入计量筒内，轻轻敲打使其密实。然后轻轻插入具有刻度的活塞尺与筒内粉末面接触。在计量筒口相平的A处（图3-9b）读数（即粉末在计量筒内实际测量高度，读至毫米）。

当读数≥30 mm时，冲击次数n即可定为3次，按以上步骤继续进行其他各组测定。

若读数<30 mm时，则第一组试样作废，每份试样冲击次数n改为5次，按以上步骤进行冲击、筛分和测量，仍以每5份作一组，测得煤粉高度。

（四）煤的坚固性系数计算

煤的坚固性系数按下式计算：

$$f=\frac{20n}{l} \tag{3-14}$$

式中 f——煤的坚固性系数；

n——每份试样冲击次数，次；

l——每组试样筛下煤粉的计量高度，mm。

平均测定3组（每组5份），取算术平均值，计算结果取一位小数。试验报告中列出每组测定结果及3组的算术平均值。煤的坚固性系数测定记录见表3-3。

表3-3　煤的坚固性系数测定记录表

测定日期：

煤样编号	煤种类别	试样编号	冲击次数 n	计量筒读数/mm	坚固性系数 f	f 的平均值	备注

测定人员：　　　　　　　　　　　　　计算人员：

八、瓦斯吸附常数（a、b 值）测定

煤体内部存在着大量孔隙，具有很大的表面积，大量的微孔表面具有表面能，是一种天然吸附剂，当气体与内表面接触时，分子的作用力使甲烷气体分子在表面上浓集，称为吸附。气体分子浓集的数量逐渐增多为吸附过程，气体分子返回自由状态的气相中表面上气体分子逐渐减少为脱附过程，当表面上气体分子维持一定数量时，吸附速率和脱附速率相等为吸附平衡。在某一恒定温度下，吸附量与压力关系较好地符合朗格缪尔方程：

$$Q=\frac{abp}{1+bp} \tag{3-15}$$

式中　Q——压力 p 下煤的可燃质吸附瓦斯量，$cm^3/(g\cdot r)$；

p——瓦斯压力，MPa；

a——吸附常数，当 $p\to\infty$ 时，即为煤的可燃质饱和吸附量，$cm^3/(g\cdot r)$；

b——吸附常数，MPa^{-1}。

常数 a、b 即为煤的吸附常数，决定着煤样在不同压力下吸附瓦斯量的多少，因此煤的瓦斯吸附常数是衡量煤吸附瓦斯能力大小的指标。a 值的物理意义是当瓦斯压力趋向无穷大时，煤的可燃质极限瓦斯吸附量。

煤对瓦斯的吸附常数由重庆煤科院生产的HCA型高压容量法瓦斯吸附装置测定，如图3-11所示，其工作原理如图3-12所示。

（一）煤样制取

采集煤层全层样品（或分层）的新鲜煤样，除去矸石，并严密封装。煤样质量为2～3 kg，并有5块以上外径不小于35 mm的煤块，从采样运输到制备成试验煤样之间的时间不得超过一个月。

（1）试验煤样应统一编号。将全部煤样粉碎到3 mm以下，分成两份。一份粉碎到0.25 mm以下，筛取其中0.2～0.25 mm的煤样约250 g作为吸附试验煤样。另一份粉碎到0.15 mm以下，筛取150～250 g作为工业分析煤样，并选取不少于5块直径大于35 mm的块煤作为视密度测定煤样，余下煤样分别按国标要求测定水分（M_{ad}）、灰分（A_{ad}）、挥发分（V_{daf}）和真密度、视密度等。

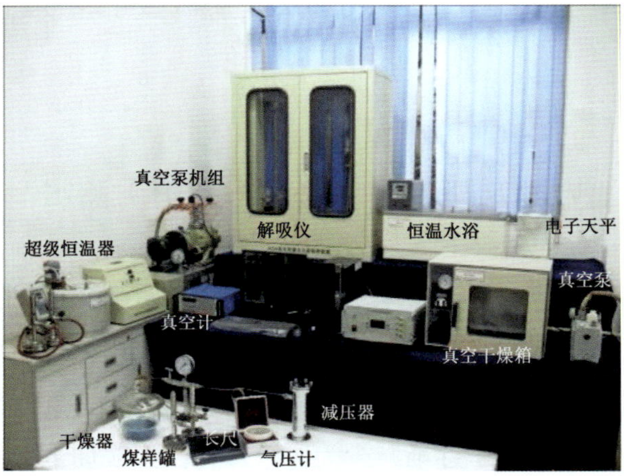

图 3-11　HCA 型高压容量法瓦斯吸附测定装置

（2）制备好的煤样在45～50 ℃温度下干燥2~4 h后，冷却至室温，置于空气中干燥后储存于磨口试样瓶中，试验剩余煤样视需要予以保留1~2年，以备校对检查。

（二）测定步骤

（1）称样。在电子天平中称量煤样50 g左右精确到0.0001 g。

（2）烘干。将煤样杯中称好的煤样置于真空干燥箱内，设定真空干燥箱温度为80~85 ℃，启动真空泵开始脱气，当干燥箱内的真空度保持在13 Pa以下时，使煤样在恒温下烘干6 h左右取出，立即放入干燥器内冷却保存。

（3）装罐。烘干并冷却后的煤样应仔细装入有编号的吸附罐内，注意不得造成煤样的抛撒与损失，煤样装入吸附罐后要轻敲震平，并在上面铺盖一衬有薄层脱脂棉的铜网，以防脱气或解吸瓦斯时细煤末飞出，旋紧螺钉，用游标卡尺测量罐缝高度，测量时按90°取4个均匀分布的点，记录4个罐缝高度值H_1、H_2、H_3、H_4，并输入电脑“煤样基本信息”模块中。

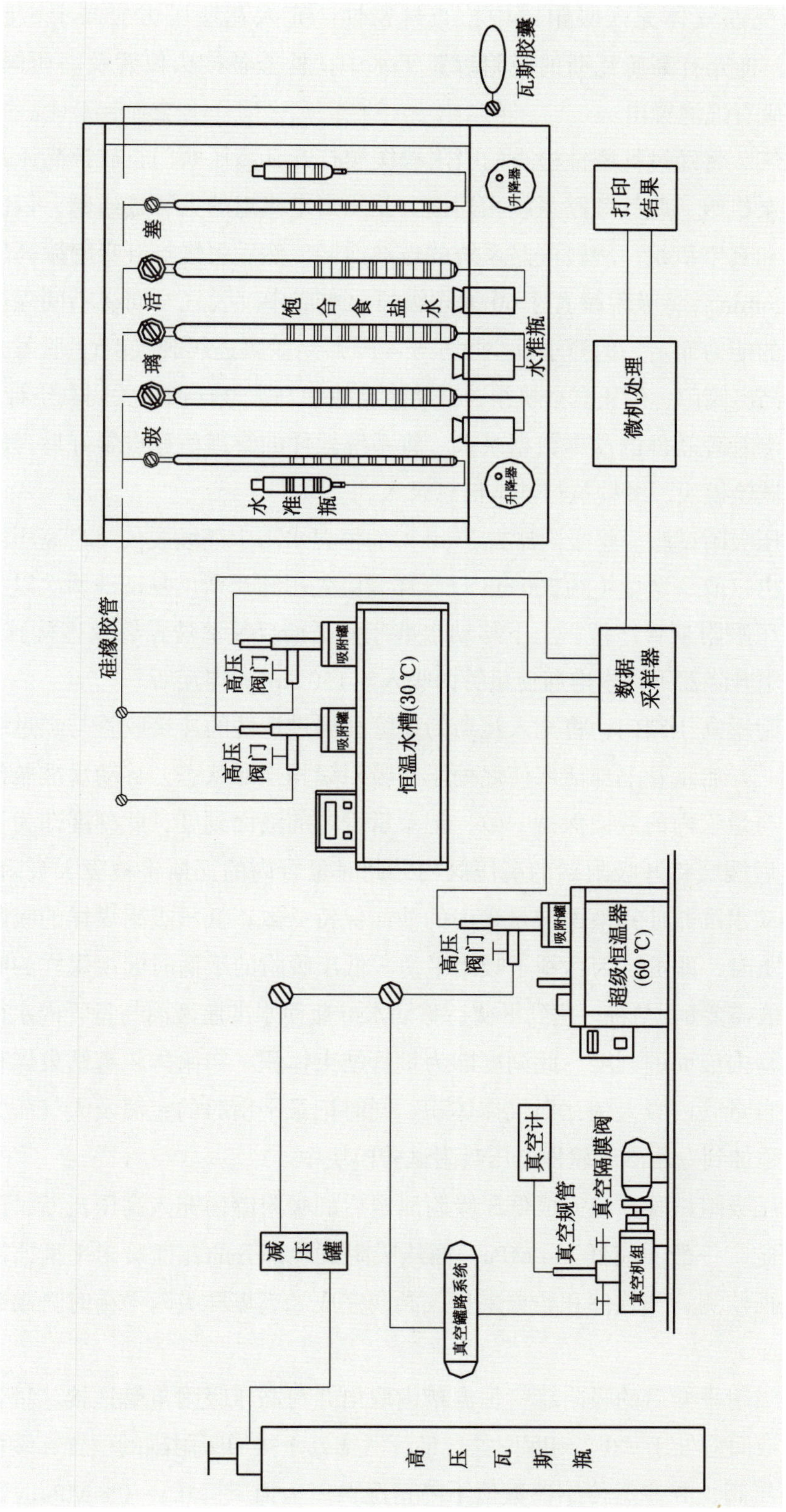

图 3-12　HCA 型高压容量法瓦斯吸附装置工作原理图

将高压瓦斯气体充入吸附罐中检查气密性。充入瓦斯压力应高于试验压力4 MPa以上，将充有高压瓦斯的吸附罐置于水中，检查各接头位置及高压阀门口、螺钉处均不应有气泡冒出。

（4）脱气。将经过气密性检查的吸附罐缓缓打开其高压阀门，放掉高压瓦斯后与罗茨真空泵机组、脱气气路系统相连接。关闭真空机组的大气连通阀，依次开启真空计电源和真空机组，旋转气路系统的玻璃活塞，然后缓慢打开吸附罐高压阀门进行脱气，5 min后将吸附罐置于60 ℃超级恒温水浴中。脱气时间视不同煤样、煤样数量及泵的能力而定，但要求真空度小于4 Pa后至少再连续脱气4 h。脱气完成后关闭吸附罐高压阀门，停止真空机组，并将真空机组与大气连通，关闭真空计。

（5）监测管理软件的基本数据录入。将系统软件的管理信息设置好后，即可执行进入吸附试验模块，继续执行基本信息录入。

（6）低压吸附试验。将吸附罐置于30 ℃的恒温水浴中继续脱气。自高压纯瓦斯瓶的减压阀出口取一定量（约200 cm^3，气样袋应先用纯瓦斯反复清洗两次以上）瓦斯后，与低压吸附量管连接，上下移动水准瓶使瓦斯反复清洗量管及连接胶管3次以上，最后用升降器下移水准瓶使量管内吸入约150 cm^3的纯瓦斯。

关闭吸附罐高压阀门，将充入瓦斯的量管和经过清洗的连接胶管与经过脱气的吸附罐相连。开启量管上部活塞使之处于与吸附罐相连通状态，移动水准瓶使水准瓶内的液面与量管内的液面保持一致，记录量管内的液面刻度，此刻度即为量管初始体积。然后缓缓打开吸附罐的高压阀门，此时量管内的瓦斯将被吸入吸附罐内，注意不断移动水准瓶使其液面与量管内的液面保持一致。低压吸附煤样的吸附速度小于0.5 cm^3/h时，即可认为达到了吸附平衡。低压吸附的平衡时间视煤样的吸附性能而定，一般需要8 h左右。达到平衡后移动水准瓶使水准瓶液面与量管内水面一致后，读取量管内液面的刻度，此刻度即为量管结束体积。初始体积与结束体积之差即为吸附罐自量管内吸入的瓦斯气体体积。同时记录平衡时的室温及大气压力，把记录的数据添加到专用测试软件低压吸附试验模块中。

（7）高压吸附试验。向完成低压吸附测定后的吸附罐内充入高压瓦斯，压力视试验要求而定，一般不应低于4 MPa。高压吸附试验部分的瓦斯吸附平衡监测，使用配套的数据监测管理软件和数据采集仪共同完成，当煤样吸附平衡时自动采集平衡压力。

将低压吸附平衡后的吸附罐自恒温槽内取出并与高压吸附量管连接。量管内的饱和食盐水液面应处于“0”刻度位置，量管活塞处于接通吸附罐的位置，缓慢开启吸附罐的高压阀，并注意传感器数值下降情况，压力值下降0.5 ~ 0.8 MPa时，立即关闭高压阀，将吸附罐重新置于恒温槽内平衡。移动水准瓶读取量管内的瓦斯解吸体积，此瓦斯量即为先后两次平衡压力区间内从吸附罐中放出的瓦斯总量，同时记录此时的室温和大气压力。把记录的数据添加到专用测试软件高压吸附试验模块中。为保证试验必要的精度，高压吸附的平衡压力点应不少于6个。吸附平衡的判断标准是：传感器监测到的瓦斯压力值在半小时内变化不超过0.01 MPa。

高压吸附的最后一点压力（传感器监测值一般为0.5～0.8 MPa）达到平衡后，开启高压阀不再关闭，使吸附罐中瓦斯充分排入量管，最后在大气压力下达到平衡，要经常移动水准瓶使之与量管内液面一致。当吸附罐内放出瓦斯的速度小于2 cm^3/h 时，可以认为瓦斯吸附达到平衡，高压吸附试验操作完成。

（三）试验结果输出

当高压吸附试验结束后，即可进行结果输出，点击“获取试验结果”功能按钮，即可得到试验煤样的瓦斯吸附常数a、b及相关性系数r。

九、煤的孔隙率

煤的孔隙率是指煤的内部孔隙体积占总体积的百分比。孔隙率是影响多孔介质内流体传输性能的重要参数，孔隙率与煤化程度、地质破坏程度和地应力性质及大小等因素关系密切，其数值可在较大范围内变化。孔隙率也是决定煤中游离瓦斯含量大小的主要因素之一，在相同瓦斯压力下，煤的孔隙率越大，则煤中所含游离瓦斯量也越大。煤中瓦斯90%以上是以吸附状态赋存在煤层中的孔隙内表面上，孔隙体积的大小决定着煤吸附瓦斯能力的大小。孔隙率的计算通过对现场采集的煤样测定煤的真密度和视密度来计算，计算公式如下：

$$K=\left(1-\frac{\rho_{\mathrm{p}}}{\rho_{\mathrm{t}}}\right)\times 100\% \tag{3-16}$$

式中　K——煤的孔隙率，%；

ρ_{t}——煤的真密度，g/cm^3；

ρ_{p}——煤的视密度，g/cm^3。

十、煤质工业分析

煤质工业分析实验是根据《煤的工业分析方法　仪器法》（GB/T 30732—2014）的要求，采用长沙开元仪器有限公司生产的5E-MAC-IV型全自动工业分析仪，分析测定煤的水分、灰分、挥发分。实验流程必须符合下述要求。

（一）测定流程选择

煤质工业分析实验中，选择经典法测试流程主要用于实验仲裁，选择快速法测试流程主要用于指导生产实践。实验时必须根据实验用途选择合适的实验流程。

（二）操作准备

实验前必须对坩埚进行清洁并保持干燥，用清水洗涤后放置于107 ℃的烘干箱中干燥2 h，取出后放入干燥皿中保存。

装煤样前必须将专用煤样勺进行干燥处理，并将煤样勺上的残留物清理干净。

（三）开机测试

测试前必须在对话框内输入试样编号、试样名称、化验员等信息。输入测试位置时严禁在用于校正的0号坩埚内放置煤样，否则会影响测量结果。

测试水分和灰分时严禁向每个坩埚加盖，测试挥发分时必须向每个坩埚加盖。测试期间整个过程均为全自动测试，严禁人为操作实验仪器。

| 第三节 |

油型气参数测定办法及标准

一、油型气含量测定

油型气与煤层瓦斯不同，其储集层是煤层顶底板的砂岩层，赋存状态以游离态为主，揭露后储集层气体快速逸散，采用现有的煤层瓦斯含量测算方法无法准确计算油型气含量。因此，采用间接法测定油型气含量。

通过分析研究现有煤层瓦斯含量测算方法和天然气行业储集层气体含量测试方法，采用如下间接法计算油型气含量，计算公式如下：

$$W=\frac{\pi pT_0S}{Tp_0\xi} \tag{3-17}$$

式中　W——储集层油型气含量，m^3/m^3；

π——储集层的孔隙率，m^3/m^3；

p——油型气压力，MPa；

T_0、p_0——标准状况下的绝对温度（273 K）与压力（0.101325 MPa）；

S——储集层含油型气饱和度，%；

T——储集层油型气绝对温度，K；

ξ——油型气压缩系数，无因次量。

在黄陵二号煤矿井下205工作面辅运巷13-3、10-5、$9\text{-}3_{补}$号测压钻孔和地面HLDM-3、HLDM-4孔测压段进行了油型气含量的间接测算，各测点其他参数按式（3-17）进行计算，结果见表3-4和表3-5。

由表3-4和表3-5可以看出：油型气含量为0.11～0.48 m^3/m^3，气含量测值不高，但由于油型气以游离状态储集于岩体中，油型气涌出量的大小还与储集层的孔隙体积及含气面积等因素密切相关，若储集层裂隙发育及含气面积大，则其中的油型气储量就高。

表3-4　205辅运巷测点油型气含量测算参数及结果

孔号	绝对压力/MPa	储集层孔隙率/($m^3 \cdot m^{-3}$)	储集层温度/K	压缩系数	油型气含量/($m^3 \cdot m^{-3}$)
13-3	1.12	0.022	297	1.059	0.21
10-5	0.85	0.022	297	1.065	0.18
$9-3_{补}$	0.48	0.022	297	1.073	0.11

表3-5　地面勘查孔测点油型气含量测算参数及结果

孔号及地层	绝对压力/MPa	储集层孔隙率/($m^3 \cdot m^{-3}$)	储集层温度/K	饱和度/%	压缩系数	油型气含量/($m^3 \cdot m^{-3}$)
HLDM-3孔3煤底	3.17	0.021	302	0.852	1.053	0.48
HLDM-4孔2煤顶	2.98	0.021	296	0.833	1.032	0.47

二、油型气压力测定

井下瓦斯压力测试的常规方法为：在钻孔、采动及构造影响范围外施工专门的压力测试钻孔，成孔后立即下入测压管，采用速凝封孔材料进行封孔，等候凝固24 h后孔口安装压力表进行压力观测。

由于底板钻孔油型气涌出不均衡的特点，现场实践证明：不适宜采用常规方法进行油型气压力测定。因此对常规的油型气探采钻孔封孔工艺及装置进行了改进，采用“测压-抽采”一体化底板油型气压力测定技术。该技术是一种能够动态跟踪油型气涌出情况并随时进行油型气压力测定的新技术，主要思路是：不再施工专门的油型气压力测试钻孔，而是对所有的探采钻孔采用统一的封孔技术，现场根据油型气探采钻孔中油型气涌出情况进行油型气压力的实时测定，达到既不影响油型气的抽采又能实现油型气压力的随探随测。装置改进及封孔要求为：封孔管总长22 m，前端6 m为花管连接，花管必须用纱网进行包裹，后16 m为未打眼护孔管（简称“实管”）连接。花管的后端焊接一圆形挡板→实管尾端焊接一$^1/_2$寸管箍（其与实管相通）→$^1/_2$寸管上端安装压力表→实管外端连接1寸球阀→1寸球阀外端连接$2^1/_2$寸尾管→$2^1/_2$寸尾管连接抽采管路（图3-13）。该技术的操作方法为：探采钻孔施工完成后，下入“测压-抽采”一体化装置，整个装置下入及连接过程中要确保各部件连接接口的密封性，随后采用速凝封孔材料进行封孔。当探采孔内无油型气明显涌出时，不进行油型气压力测定工作，将$^1/_2$寸管管箍封堵，使1寸球阀处于打开状态，即实现了探采钻孔的抽采。当探采孔内出现油型气异常涌出时，关闭其他抽采钻孔，并停止后续探采钻孔的施工，待整个装置连接及封孔凝固完成后，关闭1寸球阀，即可进行油型气压力测定，油型气压力测试结束后，打开1寸球阀，即可进行油型气的抽采。

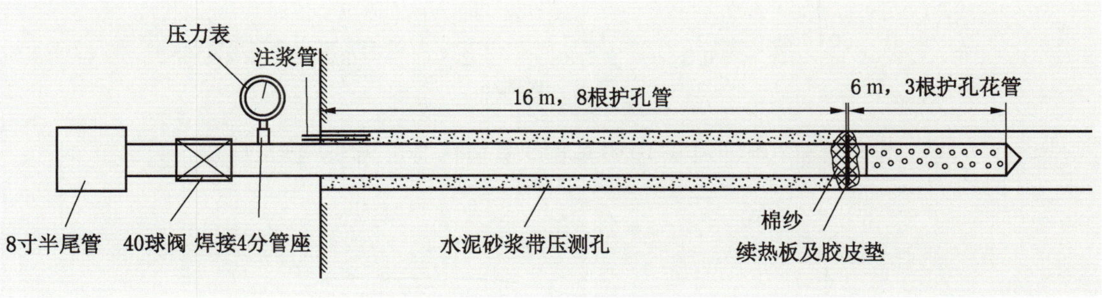

图 3-13 “测压 – 抽采”一体化底板油型气压力测定装置图

采用该方法对钻孔中油型气压力进行现场测定，使油型气的危害程度从定性描述转为定量表征，测得油型气压力为0.48 ~ 1.12 MPa，油型气压力较高、危害程度较大。图3-14 ~ 图3-16所示为在黄陵矿区二号煤矿井下205工作面辅运巷测得的钻孔油型气压力。

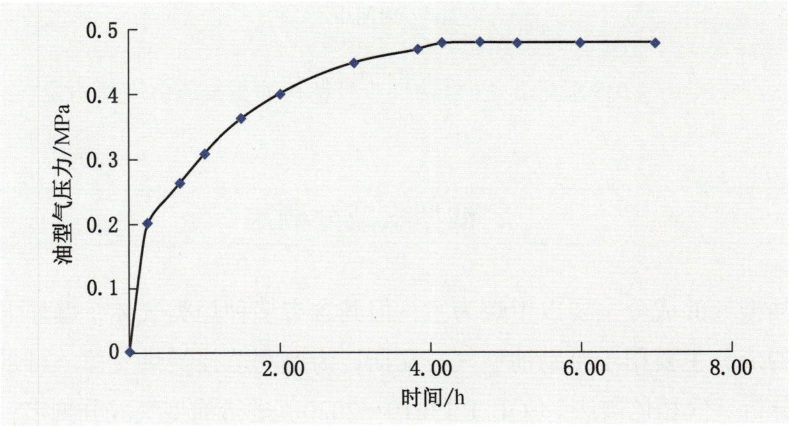

图 3-14 205 辅运巷 9 号钻场 $3_{补}$号钻孔油型气压力恢复曲线

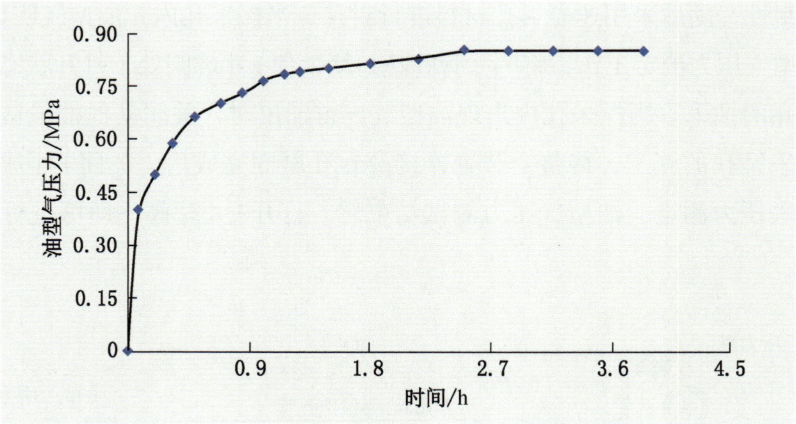

图 3-15　205 辅运巷 10 号钻场 5 号钻孔油型气压力恢复曲线

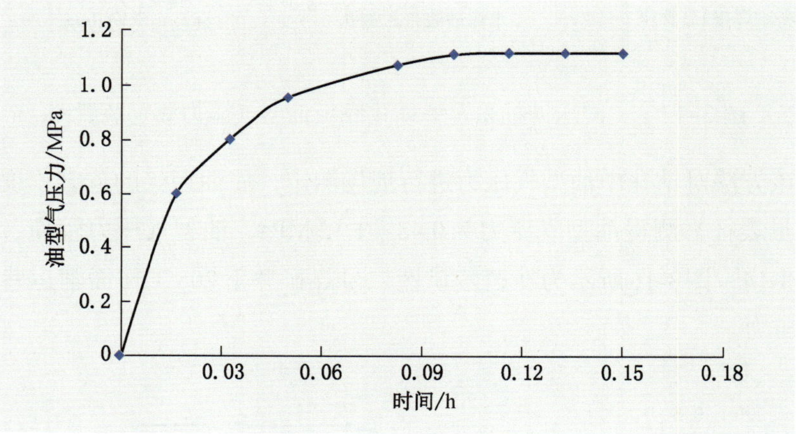

图 3-16　205 辅运巷 13 号钻场 3 号钻孔油型气压力恢复曲线

三、油型气成分测定

虽然油型气的成分主要以甲烷为主，但其含有多种烃类气体，爆炸下限低，测定油型气的成分主要用于鉴别油型气与瓦斯，为监测监控提供支撑。可采用《天然气的组成分析　气相色谱法》（GB/T 13610—2020）进行油型气成分测定，其主要方法是具有代表性的天然气样品和已知组成的标准混合气，在同样的操作条件下，用气相色谱法进行分离。气样中许多重组分可以在某个时间通过改变流过柱子载气的方向，获得一组不规则的峰，这组重组分可以是C5和更重组分、C6和更重组分或C7和更重组分。由标准气的组成值，通过对比峰高、峰面积或者两者均对比，计算获得气样的相应组成。黄陵矿区油型气成分的测定结果详见第二章第二节中油型气的成分。

井下需要安装油型气监测传感器对工作面涌出的油型气进行监测，如图3-17所示。

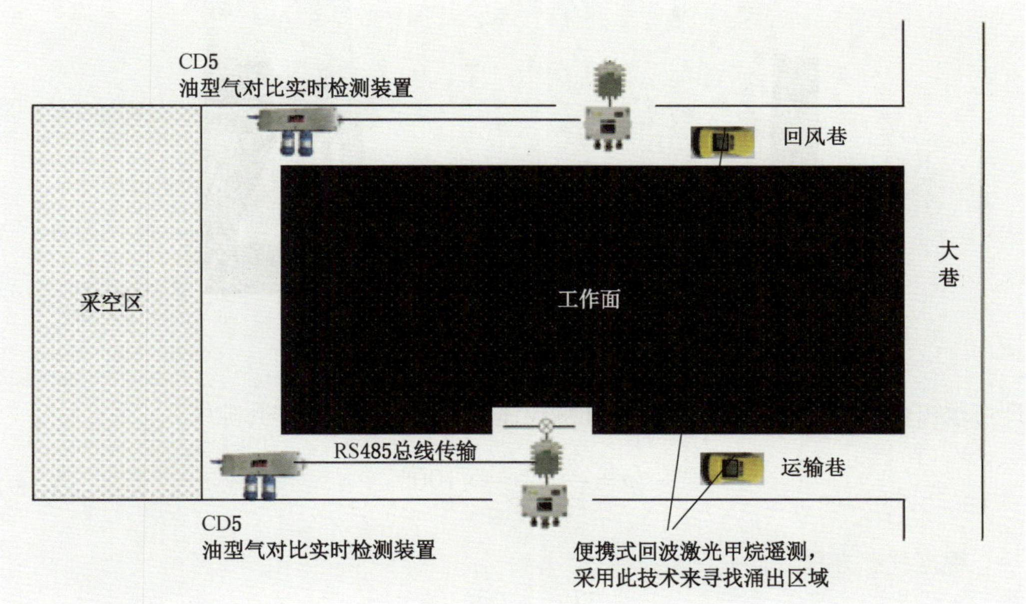

图 3-17　油型气传感器应用示意图

四、围岩孔隙度测定

孔隙度是岩石的重要性质之一，它定义为孔隙体积与岩石几何体积的比值，通常用百分数表示。这种油田水或烃类物质占据的孔隙空间的大小，无论是对合理评价油藏，还是对油藏进行工程施工都是必不可少的参数。

（一）测定仪器

采用江苏华安科研仪器有限公司生产的KXD-3型孔隙度自动测量仪（图3-18）进行围岩孔隙度测定。该仪器具有结构简单、操作方便、测定速度快、性能稳定等特点，是岩心分析实验室必不可少的装置。

（二）工作原理

孔隙度的测量，系气体法测定，测量介质为氮气或氦气，原理基于波义耳定律，即用已知体积的标准体，在设定的初始压力下，使气体向处于常压下的岩心室作等温膨胀，气体扩散到岩心孔隙之中，利用压力的变化和已知体积，依据气态方程，

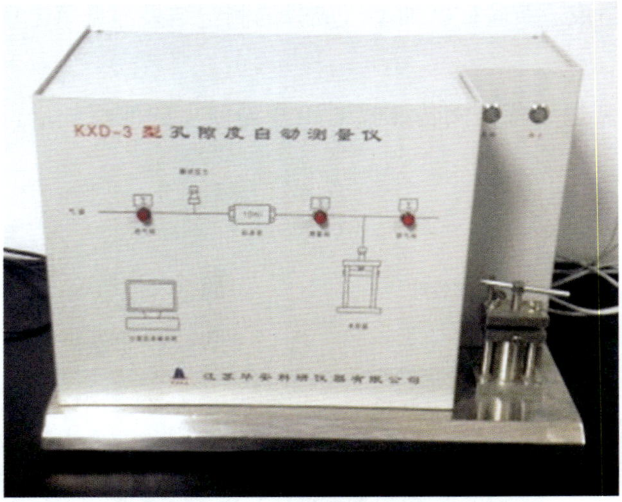

图 3–18　KXD–3 型孔隙度自动测量仪

即可求出被测岩样的有效孔隙体积和颗粒体积，则可算出岩样孔隙度。

$$\phi = \frac{V_{孔}}{V_{孔} + V_{颗}} \times 100\% \tag{3-18}$$

根据气态方程

$$\frac{p_1 V_1}{T_1} = \frac{p_2 V_2}{T_2} \cdots \tag{3-19}$$

在实验过程中，时间较短，室内温度恒定时，可视为温度不变。即 $T_1=T_2=\cdots$。

由此得出：$p_1V_1=p_2V_2=\cdots$。

（三）主要技术参数

工作压力：≤1.6 MPa；

工作温度：常温；

样品尺寸：Φ25 mm×（25～80）mm；

测试气体：氮气；

工作电源：220 V、50 Hz。

（四）流程图

孔隙度自动测定流程图如图 3-19 所示。

（五）操作说明

（1）根据装置流程将各配件及管路系统连接好，根据试验需要选用试验模型并连接，接通电源前必须确保装置良好接地，以保证设备使用安全。

（2）系统连接完成后，对照流程重新检查各管线连接，发现问题，及时解决，

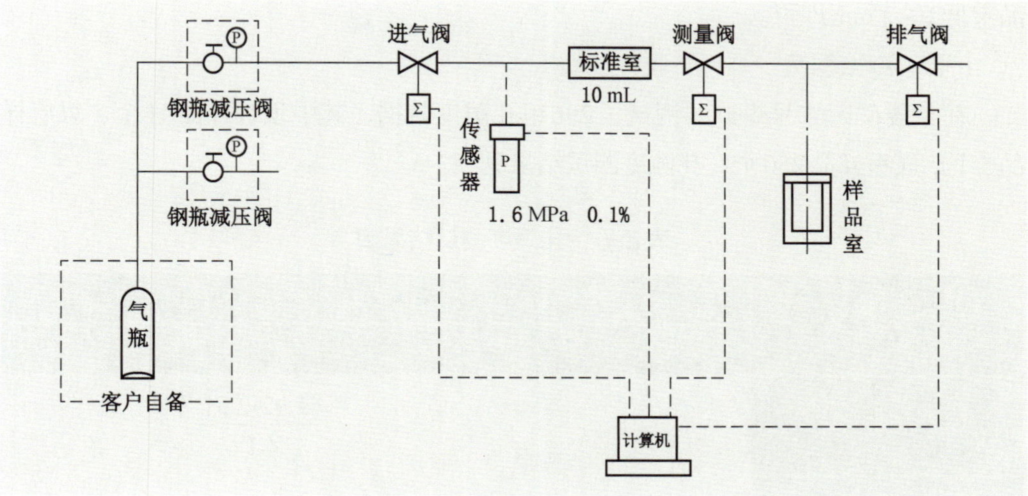

图 3-19　孔隙度自动测定流程图

以确保系统正常运行。

（3）颗粒体积校验：①关闭所有阀门，所有标准块装入样品室；②关闭V2阀，打开V1阀，调节调压阀，使压力表显示0.4 MPa，向标准室充气，平衡后关闭V1阀；③打开V2阀，压力向样品室膨胀，压力平衡后，记录压力传感器二次仪表显示压力值p_1；④打开放空阀放空，打开样品室，取出1/8″标准块，关闭放空阀、V2阀；⑤重复步骤②、③、④。

（4）颗粒体积测定：①打开模型杯，取出部分标准块，放入被测岩心；②关闭所有阀门；③打开进气阀，调节调压阀，使LED显示600.0，关闭进气阀；④打开颗粒阀，压力向模型杯扩散；⑤压力平衡后，计算机采集平衡压力，计算颗粒体积，开测试压力放空阀放空。

（5）孔隙体积测定：用自备的数字游标卡尺准确测量岩心直径及长度值，直接输入计算机，计算机直接计算出岩心总体积。

（六）注意事项

（1）设备通电前必须确保良好接地，以保证设备使用安全。

（2）注意测试电脑与外界的硬件接触，严禁不明存储硬件的接入，防止病毒入侵，损坏电脑及测试软件系统。

（3）岩心必须是标准岩心，不得有缺边缺角，这样计算总体积时可减少误差。

（4）测量直径和长度时应尽量测量准确无误，尽量保留多位小数，以减少计算误差。

（5）岩心装入样品杯中，如果长度不够，可添加合适的标准块，使总长度比样品室低1 ~ 2 mm即可。

（七）测试结果

在黄陵矿区二号煤矿共测试了296组孔隙度数据，其中顶板样品41个、煤层样品5个、底板样品250个，孔隙度测试结果见表3-6。

表3-6　孔隙度测试结果表

层位 \ 测值	孔隙度 Φ	
	数量/个	测值/%
顶板	41	$\frac{1.92\text{-}2.51}{2.19}$
2号煤层	5	$\frac{4.83\text{-}4.98}{4.90}$
底板	250	$\frac{1.65\text{-}3.50}{2.38}$

注：测值表示方法为$\frac{\text{最小值}-\text{最大值}}{\text{平均值}}$。

孔隙度测试样品采集层位涵盖延安组、2号煤层、富县组和瓦窑堡组，从测试结果来看，孔隙度测值整体呈现出$\Phi_{顶板}<\Phi_{底板}<\Phi_{煤层}$，所测孔隙度测值最大值小于5%，孔隙度较差。

五、围岩渗透率测定

岩石的渗透率用以表征岩石的渗透性，在一定压差下，岩石允许流体通过的性质称为岩石的渗透性，岩石允许流体通过的能力为岩石的渗透率。渗透率是表征岩石本身传导液体能力的参数，其大小与孔隙度、液体渗透方向上空隙的几何形状、颗粒大小以及排列方向等因素相关，与介质中运动的液体性质无关。

（一）测定仪器

采用江苏华安科研仪器有限公司生产的HK-4型智能渗透率测定仪（图3-20）测定渗透率。

为了提高测量岩心气体渗透率的精度，减少人为误差，实现实验过程及数据采集、处理自动化，该设备在原有渗透率仪测试原理的基础上，利用现代计算机技术，实现了数据采集自动化、数据处理自动化及数据库形成自动化。该设备具有测量数据准确、误差小、重复性能好等优点，是各岩心渗透率室测量设备的首选仪器。

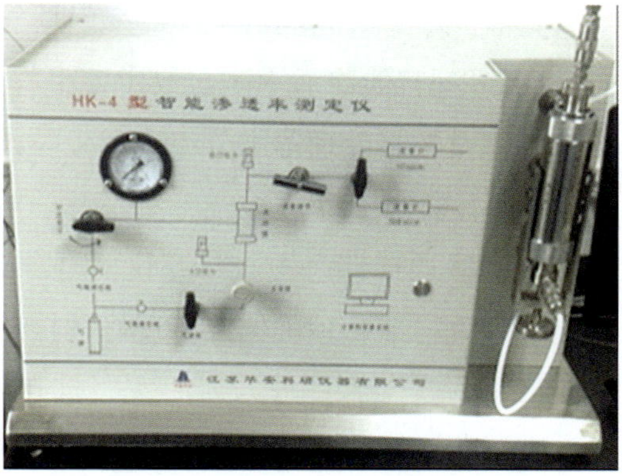

图 3-20　HK-4 型智能渗透率测定仪

（二）装置构成

HK-4型智能渗透率测定仪主要由气路测量系统、环压系统、岩心夹持器、自动测定控制及数据处理等部分组成。

（三）工作原理

渗透率测定仪是根据达西直线渗透定律测定气体在岩石中的渗透能力。测定时，一般先建立压差，通过测定岩心的进口压力和气体流过岩心的体积流量以及其他数据，根据达西定律计算出渗透率。

（四）主要技术参数

测量范围：0.01 ~ 1000 × 10^{-3} μm^2；

岩心规格：Φ25 mm ×（25 ~ 80）mm；

测试压力：≤ 0.2 MPa；

环境压力：≤ 1.6 MPa；

工作温度：常温。

（五）流程图

渗透率自动测定流程图如图 3-21 所示。

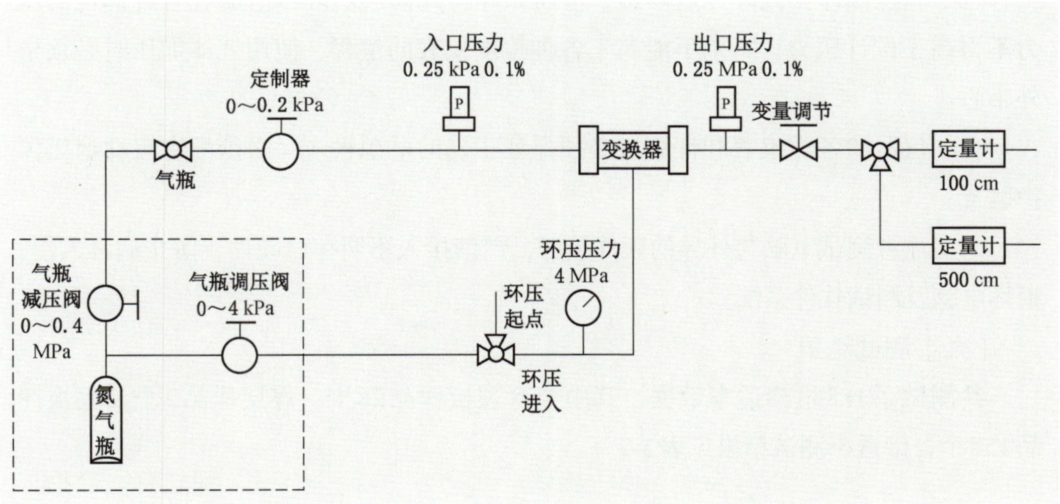

图 3-21　渗透率自动测定流程图

（六）装置组成部分

HK-4型智能渗透率测定仪主要由气路测量系统、环压系统、岩心夹持器、自动测定控制及数据处理等部分组成。

（七）操作步骤

（1）接通仪器电源，打开仪器电源开关，同时打开电脑，启动测试软件。在打开电源开关之前必须确保设备良好的接地，以确保仪器使用安全。

（2）将实验岩样放入岩心室，打开环压开关，看环压表是否有环压，若没有显示，则说明环压胶套与夹持器两端密封不严，应关闭气源，重新检查排除。

（3）如果环压太低，应适当增加环压，并由端口通入气体，通入一定气体后，关闭阀门密封一段时间，看压力表读数是否下降，通入气体的压力一定要比环压低，保证环压包裹密封的作用。若压力表读数下降，应检查各连接部分是否拧紧，及时排除问题，再进行实验。

（4）检查完毕，泄去渗透压力、环压，装入待检测标定样品，接好导气管进行测试。

（5）根据渗透实验的气体压力，施加环压及渗透压力，并启动测试软件对数据进行测试记录。

（6）测试完毕，关闭气源，先泄压再取出测试样品（泄压步骤：先对样品压力进行放空泄压，再对环压进行放空），测试数据通过Excel记录并存储。

（八）注意事项

（1）设备通电前必须确保良好接地，以保证设备使用安全。

（2）施压顺序：先环压后渗透；泄压顺序：先渗透后环压。流程管各部位的压力不得高于设计压力，特别不能高于各种检测仪表的量程，使用气体加压时必须格外小心。

（3）仪器的各类仪表和计算机必须保证正确的电源输入，必须配有自动稳压保护装置。

（4）注意测试电脑与外界的硬件接触，严禁接入不明存储硬件，防止病毒入侵，损坏电脑及测试软件系统。

（九）测试结果

共测试了188组渗透率数据，其中包含顶板样品28个、煤层样品2个及底板样品158个，渗透率测试结果见表3-7。

表3-7 孔隙度、渗透率测试结果表

测值 层位	渗透率K	
	数量/个	测值/（$10^{-4}\mu m^2$）
顶板	28	$\frac{0.34\text{-}0.79}{0.47}$
2号煤层	2	$\frac{1.23\text{-}1.28}{1.26}$
底板	158	$\frac{0.06\text{-}0.83}{0.44}$

注：测值表示方法为$\frac{\text{最小值}-\text{最大值}}{\text{平均值}}$。

渗透率测试样品采集层位涵盖延安组、2号煤层、富县组和瓦窑堡组，从测试结果来看，渗透率测值表现为$K_{顶板}\approx K_{底板}<K_{煤层}$，煤层渗透率为$1.23\times10^{-4}\sim1.28\times10^{-4}\mu m^2$，属低渗透储集层；顶底板岩层渗透率测算均小于$1.0\times10^{-4}\mu m^2$，属致密储集层。

六、围岩饱和度测定

在物理上，饱和度描述了给定流体在孔隙中所占据空间的大小，它表征岩石的孔隙被流体所占据的程度。对于油型气来讲，饱和度的变化直接反映了地层油型气储量的变化。

（一）测定仪器

采用江苏华安科研仪器有限公司生产的GL-2型饱和仪（图3-22）。该仪器是采用烘干方法，通过蒸馏法将岩心中所含的水蒸发、冷凝、收集，用差减法计算出岩心中的含水饱和度。

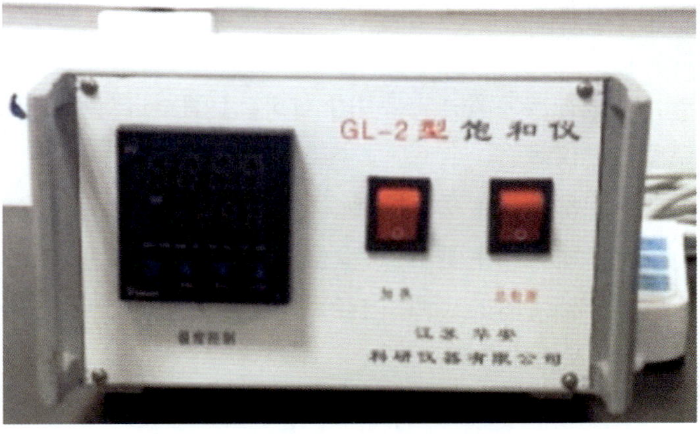

图3-22 GL-2型饱和仪

（二）装置构成

GL-2型饱和仪主要由干馏釜、保温箱、水冷凝箱、加热控温装置、干馏釜安装架、整体机架等组成。

（三）主要技术参数

测试方法：蒸馏法测定岩心的含水饱和度；

最大测试样品罐数量：5只；

样品罐尺寸：Φ34.5 mm × 150 mm；

工作温度：室温～600 ℃；

适用介质：油、水。

（四）装置特点

（1）工作效率高，可一次性处理5个小直径样品。

（2）干馏釜采用钛合金材料，耐高温、高温时釜体强度高，重量轻。

（3）干馏釜下端设计有锥面，干燥釜内也设计有带锥面的接头，既能保证样品管与干馏釜的密封，又能使样品杯、冷却套管、集液管保持在同一垂线。

（4）装置设计有两室干燥箱，有各自的加热控制装置，加热快捷方便且设计有PID温度控制系统，控温准确。

（5）装置设计有水冷凝箱，可同时对10个样品下端的水蒸气进行冷凝，同时水冷凝箱上设计有加液口和液位指示，可根据液位决定加液量。

（6）装置下部收集端设计有快速接头，方便集液杯的取出和衔接。

（7）装置设计有集液杯支架，方便集液杯有序摆放。

（五）装置结构

干馏装置主体结构如图3-23所示。

保温箱：主要用于对5个干馏釜进行加热干馏。

水冷凝箱：主要用来冷凝溶剂和水的蒸汽。

水分捕集器：主要用于收集冷凝后的水，上面带刻度，可人工读数，也可天平称重，数量5套。

加热控温装置：主要用于对5个干馏釜进行加热控温，包括加热套、温度探头、温度控制仪等。

电控部分：主要由控制箱和控制电路组成。

整体机架：主要用于5套测定装置的安装支承。

干馏釜（图3-24）：内径Φ34.5 mm，数量5个。

（六）操作步骤

（1）检查仪表、电源及控温系统是否正常完好。

（2）干馏准备。

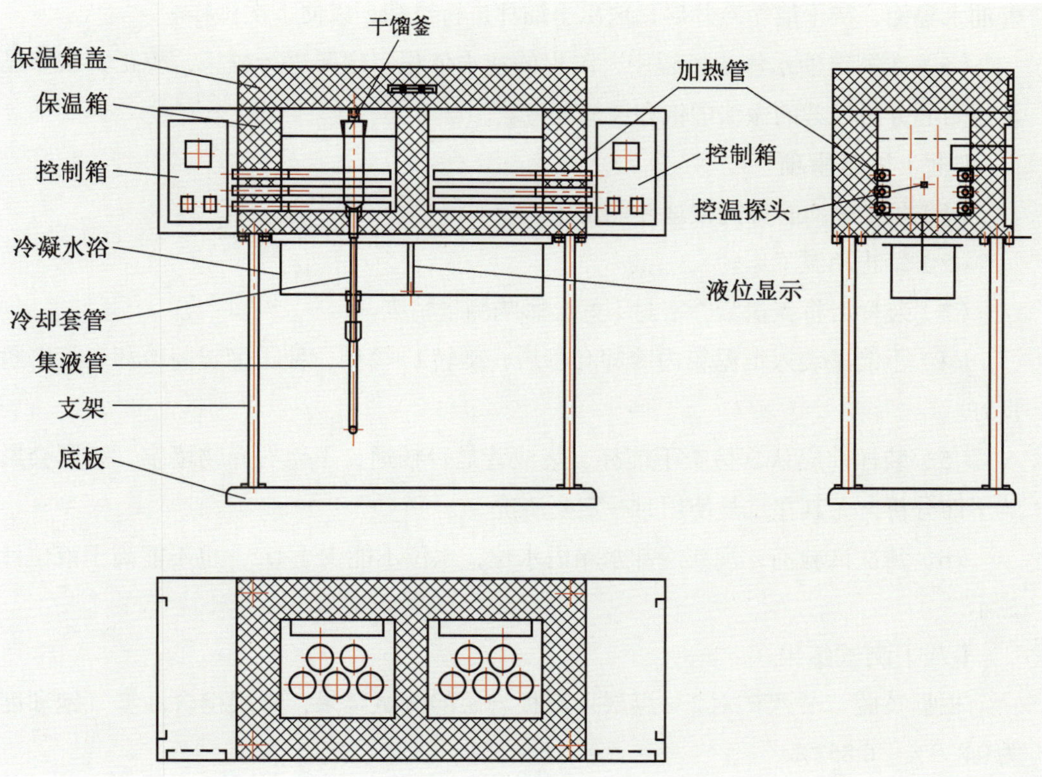

图 3-23　干馏装置主体结构图

（3）将待分析的岩样破碎称重，装入干馏筒，插好集液管。

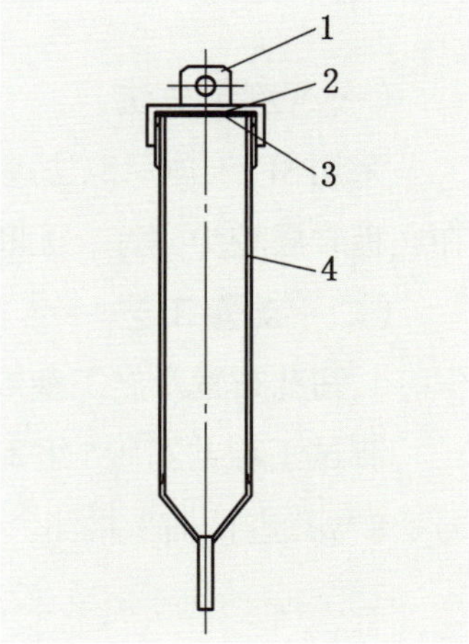

1—釜盖；2—石棉垫；
3—紫铜密封垫；4—釜体

图 3-24　干馏釜结构示意图

（4）干馏：①初升温，干馏水。将干馏杯分别插入干馏箱体中，盖好上盖，放入冷却水，打开仪器电源，首先将温度预调到177 ℃，当集液管内出现水时，开始记录，每隔5 min记录一次，当观察连续3个记录数据不变，说明非结晶水已经出完。②继续升温。将温度控制在300 ℃，再经过30 min干馏。在此过程中还会有水蒸出，此水视为矿物结晶水。③继续升温。将温度控制在538～649 ℃，在此温度下会有油蒸馏出来。当集液管内出现油时，开始记录，每隔5 min记录一次，当观察连续3个记录数据不变，说明油已经出完，可以停止实验。

（5）干馏完毕，关闭电源，将集液管取下用热风吹一下，以分离管中油水并改善油水界面，待干馏箱冷却后，取出干馏杯进行清洗，以便下次做样。

（6）在测定油水体积过程中，测出的油水体积一定要进行校正，校正方法参见常规岩心分析推荐的做法中饱和度的测定。

（七）注意事项

（1）仪器需有良好的接地才能使用。

（2）禁止超温工作。

（3）装样后将盖盖紧，密封不好会影响测量精度。

（4）干馏釜装入恒温箱内冷却套管后，旋转1～2周，使干馏釜与冷却套管密封良好。

（5）装样前应认真检查干馏杯、集液管是否畅通，不得有异物堵塞，否则会影响干馏分析，尤其在重复使用时一定要清洗。

（6）每次试验前，观察冷却水箱内水位，水位不能少于1/2，也不能高于液位计显示。

（八）测试结果

根据黄陵二号煤矿对2号煤层顶底板岩层的测试结果，岩层中含油型气饱和度为0.833%～0.852%。

七、油型气钻孔抽采影响半径测定

（一）测定方法

采用SF_6气体示踪法进行钻孔油型气抽采影响半径测定，测试工程施工点应选择在底板岩层较为完好、无断层、无破碎带、不受前期抽采钻孔影响的地点。

（二）测定工艺

1.钻孔布置及施工参数

测试工程共布置1组3个测试钻孔。如图3-25所示，2号孔进行SF_6气体注入，1号、3号孔进行抽采检测。钻孔施工参数见表3-8。

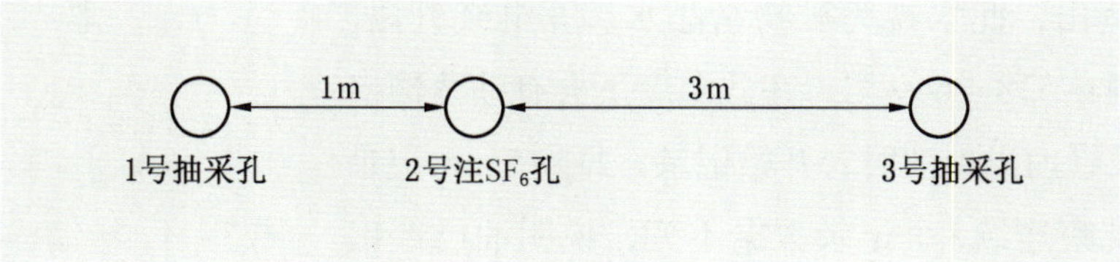

图3-25　底板油型气抽采影响半径测试钻孔布置图

表3-8　测试钻孔布置参数表

孔号	夹角/（°）	倾角/（°）	开孔位置	孔深/m	封孔长度/m	备注
1号抽采孔	90	-40	煤层底板	20	12	夹角为钻孔与煤壁夹角
2号注SF_6孔	90	-40	煤层底板	20	12	
3号抽采孔	90	-40	煤层底板	20	12	

2.钻孔施工及封孔

钻孔施工采用风力排渣方式，钻孔封孔材料采用马丽散，封孔长度为12 m，1号和3号抽采孔采用常规PVC管，2号注SF_6孔采用1寸钢管，孔底第1根钢管需按图3-26加工，确保封孔质量。

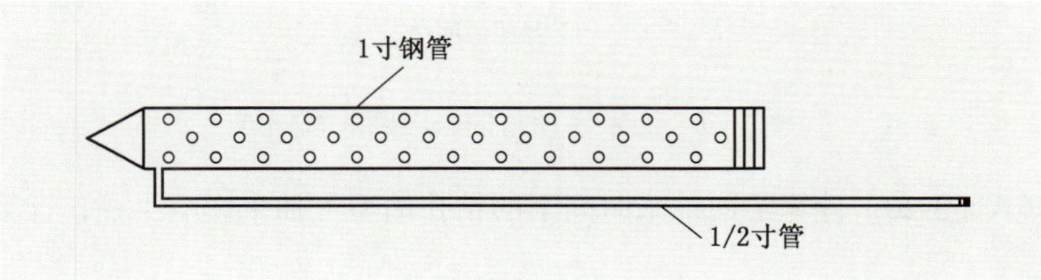

图3-26　孔底钢管加工示意图

3.测试步骤

注SF_6孔和测试孔（1号和3号抽采孔）分别打好后，立即封孔。测定的具体步骤如下：

（1）将1号、3号抽采孔分别与抽放瓦斯系统连接，使钻孔阀门保持关闭状态。

（2）将SF_6气体注入注SF_6孔中，然后将注气孔阀门关闭。

（3）打开1号、3号抽采孔阀门，使其与瓦斯抽采系统接通，进行联网抽采。

（4）每天对1号、3号抽采孔取气样，送地面测定分析示踪气体SF_6。

测试过程必须做好记录，如注SF_6时间、抽采时间、采样测定时间、抽放负压等。当某个抽采孔检测到SF_6示踪气体后，该测试孔应停止抽采，并关闭阀门。

（三）测定结果

通过在黄陵矿区二号煤矿205工作面进行测试，结果显示，底板油型气抽采钻孔抽采影响半径达1 m时所对应的时间为5天，抽采影响半径达3 m时所对应的时间为20天，对二者进行数据拟合可得底板钻孔油型气抽采影响半径与抽采时间的关系式（图3-27）：

$$r=0.279t^{0.792} \tag{3-20}$$

式中　r——钻孔油型气抽采影响半径，m；

t——抽采时间，d。

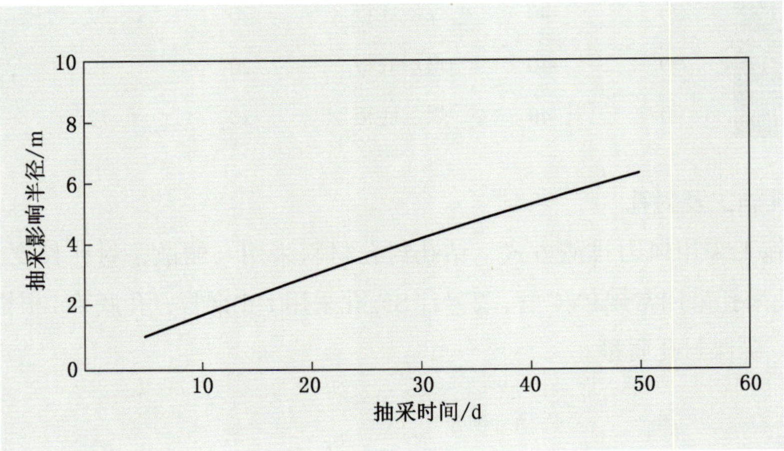

图 3-27　抽采半径与抽采时间关系曲线

根据式（3-20）计算不同抽采时间下的钻孔油型气抽采影响半径，计算结果见表3-9。

表3-9　不同抽采时间的钻孔油型气抽采影响半径

抽采时间/d	抽采半径/m	抽采时间/d	抽采半径/m
15	2.4	45	5.7
30	4.1	60	7.1

黄陵矿区根据本煤层瓦斯基础参数测定和油型气参数测定的相关标准对抽采参数进行了测定，为瓦斯与油型气的精准治理提供了基础数据。根据黄陵矿区高瓦斯矿井测定的二号煤层钻孔瓦斯流量衰减系数为0.00832～0.0218 d^{-1}，煤层透气性系数在30.87 $m^2/(MPa^2\cdot d)$左右，本煤层瓦斯与油型气属于容易抽采程度。

第四章 瓦斯与油型气抽采达标指标确定与治理工程精准设计

瓦斯治理工作是一个系统性的工程，需要各个环节紧密配合，以往的瓦斯治理存在依靠经验、治理盲目、资源浪费等情况，只是达到了“治得住”的目标，距离“治得快、治得准、治得省”还存在较大差距，因此必须开展精准治理工作，而精准设计则是其中的重要环节之一。

精准设计是指抽采指标的精准设计及抽采工程量的精准设计，涵盖区域预抽区域、掘进工作面、综采工作面三个方面的瓦斯治理。抽采指标的精准设计包含残余瓦斯含量、抽采量、抽采时间、预抽率、残余瓦斯压力等指标，抽采工程的精准设计包含钻场设计、钻孔设计和抽采系统校验。抽采系统校验是以抽采指标为依据验算抽采系统是否能够满足抽采需求。

| 第一节 |

精准设计的依据和原则

一、设计依据

精准设计主要依据下列文件编制:《煤矿井工开采通风技术条件》(AQ 1028—2006)、《矿井瓦斯涌出量预测方法》(AQ 1018—2006)、《煤矿瓦斯抽采工程设计标准》(GB 50471—2018)、《煤矿瓦斯抽采达标暂行规定》(安监总煤装〔2011〕163号)、《矿井油型气防治规定》(黄陵矿业发〔2014〕273号)、《陕西省煤矿安全整改提升基本标准》、《陕西省煤矿瓦斯防治规定(试行)》、《煤矿安全规程》(2022版)和省政府、陕煤化集团、黄陵矿业集团制定的相关瓦斯与油型气治理规定、标准、文件及各矿井工程实践等。

二、设计原则

精准设计的原则主要依据本煤层瓦斯含量和油型气赋存的不同并结合抽采达标指标进行抽采钻孔的差异化设计，充分体现“一矿一策、一面一策、一段一策”的瓦斯、油型气精准治理理念。

(1)根据工作面不同单元瓦斯含量大小及预抽时间确定钻孔布置方式及钻孔量。

(2)根据划分单元瓦斯储量，以各单元瓦斯抽采达标总量实现抽采达标时间的差异化。

(3)根据钻孔距离工作面推采位置关系精准调整抽采资源(负压、流量)分配。

(4)根据各单元原始瓦斯含量及掘进工作面风排瓦斯量不超过2 m^3/min且回风流瓦斯浓度不超过0.4%；采煤工作面风排瓦斯量不超过5 m^3/min且回风流瓦斯浓度不超过0.6%的规定要求，反算抽采达标残余瓦斯含量进而确定各单元瓦斯预抽率。工作面风排瓦斯量及回风流浓度的确定是依据《陕西省煤矿瓦斯防治十条规定》及黄陵矿区掘进工作面与综采工作面的配风情况计算确定。

(5)根据采掘工作面顶底板油型气赋存规律合理布置油型气探测、抽采钻孔。

| 第二节 |

瓦斯与油型气治理原则和抽采方法

根据采掘工作面瓦斯与油型气的赋存规律及涌出情况，划分区域进行瓦斯与油型气分源治理。本煤层瓦斯治理主要采用区域预抽、边掘边抽、工作面预抽等措施，掘进工作面油型气治理按照“探、抽、掘”，综采工作面油型气治理按照“先探、先抽、后采、钻孔全覆盖”的要求，均采用顶板、底板钻孔进行探测和抽采。

一、瓦斯与油型气治理原则

进行瓦斯抽采时应遵循“区域抽采先行，先抽后掘，先抽后采”的总体要求。在选择抽采方法时应根据煤层赋存条件、瓦斯基础参数、瓦斯来源、巷道布置等因素确定，并遵循以下原则：

（1）抽采方法应适合煤层赋存状况、巷道布置、地质条件和开采技术条件。黄陵矿区煤层赋存较为稳定，煤层倾角为3°~5°，但在不同矿井瓦斯与油型气赋存差异较大，同时各矿井的开采工艺也有所不同，因此要因地制宜选择不同的抽采方法。

（2）应根据矿井瓦斯涌出来源及涌出量分析，有针对性地选择抽采瓦斯方法，以提高瓦斯抽采效果。黄陵矿区为煤油气共生矿区，除本煤层瓦斯外还有顶底板油型气，针对本煤层瓦斯一般采用本煤层顺层钻孔预抽，采空区瓦斯采用上隅角插管抽采、埋管抽采、高位裂隙钻孔抽采措施，油型气采用顶底板钻孔抽采措施。

（3）在满足瓦斯抽采的前提下，应尽可能利用现有巷道，以减少抽采工程量。黄陵矿区一般在巷道掘进期间在帮部提前施工钻场，利用钻场施工各类抽采钻孔。

（4）选择的抽采方法应有利于抽采巷道的布置和维护。

（5）抽采方法应有利于钻场、钻孔的施工和抽采系统管网的布置，并有利于增加钻孔的抽采时间。

二、瓦斯与油型气抽采方法

（一）瓦斯抽采常用方法

矿井瓦斯抽采类型按地点分，有开采层抽采、邻近层抽采、采空区和围岩抽采；按地应力对比分，有未卸压抽采和卸压抽采；按时间对比分，有采（掘）前预抽、边采（掘）边抽、采后抽采。瓦斯抽采方法有钻孔法、巷道法和综合法，常见的抽采方法见表4-1。

表4-1　矿井瓦斯抽采方法分类

<table>
<tr><th colspan="3">抽采分类</th><th>抽采方法</th><th>适用条件</th></tr>
<tr><td rowspan="9">本煤层
抽采
瓦斯</td><td rowspan="5">未卸压
抽采</td><td>岩巷揭煤
煤巷预抽</td><td>由岩巷向煤层打穿层钻孔
煤巷工作面打超前钻孔</td><td>突出危险煤层
高瓦斯煤层</td></tr>
<tr><td rowspan="4">采区大面积
预抽</td><td>由开采层机巷、风巷或煤门等打上向、下向顺层钻孔</td><td>有预抽时间的高瓦斯或突出煤层</td></tr>
<tr><td>由石门、岩巷、邻近层煤巷等向开采层打穿层钻孔</td><td>“勉强抽采”煤层</td></tr>
<tr><td>地面钻孔</td><td>高瓦斯易抽，较浅埋深</td></tr>
<tr><td>密封开采巷道</td><td>高瓦斯易抽煤层</td></tr>
<tr><td rowspan="4">卸压
抽采</td><td>边掘边抽</td><td>由煤巷两侧或岩巷向煤层周围打防护钻孔</td><td>高瓦斯煤层</td></tr>
<tr><td rowspan="2">边采边抽</td><td>由开采层机巷风巷等向工作面前方卸压区打钻</td><td>高瓦斯煤层</td></tr>
<tr><td>向开采分层的上部或下部未采分层打穿层或顺层钻孔</td><td>高瓦斯煤层</td></tr>
<tr><td>水力割缝、松动爆破</td><td>由开采层机巷、风巷等打顺层钻孔，由岩巷或地面打钻孔</td><td>高瓦斯难抽煤层</td></tr>
<tr><td rowspan="5">邻近层抽
采瓦斯</td><td rowspan="5">卸压
抽采</td><td rowspan="5">开采层工作面推过后抽采上、下邻近煤层</td><td>由开采层机巷、风巷、中巷或岩巷等向邻近层打钻</td><td rowspan="3">邻近层瓦斯涌出量大影响开采层安全时</td></tr>
<tr><td>由开采层机巷、风巷、中巷或岩巷向采空区打斜向钻孔</td></tr>
<tr><td>由煤门打沿邻近层钻孔</td></tr>
<tr><td>由邻近层掘汇集瓦斯巷道</td><td>邻近层瓦斯涌出量大，钻孔通过能力不满足要求</td></tr>
<tr><td>从地面打钻孔</td><td>地面打钻优于井下</td></tr>
<tr><td rowspan="2">采空区抽
采瓦斯</td><td colspan="2" rowspan="2">闭墙插管、埋管抽采</td><td>密封采空区插管抽采</td><td rowspan="2">无自燃危险或采取防火措施</td></tr>
<tr><td>闭墙托管、埋管抽采</td></tr>
</table>

1.采前预抽煤层瓦斯技术

采前预抽煤层瓦斯，属于未卸压煤层的瓦斯抽采，是目前国内外抽采开采层瓦斯的主要方式，其抽采方法有地面钻孔预抽法和井下钻孔（巷道）预抽法两种。

1）地面钻孔预抽煤层瓦斯

该抽采方式即由地面向开采煤层打钻抽采瓦斯，其实施步骤是：①在试验区域首先进行垂直参数井施工，取得评价参数；②根据储气地层含气量及对采煤的影响程度选取目的层，再施工水平试验井以取得开发参数，为全面治理煤矿瓦斯提供依据。

2）井下钻孔预抽煤层瓦斯

（1）穿层钻孔布置。布置穿层钻孔时，一般将钻场设在底板岩石巷道或邻近煤层巷道中，也有的将钻场设在顶板岩层中，由钻场向开采煤层打钻，贯穿煤层全厚，如图4-1所示。

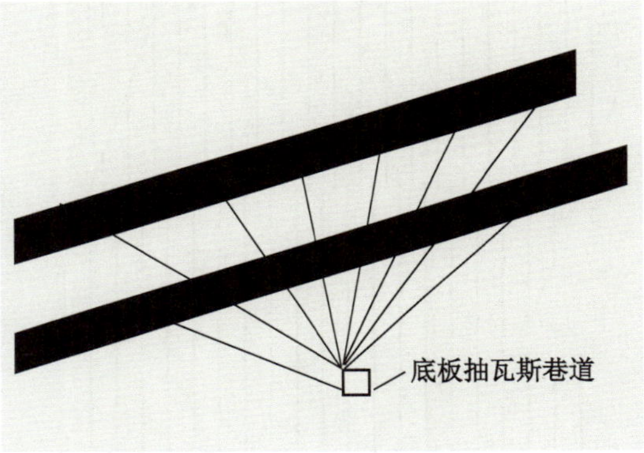

图 4–1 穿层钻孔预抽瓦斯

（2）顺层钻孔布置。顺层钻孔是在巷道进入煤层后再沿煤层打钻孔。在采煤工作面准备好后，从运输巷、回风巷或开切眼布置不同方式的顺层钻孔（图4-2），抽采一段时间后再采煤，以减少回采过程中的瓦斯涌出量。黄陵矿区的本煤层预抽较多采用顺层钻孔，包含扇形钻孔、双向平行钻孔、单向长钻孔三种布置方式，如图4-3所示。

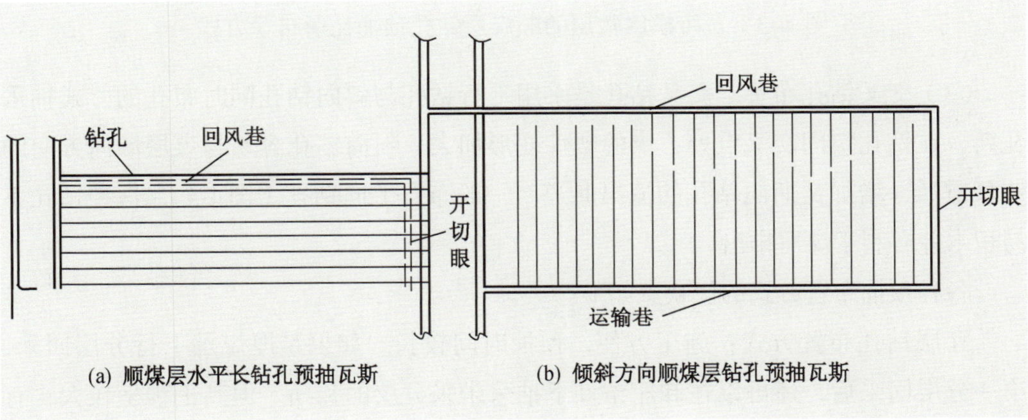

图 4–2 顺层钻孔预抽瓦斯

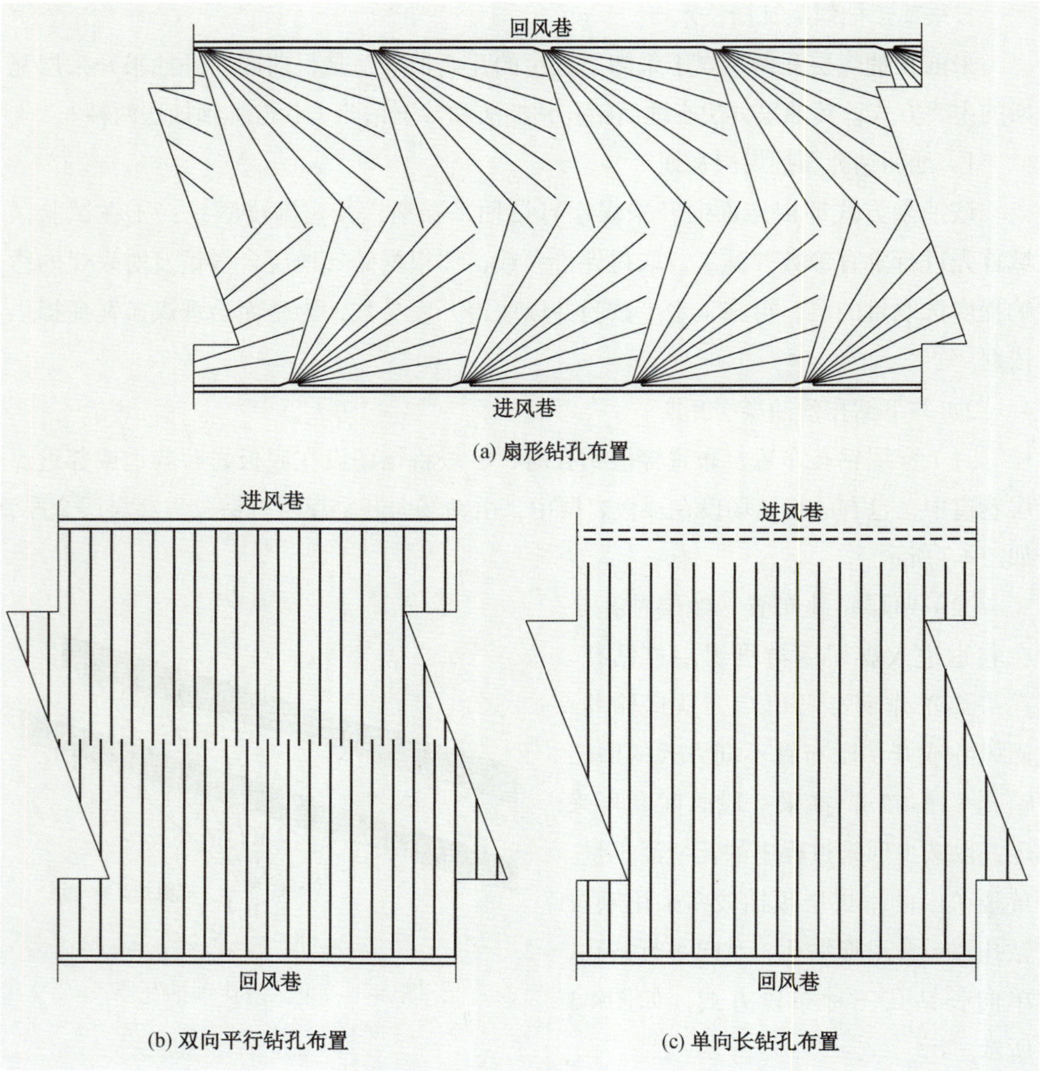

图 4–3　黄陵矿区常用的顺煤层钻孔预抽瓦斯布置方式

（3）交叉钻孔布置。交叉钻孔是采用平行钻孔与斜向钻孔同时布孔的方式抽采瓦斯，在钻孔空间交叉点处，煤的塑性变形加大，斜向钻孔容易与煤层倾向方向的节理贯通，增加瓦斯向钻孔的流出通道。一般布置上向钻孔（图4-4），这种钻孔不易积水并有利于煤屑排出。

各种预抽布置方式的优缺点如下。

穿层钻孔布置方式：施工方便，预抽时间较长。如果是厚煤层下行分层回采，第一分层回采后，还可以在卸压条件下抽采未采分层的瓦斯。但其工程量较大，有效抽采孔段小，费用高。

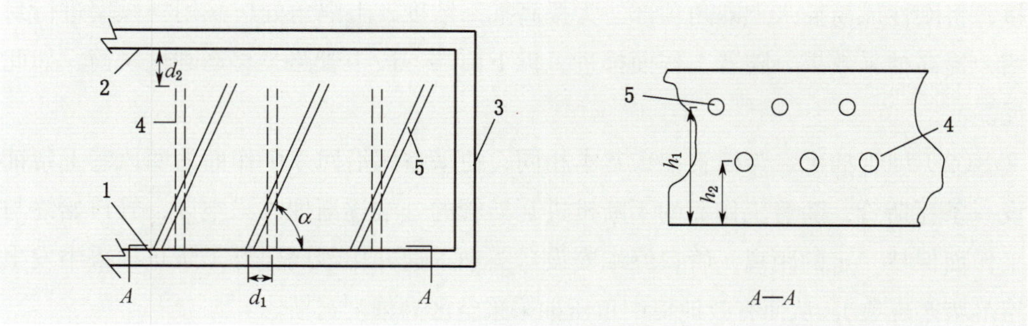

1—运输巷；2—回风巷；3—工作面；4—平行钻孔；5—斜向钻孔

图 4-4　边采边抽布置示意图

顺层钻孔布置方式：钻进速度快，费用低，钻孔抽采瓦斯的有效孔段长。但存在封孔不易严密，深孔施工困难，特别是在松软煤层中打钻容易塌孔和卡钻等问题。

交叉钻孔布置方式：克服了单一钻孔布孔方式下由于塌孔而导致钻孔抽不出瓦斯或抽出瓦斯量减少的缺陷，煤层裂隙和钻孔的连通性得到改善，边采边抽钻孔数量增多，迎面斜向钻孔比单纯的平行钻孔抽采时间更长。但存在开孔位置、方位要求严，封孔不易严密、深孔施工困难等缺点。

2. 边采边抽煤层瓦斯技术

在工作面接续时间紧、不能保证预抽时间的情况下，一般采用边采边抽方式来解决工作面瓦斯涌出量大的问题，在运输巷或回风巷沿煤层倾向布置钻孔来抽采煤层瓦斯，主要有平行孔、扇形孔和交叉孔等布置方式。其理论基础是：当工作面采到钻孔附近（距工作面 5 ~ 10 m），受采动应力的重新分布影响，造成此范围的卸压，使此带内煤体裂隙增加、煤体的渗透性能明显增加，因而能达到较好的抽采效果，并可在采煤工作面回采之前起到一定的预抽作用。

3. 采空区瓦斯抽采技术

采空区瓦斯抽采方法主要有钻孔抽采法和插（埋）管抽采法等。

1）钻孔抽采法

钻孔抽采法根据打钻地点不同可分为向冒落拱上方打钻抽采、在基本顶岩石中打水平钻孔抽采、直接向采空区打钻抽采。黄陵矿区目前主要采用三种钻孔进行采空区瓦斯抽采，包括普通高位裂隙钻孔、邻巷高位裂隙钻孔、长距离定向高位裂隙钻孔。

2）插（埋）管抽采法

（1）插管抽采。靠近采煤工作面上隅角段管路可采用刚性风筒与主抽采管路连接，将刚性风筒插入上隅角顶部。为提高抽采浓度，上隅角处应采用挡风墙进行封堵，提高抽采效果。随着工作面推进，拆下前端一段主管路，移动刚性风筒，如此反复。

（2）埋管抽采。与插管抽采基本相同，在采空区沿回采工作面的回风巷上帮铺设一条瓦斯管，随着工作面的不断推进瓦斯管的一端逐渐埋入采空区，管口始终与工作面保持一定的距离，管口终端安设弯头和三通并用纱网包好（防止抽采中发生垮落堵塞现象），从而有效地集中负压抽采采空区高浓度瓦斯。

图4-5所示为黄陵矿区二号煤矿在过高瓦斯区域时使用插管抽采与埋管抽采相结合的方式进行采空区瓦斯治理。

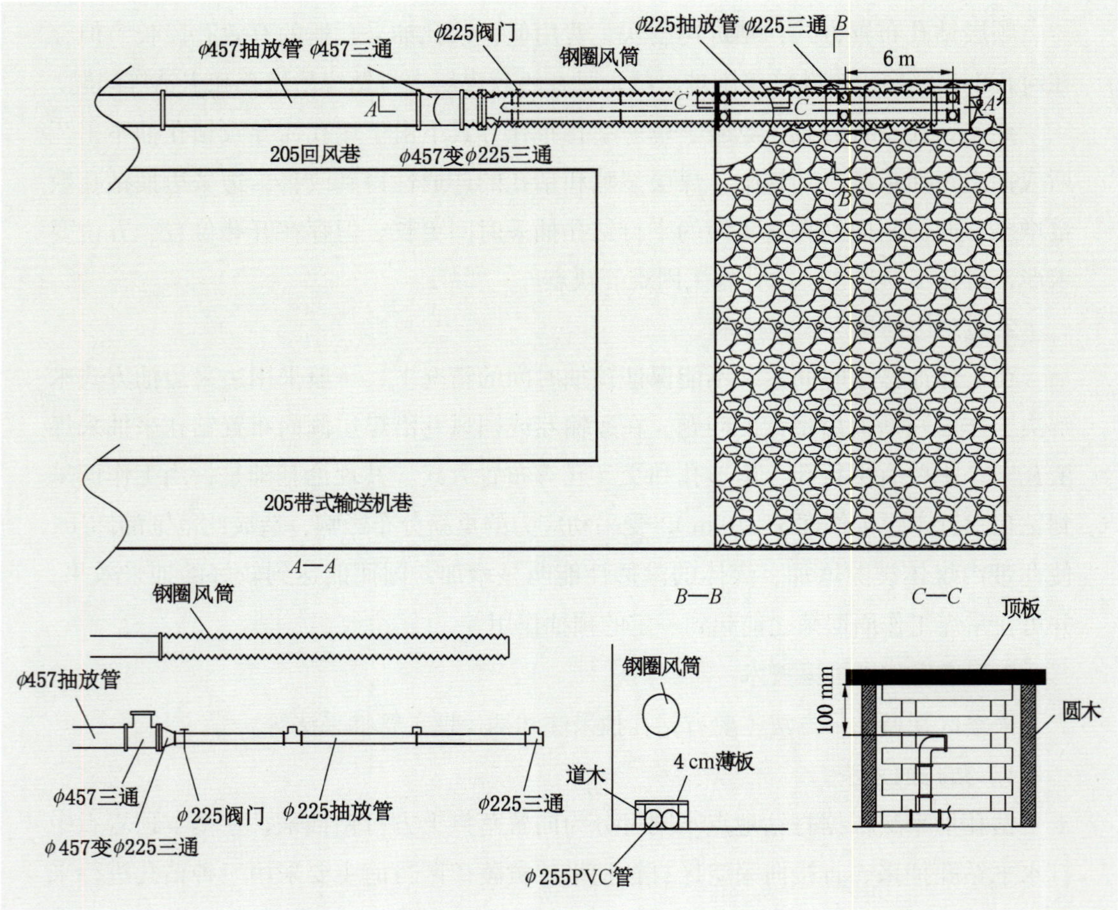

图 4–5 插管抽采与埋管抽采相结合抽采采空区瓦斯

（二）煤层增透常用技术

1. 水力割缝法预抽瓦斯技术

在钻孔内运用高压水射流对钻孔周围的煤体进行切割，在钻孔周围形成一圈具有一定深度的扁平缝槽，利用水流将切割下来的煤块带出孔外。由于增加了煤体暴露面积，且扁平缝槽相当于在局部范围内开采了一层极薄的保护层，因而使钻孔附近煤体得到了局部卸压，改善了瓦斯流动条件。

2. 深孔预裂爆破强化抽采瓦斯技术

在回采工作面的运输巷和回风巷布置平行于工作面、相隔一定间距、孔深50 m左右的爆破孔和控制孔，二者交替布置，控制孔内不装药。爆破孔装药段长30 m左右，利用压风装药器进行连续耦合装药，孔内辅以导爆索，正向起爆。利用炸药爆炸的能量及控制孔的导向、补偿作用，使爆破孔与控制孔之间的煤体产生新的裂隙，并使原生裂隙得以扩展，从而提高煤层透气性，增加瓦斯抽采量。

3. 水力压裂法抽采瓦斯技术

水力压裂技术是通过钻孔向煤层压入液体（主要为水），当液体压入的速度远远超过煤层的自然吸水能力时，由于流动阻力的增加，进入煤层的液体压力逐渐上升，当超过煤层上方的岩压时，煤层内原来的闭合裂隙就会被压开形成新的流通网路，煤层渗透性就会增加；而当压入的液体被排出时，压开的裂隙就为煤层瓦斯的流动创造了良好条件。定向长钻孔水力压裂综合了定向钻进高效抽采技术和水力压裂增透强化抽采的技术优势，能够有效加快瓦斯治理效率、扩大瓦斯治理规模。下面以黄陵二号煤矿211综采工作面水力压裂试验为例进行介绍。

【例4-1】黄陵二号煤矿定向长钻孔水力压裂技术研究与应用

一、煤层水力压裂增透机理

煤层水力压裂增透技术是采用高压泵使水产生高压作用于煤体，使煤体致裂，提高透气性的技术。当钻孔内的水压大于孔壁的抗拉强度后煤体产生裂隙，并使煤体内部的原生裂隙张开、延伸，在一定范围内形成无数裂隙沟通的网络，加快瓦斯由吸附态向游离态转变，提高瓦斯抽采效率。

二、水力压裂设备

1. 压裂泵组

采用中煤科工集团西安研究院有限公司的BYW65/400型压裂泵组，如图4-6所示。水力压裂成套设备由压力泵、水箱、高压管汇、远程操作系统等组成，具有压力高、流量稳定、可远程操作、远程视频监控、设备运行稳定、运行时间长等特点。

图 4-6　BYW65/400 型压裂泵组

2. 压裂工具串

井下水力压裂钻孔封孔质量是水力压裂成败的关键，为了保证水力压裂封孔效果，采用中煤科工集团西安研究院有限公司自主研发的煤矿井下水力压裂快速封孔装备。使用该装备可实现快速稳定的封孔效果，提高施工效率，并且压裂后可取出重复利用。压裂工具串的主要组成装置如下。

1）高压管柱

高压管柱采用 $3^1/_2$加厚油管加工，外径89 mm，内径58 mm，单根长度为3.0 m。高压管柱实物如图4–7所示，其技术参数见表4–2。

图 4–7　高压管柱实物图

表4–2　高压管柱技术参数

名称	内径/mm	壁厚/mm	外径/mm	强度/MPa
高压管柱	58	15	89	70

2）封隔器

根据钻孔孔径和压裂工艺选择封隔器，总长为1620 mm，最大外径为86 mm，通径为50 mm，工作压力达70 MPa，耐温达120 °C。封隔器实物如图4–8所示，其技术参数见表4–3。

图 4-8　封隔器实物图

表4-3　封隔器技术参数

名称	长度/mm	外径/mm	通径/mm	工作压力/MPa	工作温度/°C	螺纹
封隔器	1620	86	50	70	120	2 7/8UPTBG

3）压差滑套

压差滑套总长为460 mm，最大外径为96 mm，通径为42 mm，工作压力达70 MPa，耐温达120 °C。压裂滑套实物如图4-9所示，其技术参数见表4-4。

图 4-9　压差滑套实物图

表4-4　压差滑套参数表

名称	长度/mm	外径/mm	通径/mm	工作压力/MPa	工作温度/°C	螺纹
压裂滑套	460	96	42	70	120	2 7/8UPTBG

4）单流阀

单流阀总长为269 mm，最大外径为96 mm，通径为35 mm。单流阀实物如图4-10所示，其技术参数见表4-5。

表4-5　单流阀技术参数

名称	长度/mm	外径/mm	内径/mm	工作压力/MPa	工作温度/°C	螺纹
单流阀	269	96	35	70	120	2 7/8UPTBG

图 4-10　单流阀 / 引鞋实物图

5）引鞋

引鞋单件总长为179 mm，最大外径为105 mm，工作压力小于70 MPa。引鞋实物如图4-10所示，其技术参数见表4-6。

表4-6　引鞋技术参数

名称	长度 /mm	外径 /mm	内径 /mm	工作压力 /MPa	工作温度 /°C	螺纹
引鞋	179	105	—	70	120	2 7/8UPTBG

本次压裂采用的工具串组合如图4-11所示，主要包括引鞋、单向阀、定压节流阀、封隔器、油管。

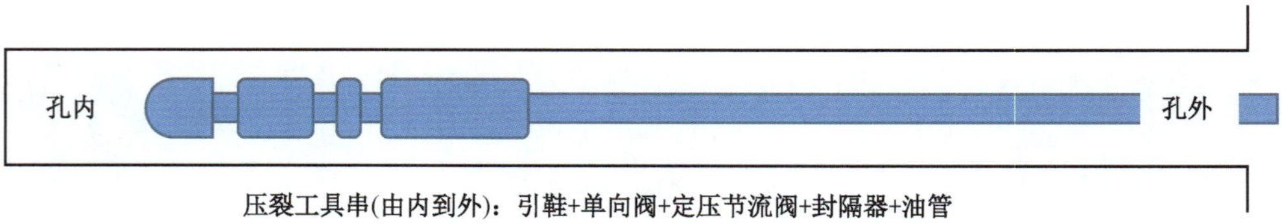

图 4-11　本煤层孔压裂工具串设计示意图（整体压裂）

三、水力压裂工艺

基于本煤层压裂孔“先入顶板后进煤层”的钻探工艺，采用“裸眼快速封孔+整体压裂”方式，即在不下入套管的前提下，设计钻探轨迹、跟踪采样，成孔后分析（钻孔窥视等）选定最佳坐封位置（顶板砂岩层）进行裸眼坐封，实践证明坐封效果良好。

1. 压裂钻孔设计

设计钻孔间距73~80 m，钻孔长度为280 m，孔径96 mm，采用ZDY6000LD型定向钻机施工。水力压裂钻孔施工要求钻孔轨迹平直、孔壁平滑、钻进轨迹符合设计要求。基于前期钻探及压裂试验中出现的塌孔、卡钻、无法坐封及封隔器破损等问题，经过分析研究，采用“先入顶板后进煤层”钻探工艺，即在钻探施工初期控制钻孔轨迹保持在2号煤层顶板（层间距不宜过大，控制在2~3 m以内），随后调整角度进入煤层钻进（以M4号孔钻探轨迹为例，如图4–12所示），在后期压裂过程中将封隔器坐封于顶板岩层中，保证了良好的封孔效果。

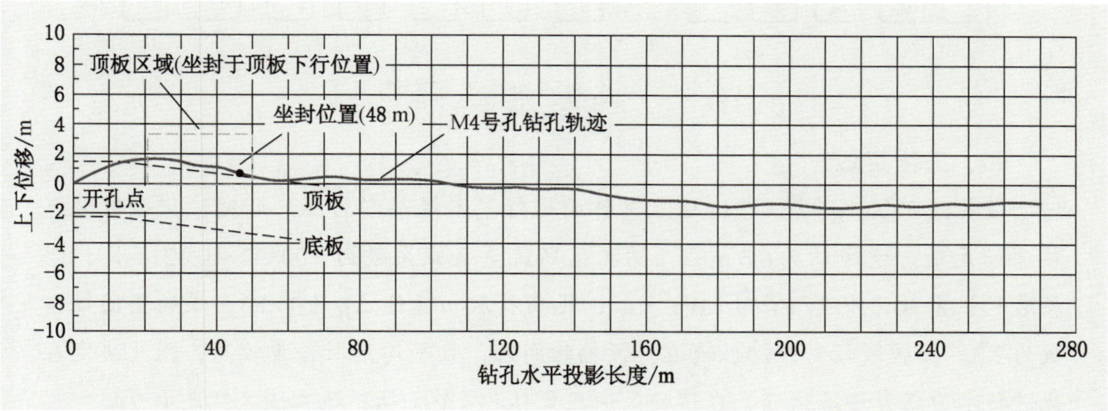

图 4–12　M4 号孔钻探轨迹图

2. 压裂方式

本煤层钻孔压裂段距离较短，一般采用整体压裂方式。

3. 封孔方式

考虑到工作面回采期间安全问题，决定煤层压裂钻孔采用封隔器裸眼快速封孔工艺，具体封孔深度根据实际钻探情况选择适宜的坐封位置。

4. 压裂液

压裂液为清水。

5. 水力压裂施工流程

水力压裂施工流程为：压裂前准备，包括压裂场地布置、压裂用电气设备配备、井下供水/供电/通风、压裂设备进场组装、压裂设备试车等；编制水力压裂安全技术措施；水力压裂工程施工，包括送压裂工具串（含封隔器、滑套工具）、孔口设备安装、封孔器膨胀坐封、压裂设备操作流程、压力流量监测、巷道瓦斯浓度监测、压裂结束判识等，如图4–13所示。

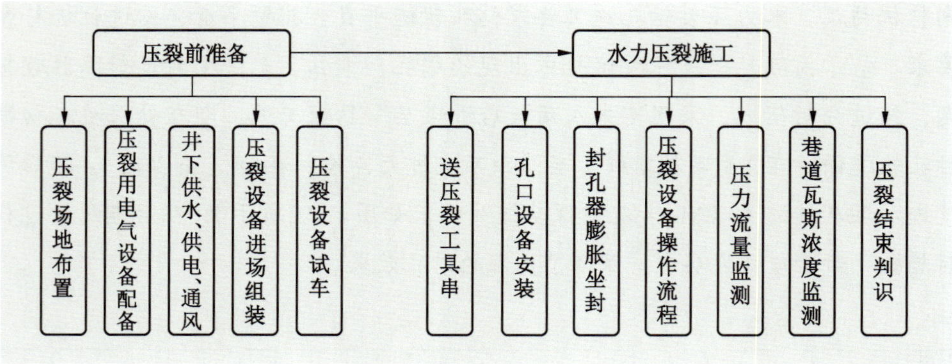

图 4–13　水力压裂施工流程图

四、工程实践

在黄陵矿区二号煤矿211综采工作面进行了本煤层水力压裂研究，试验区域煤层原始瓦斯含量平均为6.5 m^3/t，钻孔瓦斯流量衰减系数为0.00832～0.0218 d^{-1}，煤层透气性系数为30.87 $m^2/(MPa^2 \cdot d)$，瓦斯放散初速度 Δp 为11.83，煤的坚固性系数为2.3。该区域距离开切眼较近，预抽时间短，且平均瓦斯含量较高，因此决定在此进行水力压裂增透试验，在试验区域压裂钻孔5个（钻孔施工情况见表4–7）。

表4–7　2号煤层定向长钻孔施工情况

孔号	钻孔位置	钻孔类型	钻孔长度/m	岩孔段长度/m	煤层压裂段长度/m
M1	距211综采工作面开切眼110m	穿顶板煤层孔	270	105	165
M2	距211综采工作面开切眼162m	穿顶板煤层孔	240	108	132
M3	距211综采工作面开切眼260m	穿顶板煤层孔	243	117	126
M4	距211综采工作面开切眼690m	穿顶板煤层孔	285	69	216
M5	距211综采工作面开切眼765m	煤层孔	282		240

通过对压裂钻孔出水情况进行考察，水力压裂影响半径最小为36 m、最大达54 m；抽采两个月以上监测数据稳定后观测显示（表4–8和图4–14），水力压裂钻孔瓦斯抽采纯量为0.212～1.059 m^3/min，平均为0.537 m^3/min，是压裂前的2.7～10.8倍，平均为5.97倍；瓦斯抽采浓度为43.68%～86.48 %，平均为65.28 %，是压裂前的1.7～21.5倍，平均为3.54倍。

表4-8　水力压裂前后钻孔抽采数据对比表

孔号	监测时间/d	平均抽采纯量/（$m^3 \cdot min^{-1}$）		提高倍数	平均抽采浓度/%		提高倍数
		压裂前	压裂后		压裂前	压裂后	
M1	76	0.037	0.400	10.8	3.2	68.94	21.5
M2	60	0.043	0.212	4.9	4.6	51.10	11.1
M3	60	0.088	0.234	2.7	20	76.22	3.8
M4	90	0.141	0.778	5.5	26.1	43.68	1.7
M5	120	0.14	1.059	7.6	38.2	86.48	2.3

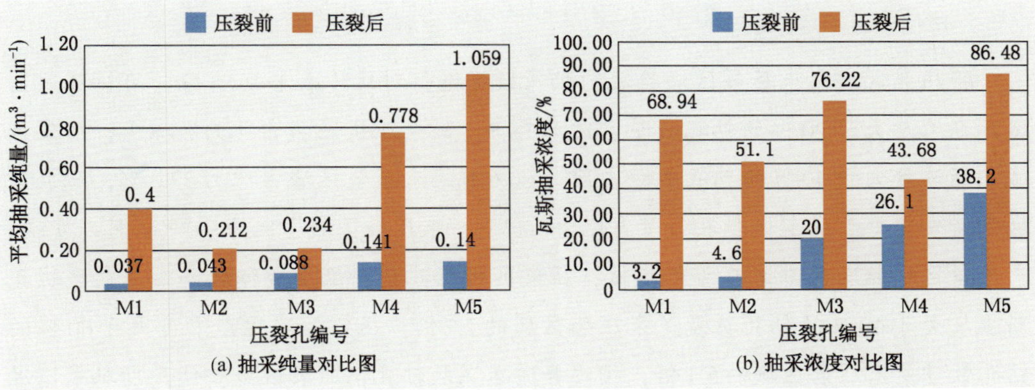

图4-14　水力压裂前后钻孔抽采数据对比图

范围性的增透作用是水力压裂的突出优点之一，分别跟踪统计了压裂区域及未压裂区域各33个瓦斯抽采钻孔（含压裂孔）的抽采浓度情况，如图4-15和图4-16所示。

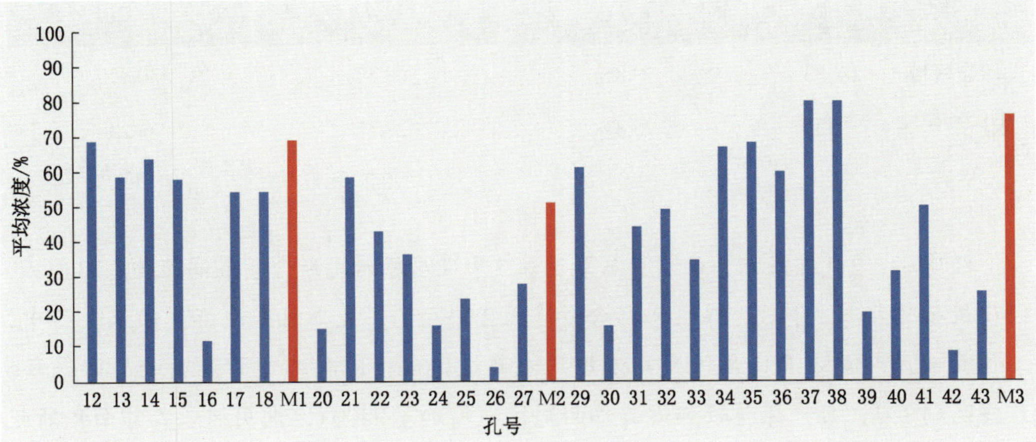

图4-15　压裂区域钻孔抽采浓度

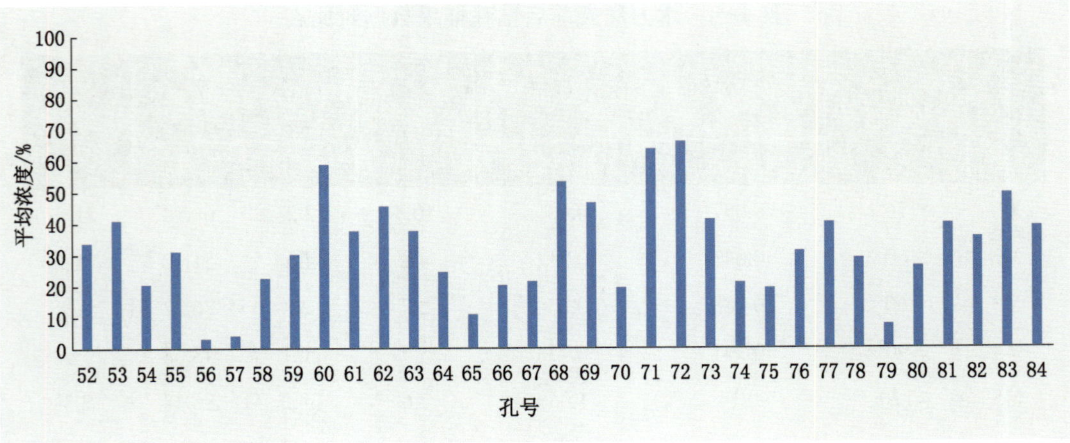

图 4-16　未压裂区域钻孔抽采浓度

将压裂区域与未压裂区域钻孔的抽采数据进行对比（表4-9），分析可得压裂区域瓦斯浓度大于20 %的钻孔数量占比为78.8 %，未压裂区域占比为75.8 %；压裂区域瓦斯浓度大于40 %的钻孔数量占比为60.6 %，未压裂区域占比为27.3 %；压裂区域瓦斯浓度大于60 %的钻孔数量占比为30.3 %，未压裂区域占比为6.0 %。可以发现，未压裂区域钻孔瓦斯浓度整体较低，压裂区域钻孔瓦斯浓度整体较高，压裂区域瓦斯浓度大于40 %的钻孔数量是未压裂区域的2.2倍，压裂区域瓦斯浓度大于60 %的钻孔数量是未压裂区域的5.1倍，相比普通本煤层钻孔，压裂区域整体瓦斯抽采情况良好，说明水力压裂对煤层范围性增透提效有显著功效。

表4-9　不同区域瓦斯抽采浓度对比分析

区域	统计总钻孔数量	瓦斯浓度大于20%的钻孔数量占比	瓦斯浓度大于40%的钻孔数量占比	瓦斯浓度大于60%的钻孔数量占比
压裂区域	33	78.8%	60.6%	30.3%
未压裂区域	33	75.8%	27.3%	6.0%
倍数		1.04	2.2	5.1

经实测，211综采工作面水力压裂区域2号煤层原始瓦斯含量最高值为7.73 m^3/t，经压裂强化抽采1年后，煤层瓦斯含量降至2.53 m^3/t，瓦斯抽采达标。回采过程中，工作面回风超前以及回风流瓦斯浓度均未超过0.6%，同时工作面采煤进尺由每班6刀提高到8刀，日产煤量较邻近工作面同区域增加了2400 t，说明综采工作面瓦斯超前强化抽采有效促进了矿井煤炭高效开采。

通过本项目的实施，形成了“先入顶板后进煤层”钻孔整体水力压裂工艺技术，压裂影响半径大于36 m、钻孔瓦斯抽采量较常规钻孔提高2倍以上，同时对工作面产量提升起到了较大助力，证实了定向长钻孔水力压裂高效抽采工艺技术在黄陵矿区的适用性。该工艺技术较顺煤层钻孔具有封孔效果好、泵注压力高、施工工效高、压裂风险小、成本低等明显优势，更适宜于黄陵矿区煤层区域增透强化瓦斯抽采。

（三）油型气抽采常用方法

黄陵矿区油型气防治主要采用“探、抽、掘”“探、抽、采”的综合防治技术措施，基本形成了如下的工作流程：采掘工程施工前收集瓦斯与油型气赋存参数→掘前探抽→补充完善工作面瓦斯与油型气赋存参数→绘制工作面瓦斯与油型气赋存地质图→采前探抽→采中卸压抽采。采取的主要措施如下。

1. 掘进工作面油型气抽采方法

掘进工作面在掘进前先施工顶底板油型气探测钻孔，对工作面前方的油型气赋存情况进行探测，并将钻孔甲烷浓度、压力等指标进行记录，如果探测到油型气赋存则增补钻孔加强对油型气的抽采，待油型气抽采评判达标后方可掘进，且掘进期间钻孔覆盖超前距不能低于10 m。

2. 采煤工作面油型气抽采方法

采煤工作面油型气主要依据掘进期间探测到的油型气赋存情况施工顶底板油型气抽采钻孔进行治理。主要方法是在进风巷和回风巷的钻场内预先施工网格式顶底板油型气抽采钻孔，在油型气富集区加密钻孔布置，非油型气富集区则减少钻孔布置。预置的油型气抽采钻孔一方面起到提前预抽的作用，另一方面在工作面回采过程中拦截围岩卸压引起的油型气涌出。

| 第三节 |

抽采指标计算

黄陵矿区的瓦斯治理执行区域预抽先行、掘前预抽、采前预抽的方式，因此需要对每个阶段的抽采指标进行精准计算，区域预抽、掘进工作面抽采、综采工作面抽采指标计算主要包括抽采达标残余瓦斯含量、残余瓦斯压力、瓦斯抽采总量、瓦斯预抽率等指标，各项指标的计算主要依据工作面生产时风排瓦斯量的数值反算确定。

一、掘进工作面瓦斯抽采指标

（一）掘进工作面抽采达标残余瓦斯含量

掘进工作面的瓦斯涌出来源参照《矿井瓦斯涌出量预测方法》（AQ 1018—2006），并根据现场实际情况进行细分。一般来说掘进工作面瓦斯涌出包含两部分，分别是掘进巷道煤壁瓦斯涌出量和掘进落煤的瓦斯涌出量，如图4-17所示。但在实际生产中，除煤壁瓦斯涌出外还有巷道锚杆孔、钻孔等瓦斯涌出，依照标准中的公式计算与实际出入较大。因此，将巷道煤壁瓦斯涌出分为两部分，一部分是巷道掘进期间新鲜暴露出的煤壁瓦斯涌出（q_1），另一部分是后巷煤壁瓦斯涌出（q_3），后巷煤壁瓦斯涌出中包含锚杆孔、钻孔、钻场等处的瓦斯涌出。则掘进工作面风排瓦斯量的计算可按式（4-1）计算。

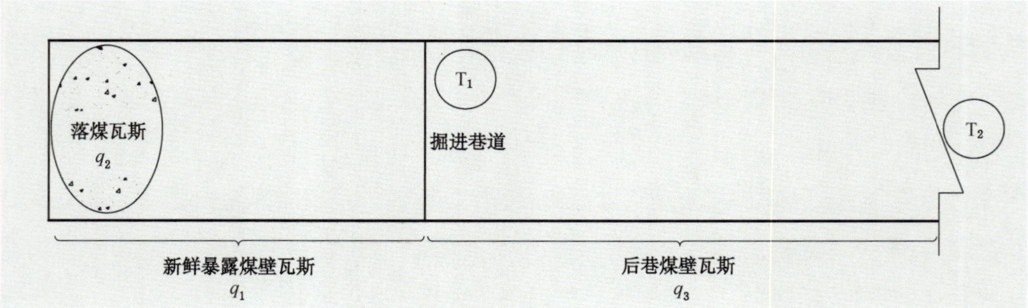

图 4-17　掘进工作面瓦斯涌出来源示意图

$$q_{掘}=q_1+q_2+q_3 \tag{4-1}$$

式中　$q_{掘}$——掘进工作面风排瓦斯量，m^3/min；

q_1——掘进工作面新鲜暴露煤壁瓦斯涌出量，m^3/min；

q_2——掘进工作面生产时落煤瓦斯涌出量，m^3/min；

q_3——后巷煤壁瓦斯涌出量，m^3/min。

1. 掘进巷道煤壁瓦斯涌出量

掘进巷道煤壁瓦斯涌出量q_1按照下式计算：

$$q_1=Dvq_0\cdot\left(2\sqrt{\frac{L}{v}}-1\right) \tag{4-2}$$

式中　q_1——掘进巷道煤壁瓦斯涌出量，m^3/min；

D——巷道断面内暴露煤壁面的周边长度，m；对于薄及中厚煤层，$D=2m_o$，m_o为开采层厚度；对于厚煤层，$D=2h+b$，h及b分别为巷道的高度及宽度；

v——巷道平均掘进速度，m/min；

L——巷道掘进日进尺，m；

q_0——煤壁瓦斯涌出强度，$m^3/(m^2\cdot min)$，如无实测值可参考下式计算。

$$q_0=0.026\left[0.0004(V^r)^2+0.16\right]W_0 \tag{4-3}$$

式中　q_0——巷道煤壁瓦斯涌出量初速度，$m^3/(m^2\cdot min)$；

V^r——煤中挥发分含量，%；

W_0——煤层原始瓦斯含量，取实测最大值，m^3/t。

2. 掘进巷道落煤瓦斯涌出量

掘进巷道落煤的瓦斯涌出量q_2按照下式计算：

$$q_2=Sv\gamma(W_{cy}-W_{cc}) \tag{4-4}$$

式中　q_2——掘进巷道落煤的瓦斯涌出量，m^3/min；

S——掘进巷道断面积，m^2；

v——巷道平均掘进速度，m/min；

γ——煤的密度，t/m^3；

W_{cy}——煤层抽采后残余瓦斯含量，m^3/t；

W_{cc}——煤的残存瓦斯含量，m^3/t，无实测值可按照表4-10和式（4-5）选取计算。高变质煤瓦斯含量> 10 $m^3/(t \cdot r)$ 和低变质煤的 W_{cc} 值可按表4-10选取。

表4-10　煤的残存瓦斯含量取值表

挥发分 V^r/%	6 ~ 8	8 ~ 12	12 ~ 18	18 ~ 26	26 ~ 35	35 ~ 42	42 ~ 56
W_{cc}/（$m^3 \cdot t^{-1} \cdot r^{-1}$）	9 ~ 6	6 ~ 4	4 ~ 3	3 ~ 2	2	2	2
注：煤的残存瓦斯含量亦近似地按煤在0.1MPa压力条件下的瓦斯吸附量取值。							

瓦斯含量<10 m^3/（$t \cdot r$）的高变质煤的 W_{cc} 值可按下式计算。

$$W_{cc}=\frac{10.385e^{-7.207}}{W_0} \tag{4-5}$$

式中　W_{cc}——煤层残存瓦斯含量，m^3/（$t \cdot r$）；

W_0——煤层原始瓦斯含量，m^3/（$t \cdot r$）。

3. 掘进工作面后巷煤壁瓦斯涌出量

掘进工作面后巷煤壁瓦斯涌出量 q_3 按照下式计算：

$$q_3=Q(T_2-T_1) \tag{4-6}$$

式中　q_3——后方巷道瓦斯释放量，m^3/min；

Q——掘进工作面风量，m^3/min；

T_1——掘进工作面非生产期间迎头瓦斯浓度，%；

T_2——掘进工作面非生产期间回风口瓦斯浓度，%。

由 q_1 和 q_3 的计算公式可知，将相关数据代入即可确定其大小。根据掘进工作面风排瓦斯涌出量 $q_{掘}=q_1+q_2+q_3 \leqslant 2$ m^3/min的要求，将 $q_{掘}$=2 m^3/min代入公式即可计算出煤层残余瓦斯含量 W_{cy}，即

$$W_{cy} \leqslant W_{cc}+\frac{2-q_1-q_3}{Sv\gamma} \tag{4-7}$$

式中　W_{cy}——煤层抽采后残余瓦斯含量，m^3/t；

W_{cc}——煤的残存瓦斯含量，m^3/t，无实测值可按照表4-10和式（4-5）选取计算；

q_1——掘进工作面巷道煤壁绝对瓦斯涌出量，m^3/min；

q_3——后方巷道瓦斯释放量，m^3/min；

S——掘进巷道断面积，m^2；

v——巷道平均掘进速度，m/min；

γ——煤的密度，t/m^3。

当煤层抽采残余瓦斯含量小于W_{cy}时，工作面生产期间的风排瓦斯涌出量则不会超过2 m³/min。

（二）掘进工作面预抽区域瓦斯抽采总量

掘进工作面预抽区域瓦斯抽采总量计算公式为

$$Q_{抽}=(W_0-W_{cy})\rho l_{长}l_{宽}h \tag{4-8}$$

式中　$Q_{抽}$——掘进工作面预抽区域瓦斯抽采总量，m³；

W_0——预抽区域煤层原始瓦斯含量，m³/t；

W_{cy}——预抽区域残余瓦斯含量，m³/t；

ρ——预抽区域煤的容重，t/m³；

$l_{长}$——预抽区域长度，m；

$l_{宽}$——预抽区域宽度，m；

h——预抽区域煤厚，m。

（三）掘进工作面预抽区域瓦斯预抽率

掘进工作面预抽区域瓦斯预抽率计算公式为

$$\eta=\frac{Q_{抽}}{Q_{储}} \tag{4-9}$$

式中　η——掘进工作面预抽区域瓦斯预抽率，%；

$Q_{抽}$——掘进工作面预抽区域瓦斯抽采总量，m³；

$Q_{储}$——掘进工作面预抽区域原始瓦斯储量，m³。

（四）掘进工作面抽采达标残余瓦斯压力

掘进工作面抽采达标残余瓦斯压力可采用间接法计算，其最大值不能超过0.74 MPa。若采用间接法计算得出的残余瓦斯压力大于0.74 MPa则必须进行现场测压校验，若现场测压仍大于0.74 MPa则仍需继续抽采直至压力小于0.74 MPa。将残余瓦斯含量代入瓦斯压力与瓦斯含量的换算公式（4-10）即可反算出残余瓦斯压力，计算公式如下：

$$W=\frac{abp}{1+bp}\cdot\frac{100-A_d-M_{ad}}{100}\cdot\frac{1}{1+0.31M_{ad}}+\frac{\pi p}{10\gamma} \tag{4-10}$$

式中　W——煤层残余瓦斯含量，m³/t；

a、b——吸附常数；

p——煤层残余瓦斯压力，MPa；

A_d——煤的灰分，%；

M_{ad}——煤的水分，%；

π——煤的孔隙率，m^3/m^3；

γ——煤的容重（假比重），t/m^3。

二、综采工作面瓦斯抽采指标

（一）综采工作面抽采达标残余瓦斯含量

按照分源预测法，综采工作面的瓦斯涌出主要包含开采层和邻近层的瓦斯涌出，黄陵矿区存在围岩油型气，开采后顶底板卸压会导致油型气大量涌出，采用常规方法计算较为困难且适用性差，因此依据现场生产情况进行一定程度的简化。假定工作面抽采系统在检修班和生产班运转正常，可将工作面风排瓦斯量分为两部分，一部分是生产时落煤产生的瓦斯涌出量，另一部分是未生产时工作面正常的瓦斯涌出量（包含综采工作面顺槽及工作面煤壁瓦斯涌出、锚杆孔瓦斯涌出、部分采空区漏风带出瓦斯等）。则生产时落煤产生的瓦斯$q_{落}$可按照式（4-11）计算。

$$q_{落}=q_{综}-q_{检} \tag{4-11}$$

式中 $q_{落}$——综采工作面生产时落煤产生的瓦斯涌出量，m^3/min；

$q_{综}$——综采工作面生产时风排瓦斯量，m^3/min；

$q_{检}$——综采工作面检修时风排瓦斯量，m^3/min。

综采工作面生产时落煤产生的瓦斯$q_{落}$又与煤层残余瓦斯含量有关，可以按照式（4-12）计算。

$$q_{落}=\frac{(W_{cy}-W_{cc})\cdot G}{t} \tag{4-12}$$

式中 $q_{破}$——综采工作面生产时破煤产生的瓦斯量，m^3/min；

W_{cy}——综采工作面残余瓦斯含量，m^3/t；

W_{cc}——煤的残存瓦斯含量，m^3/t；

G——工作面日产量，t；

t——工作面生产时间，按每天生产16 h（960 min）。

综采工作面日产量G计算方法：

$$G=LSh\gamma C \tag{4-13}$$

式中 G——工作面日产量，t；

L——工作面平均长度，m；

S——工作面循环进尺，m；

h——工作面设计采高，m；

γ——煤的容重，t/m³；

C——回采率，%。

综采工作面生产时和检修时的风排瓦斯量与工作面风量和回风流瓦斯浓度有关，其计算公式如下：

$$q_{综} = QT_{生} \tag{4-14}$$

式中　$q_{综}$——综采工作面生产时风排瓦斯量，m³/min；

Q——综采工作面配风量，m³/min；

$T_{生}$——综采工作面生产时回风流瓦斯浓度，%。

$$q_{检} = QT_{检} \tag{4-15}$$

式中　$q_{检}$——综采工作面检修时风排瓦斯量，m³/min；

Q——综采工作面配风量，m³/min；

$T_{检}$——综采工作面检修时回风流瓦斯浓度，%。

综合上述公式可得：

$$\frac{(W_{cy} - W_{cc}) \cdot G}{t} = QT_{生} - QT_{检} \tag{4-16}$$

按照《陕西省煤矿瓦斯防治规定（试行）》中“综采工作面生产时风排瓦斯量不能超过5 m³/min”的要求，即$q_{综} \leqslant 5$ m³/min，将其代入上式，则可得出综采工作面残余瓦斯含量W_{cy}。

$$W_{cy} \leqslant \frac{5t - QT_{检}t}{G} + W_{cc} \tag{4-17}$$

一般来说，处于同一采区的煤层瓦斯赋存规律相近，因此对新的综采工作面进行抽采指标设计时可参照邻近工作面的配风量、生产和检修时回风流瓦斯浓度来确定相关数值。

（二）综采工作面瓦斯抽采总量

综采工作面瓦斯抽采总量计算公式为

$$Q_{抽} = (W_0 - W_{cy})\rho l_{长} l_{宽} h \tag{4-18}$$

式中　$Q_{抽}$——综采工作面预抽区域瓦斯抽采量，m³；

W_0——综采工作面预抽区域煤层原始瓦斯含量，m³/t；

W_{cy}——综采工作面预抽区域残余瓦斯含量，m³/t；

ρ——煤的容重，t/m³；

$l_{长}$——预抽区域长度，m；

$l_{宽}$——预抽区域宽度，m；

h——预抽区域煤厚，m。

（三）综采工作面瓦斯预抽率

综采工作面瓦斯预抽率计算公式为

$$\eta=\frac{Q_{抽}}{Q_{储}} \tag{4-19}$$

式中　η——综采工作面瓦斯预抽采，%；

$Q_{抽}$——综采工作面预抽区域瓦斯抽采总量，m^3；

$Q_{储}$——综采工作面预抽区域原始瓦斯储量，m^3。

（四）综采工作面抽采达标残余瓦斯压力

综采工作面抽采达标残余瓦斯压力可采用间接法计算，其最大值不能超过0.74 MPa，若采用间接法计算得出的残余瓦斯压力大于0.74 MPa则必须进行现场测压校验，若现场测压仍大于0.74 MPa则仍需继续抽采直至压力小于0.74 MPa。将综采工作面抽采达标残余瓦斯含量代入瓦斯压力与瓦斯含量的换算公式（4-10）即可反算出残余瓦斯压力。

（五）综采工作面抽采达标预抽时间

抽采达标预抽时间是指当预抽量达到计算抽采量并且残余瓦斯含量达到计算值时的时间。按照《陕西省煤矿瓦斯防治规定（试行）》中的要求，采煤工作面钻孔预抽时间不少于6个月；按照陕西煤业集团瓦斯抽采达标的规定，本煤层钻孔预抽时间一般不少于1年。

【例4-2】黄陵二号煤矿211综采工作面抽采指标确定应用实例

根据精准抽采技术体系的要求，黄陵二号煤矿在211综采工作面进行了应用和实践，按照“一矿一策、一面一策、一段一策”的瓦斯治理思路和顶底板油型气涌出治理经验，实现了工作面瓦斯、油型气的精准治理，工作面在生产期间未出现瓦斯超限事故。

一、工作面概况

1. 工作面位置及井上下关系

211综采工作面位于二号煤矿二盘区西南部，东北部为未采区，西南紧邻209工作面，东南至北一一号辅运大巷，工作面可采长度为3903 m，工作面倾向长度为300.5 m。巷道断面为矩形，工作面走向方位为339°。211综采工作面位置及井上下关系见表4-11，工作面巷道布置如图4-18所示。

表4-11　211综采工作面位置及井上下关系

盘区名称	二盘区	地面标高/m	+1250～+1432.5		
工作面名称	211	井下标高/m	+725～+785		
走向长度/m	3903	倾向长度/m	300.5	面积/×10⁴ m²	117.2
地面相对位置	211综采工作面地面对应位置位于西沟附近，地表为中～低山林区				
井下位置及与四邻关系	211综采工作面位于二盘区西南部，东北部为未采区，西南紧邻209工作面，东南至北一一号辅运大巷，工作面走向方位为339°				
回采对地面设施的影响	211综采工作面地面相对位置位于西沟支流长沟附近，地表为中～低山林地带，对应地表高度最高点为+1432.5 m，最低点为+1250m，开采深度为465～707m。地面周围无建筑物和其他设施，回采对地表影响很小				

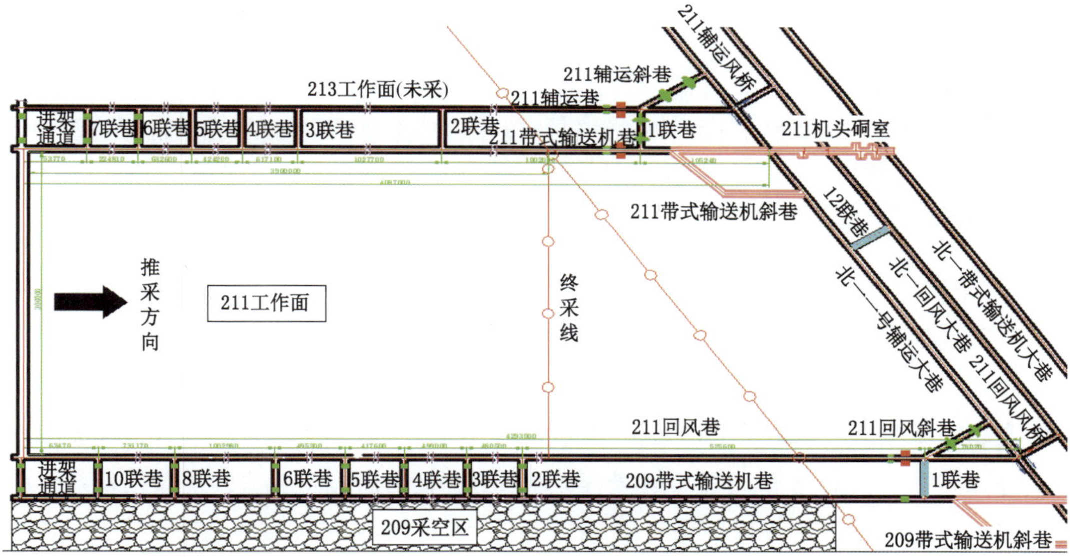

图4-18　211综采工作面巷道布置示意图

2. 煤层赋存情况

211综采工作面开采煤层为2号煤层，属于侏罗系中统延安组，煤层厚度为2.5～3.8 m，平均厚度为3.0 m，倾角为0°～4°，平均为2°。根据工作面回风巷、带式输送机巷、辅运巷以及工作面开切眼揭露的煤层情况，211终采工作面带式输送机巷6号联巷至开切眼煤层下部含两层夹矸；工作面6号联巷至终采线煤层厚度变化较稳定。211综采工作面开采煤层详细情况见表4-12。

表4-12　211综采工作面开采煤层情况一览表

<table>
<tr><td rowspan="2">煤层厚度/m</td><td colspan="4">2.5 ~ 3.8</td><td rowspan="2">煤层结构</td><td rowspan="2">简单</td><td rowspan="2">倾角/(°)</td><td>0 ~ 4</td></tr>
<tr><td colspan="4">平均3.0</td><td>平均2</td></tr>
<tr><td>可采指数</td><td colspan="2">1</td><td>硬度</td><td>2 ~ 3</td><td>煤种</td><td>富油煤</td><td>稳定程度</td><td>稳定</td></tr>
<tr><td>煤层情况</td><td colspan="8">211综采工作面开采煤层为2号煤层，属于侏罗系中统延安组，2号煤为黑色块状，条痕黑色，弱沥青光泽，参差状断口，以暗煤为主，亮煤次之，丝炭少量，含黄铁矿结核，属半暗型煤，内生裂隙发育</td></tr>
<tr><td rowspan="3">煤质情况</td><td>灰分/%</td><td>挥发分/%</td><td>固定碳/%</td><td>含硫量/%</td><td>发热量/(cal·g⁻¹)</td><td>黏结指数</td><td>胶质层Y值</td><td>工业牌号</td></tr>
<tr><td>6 ~ 14</td><td>28 ~ 30.18</td><td>56 ~ 60</td><td>0.28 ~ 0.98</td><td>6400 ~ 7600</td><td>30 ~ 70</td><td>5.5</td><td>弱黏煤为主，少量中黏煤、气煤</td></tr>
<tr><td colspan="8">根据地质勘查报告可知，该工作面区域2号煤层属特低－低灰煤，特低－低硫，低－中磷，特高－高热值，化学反应性较强，低度结渣，低度结污，低－中等软化温度的富油煤</td></tr>
</table>

3. 煤层顶底板情况

211综采工作面区域2号煤层直接顶板为灰色细粒砂岩，基本顶为粉砂岩、粉砂质泥岩，2号煤层底板直接底在211综采工作面带式输送机巷2号联络巷至终采线段为灰色细粒砂岩，以石英长石为主，2号联络巷至3号联络巷段为粉砂岩，深灰色，成分以石英、长石为主，3号联络巷至4号联络巷段为粉砂质泥岩，灰黑色较硬，4号联络巷至开切眼段为粉砂岩，灰黑色。211工作面煤层顶底板详细情况见表4-13及图4-19。

表4-13　211工作面煤层顶底板情况一览表

名称	岩石名称	厚度/m	岩性特征
基本顶	粉砂岩、粉砂质泥岩	9 ~ 11	基本顶为粉砂岩、粉砂质泥岩，灰黑色，含植物化石及云母片，中夹薄层细粒砂岩，岩石普氏硬度f=5 ~ 7
直接顶	灰色细粒砂岩	13 ~ 23	直接顶为灰色细粒砂岩，以石英长石为主，含植物化石碎片及炭屑，泥钙质胶结
直接底	灰色细粒砂岩、粉砂岩	1.7 ~ 1.8/1.3 ~ 1.4	直接底为灰色细粒砂岩，以石英长石为主，厚度为1.7 ~ 1.8 m，岩石普氏硬度f=4 ~ 6；另一部分为粉砂岩，深灰色，成分以石英、长石为主，厚度为1.3 ~ 1.4 m

地层	代号	柱状	岩性描述
延安组	J_2y		泥岩：灰黑色，较软，断面平坦，常见马蹄状断口及贝壳状断口，偶见水平层理，巨厚层状，10～28 m
			细粒砂岩：灰白色，含云母片，成分以石英为主，夹黑色条带，分选性好，泥钙质胶结，板状层理，9～17 m
			粉砂岩：灰黑色，含植物化石及黄铁矿结核，易破碎，易风化，水平层理，2.2～26 m
			细粒砂岩：灰白色，灰黑色，含植物化石及云母片，被油浸，成分以石英为主，中夹薄层粉砂岩，分选性好，泥钙质胶结，板状层理，4.6～7.4 m
			粉砂岩：灰黑色～深灰色，含植物化石碎片，夹薄层细粒砂岩，易碎，易风化，岩层厚度2.0～10 m
			细粒砂岩：灰色细粒砂岩，以石英长石为主，含少量暗色矿物，含植物化石碎片及炭屑，并含有黄铁矿结核，分选性好，呈棱角状，泥质胶结，不显层理，岩芯呈碎块状，岩层厚度13～23 m
			2号煤层，属侏罗系中统延安组，煤层为黑色，弱沥青光泽，半暗型煤，块状、阶梯状、参差状断口，内生裂隙发育，被方解石充填，煤层厚度2.5～3.8 m
			粉砂岩：灰黑色、深灰色，含植物化石，中夹薄层细粒砂岩，钙质胶结，厚度1.35～3.7 m

图 4–19　211 综采工作面煤层综合柱状图

4. 瓦斯地质概况

1）地质构造与瓦斯、油型气赋存关系

211综采工作面地质构造较简单，为一单斜构造，煤岩倾向东南，倾角为0°～4°，一般为2°。211辅运巷掘进至810 m处揭露一小型断裂构造，断层未延伸至211带式输送机巷，211辅运巷断层见表4–14。

表4-14　211辅运巷断层一览表

构造名称	走向/（°）	倾向/（°）	倾角/（°）	性质	落差/m	对回采的影响程度
P_2~12	274.5	184.5	50	正断层	0.9	低

根据211带式输送机巷掘进期间原始瓦斯含量测定情况，将211综采工作面本煤层瓦斯含量分为三个区域：第一区域为211综采工作面低浓度区域从终采线至852 m，含量小于1 m³/t，区域长度为852 m；第二区域为浓度升高区域从852 m至1697 m，含量大于1 m³/t且小于2 m³/t，区域长度为845 m；第三区域为富集区域从1697 m至工作面开切眼，瓦斯含量大于2 m³/t，区域长度为2203 m。图4-20所示为211综采工作面瓦斯分布图。

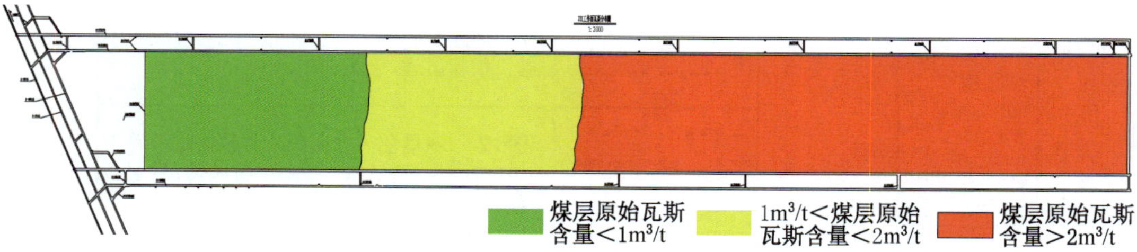

图4-20　211综采工作面瓦斯分布图

根据211带式输送机巷及回风巷掘进期间底板油型气显现情况，将211综采工作面油型气区域划分为3个区域：第一区域为低油型气区域（两段），第一段范围为211综采工作面终采线至561 m，长度为561 m，第二段范围为790 m至1191 m，长度为401 m；第二区域为油型气升高区域（一段），范围为1191 m至2078 m，长度为887 m；第三区域为油型气富集区域（两段），第一段范围为561 m至790 m，长度为229 m，第二段范围为2078 m至211综采工作面开切眼，长度为1822 m。图4-21所示为211综采工作面底板油型气分布图。

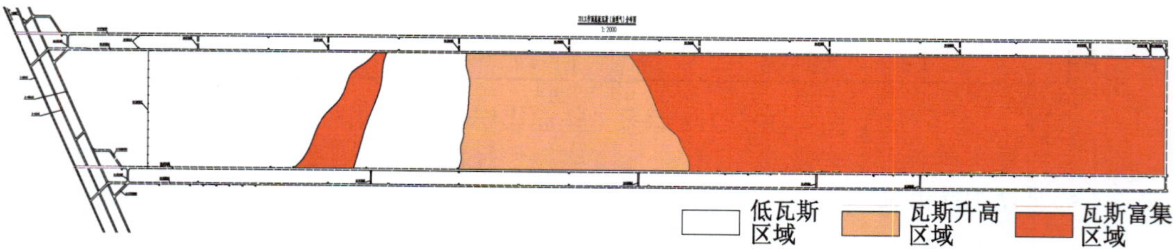

图4-21　211综采工作面底板油型气分布图

按照单元划分对各单元的瓦斯储量进行计算，见表4-15。

表4-15　211综采工作面瓦斯储量表

单元	测点范围/m	原始瓦斯含量/（$m^3 \cdot t^{-1}$）	煤量/t	瓦斯储量/m^3
I	终采线～507	0.6111	494022	301896.8442
II	507～857	0.792	432269.25	342357.246
III	857～1207	1.5114	432269.25	653331.7445
IV	1207～1557	0.9801	432269.25	423667.0919
V	1557～1907	1.5997	432269.25	691501.1192
VI	1907～2257	3.6367	432269.25	1572033.581
VII	2257～2607	2.4908	432269.25	1076696.248
VIII	2607～2957	4.7246	432269.25	2042299.299
IX	2957～3307	5.6659	432269.25	2449194.344
X	3307～3657	5.7263	432269.25	2475303.406
XI	3657～4007	5.4797	432269.25	2368705.809
合计			4816714.5	14396986.73

2）相邻区域揭露的瓦斯与油型气情况

邻近掘进期间209两巷道均采用压入式通风，工作面供风量在450～750 m^3/min，回风流甲烷浓度在0.1%～0.36%，工作面风排瓦斯量在0.45～2.7 m^3/min。根据邻近209工作面采掘期间揭露瓦斯、油型气情况：两巷道在掘进至1200 m左右时，底板出现瓦斯、油型气，并持续至工作面掘进结束，在掘进至1600 m左右时，煤层瓦斯浓度开始升高。在掘进至2000 m左右时，顶板出现瓦斯与油型气，并持续至巷道掘进结束，巷道在整个掘进期间未发现构造。掘进期间209带式输送机巷铺设Φ400PE管路，209辅运巷铺设Φ500PE管路，工作面应急抽采系统距工作面始终不大于5 m，管路抽采负压为40～16 kPa。巷道在掘进期间，通过单、双侧布置钻场，并实施“掘前探抽”“边掘边抽”钻孔，探抽钻孔始终超前工作面不低于10 m，保证钻孔对顶底板瓦斯、油型气赋存层位均匀覆盖并进行穿层抽采，同时对巷帮瓦斯拦截抽采，降低顶底板储气层瓦斯、油型气含量以及煤壁瓦斯释放量，保证了工作面风排瓦斯量不超过3 m^3/min，且未发生瓦斯、油型气异常现象。邻近209工作面瓦斯与油型气情况见表4-16。

5. 211综采工作面概况

1）211综采工作面的形成

表4-16　邻近209工作面瓦斯与油型气情况表

工作面名称	供风量/($m^3 \cdot min^{-1}$)	瓦斯浓度/%	风排瓦斯量/($m^3 \cdot min^{-1}$)
209带式输送机巷	450～750	0.1～0.36	0.45～2.7
瓦斯抽采流量/($m^3 \cdot min^{-1}$)	瓦斯抽采浓度/%	抽采负压/kPa	瓦斯抽采量/($m^3 \cdot min^{-1}$)
0～78	0～5.4	40～16	0～4.2

211带式输送机巷设计3900 m，采用综合机械化掘进，支护方式为锚网梁索联合支护。该巷道计划2018年4月开工，2019年8月形成，计划班进尺5.4 m，日进尺10.8 m，月进尺272 m。巷道掘进到位后开始掘进211综采工作面开切眼导硐，并与209辅运巷贯通，211综采工作面形成。预计211综采工作面形成时间为2019年9月，总工期为17个月。

2）211综采工作面生产概况

211综采工作面选用智能机械化走向长壁后退式一次采全高的采煤法，全部垮落法处理采空区顶板。采煤机双向自动化记忆割煤，刮板输送机、转载机、可伸缩带式输送机联合运煤，掩护式液压支架支护顶板。具体工艺流程为：割煤—运煤—移架支护—推移输送机。

211综采工作面煤层平均厚度为3.0 m，工作面循环进尺为0.9 m。单日进尺9 m，月回采进尺207 m。工作面选用MG900/2400-WD型双滚筒电牵引采煤机自动记忆割煤；ZY10000-23/45D型液压支架（过渡液压支架：ZYG10000-23/45D；端头液压支架：ZZ12000/23/45D）自动跟机支护顶板。工作面计划2020年5月开始回采，2022年2月回采结束。

3）工作面接续时间

按照黄陵矿业集团相关要求，211综采工作面本煤层瓦斯预抽时间必须达到至少1年，根据表4-17，即本煤层预抽钻孔必须在2019年4月施工结束，由于211带式输送机巷掘进时间相对滞后，因此211综采工作面本煤层瓦斯预抽钻孔需提前在209辅运巷向211综采工作面施工，以保证预抽时间不少于1年。

表4-17　211综采工作面接续情况

区域	工作面名称	形成时间	钻孔完成时间	开始回采时间	最短预抽时间/月	回采结束时间	备注
二盘区	211综采工作面	2019年9月	2019年4月	2020年5月	12	2022年2月	提前在209辅运巷向211综采工作面施工钻孔

二、工作面瓦斯基础参数

在211综采工作面掘进期间，对各单元进行取样并送往黄陵矿业集团瓦斯实验室进行原始瓦斯基础参数测定，结合河南理工大学对二盘区的瓦斯基础参数测定报告，211综采工作面的瓦斯基础参数结果如下：

煤层瓦斯含量：0.6111～5.7263 m^3/t；

煤层瓦斯压力：0.20～0.46 MPa；

煤的孔隙率：4.17%～4.83%；

煤的坚固性系数：1.1～1.4；

煤的瓦斯放散初速度：9.9～11.1 mmHg；

瓦斯吸附常数：a值为11.29～11.98 $m^3/(t \cdot r)$，b值为0.43～0.53 MPa^{-1}；

水分：2.00%～2.16%；

煤的灰分：5.38%～16.04%；

挥发分：25.95%～31.08%；

瓦斯流量衰减系数：0.0297～0.0381 d^{-1}；

透气性系数：3.465～7.084 $m^2/(MPa^2 \cdot d)$。

三、精准设计

根据211综采工作面带式输送机巷掘进期间顶板、煤层、底板探抽钻孔等揭露情况，211综采工作面本煤层赋存有瓦斯，底板赋存有油型气。煤层瓦斯及底板油型气赋存情况变化较大，且随工作面回采其含量呈递减趋势。

根据211综采工作面瓦斯、油型气分布情况，按照分源治理原则，针对性采取治理措施，其中本煤层瓦斯治理主要在209辅运巷向211综采工作面施工本煤层预抽钻孔，钻孔覆盖整个工作面，满足瓦斯预抽时间1年以上，保证预抽达标；针对底板油型气主要以游离态赋存这一特点，采取在211综采工作面带式输送机巷、回风巷钻场向工作面底板油型气赋存层位施工扇形抽采钻孔。各钻孔控制范围不小于1/2工作面长度，边采边抽。

1. 211综采工作面抽采达标残余瓦斯含量

按照黄陵矿业集团规定，综采工作面风排瓦斯量应≤5 m^3/min，以此计算211综采工作面瓦斯抽采残余量W_{cy}。由于邻近209工作面底板赋存有油型气，预测211综采工作面底板部分区域同样赋存有油型气，可参照209工作面生产时的配风量、回风流瓦斯浓度等数据。

211综采工作面瓦斯抽采残余量W_{cy}计算方法：

$$W_{cy} \leqslant \frac{5t - QT_{检}t}{G} + W_{cc} \tag{4-20}$$

式中　W_{cy}——综采工作面瓦斯抽采残余量，m^3/t；

5——工作面生产期间允许最大风排瓦斯量，5 m^3/min；

t——工作面生产时间，按每天生产16 h或960 min；

Q——综采工作面配风量，m^3/min；

$T_{检}$——综采工作面检修时回风流瓦斯浓度，%；

G——工作面日产量，t，经计算取10599.72 t；

W_{cc}——煤的残存瓦斯含量，m^3/t，根据实验室实验报告取0.76 m^3/t。

经计算，211综采工作面瓦斯抽采残余量为1.12 m^3/t。

2. 211综采工作面瓦斯抽采总量

211综采工作面瓦斯抽采总量计算方法：

$$Q_{抽} = (W_0 - W_{cy})\rho l_{长} l_{宽} h \tag{4-21}$$

式中　$Q_{抽}$——综采工作面预抽区域瓦斯抽采量，m^3；

W_0——综采工作面预抽区域煤层原始瓦斯含量，m^3/t；

W_{cy}——综采工作面预抽区域残余瓦斯含量，m^3/t；

ρ——煤的容重，t/m^3；

$l_{长}$——预抽区域长度，m；

$l_{宽}$——预抽区域宽度，m；

h——预抽区域煤厚，m。

依据211综采工作面单元划分及原始瓦斯含量，计算211综采工作面本煤层瓦斯预抽总量为9455933 m^3，具体见表4-18。

3. 211综采工作面瓦斯预抽率

各单元应按照预抽要求分别计算预抽率，计算公式见式（4-22）。

$$\eta = \frac{Q_{抽}}{Q_{储}} \tag{4-22}$$

式中　η——综采工作面瓦斯预抽率，%；

$Q_{抽}$——综采工作面预抽区域瓦斯抽采总量，m^3；

$Q_{储}$——综采工作面预抽区域原始瓦斯储量，m^3。

各单元预抽率具体见表4-18。

表4-18　211综采工作面预抽瓦斯总量

单元	测点范围/m	原始瓦斯含量/($m^3 \cdot t^{-1}$)	残余瓦斯含量/($m^3 \cdot t^{-1}$)	煤量/t	预抽瓦斯总量/m^3	预抽率/%
I	终采线~507	0.6111	1.12	494022	—	—
II	507~857	0.792	1.12	432269.25	—	—
III	857~1207	1.5114	1.12	432269.25	169190	25.90
IV	1207~1557	0.9801	1.12	432269.25	—	—
V	1557~1907	1.5997	1.12	432269.25	207360	29.99
VI	1907~2257	3.6367	1.12	432269.25	1087892	69.20
VII	2257~2607	2.4908	1.12	432269.25	592555	55.03
VIII	2607~2957	4.7246	1.12	432269.25	1558158	76.29
IX	2957~3307	5.6659	1.12	432269.25	1965053	80.23
X	3307~3657	5.7263	1.12	432269.25	1991162	80.44
XI	3657~4007	5.4797	1.12	432269.25	1884564	79.56
合计				4816714.5	9455933	

注：—表示本区域未抽采。

4. 211综采工作面抽采达标预抽时间

抽采达标预抽时间是指当预抽量达到计算抽采量并且残余瓦斯含量达到计算值时的时间，此处按黄陵矿业集团关于本煤层预抽钻孔的规定，预抽时间不少于12个月。

三、区域预抽瓦斯抽采指标

区域预抽煤层瓦斯是黄陵矿业集团瓦斯治理新的举措之一，目前已在黄陵矿业集团高瓦斯矿井全面实施，实现了由工作面瓦斯治理向区域超前治理的转变，预抽时间达到2~4年，实现了高瓦斯区域低瓦斯开采的目标，为矿井快速掘进系统的应用创造了条件。

黄陵矿业集团下属的一号煤矿、二号煤矿、双龙煤业均为高瓦斯矿井，瓦斯灾害影响严重，为了实现工作面“掘、抽、采”平衡向区域超前治理的转变，为瓦斯治理留足空间和时间，三对高瓦斯矿井均采取了区域预抽瓦斯治理措施。现对区域预抽达标残余瓦斯含量、瓦斯抽采总量、区域预抽率、抽采达标瓦斯压力、区域预抽时间等指标进行详细说明。

（一）巷道布置形式

按照陕西煤业股份有限公司的规定，区域预抽必须覆盖至少两个区段。黄陵矿业集团在高瓦斯矿井一般覆盖四个区段，左右各两个区段。根据综采工作面巷道的布置形式，区域预抽巷道采用双巷掘进，一条为一侧的两个区段服务，另一条为另外一侧的两个区段服务，在区域预抽结束后，区域预抽巷道仍可作为综采工作面的带式输送机巷和辅运巷，实现一巷多用，达到降本增效的目的。预抽区域布置如图4-22所示。

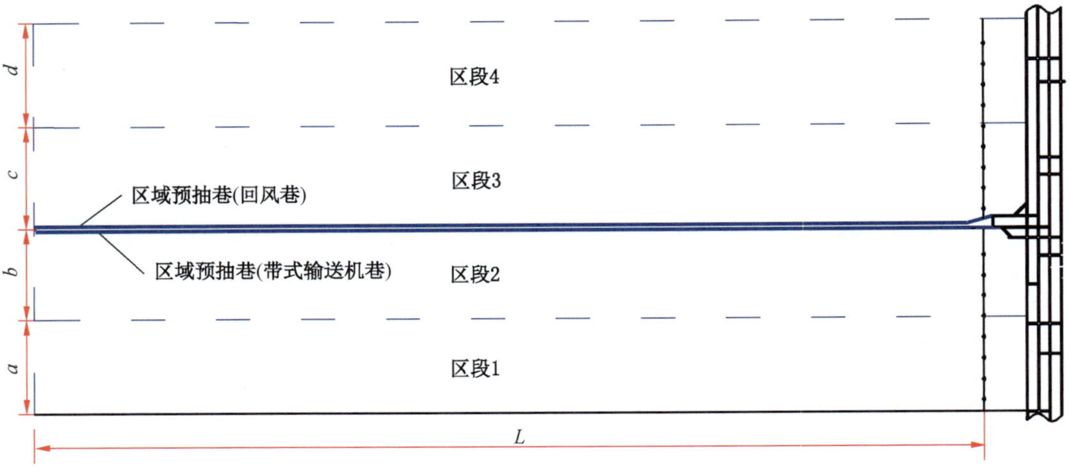

图 4-22　预抽区域布置图

（二）区域预抽指标

黄陵矿业集团预抽区域一般覆盖四个区段，依次为区段1、区段2、区段3、区段4（如图4-22所示）。根据采掘部署，在此四个区段中应为顺序开采，故区段1为首采工作面，相比其他三个区段而言，区段1的抽采时间最短且区段1范围内的钻孔位于定向钻孔的末端，负压衰减最严重，所以区段1的抽采效果最差。因此，区段1作为第一个回采区段，当区段1的所有抽采指标符合要求时，其他三个区段的抽采指标必然符合要求，现各项抽采指标的计算均需以区段1的计算结果为准。

1. 区域预抽抽采达标残余瓦斯含量

区段1为预抽区域的第一个综采工作面，因此以区段1的达标残余瓦斯含量来计算预抽区域内的残余瓦斯含量。按照陕西省相关规定，综采工作面风排瓦斯量应≤5 m^3/min，以此规定来计算区域预抽最先回采的工作面（区段1）的瓦斯抽采残余量W_{cy}。

预抽区域瓦斯抽采残余量W_{cy}计算方法：

$$W_{cy} \leqslant \frac{5t - QT_{检} t}{G} + W_{cc} \tag{4-23}$$

式中　W_{cy}——预抽区域瓦斯抽采残余量，m^3/t；

5——预抽区域回采时允许最大风排瓦斯量，5 m^3/min；

t——工作面生产时间，按每天生产 16 h 或 960 min；

Q——预抽区域回采时配风量，m^3/min；

$T_{检}$——预抽区域回采时检修时回风流瓦斯浓度，%；

G——预抽区域回采时日产量，t；

W_{cc}——煤的残存瓦斯含量，m^3/t，取 0.76 m^3/t。

2. 预抽区域瓦斯抽采总量

$$Q_{抽} = (W_0 - W_{cy})\rho L(a + b + c + d)h \tag{4-24}$$

式中　$Q_{抽}$——预抽区域瓦斯抽采量，m^3；

W_0——预抽区域煤层原始瓦斯含量，m^3/t；

W_{cy}——预抽区域残余瓦斯含量，m^3/t；

ρ——预抽区域煤的容重，t/m^3；

L——预抽区域长度，m；

a——预抽区段 1 宽度，m；

b——预抽区段 2 宽度，m；

c——预抽区段 3 宽度，m；

d——预抽区段 4 宽度，m；

h——预抽区域内平均煤厚，m。

3. 预抽区域瓦斯预抽率

按照区域预抽巷道将预抽区域分为左右两个区域分别计算预抽率，计算公式见式（4-25）。

$$\eta = \frac{Q_{抽}}{Q_{储}} \tag{4-25}$$

式中　η——预抽区域瓦斯预抽率，%；

$Q_{抽}$——预抽区域瓦斯抽采总量，m^3；

$Q_{储}$——预抽区域原始瓦斯储量，m^3。

4. 预抽区域抽采达标残余瓦斯压力

预抽区域抽采达标残余瓦斯压力可采用间接法计算，但其最大值不能超过

0.74 MPa。若采用间接法计算得出的残余瓦斯压力大于0.74 MPa则必须进行现场测压校验，若现场测压仍大于0.74 MPa则仍需继续抽采直至压力小于0.74 MPa。将残余瓦斯含量代入公式即可反算出残余瓦斯压力，计算公式如下：

$$W_{cy}=\frac{abp}{1+bp}\cdot\frac{100-A_d-M_{ad}}{100}\cdot\frac{1}{1+0.31M_{ad}}+\frac{\pi p}{10\gamma} \tag{4-26}$$

式中 W_{cy}——煤层残余瓦斯含量，m^3/t；

a、b——吸附常数；

p——煤层残余瓦斯压力，MPa；

A_d——煤的灰分，%；

M_{ad}——煤的水分，%；

π——煤的孔隙率，m^3/m^3；

γ——煤的容重（假比重），t/m^3。

5. 抽采达标预抽时间

黄陵矿业集团区域预抽相关规定要求预抽时间为2～4年。

第四节

瓦斯与油型气抽采工程设计

瓦斯与油型气抽采工作是个系统工程，在抽采指标确定完成后需要进行抽采工程的相关设计，包括钻场及钻孔设计、抽采系统设计等内容，所有的抽采工程设计都必须报总工程师审批确认。设计是为了精准治理瓦斯，抽采工程的设计是否能够达到精准的要求直接关系到瓦斯与油型气的防治效果，决定着工作面回采前抽采达标评判是否符合要求，也是灾害防治工作中的关键。

一、钻场设计

（一）普通钻场设计

为了不影响巷道运输，同时便于施工钻孔和抽采管理，需要在巷道掘进期间施工钻场。该钻场可为掘进期间的边掘边抽钻孔、油型气探测钻孔以及后期的本煤层预抽钻孔、顶底板油型气抽采钻孔及高位裂隙抽采钻孔提供施工空间。通风部门根据钻孔施工时使用的设备及钻孔数量等确定钻场尺寸，经审核后由生产部门进行钻场施工图设计，然后经其他相关部门会审后由矿总工程师签字确认方可施工钻场。

钻场支护采用锚梁网支护，钻场尺寸根据钻机外形尺寸及钻孔安全施工空间要求进行确定，钻场间距根据掘进速度、钻孔施工速度、钻孔最大孔深始终保持在掘进工作面前不低于15 m等要求确定，巷道掘进时必须在钻孔的有效抽采范围内。根据黄陵矿区的煤巷掘进速度、钻机钻孔速度等，一般设计钻场间距为60～100 m。同时按照瓦斯涌出量大小选择巷道单、双侧钻场，以提高瓦斯与油型气的治理效果。

【例4-3】黄陵矿区二号煤矿211综采工作面钻场设计

二号煤矿根据目前使用的各类钻机规格，并结合掘进期间钻场施工难度，确定钻场统一规格，钻场开始施工前由通风部门出具开设钻场具体位置、间距等数据，并由矿总工程师批准，生产部门根据相关要求，出具钻场支护设计并经相关部门和矿总工程师会签通过，下发钻场施工通知，由施工单位负责现场实施。

211综采工作面回采期间主要通过211回风巷（209辅运巷）和211带式输送机巷向工作面施工顶底板瓦斯、油型气抽采钻孔及高位裂隙抽采钻孔，现场施工时利用209辅运巷和211带式输送机巷掘进期间形成的钻场进行钻孔施工，图4-23所示为

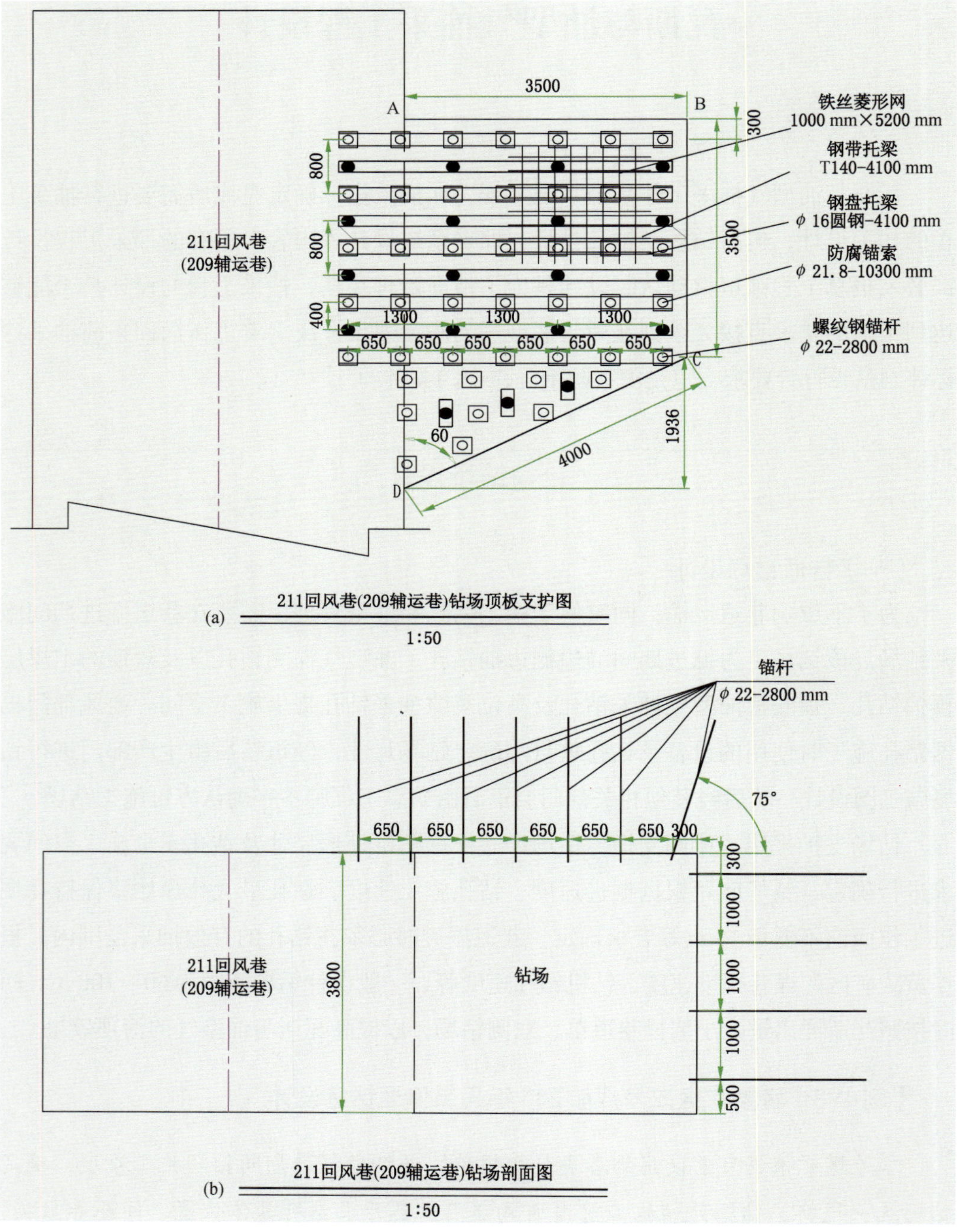

图4-23　211综采工作面回风巷钻场设计图

211综采工作面回风巷钻场设计图，钻场间距为60 m。

（二）区域预抽钻场设计

区域预抽钻孔距离长，对钻孔轨迹控制要求较高，采用定向钻机施工，因此区域预抽钻场的设计要根据使用的定向钻机尺寸及施工钻孔的需求设计。黄陵二号煤矿在四盘区瓦斯治理巷施工的区域预抽钻场在双巷均有布置，钻场规格：里宽8 m，外宽10 m，深4 m。根据钻杆转弯半径确定钻场间距为200 m（图4-24）。

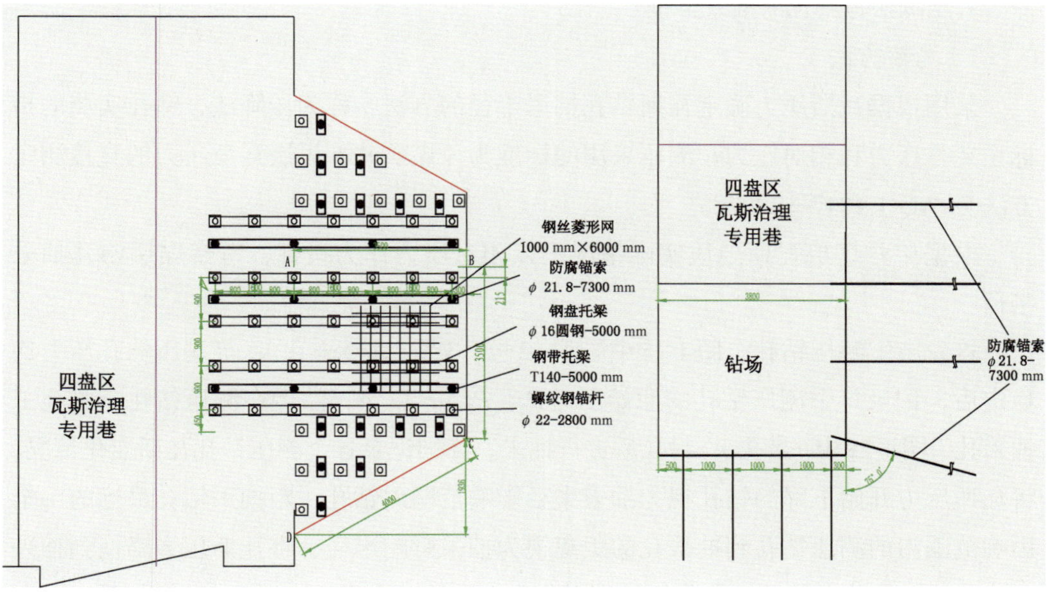

图 4-24　四盘区区域预抽钻场设计图

二、本煤层抽采钻孔设计

本煤层抽采钻孔的设计主要依据钻孔的瓦斯抽采半径而定，瓦斯抽采半径是确定钻孔布置间距的基础参数和重要依据，其准确测定对于节省钻孔施工工程量、提高瓦斯抽采效率乃至最终实现瓦斯抽采达标至关重要。

（一）瓦斯抽采半径测试

根据煤层瓦斯的抽采程度不同，可以将瓦斯抽采半径分为抽采影响半径和抽采有效半径。抽采影响半径的定义为：在煤层内布置瓦斯抽采钻孔，孔周围煤体裂隙发育贯通，裂隙内的游离瓦斯在压力梯度作用下向孔内渗流，孔隙、裂隙内的大量吸附瓦斯解吸扩散至裂隙内参与渗流，随着钻孔的抽采，钻孔周围煤体内瓦斯压力梯度、浓度梯度近似为零，新的梯度等值域以近似圆形区域不断向周围扩展并衰减，在指定时间内直至达到某一极限，此时的半径即为钻孔的抽采影响半径。抽采影响范围内，瓦斯压力、瓦斯含量或预抽率达到评判达标指标的区域即为有效抽采区域，其半径即为抽采有效半径。

抽采半径的考察方法一般有数值模拟法、理论分析法和现场实测法，实际应用中一般采用现场实测法。现场实测法包括压降法、瓦斯含量法、流量法、示踪气体分析法，一般常用压降法和流量法。

1. 压降法考察瓦斯抽采半径

1）考察方法

采用根据瓦斯压力确定瓦斯钻孔抽采半径的方法，称为压降法，钻孔实测的指标主要是压力和相对压力，测压采用的标准为《煤矿井下煤层瓦斯压力的直接测定方法》(AQ/T 1047—2007)。

根据矿井煤层瓦斯地质实际情况，以相对压力作为指标，考察煤层钻孔抽采半径。

首先施工测压钻孔（图4-25中1号、2号、3号、4号…孔），等测压钻孔压力均稳定后，记录每个测压钻孔的原始压力P_1，P_2，P_3，…，然后在测压钻孔一侧施工抽采孔（图4-25中n号孔），封孔后进行抽采。详细记录各个测压钻孔瓦斯变化情况，将瓦斯压力开始下降的钻孔视为抽采半径影响范围内钻孔，距抽采钻孔最远的一个影响范围内的测压钻孔到抽采孔的距离视为抽采影响半径，将瓦斯压力降低到抽采达标指标的钻孔和抽采钻孔之间的距离作为有效抽采半径。

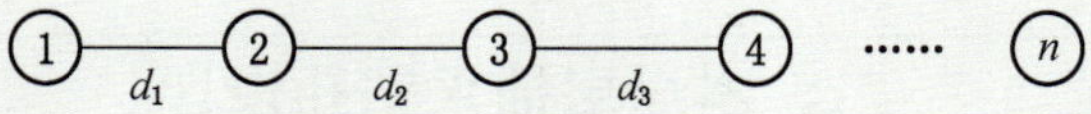

图 4-25　测试钻孔布置示意图

2）技术关键

（1）合理确定一定抽采负压条件下的预抽钻孔有效抽采半径与钻孔直径、预抽时间的关系。

（2）合理确定煤层预抽钻孔抽采半径。

3）测定操作程序

（1）测试地点的选择。施工的瓦斯抽采半径测定钻孔，测试地点煤层确保为原始煤体。应避开地质构造裂隙带、巷道的卸压圈和采动影响范围，并保证测压钻孔与影响范围距离不小于50 m。

（2）设备仪器及材料。

钻机：应根据孔径大小、钻孔长度、煤层硬度进行钻机选型；

钻杆：外径不小于75 mm的钻杆；

钻头：Φ113 mm、Φ94 mm复合片钻头；

注浆泵：流量不小于35 L/min，工作压力不低于4 MPa；

压力表：量程不小于预计瓦斯压力1.5倍的测压表15块和10 MPa的压力表1块；

其他材料：根据现场需要配备。

（3）封孔测压。为确保准确测定瓦斯压力，测压钻孔采用3次注浆法进行封堵，注浆材料为水泥，水灰比为0.6∶1（具体水灰比根据现场注浆情况进行调整：当浆液注入量少、注浆压力大，注不进时，可适当增加水的比例；若注浆过程中，浆液消耗量大，巷道裂隙或锚杆、锚索眼大量出浆时，可适当增加水泥量）。瓦斯压力测定封孔如图4-26所示。

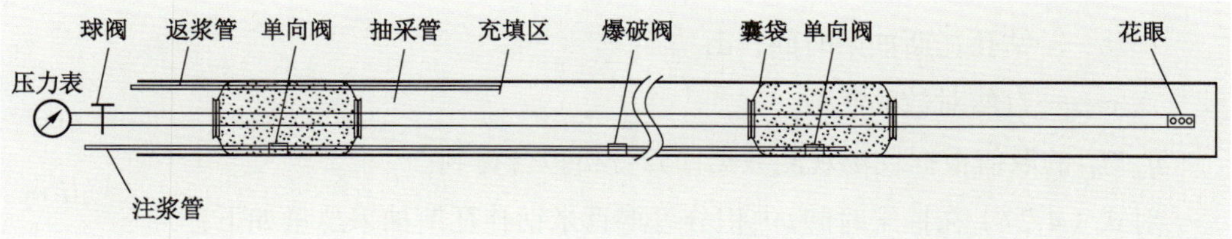

图 4-26　瓦斯压力测定封孔示意图

瓦斯压力观测时间：观测人员将观测数据记录在瓦斯压力测定记录表中，并绘制在以时间（d）为横坐标，瓦斯压力（MPa）为纵坐标的坐标图上；当测定的瓦斯压力无上升趋势，且压力值稳定不少于一周，测压工作即可结束，最后稳定的瓦斯压力值为最终测定值。

注意事项：①为避免封孔注浆浆液流出，若巷道顶板较破碎，在测压钻孔附近30 m段巷道进行喷浆处理；②对于上向测压钻孔，在结束测压工作、拆卸表头时（拆表头时应制定相应的安全措施），若孔内有水，应测量从钻孔中放出的水量，根据钻孔参数、封孔参数计算出钻孔水的静水压力，并从测定压力中扣除。

（4）封孔抽采。各测压钻孔压力均稳定后，施工抽采孔，其封孔比照测压钻孔进行（其中的4分测压管换成直径不小于65 mm的封孔管）。抽采孔安装孔板流量计、负压表，留设测气嘴，然后接入矿井抽采系统，每班测定一次流量、瓦斯浓度及负压，抽采钻孔抽采负压不得低于13 kPa。

（5）数据观察记录。抽采孔开始抽采时，测压钻孔瓦斯压力每班观察记录一次（要求每班固定时间段）。当测压钻孔瓦斯压力不再变化时，观测结束。

（6）有效抽采半径的确定。煤层预抽钻孔的抽采影响半径是指在规定的时间内钻孔瓦斯抽采的影响范围。以测压钻孔测定的瓦斯压力值为纵坐标、时间（天）为横坐标作图，根据测压钻孔瓦斯压力下降达到瓦斯抽采达标评判要求的压力时对应的时间及测压钻孔与预抽钻孔之间距离，确定预抽钻孔在某时间内的有效抽采半径。

2.流量法考察瓦斯抽采半径

钻孔瓦斯抽采流量衰减规律符合负指数关系，百米钻孔瓦斯抽采量用如下公式计算：

$$q_{\mathrm{t}} = q_0 \mathrm{e}^{-\beta t} \tag{4-27}$$

式中 q_{t}——百米钻孔抽采时间为t时钻孔瓦斯抽采量，m^3/（hm·min）；

q_0——百米钻孔瓦斯初始抽采量，m^3/（hm·min）；

β——抽采钻孔瓦斯涌出衰减系数，与煤层透气性系数、瓦斯含量以及孔径大小有关，由现场考察测得；

t——钻孔瓦斯抽采时间，d；

e——自然对数的底数。

q_0与β的取值根据现场观测数据回归分析拟合得到。

对式（4-27）在抽采时间t内积分可得百米钻孔瓦斯抽采总量如下：

$$Q_{\mathrm{c}} = \int_0^t 1440 \times q_0 \mathrm{e}^{-\beta t} = \frac{1440 q_0 (1-\mathrm{e}^{-\beta t})}{\beta} \tag{4-28}$$

然后依据瓦斯预抽率计算公式：

$$\eta = \frac{Q_{\mathrm{C}}}{Q} = \frac{\int_0^t 1440 \times q_0 \mathrm{e}^{-\beta t}}{100 \times \rho W_0 \pi r^2} = \frac{1440 q_0 (1-\mathrm{e}^{-\beta t})}{100 \times \rho W_0 \pi r^2 \beta} \tag{4-29}$$

式中 η——瓦斯预抽率；

Q——钻孔有效抽采半径范围内煤体瓦斯储量，m^3；

ρ——煤的密度，t/m^3；

W_0——煤层原始瓦斯含量，m^3/t；

r——瓦斯有效抽采半径，m；

100——长度为100 m的钻孔。

由式（4-29）可计算得出瓦斯有效抽采半径：

$$r = \sqrt{\frac{1440 \times q_0 (1-\mathrm{e}^{-\beta t})}{100 \times \eta \rho W_0 \pi \beta}} \tag{4-30}$$

$$\eta = 1 - \frac{W_{cy}}{W_0} \tag{4-31}$$

式中　r——瓦斯有效抽采半径，m；

q_0——百米钻孔瓦斯初始抽采量，m^3/（hm·min）；

β——抽采钻孔瓦斯涌出衰减系数，与煤层透气性系数、瓦斯含量以及孔径大小有关，可由邻近工作面现场考察测得；

t——钻孔瓦斯抽采时间，d；

η——瓦斯预抽率；

ρ——煤的密度，t/m^3；

W_0——煤层原始瓦斯含量，m^3/t；

W_{cy}——瓦斯抽采残余量，m^3/t。

3. 抽采半径测定实例结果

2011年黄陵二号煤矿委托河南理工大学在2号煤层四盘区408工作面回风巷测试了一组抽放半径，其结果如图4-27和表4-19所示。

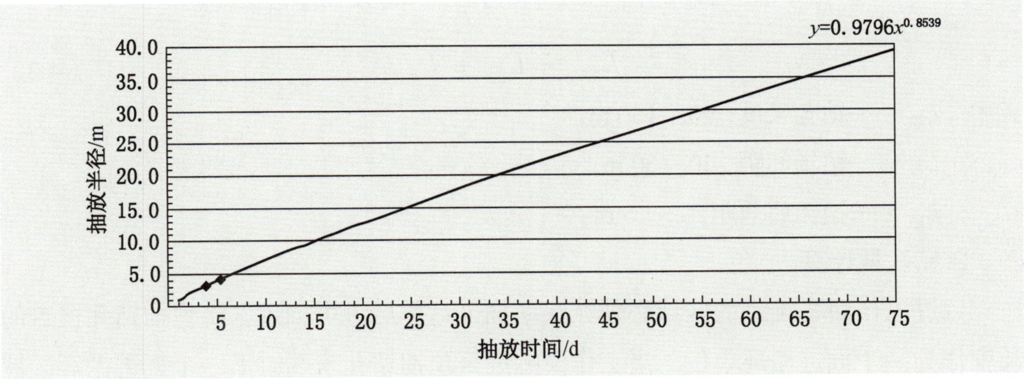

图4-27　工作面瓦斯抽放有效影响半径与时间关系曲线

表4-19　工作面2号煤层抽放时间与抽放半径之间的对应表

序号	孔径/mm	封孔方式	抽放时间/d	抽放半径/m
1	94	马丽散	5	3.9
2	94	马丽散	10	7.0
3	94	马丽散	15	9.9
4	94	马丽散	20	12.3
5	94	马丽散	25	15.3
6	94	马丽散	30	17.9

（二）掘进工作面抽采钻孔设计及钻孔量计算

1. 抽采钻孔设计

参照《防治煤与瓦斯突出细则》第六十四条中的规定，采取井下预抽煤层瓦斯区域防突措施时，倾斜、急倾斜煤层巷道上帮轮廓线外至少20 m（均为沿煤层层面方向的距离，下同），下帮至少10 m；其他煤层为巷道两侧轮廓线外至少各15 m。因此，边掘边抽钻孔要至少控制到巷道轮廓线外15 m，工作面掘进时始终保证钻孔超前距不低于15 m。掘进工作面“边抽边掘”本煤层预抽钻孔布置如图4-28所示。

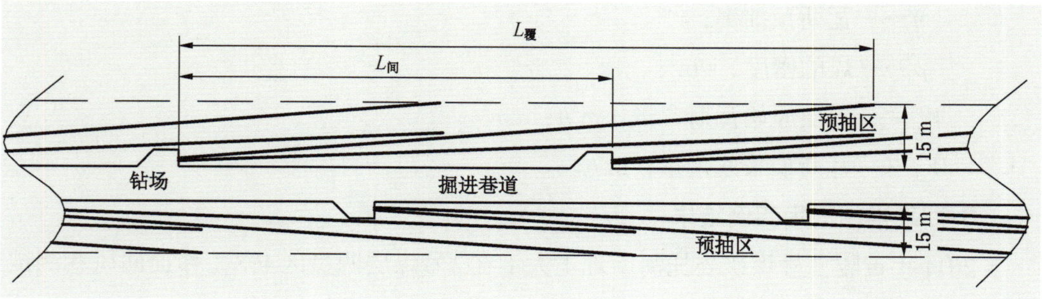

图 4–28　掘进工作面“边抽边掘”本煤层预抽钻孔布置

$$L_{钻} \geqslant L_{间} + L_{超} \tag{4-32}$$

式中　$L_{钻}$——钻孔长度，90～130 m；

$L_{间}$——钻场间距，40～60 m；

$L_{超}$——钻孔超前距，＞15 m。

2. 钻孔量计算

掘进工作面要掘进的区域必须在瓦斯抽采达标后方可掘进，将预抽钻孔覆盖的长度作为一个掘进循环单位，当工作面掘进至预抽钻孔末端时下一个掘进循环区域必须要完成瓦斯抽采达标，因此在掘进工作面从钻场掘进至预抽钻孔末端的这段时间内必须要完成下一掘进循环的抽采达标工作，因此预抽时间可按照下式计算，即：

$$t = \frac{L_{覆} - L_{间}}{v_{掘}} \tag{4-33}$$

式中　t——预抽最短时间，d；

$L_{覆}$——钻孔覆盖平距，m；

$L_{间}$——钻场间距，m；

$v_{掘}$——工作面掘进速度，m/d。

将计算得出的t代入瓦斯有效抽采半径计算公式（4-30）求得有效抽采半径r，计算时公式中各参数的取值应以本章第三节抽采指标计算中确定的数值为准，则钻孔布置个数n可按下式计算：

$$n = \frac{(W_{巷} + 30) \times h}{\pi r^2} \tag{4-34}$$

式中　n——钻孔布置个数；

$W_{巷}$——巷道宽度，m；

30——巷道两侧抽采保护带，巷道两侧各取15 m；

h——煤层厚度，m；

r——瓦斯有效抽采半径，m。

则钻孔总工程量为

$$M = \sum_{i=1}^{n} L_i \tag{4-35}$$

式中　M——钻孔总工程量，m；

n——第n个钻孔；

L_i——第i个钻孔的长度，m。

当钻孔有效抽采半径大于煤层厚度时可采用单排孔布置，当钻孔有效抽采半径小于煤层厚度时应布置双排钻孔。

（三）综采工作面抽采钻孔设计及钻孔量计算

1.抽采钻孔设计

综采工作面本煤层瓦斯预抽钻孔的布置，应按照“一面一策、一段一策”的思路进行设计。根据工作面本煤层原始瓦斯含量大小合理划分区段并结合各区段的回采时间分区段确定瓦斯预抽时间，实现瓦斯预抽时间和工作面推进速度的有效匹配。将预抽时间代入式（4-30）中计算各区段的有效抽采半径，根据有效抽采半径合理布置钻孔，做到瓦斯富集区和预抽时间短的区域多布孔，瓦斯含量较低的区域和预抽时间较长的区域少布置钻孔，实现钻孔差异化布置，达到高效抽采、经济合理的目标。黄陵矿区综采工作面的本煤层预抽钻孔一般采取图4-3所示方式进行布置。

钻孔的设计应根据有效抽采半径r合理布置钻孔数量，当有效抽采半径大于煤层厚度时，钻孔间距可按$2r$布置；当有效抽采半径小于煤层厚度时则应按“双排”布孔方式布置钻孔，如图4-29所示，若采用扇形钻孔布置，则钻孔终孔点应符合图示要求。

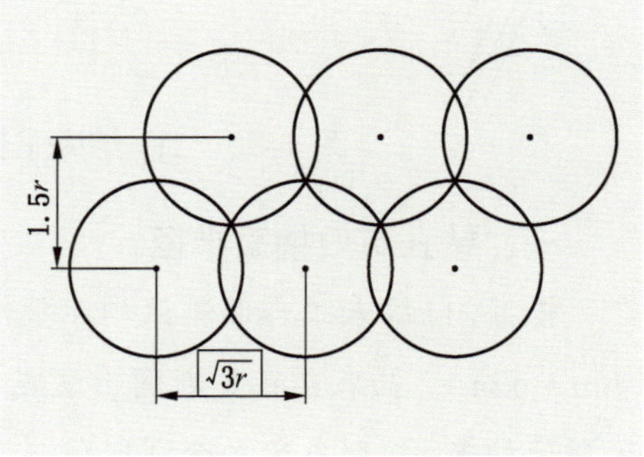

图4–29　“双排”布孔方式

2.钻孔量计算

根据确定的钻孔预抽最短时间t，将预抽时间t代入式（4-30）求得在时间t时的瓦斯有效抽采半径r，如果计算得出的有效半径和实测的有效半径有误差时则应以较小的半径为依据计算钻孔量。

当计算得出的有效抽采半径r大于煤厚时，以单排布置，孔间距为$2r$，则钻孔总工程量M按下式计算：

$$M = \frac{L}{2r} \times L_{均} \tag{4-36}$$

当有效抽采半径小于煤厚时，以双排钻孔布置，孔间距为$\sqrt{3}r$，则钻孔总工程量M按下式计算：

$$M = 2 \times \frac{L}{\sqrt{3}r} \times L_{均} \tag{4-37}$$

式中　M——钻孔总工程量，m；

L——预抽区域长度，m；

r——有效抽采半径，m；

$L_{均}$——钻孔平均长度，m/个。

【例4-4】黄陵矿区二号煤矿211综采工作面抽采钻孔设计

211综采工作面本煤层瓦斯预抽钻孔的布置，按照“一面一策、一段一策”的思路进行分单元设计，工作面单元划分如图4-30所示，钻孔布置的主要依据为有效抽采半径。

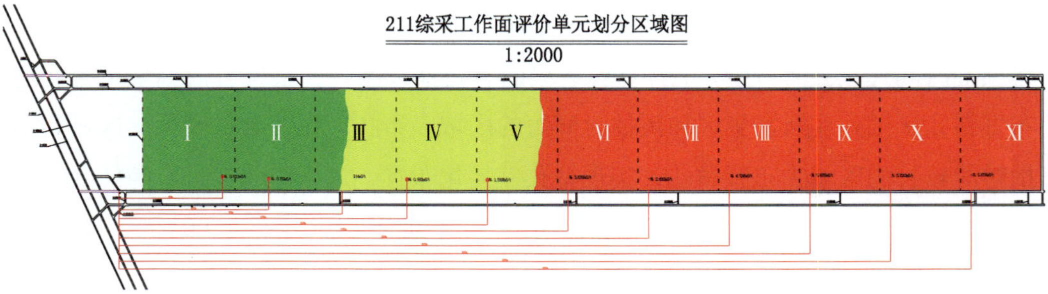

图4-30　211综采工作面本煤层瓦斯预抽单元划分图

一、钻孔有效抽采半径

根据211综采工作面测试的参数情况，百米钻孔瓦斯初始抽采量q_0取值0.16 m³/（hm·min），抽采钻孔瓦斯涌出衰减系数β取值0.03，钻孔瓦斯抽采时间取值365 d，瓦斯预抽率η按照各单元分别取值，煤的密度ρ取值1.37 t/m³，煤层原始瓦斯含量W_0根据各单元测试情况取值0.6111～5.7263 m³/t，将这些数值代入式（4-30）中，经计算，211综采工作面各单元瓦斯有效抽采半径为2.0～6.8 m，具体见表4-20。

表4-20　211综采工作面各单元钻孔抽采半径

单元	测点范围/m	原始瓦斯含量/（$m^3 \cdot t^{-1}$）	有效抽采半径/m
I	终采线～507	0.6111	
II	507～857	0.792	
III	857～1207	1.5114	6.8
IV	1207～1557	0.9801	
V	1557～1907	1.5997	6.1
VI	1907～2257	3.6367	2.7
VII	2257～2607	2.4908	3.6
VIII	2607～2957	4.7246	2.2
IX	2957～3307	5.6659	2.0
X	3307～3657	5.7263	2.0
XI	3657～4007	5.4797	2.0

二、抽采钻孔设计

钻孔开孔间距按照2倍有效抽采半径布置，在209辅运巷向211综采工作面施工预抽钻孔，钻孔间距为4～12 m，钻孔长度为282～360 m，图4-31～图4-34为各单元本煤层钻孔设计图。

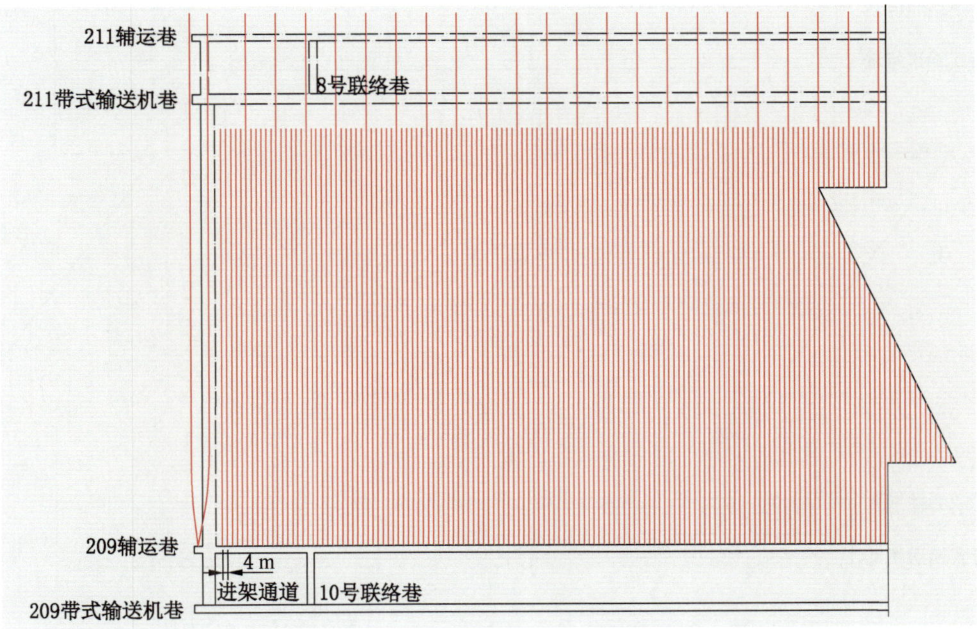

图4-31　211综采工作面VIII、IX、X、XI单元本煤层预抽钻孔布置图

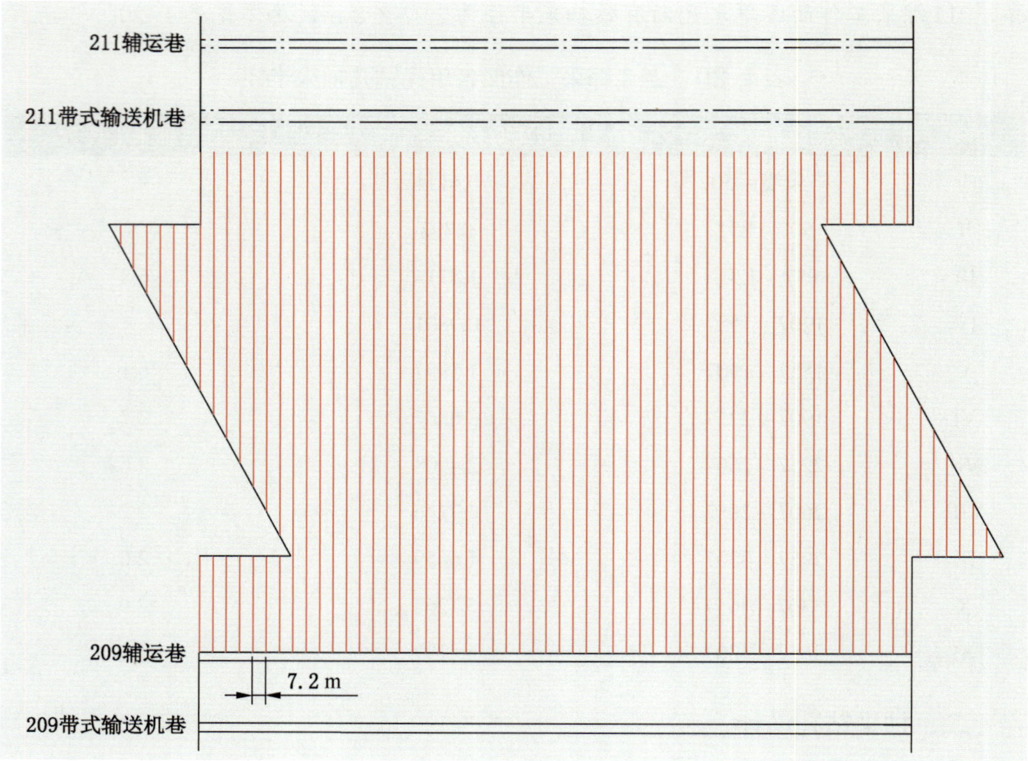

图 4-32　211 综采工作面 VII 单元本煤层预抽钻孔布置图

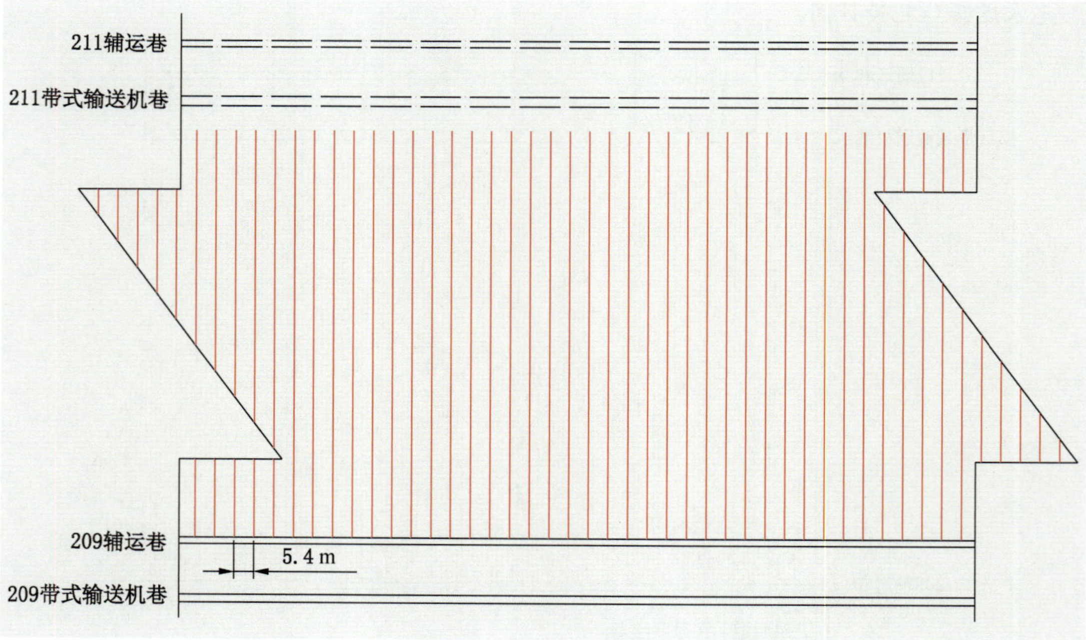

图 4-33　211 综采工作面 VI 单元本煤层预抽钻孔布置图

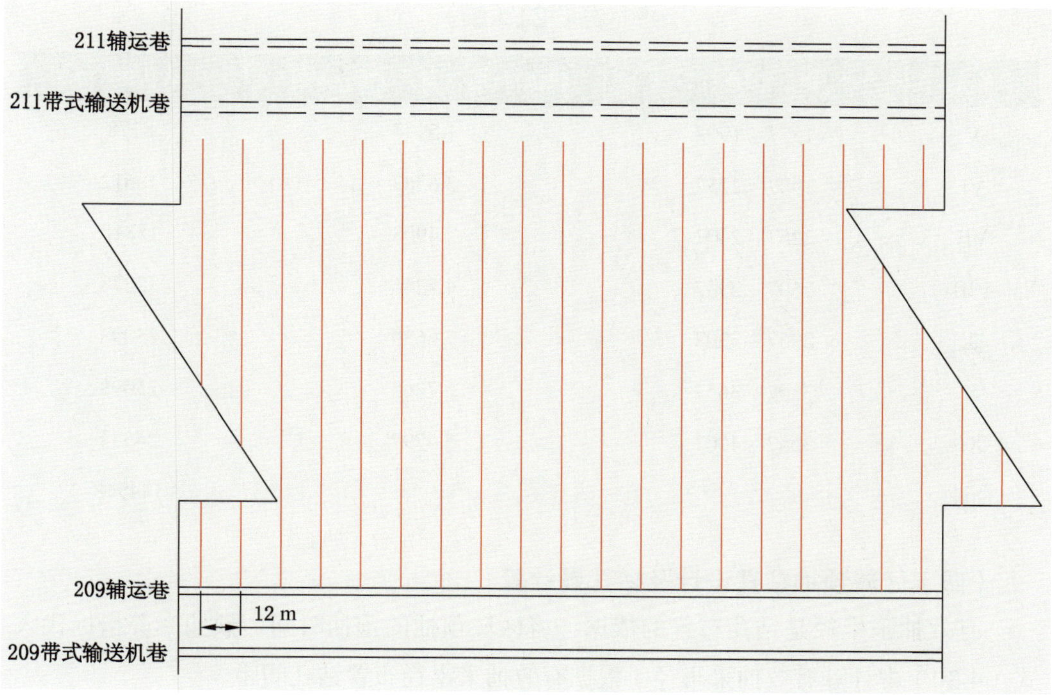

图 4-34　211 综采工作面 III、V 单元本煤层预抽钻孔布置图

三、钻孔量计算

每个单元的钻孔工程量M按下式计算：

$$M = \frac{L}{2r} \times L_{均} \tag{4-38}$$

式中　M——钻孔工程量，m；

L——预抽区域长度，m，每个单元长度为350 m；

r——有效抽采半径，m；

$L_{均}$——钻孔平均长度，m/个，取282 m/个。

经计算，211综采工作面各单元累计钻孔量为144948 m，各单元的钻孔量见表4-21。

表4-21　211综采工作面各单元钻孔量

单元	测点范围/m	原始瓦斯含量/（$m^3 \cdot t^{-1}$）	钻孔量/m
I	终采线～507	0.6111	
II	507～857	0.792	
III	857～1207	1.5114	7332
IV	1207～1557	0.9801	

表4-21（续）

单元	测点范围/m	原始瓦斯含量/（$m^3 \cdot t^{-1}$）	钻孔量/m
V	1557 ~ 1907	1.5997	8178
VI	1907 ~ 2257	3.6367	18612
VII	2257 ~ 2607	2.4908	13818
VIII	2607 ~ 2957	4.7246	22278
IX	2957 ~ 3307	5.6659	25098
X	3307 ~ 3657	5.7263	25098
XI	3657 ~ 4007	5.4797	24534
合计			144948

（四）区域预抽钻孔设计及钻孔量计算

有效抽采半径是钻孔布置的依据，将区域预抽的预抽时间、预抽率等指标代入式（4-30）中计算有效抽采半径，根据有效抽采半径布置钻孔间距。

区域预抽钻孔的主要布置方式为束状钻孔，其次为平行钻孔。由于定向钻机施工束状钻孔时转弯半径较大，导致两个钻场之间存在较大的空白区域，此时需采用普通钻机施工平行钻孔来填补空白区域，两种钻孔均以相同的钻孔间距进行布置。

1. 抽采钻孔设计

区域预抽钻孔布置的主要依据为有效抽采半径，其布孔间距为有效抽采半径的2倍，预抽区域内所有钻孔间距相同，区域预抽钻孔布置如图4-35所示。

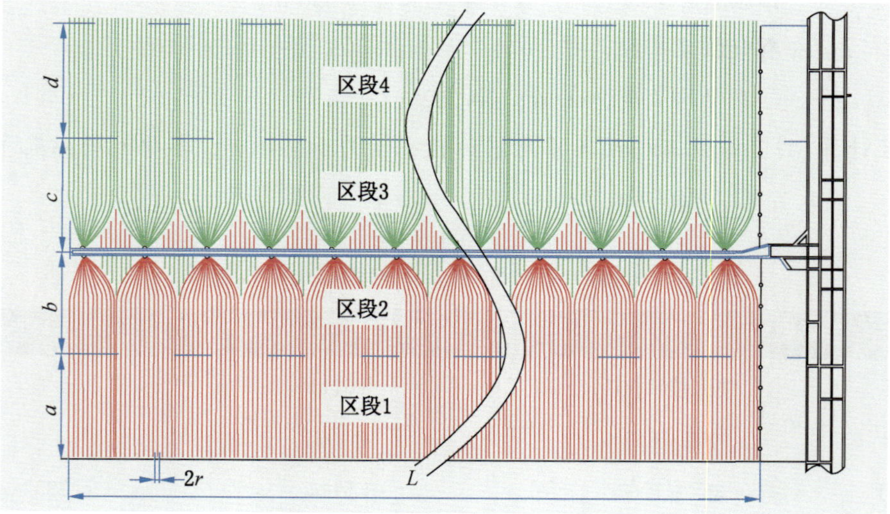

图4-35　区域预抽钻孔布置示意图

2. 钻孔量计算

区域预抽钻孔量的计算包括定向钻孔量、探顶探底分支钻孔量和空白区域平行钻孔量三部分，由于钻孔所覆盖的上下两个区域（红色区域、绿色区域）的宽度不同，所以需要对钻孔量分别进行计算，以其中一个预抽区域为例，其钻孔总量的计算方式按照式（4−39）进行计算。

$$M=\left[\sum_{i=1}^{n_1}\left(L_i\right)+\sum_{i=1}^{n_2}\left(l_i\right)\right]\frac{L}{d} \tag{4-39}$$

式中　M——区域预抽钻孔总工程量，m；

L_i——定向钻孔长度，m/个；

l_i——空白区域平行钻孔长度，m/个；

n_1——区域预抽单个钻场内钻孔个数，个；

n_2——单个空白区内钻孔个数，个；

L——区域预抽巷道长度，m；

d——区域预抽钻场间距，m。

三、油型气探测及抽采钻孔设计

（一）掘进工作面油型气钻孔设计

1. 掘进方向油型气钻孔

根据油型气治理工程实践，所有掘进工作面掘进期间在钻场内要施工顶板、底板钻孔进行油型气超前探测，超前探测距离不得小于20 m，探测宽度不得小于巷道轮廓线20 m。以黄陵矿业集团掘进工作面探测钻孔布置为例（图4-36、图4-37），底板孔先施工3个（1号、3号、5号）覆盖工作面前方90 m，最大垂深35 m，如果施工探孔发现油型气再施工2号、4号钻孔；顶板孔2个，覆盖距离90 m，最大垂高

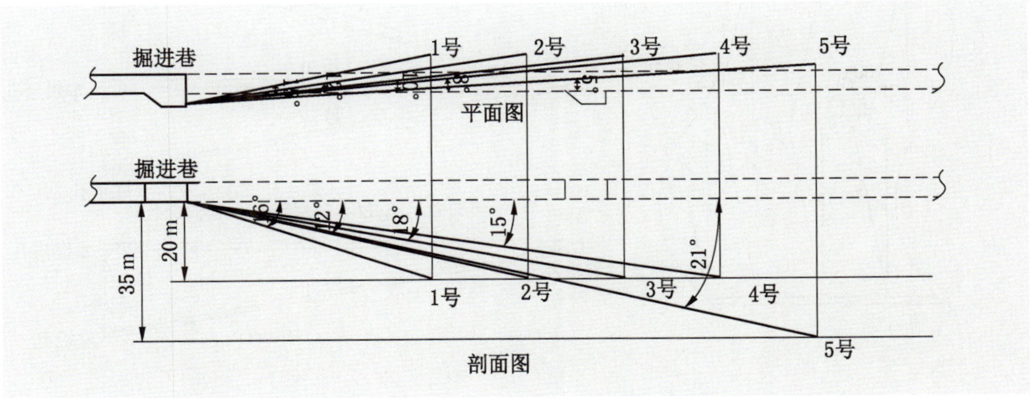

图 4−36　掘进工作面“边抽边掘”底板钻孔布置图

50 m。探孔成孔后对孔内瓦斯浓度、压力、气味等参数进行测定，并做好相关记录，掘进期间始终保持钻孔超前距不低于10 m。各矿根据现场实际情况对钻孔参数（钻孔个数、顶底板垂距）进行调整。

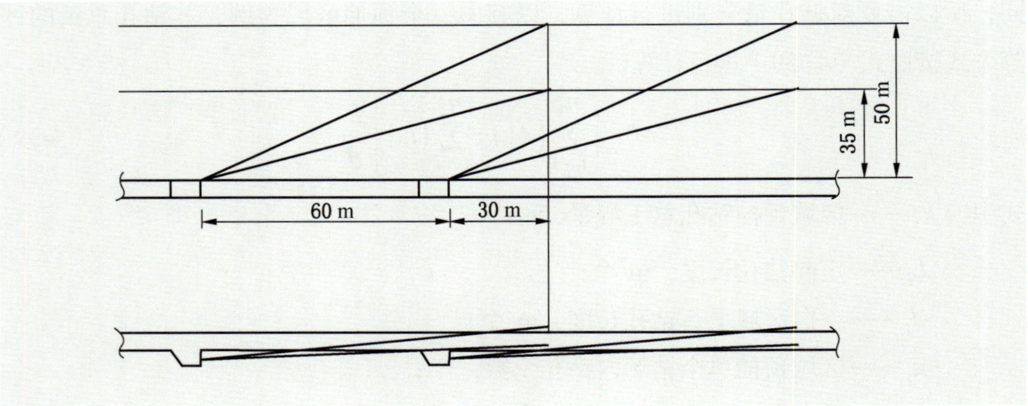

图 4-37　掘进工作面“边抽边掘”顶板钻孔布置图

2. 掘进工作面后巷油型气钻孔

掘进方向探测钻孔施工完毕在钻场内向工作面方向施工后巷探孔对待回采工作面顶底板油型气进行探测，探测孔水平距离必须大于1/2工作面长度。底板孔终孔间距不大于30 m，终孔位置垂直深度距煤层底板不低于20 m。顶板孔终孔间距不大于60 m，终孔位置垂直高度距煤层顶板不低于50 m。以某矿后巷探测钻孔布置为例（图4-38），探测工作面方向的油型气赋存情况，以便提前采取措施进行治理。

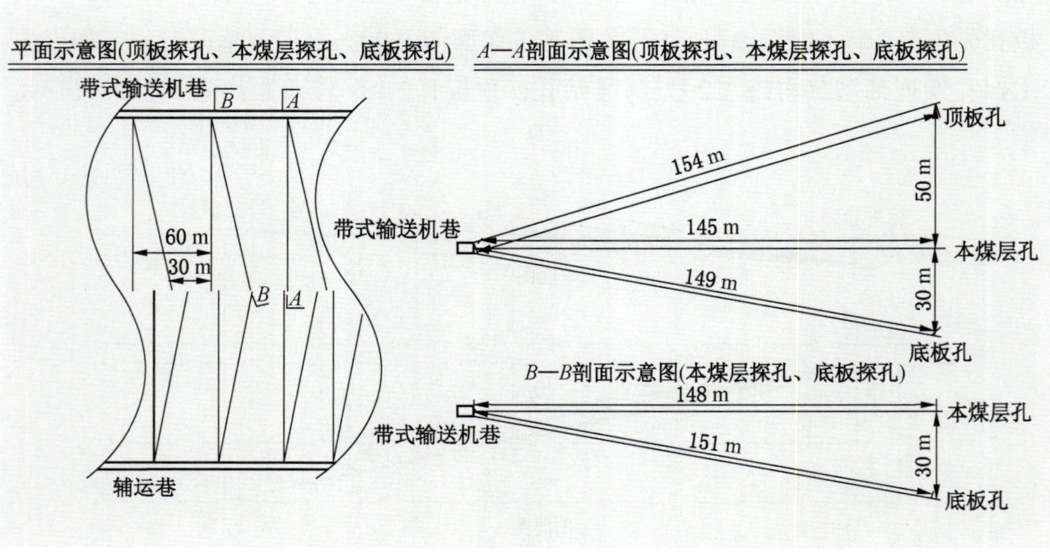

图 4-38　掘进工作面后巷探测钻孔布置图

掘进工作面探测到油型气后（探测钻孔瓦斯浓度高、气体有压力、有煤油味），根据油型气压力和位置另外增补钻孔加强抽采，保证掘进安全。

（二）综采工作面油型气钻孔设计

钻孔设计依据：根据掘进期间探测到的油型气赋存情况，按照油型气浓度的大小、压力进行单元划分，并记录探测到的油型气层位，绘制工作面油型气赋存规律图。在工作面回采前利用两巷掘进时形成的钻场施工顶、底板油型气抽采钻孔进行抽采，在油型气富集区增加钻孔数量，同时根据回采期间油型气抽采钻孔中浓度、压力的变化情况及时增减钻孔，确保治理效果。

如在黄陵二号煤矿211综采工作面油型气抽采钻孔的设计，根据211综采工作面油型气分布图，采取在211回风巷和211带式输送机巷通过掘进期间形成的钻场进行施工，根据工作面回采过程中的油型气赋存变化情况及时增减钻孔。

211综采工作面底板油型气抽采钻孔分回风巷和辅运巷两侧施工，钻孔布置如图4-39～图4-41所示，钻孔布置参数见表4-22、表4-23。

表4-22　211综采工作面回风巷底板油型气抽采钻孔布置参数表

范围	钻场间距/m	单个钻场钻孔数量/个	钻孔垂深/m	钻孔长度/m	控制工作面范围/m	单个钻场钻孔总量/m
370～1020 m	50	4	20	102～189	170	612
1020～2270 m	50	6	20	89～189	170	855
2270～3070 m	50	8	20	85～189	170	1094
3070～3870 m	50	6	20	89～189	170	855
3870～4280 m	50	8	20	85～189	170	1094

表4-23　211综采工作面辅运巷底板油型气抽采钻孔布置参数表

范围	钻场间距/m	单个钻场钻孔数量/个	钻孔垂深/m	钻孔长度/m	控制工作面范围/m	单个钻场钻孔总量/m
117～2225 m	60	6	20	113～180	115	580
2225～4060 m	15	7	17、20	75～160	115	857

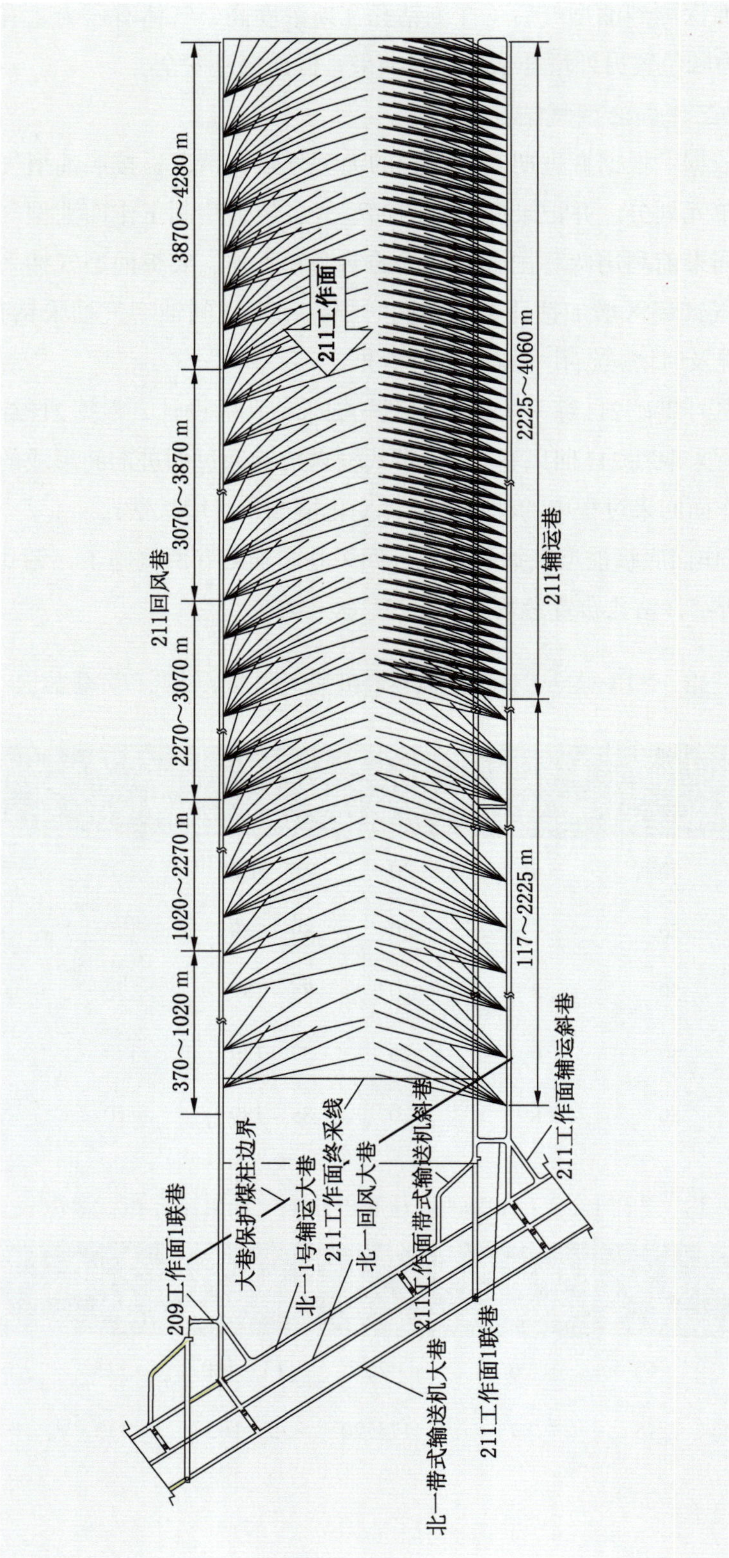

图 4-39　211 综采工作面底板油型气抽采钻孔布置示意图

211回风巷3870～4280 m、2270～3070 m底板抽采钻孔设计平面图

1:2000

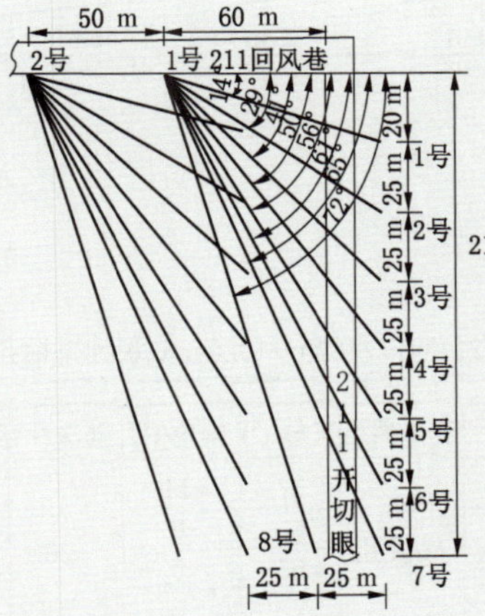

211回风巷3870～4280 m、2270～3070 m底板抽采钻孔A—A剖面图

1:2000

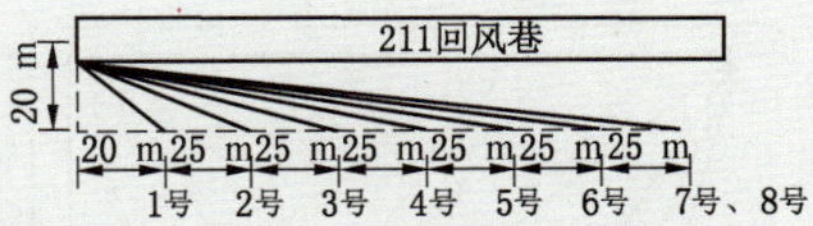

211回风巷3870～4280 m、2270～3070 m底板抽采钻孔参数表

孔号	钻孔类型	夹角/(°)	倾角/(°)	垂深/m	斜长/m	备注
1	底板孔	14	-14	-20	85	左偏为"-"，右偏为"+"
2		29	-12		94	
3		41	-11		108	
4		50	-9		126	
5		56	-8		146	
6		61	-7		167	
7		65	-6		189	
8		72	-6		180	
合计					1094	

(a) 211回风巷3870～4280 m、2270～3070 m底板抽采钻孔设计图

211回风巷3070～3870 m、1020～2270 m底板抽采钻孔设计平面图

1:2000

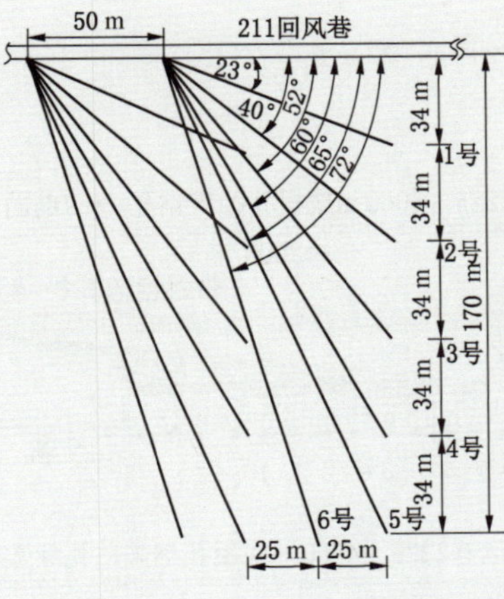

211回风巷1020～2270 m底板抽采钻孔A—A剖面图

1:2000

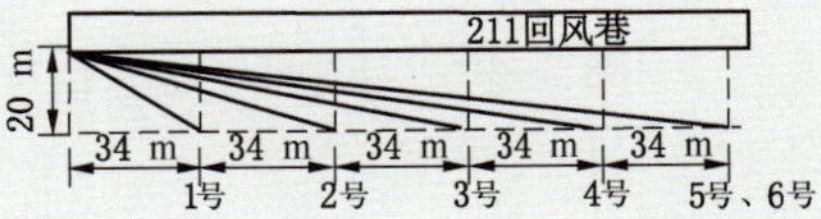

211回风巷3070～3870 m、1020～2270 m底板抽采钻孔参数表

孔号	钻孔类型	夹角/(°)	倾角/(°)	垂深/m	斜长/m	备注
1	底板孔	23	-13	-20	89	左偏为"-"，右偏为"+"
2		40	-11		107	
3		52	-9		131	
4		60	-7		159	
5		65	-6		189	
6		72	-6		180	
合计					855	

(b) 211回风巷3070～3870 m、1020～2270 m底板抽采钻孔设计图

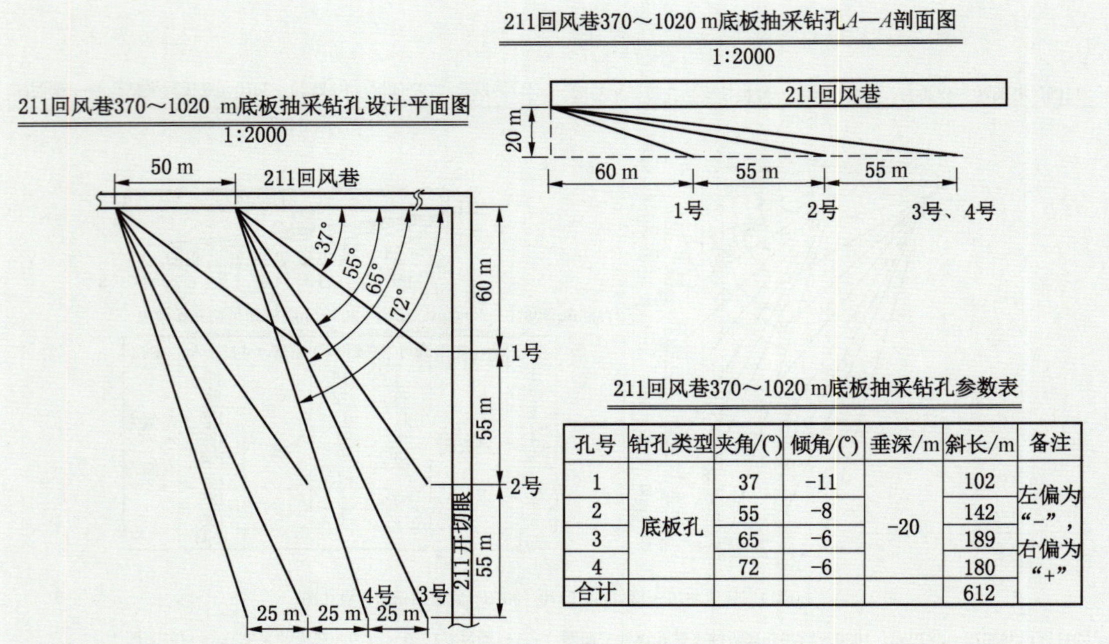

211回风巷370～1020 m底板抽采钻孔参数表

孔号	钻孔类型	夹角/(°)	倾角/(°)	垂深/m	斜长/m	备注
1	底板孔	37	-11	-20	102	左偏为“-”，右偏为“+”
2		55	-8		142	
3		65	-6		189	
4		72	-6		180	
合计					612	

(c) 回风巷370～1020 m底板抽采钻孔设计图

图 4-40　211 回风巷底板油型气抽采钻孔布置示意图

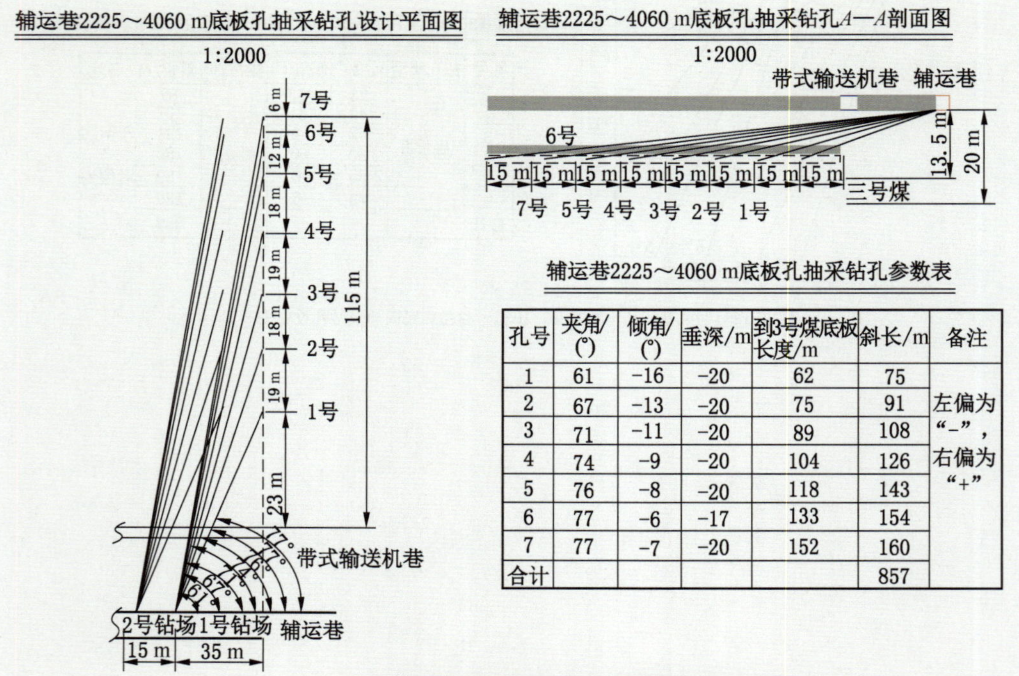

辅运巷2225～4060 m底板孔抽采钻孔参数表

孔号	夹角/(°)	倾角/(°)	垂深/m	到3号煤底板长度/m	斜长/m	备注
1	61	-16	-20	62	75	左偏为“-”，右偏为“+”
2	67	-13	-20	75	91	
3	71	-11	-20	89	108	
4	74	-9	-20	104	126	
5	76	-8	-20	118	143	
6	77	-6	-17	133	154	
7	77	-7	-20	152	160	
合计					857	

(a) 辅运巷2225～4060 m底板孔抽采钻孔设计图

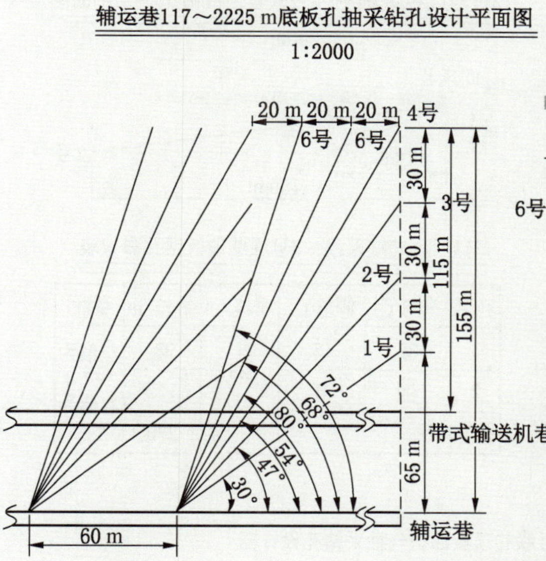

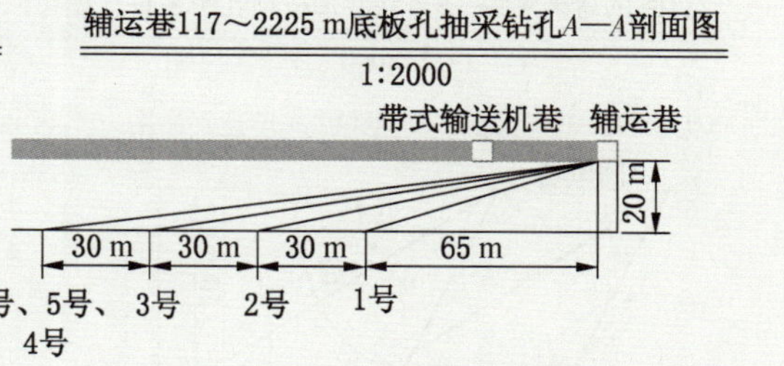

辅运巷117～2225 m底板孔抽采钻孔参数表

孔号	钻孔类型	夹角/(°)	倾角/(°)	垂深/m	斜长/m	备注
1	底板孔	-36	-10	-20	113	左偏为"-"，右偏为"+"
2		-47	-9		132	
3		-54	-7		155	
4		-60	-6		180	
5		-66	-7		171	
6		-72	-7		164	
合计					580	

(b) 辅运巷117～2225 m底板孔抽采钻孔设计图

图 4-41　211 辅运巷底板油型气抽采钻孔布置示意图

211综采工作面顶板油型气抽采钻孔根据石油和顶板油型气分布情况，划分为2个区段，分回风巷和带式输送机巷两侧施工，钻孔的布置如图4-42 ~ 图4-44所示，钻孔参数见表4-24 ~ 表4-25。

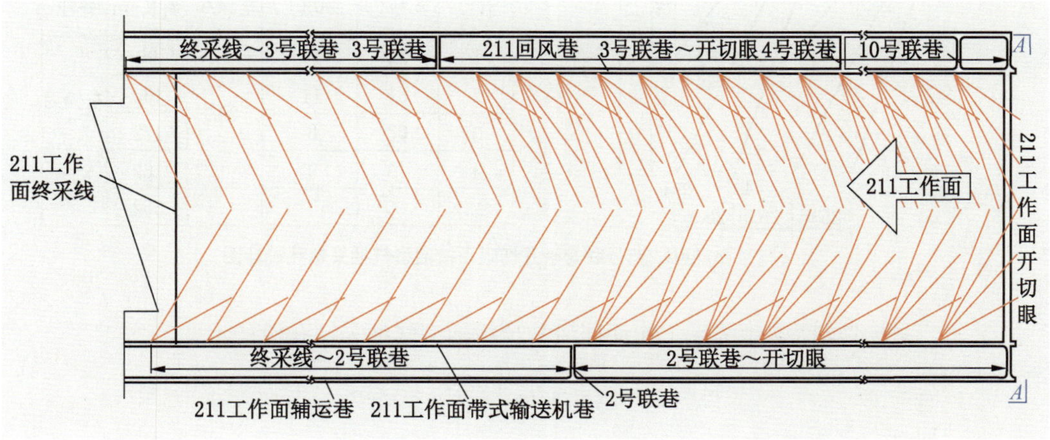

图 4-42　211 综采工作面顶板油型气抽采钻孔布置示意图

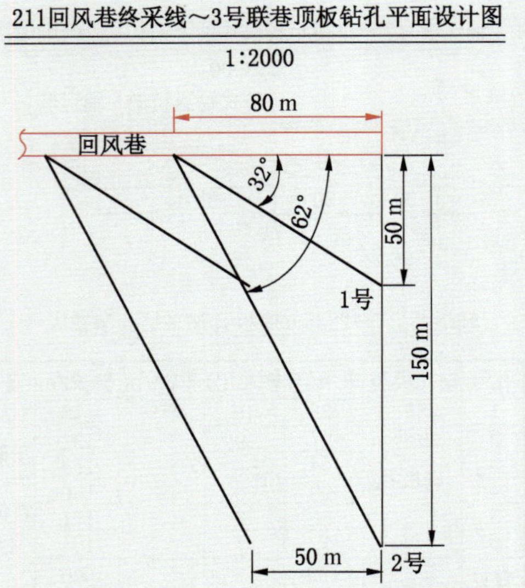

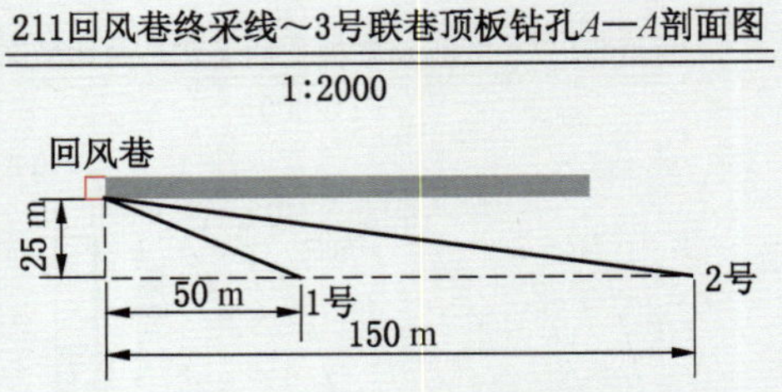

211回风巷终采线～3号联巷顶板钻孔参数表

孔号	夹角/(°)	倾角/(°)	垂深/m	斜长/m	备注
1	32	15	25	98	左偏为"–"，右偏为"+"
2	62	8		172	
合计				270	

(a) 回风巷终采线～3号联巷顶板油型气抽采钻孔设计图

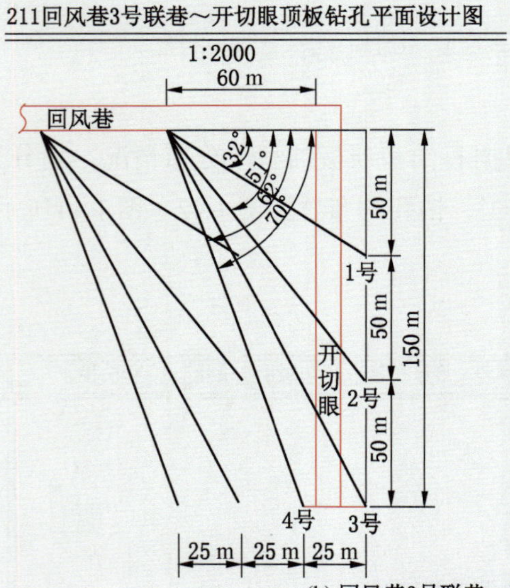

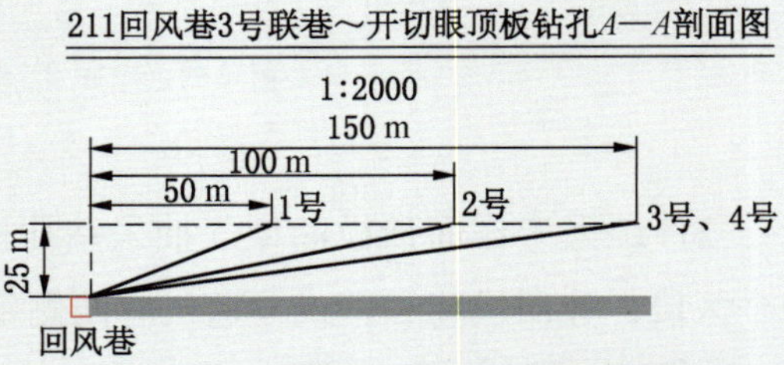

211回风巷3号联巷～开切眼顶板钻孔施工参数表

孔号	夹角/(°)	倾角/(°)	垂深/m	斜长/m	备注
1	32	15	25	98	左偏为"–"，右偏为"+"
2	51	11		130	
3	62	8		172	
4	70	9		162	
合计				562	

(b) 回风巷3号联巷～开切眼顶板油型气抽采钻孔设计图

图 4–43　211 综采工作面回风巷顶板油型气抽采钻孔设计示意图

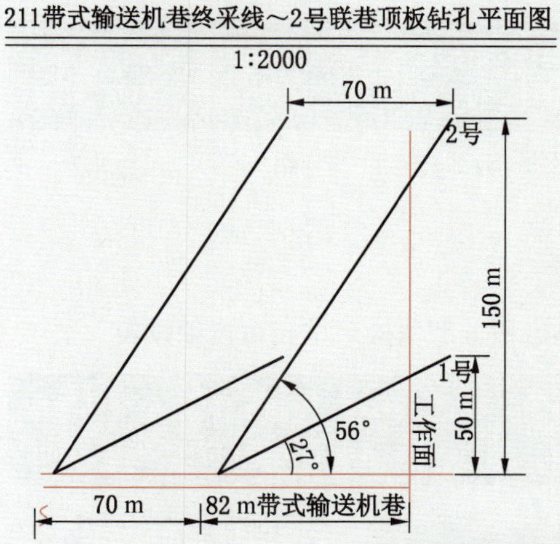

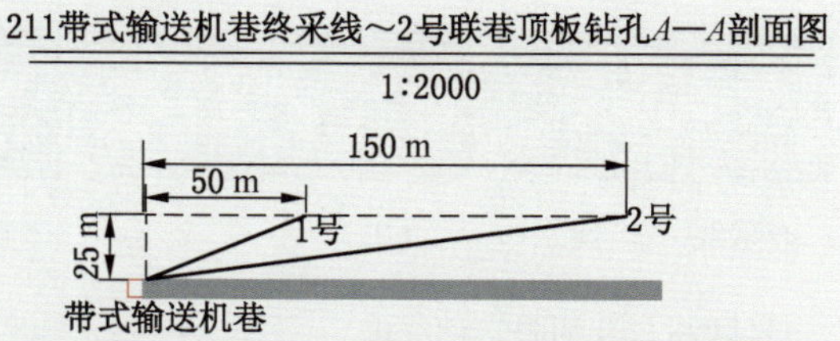

211带式输送机巷终采线～2号联巷顶板钻孔施工参数表

孔号	夹角/(°)	倾角/(°)	垂深/m	斜长/m	备注
1	27	13	25	115	左偏为“-”，右偏为“+”
2	56	8		182	
合计				297	

(a) 带式输送机巷终采线～2号联巷顶板油型气抽采钻孔设计图

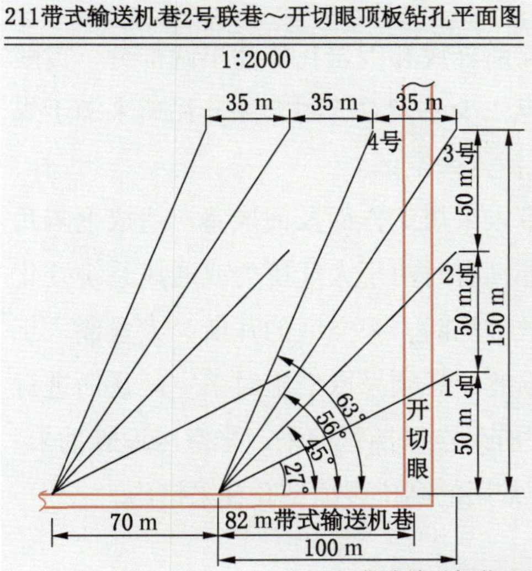

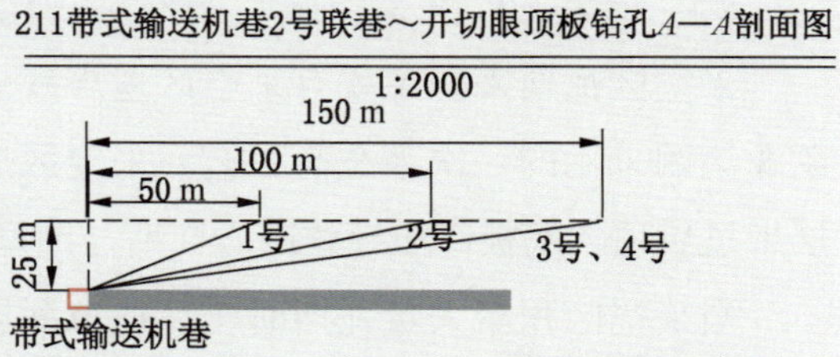

211带式输送机巷2号联巷～开切眼顶板钻孔施工参数表

孔号	夹角/(°)	倾角/(°)	垂深/m	斜长/m	备注
1	27	13	25	115	左偏为“-”，右偏为“+”
2	45	10		144	
3	56	8		182	
4	67	8		170	
合计				610	

(b) 带式输送机巷2号联巷～开切眼顶板油型气抽采钻孔设计图

图 4-44　211 综采工作面带式输送机巷顶板油型气抽采钻孔设计示意图

表4-24　211综采工作面回风巷顶板油型气抽采钻孔布置参数表

范围	钻场间距/m	单个钻场钻孔数量/个	钻孔垂高/m	钻孔长度/m	控制工作面范围/m	单个钻场钻孔总量/m
终采线～3号联巷	60	2	25	97～172	150	270
3号联巷～开切眼	60	4	25	97～172	150	562

表4-25　211综采工作面带式输送机巷底板油型气抽采钻孔布置参数表

范围	钻场间距/m	单个钻场钻孔数量/个	钻孔垂高/m	钻孔长度/m	控制工作面范围/m	单个钻场钻孔总量/m
终采线～2号联巷	50	2	25	115～188	150	297
2号联巷～开切眼	50	4	25	115～182	150	610

四、综采工作面采空区瓦斯抽采钻孔设计

采空区瓦斯来源主要有采空区遗煤残余瓦斯释放和围岩瓦斯涌出两部分，黄陵矿业集团采用的一次采全高工艺，采空区遗煤较少，采空区的大部分瓦斯来源于煤层采过后顶、底板卸压导致围岩瓦斯与油型气涌入采空区。

当采空区积聚大量瓦斯时，往往被漏风带入采煤工作面及回风巷，造成上隅角或回风流瓦斯浓度超限，影响安全生产；另外，有时由于大气压力或通风系统变化的影响，当工作面与采空区之间的压力平衡被破坏时，采空区的瓦斯会大量涌入工作面，威胁安全生产，甚至酿成重大事故。因此，必须采取措施对采空区瓦斯进行治理。黄陵矿区对采空区瓦斯的治理措施主要有采空区插管抽采、采空区埋管抽采、高位裂隙钻孔抽采等方式，下面主要介绍几种常用的高位裂隙钻孔抽采措施。

（一）高位裂隙钻孔抽采的理论依据

1.采空区上覆岩层“三带”特征

当煤层采出后，顶板会受到矿山压力的影响，覆岩发生移动，在表现形式上由下到上可以划分为垮落带、裂隙带、弯曲下沉带，在推进方向上可以划分为煤壁支撑区、离层显现区、压实区，如图4-45所示。

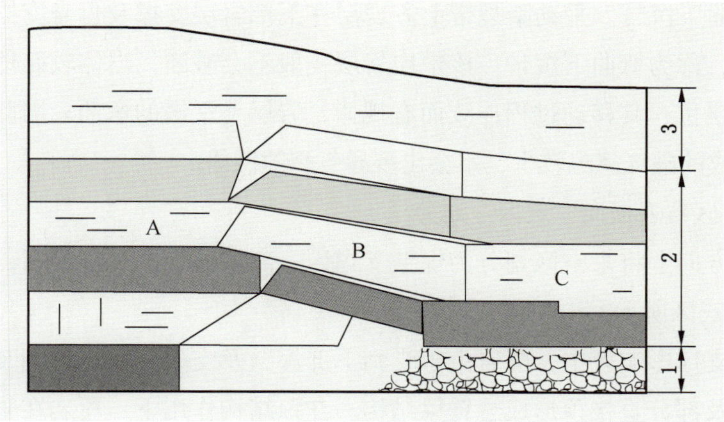

1—垮落带；2—裂隙带；3—弯曲下沉带；
A—煤壁支撑区；B—离层显现区；C—压实区

图 4–45　采空区覆岩“三带”“三区”示意图

1）采空区覆岩竖向“三带”划分

（1）垮落带。当工作面煤层被开挖以后，在自身重力和周围岩层相互荷载力的共同作用下，裸露的直接顶会发生岩层运动，当岩层抗拉强度不足以抵消其所受到的拉应力时，煤层直接顶会产生拉伸、开裂、破碎，掉落在采空区，构成垮落带。垮落下来的岩块形态各不相同，相互叠加的岩块之间构成了大量的孔隙，促进了瓦斯在孔隙中的流动。同时，垮落的岩块又具有碎胀性和可压缩性。碎胀性是指垮落的岩块较之前的体积略微增大，保证了煤层顶板不会无休止地垮落；可压缩性是指由于开采工作的继续进行，垮落岩块会被压实在采空区中部。

（2）裂隙带。在直接顶岩层垮落之后，遇到亚关键层（基本顶），它们控制着其上岩层的移动变形。工作面基本顶破断之前可看作支撑梁或者悬臂梁结构，在覆岩荷载的作用下沿层理面的法线方向发生较大的弯曲变形，亚关键层下部会出现离层裂隙。岩层在下沉变形过程中，会在沿层理方向产生拉应力，岩层下沉运移到一定程度时，会在拉应力的作用下产生大量与岩层垂直或斜交的裂隙，整个区域称之为裂隙带。虽然该带内岩层未能破碎垮落，但由于出现了大量裂隙，岩层失去了原有的整体结构。又因破断后关键层能以砌体梁结构支撑上部岩层，使得此带内的岩层产生规则的沉降，因此碎胀系数一般较小。当裂隙发育到一定程度后，离层裂隙与破断裂隙会相互连通，邻近层或周围岩体内的瓦斯便会沿着此通道向此带内运移。由于裂隙带与垮落带直接贯通，当裂隙带内瓦斯积聚到一定程度时，瓦斯便会向工作面后方的采空区转移，甚至直接涌向工作面，对综采工作面生产造成巨大的安全隐患。

（3）弯曲下沉带。采动断裂带上方岩层在下部岩层支撑及自身支撑的作用下整体下沉弯曲，称为弯曲下沉带。该带内岩层一般不会破断，岩体较好地保持了原有的整体性和层位，其移动过程连续而有规律，岩层呈平缓的弯曲。因此在此带内受采动影响形成的破坏裂隙较少，不会出现导气裂隙网络。

2）采空区覆岩横向“三区”划分

在推进方向上将采空区划分为煤壁支撑区、离层显现区和压实区，如图4-45中的A、B、C三区所示。

在煤壁支撑影响区中，覆岩由于受到下部煤壁及支架支撑的影响，采空区四周煤层基本顶及部分直接顶形成悬臂梁结构，在该结构作用下，覆岩在垂直方向受力平衡，其受到的不平衡力主要是来自水平方向的拉力，所以岩层在水平方向运移较大，在垂直方向几乎为零，因此该区内产生的离层裂隙较小，透气性也较差。

在离层区内，由于没有悬臂梁结构的支撑而受到上覆岩层自重的作用力较大，垂直位移急剧增加。但由于各岩层抗拉能力及其受力不同，它们在受力作用下的移动速度也不相同，上层岩层的移动速度较下层缓慢，因此在该区域会形成动态的层间离层裂隙。

在重新压实区中，断裂岩层重新得到已垮落岩石的支撑，变形趋于缓和，该区域内的岩层移动速度在靠近开采层比远离开采层的缓慢，此时各岩层进入相互压合的过程，使得原来较大的裂隙受到挤压而变小，原来较小的裂隙被挤压闭合，因此此区域的透气性要比离层区小得多。

3）采空区覆岩“O”型圈特征

随着工作面的推进，离层裂隙带逐渐向高层位和靠近煤壁的地方转移，而采空区中部逐渐被压实。对近水平煤层来讲，在空间的任意水平面之内，采动覆岩离层裂隙均是沿采空区走向和倾向的中心轴线呈对称分布，并且由走向的离层区与倾向的最大弯曲区连通而成。无论沿采空区倾向还是沿采空区走向，在两侧煤柱的边缘，裂隙都是以向内一定的倾角向上发展的，并且其形态呈梯形特征。这个倾角为卸压角，倾角小于这个角的区域均为卸压区。在卸压区内，随着工作面的推进采空区中部上覆岩层的离层率开始下降，下面垮落的煤岩体由于受到上覆岩层荷载的作用，逐渐趋于压实，但是在采空区周围还存在一连通的离层裂隙发育区。在水平方向左右巷道侧的离层区与开切眼及工作面侧的离层区连通，形成了一个形状类似“O”形的椭圆裂隙带，即为“O”型圈，如图4-46所示。

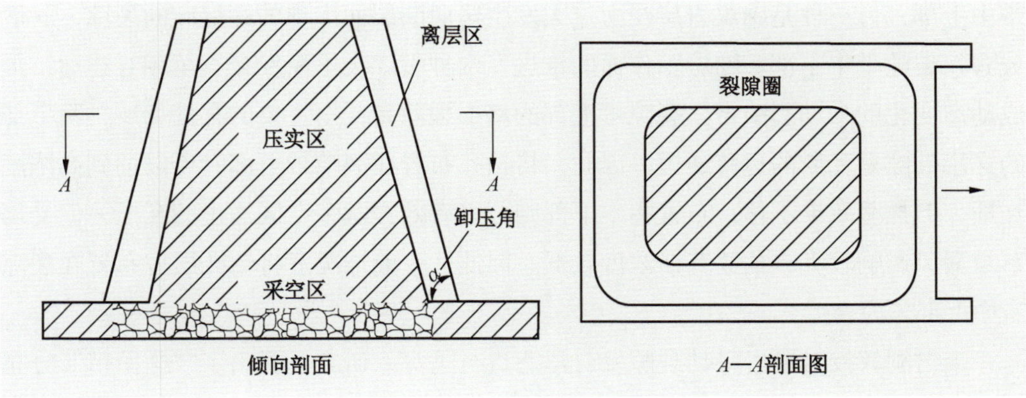

图4-46　采空区“O”型圈示意图

2.采空区竖向“三带”高度计算

采空区“三带”高度理论在经过大量的井下开采实践验证，已有一套较为成熟准确的计算公式，经验公式按工作面煤层顶板特性分为坚硬、中硬、软弱和极软弱4种，见表4-26。

表4-26　采空区竖向“三带”计算公式

覆岩岩性	垮落带高度计算公式	裂隙带高度计算公式
坚硬	$H_M=\dfrac{100\sum M}{2.1\sum M+16}\pm 2.5$	$H_L=\dfrac{100\sum M}{1.2\sum M+2.0}\pm 8.9$
中硬	$H_M=\dfrac{100\sum M}{4.7\sum M+19}\pm 2.2$	$H_L=\dfrac{100\sum M}{1.6\sum M+3.6}\pm 5.6$
软弱	$H_M=\dfrac{100\sum M}{3.2\sum M+32}\pm 1.5$	$H_L=\dfrac{100\sum M}{3.1\sum M+5.0}\pm 4.0$
极软弱	$H_M=\dfrac{100\sum M}{7.0\sum M+63}\pm 1.2$	$H_L=\dfrac{100\sum M}{5.0\sum M+8.0}\pm 3.0$

注：H_M—垮落带高度，m；M—回采煤层高度，m。

3.钻孔最佳区域的确定

通过对覆岩移动规律的分析可知，上覆岩层会因为下部岩层的垮落沉降形成两种类型的裂隙：一种是在不同性质煤岩层间出现的沿层离层裂隙，一般分布在裂隙带中上部；另一种是因煤岩层受力过大发生竖向断裂而出现的穿层破断裂隙，一般分布在裂隙带中下部。随着工作面的推进，两种裂隙会不断发育直至相互连通，形成动态变化的采动裂隙带。裂隙带上部的离层裂隙是瓦斯主要的存储场所，而下部的穿层裂隙是瓦斯的运移通道。因此，将钻孔布置在裂隙带上部时可以抽到高浓度瓦斯，但拦截效果不佳；布置在中下部则可以有效拦截采空区涌出的瓦斯，但受垮落带漏风影响较大，抽放瓦斯浓度较低。因此，一般情况下将钻孔层位布置在裂隙带中上部较为合适。

李树刚教授对覆岩采动裂隙发育形态进行了深入研究，提出了“椭抛带”分布特征，根据“椭抛带”的特点，高位钻孔的终孔最佳位置应布置在图4-48中的阴影部分，能够达到较高的抽采浓度。由图4-47可知钻孔终孔的位置由卸压角、边缘离层区宽度及“三带”高度确定。

根据大量实验研究得出的结论，边缘离层区的宽度$d \approx 0.8l$，l为工作面回采期间初次来压步距。当布孔位置靠近裂隙带与回风巷方向时，因为煤柱上方应力集中区的存在，瓦斯几乎不流通，瓦斯抽采效果不佳；当布孔位置靠近采空区中部压实带时，由于裂隙闭合，抽采效果不佳，所以综合考虑确定布孔位置应放在“椭抛带”中裂隙带的心区域。

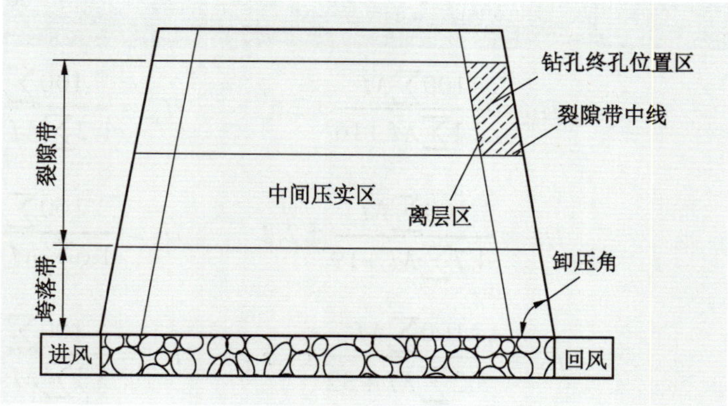

图4-47　钻孔终孔最佳位置示意图

（二）回风巷高位裂隙钻孔抽采

以黄陵矿区二号煤矿211综采工作面为例，计算得出工作面垮落带高度为6.86～11.26 m，裂隙带高度为30.11～41.31 m，钻孔应布置在垮落带上部与裂隙带中部。钻场间距为50 m，每个钻场施工12个钻孔，垂高为15～53 m，控制巷道50 m范围，长度为123～132 m，扇形布置，单个钻场钻孔量为1515 m，如图4-48和表4-27所示。

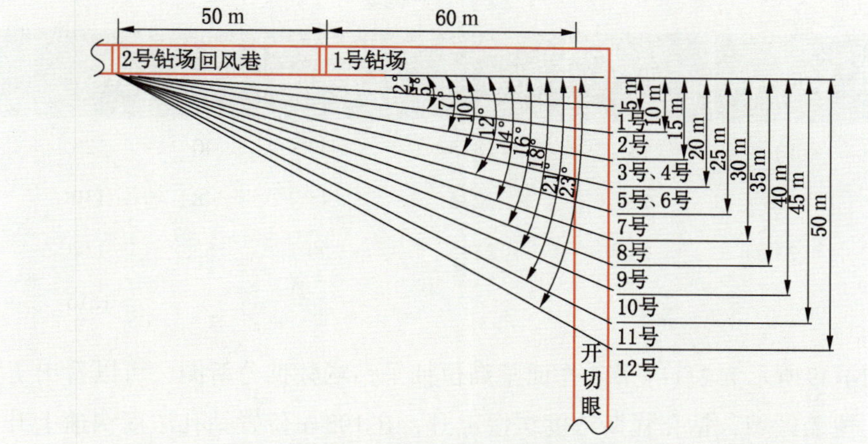

（a）211 综采工作面高位裂隙抽采钻孔布置平面图

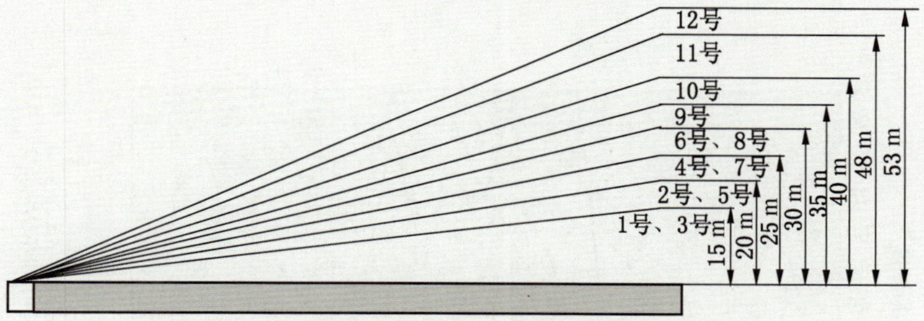

（b）211 综采工作面高位裂隙抽采钻孔布置剖面图

图 4-48　211 综采工作面回风巷高位裂隙抽采钻孔布置示意图

表4-27　高位裂隙抽采钻场施工参数表

孔号	夹角/(°)	倾角/(°)	施工倾角/(°)	平距/m	垂高/m	斜长/m	备注
1	2	7	7+5	5	15	123	左偏为“-”，右偏为“+”。考虑到钻杆下沉量，实际施工倾角加5°
2	5	9	9+5	10	20	124	
3	7	7	7+5	15	15	125	
4	7	12	12+5	15	25	125	
5	10	9	9+5	20	20	124	
6	10	14	14+5	20	30	126	
7	12	12	12+5	25	25	125	
8	14	14	14+5	30	30	126	
9	16	16	16+5	35	35	127	

表4-27（续）

孔号	夹角/（°）	倾角/（°）	施工倾角/（°）	平距/m	垂高/m	斜长/m	备注
10	18	18	18+5	40	40	128	
11	21	22	22+5	45	48	130	
12	23	24	24+5	50	53	132	
合计						1515	

图4-49所示为211综采工作面某高位抽采钻场数据分析图，可以看出工作面进入钻孔覆盖区域，钻孔瓦斯浓度缓慢上升，在103 m位置钻孔浓度快速上升，钻孔有效控制距离为70 m，钻孔抽采效果显著，对上隅角瓦斯浓度起到良好的控制效果。

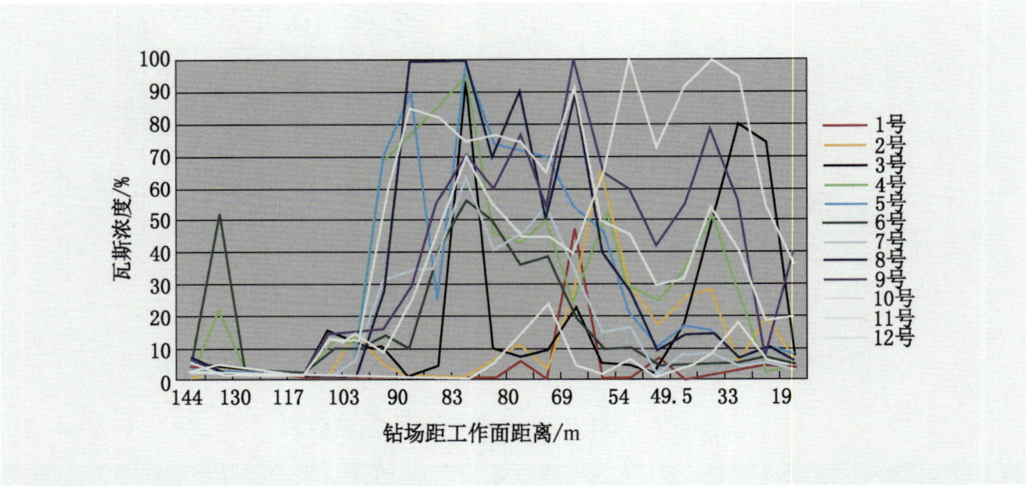

图4-49　211综采工作面高位钻孔浓度检测图

（三）邻近巷道高位裂隙钻孔抽采

一号煤矿综采工作面回风巷内布置有胶带运输系统，无法进行钻孔施工，因此，高位裂隙钻孔施工钻场布设在邻近巷道内，由邻近巷道施工顶板倾斜长钻孔至工作面上部岩层内。经计算，625工作面裂隙带高度为26.97 ~37.18 m。为保证抽采的连续性，必须实现相邻两钻场钻孔压茬布置，根据钻孔垂高与偏距，钻场间距为45 m时可保证钻场钻孔抽采连续性。秉承经济高效原则，每个钻场设计9个钻孔，孔深均为110 m，孔径为94 mm，呈扇形布置，如图4-50和表4-28所示。

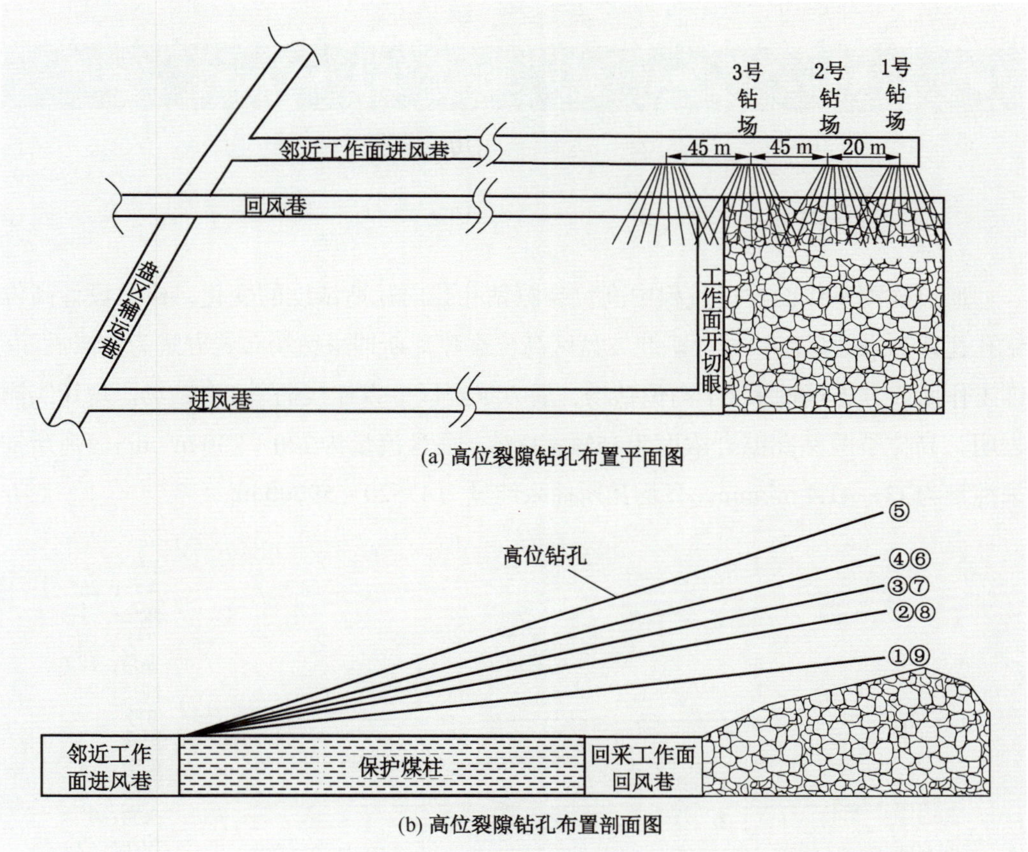

图 4–50　625 工作面高位裂隙抽采钻孔布置示意图

表4-28　625工作面高位裂隙钻孔参数表

编号	夹角／(°)	仰角／(°)	孔深/m	垂高/m	备注
1	+23	21	110	27	面向煤帮钻孔开口位置，夹角左偏为“–”，右偏为“+”
2	+18	23	110	29	
3	+13	24	110	29.7	
4	+8	26	110	32	
5	0	27	110	33.2	
6	–8	26	110	32	
7	–13	24	110	29.7	

表4-28（续）

编号	夹角/（°）	仰角/（°）	孔深/m	垂高/m	备注
8	-18	23	110	29	
9	-23	21	110	27	

通过观测工作面推进过程中高位裂隙钻孔孔内瓦斯浓度的变化，检验设计高位钻孔瓦斯抽采效果。一号煤矿北二盘区高位裂隙瓦斯抽采钻场布置方式为前二后四，即工作面前方连接抽采2个高位钻场，后方采空区上方连接抽采4个钻场。现场实测表明，高位裂隙钻孔混合浓度为15%～18%，混合流量为220～230 m^3/min，瓦斯抽采纯量为33～41.4 m^3/min，日均瓦斯抽采纯量为47520～59000 m^3。

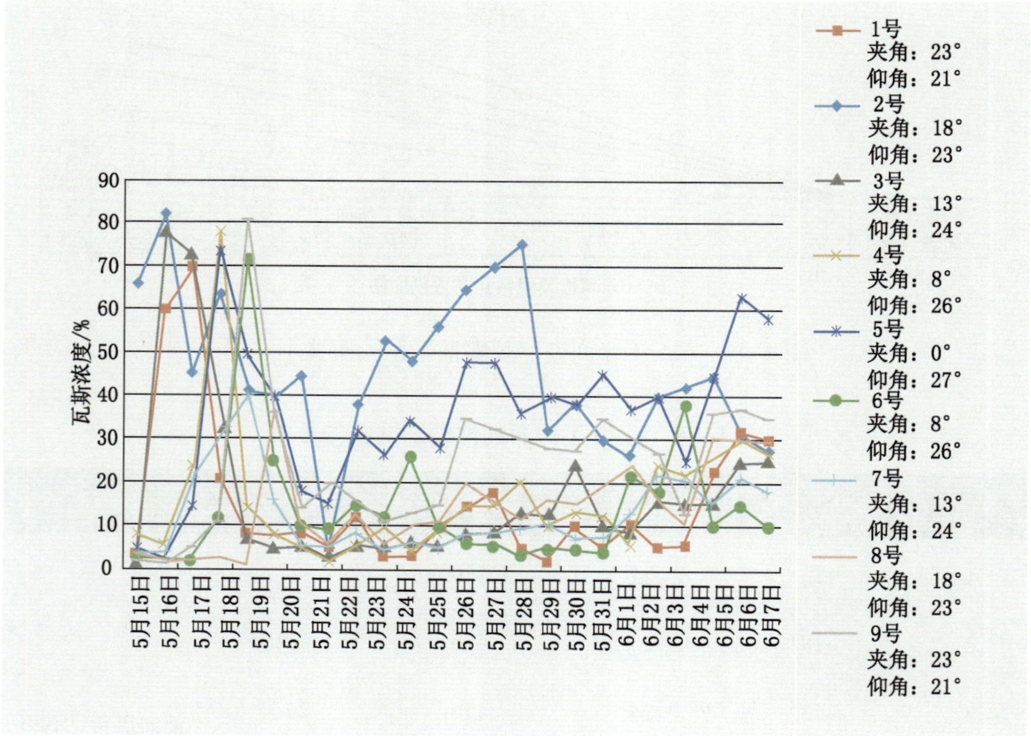

图4-51　高位裂隙瓦斯抽采单孔浓度变化曲线

15号高位钻场于2020年5月15日连接抽采，6月8日拆除、封堵，共计抽采24天。15号高位钻场钻孔瓦斯浓度随工作面回采的变化曲线如图4-51所示。从图中可以看出，高位裂隙瓦斯抽采单孔浓度最高可达80%以上，钻孔浓度整体呈波浪式变化，因为此时高位钻孔四周的煤（或岩）层均还没有完全卸压；随工作面的不断向前推进，高位钻孔四周的煤（岩）层受采动压力影响得以充分卸压，这个阶段单孔浓度会逐步增大直到最高；此后会经过一段较稳定的抽放后逐步开始下降，主要是因为回采工作面向前推进使得高位钻孔慢慢进入垮落带范围内，此时会抽入部分空气；后期由于采空区内瓦斯量较大，此时高位裂隙钻孔浓度仍旧可保持在10%以上。

（四）高位裂隙定向长距离钻孔抽采

在工作面回风巷利用定向钻机施工高位裂隙定向长距离钻孔，钻孔长度一般为400 m左右，钻孔水平段位于裂隙带范围内。图4-52所示为双龙煤业高位裂隙定向长距离钻孔布置示意图，参数见表4-29，每隔250 m布置一组钻孔，每组施工7个钻孔，孔径为94 mm，钻孔终孔位置距巷道顶板21～49 m，距巷帮12～60 m。

表4-29　工作面高位裂隙钻孔参数

钻孔编号	开孔巷道夹角／(°)	开孔倾角／(°)	距帮距离／m	距顶距离／m	过渡段长度／m	水平段长度／m	钻孔长度／m
1	6	10	12	21	147	250	397
2	13	15	21	26	159	250	409
3	17	18	28	30	168	250	418
4	22	18	37	34	177	250	427
5	23	18	44	36	207	250	457
6	26	20	53	42	222	250	472
7	29	20	60	49	234	250	484

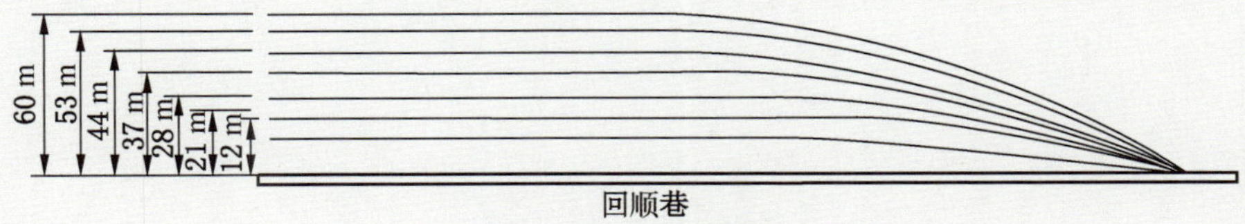

(a) 钻孔平面布置示意图

(b) 钻孔剖面布置示意图

图 4–52　高位裂隙定向长距离钻孔布置示意图

工作面高位裂隙钻孔采用长钻孔定向施工工艺，钻场间距由60 m增加至250 m，钻场数量及钻孔数量减少，降低了材料费。钻场瓦斯抽采浓度由5%提高到10%，钻孔流量由68 m³/min提高到86 m³/min，上隅角瓦斯浓度由0.54%降低至0.4%左右，工作面瓦斯预抽率由75%提高到77.6%。

| 第五节 |

抽采系统能力校核

瓦斯抽采泵站在建设时根据采掘部署已经充分考虑了全矿井的中长期抽采需求，并由有资质的单位进行设计。一般情况下泵站及主管路不易改动，所以在对综采工作面的抽采能力进行校核时不考虑改动现有泵站抽采能力，以综采工作面所需抽采能力反过来校核现有的抽采泵站能否满足抽采需求。因此对工作面来说只需根据工作面的瓦斯抽采情况计算出所需管路直径及负压，然后与抽采泵的性能曲线进行对比校核，验证现有的抽采泵站能否满足实际抽采需求，根据校核的结果调整工作面瓦斯抽采管径或管路趟数等以达到最佳效果。抽采系统能力的校核主要依据《煤矿瓦斯抽采工程设计标准》（GB 50471—2018）中的相关规定。

一、抽采支管路设计

（一）管径计算

瓦斯抽采管路的管径应按最大流量分段计算，并与抽采设备能力相适应，抽采管路按经济流速为5～12 m/s和最大通过流量来计算管径。抽采管路管材宜选用金属管材。若选用非金属管材，必须具有煤矿许用合格证、煤安标志（MA）和由质检部门出具的抗静电、抗冲击、耐腐蚀、阻燃等鉴定资料。

瓦斯抽采管径选择合理与否，对瓦斯抽采系统的建设及抽采系统效果有很大影响。直径太大，投资费用增加；直径过小，管路阻力损失大。抽采管路直径采用下式计算：

$$D = 0.1457\sqrt{\frac{Q_{混} \times k}{v}} \tag{4-40}$$

式中　D——抽采瓦斯管内径，m；

$Q_{混}$——瓦斯管中混合瓦斯流量，m³/min；各类管路的流量应按照其使用年限或服务区域的最大值确定；

k——富余系数，一般取1.2 ~ 1.8；

v——瓦斯管中混合瓦斯平均流速，可取5 ~ 12 m/s。

$$Q_{混}=\frac{Q_{纯}}{c} \tag{4-41}$$

式中 $Q_{纯}$——工作面分源分压抽采管路（本煤层、高位、上隅角）内最大瓦斯抽采纯量，m^3/min；

c——工作面分源分压抽采管路（本煤层、高位、上隅角）内平均瓦斯抽采浓度，%。

（二）抽采支管路管壁厚度计算

当采用负压抽采时，宜选用刚性管材；当采用正压输送时，管材壁厚应符合下列规定：

（1）采用聚乙烯类管材时，壁厚应按公称压力选择。

（2）采用金属管材时，壁厚可按下式计算：

$$\delta=\frac{p_{d}\times d}{2[\sigma]} \tag{4-42}$$

式中 δ——管路壁厚，mm；

p_d——管路最大工作压力，MPa；

d——管路内径，mm；

$[\sigma]$——容许压力，可取屈服极限强度的60%；缺少此值时，铸铁管可取20 MPa，焊接钢管可取60 MPa，无缝钢管可取80 MPa。

根据计算的管径和壁厚，参考《无缝钢管尺寸、外形、重量及允许偏差》（GB/T 17395—2008）和《煤矿井下用塑料管材 第1部分：聚乙烯管材》（MT/T 558.1—2005）中的规定选取。

（三）抽采支管路摩擦阻力

管路摩擦阻力应根据管路管径、流量分段计算，各段管路摩擦阻力可按下列公式计算：

$$H=69\times10^{5}\left(\frac{\Delta}{d}+192.2\frac{v_{0}d}{Q_{0}}\right)^{0.25}\frac{L\rho Q_{0}^{2}}{d^{5}}\cdot\frac{p_{0}T}{pT_{0}} \tag{4-43}$$

式中 H——摩擦阻力，Pa；

L——管路长度，m；

Q_0——标准状态下的混合瓦斯流量，m^3/h；

d——管路内径，mm；

v_0——标准状态下的混合瓦斯运动黏度，m^2/s；可依据管路中瓦斯浓度采用加权平均法计算，标准状态下空气运动黏度为 $1.5\times10^{-5}\ m^2/s$，标准状态下纯瓦斯运动黏度为 $1.87\times10^{-5}\ m^2/s$；

ρ——管道内混合瓦斯密度，kg/m^3；可依据管路中瓦斯浓度采用加权平均法计算，标准状态下空气密度为 $1.293\ kg/m^3$，标准状态下纯瓦斯密度为 $0.715\ kg/m^3$；

Δ——管路壁内的当量绝对粗糙度，mm；钢管可取0.10～0.15 mm，聚乙烯管材可取0.17～0.20 mm，铸铁管可取0.36～0.45 mm；

p_0——标准大气压力（$p_0=101325$ Pa），Pa；

p——管道内气体的绝对压力，Pa；

T——管路中的气体温度为 t 时的绝对温度（$T=273+t$），K；

T_0——按瓦斯抽放行业标准规定的标准状态下的绝对温度（$T_0=273+20$），K；

t——管路中的气体温度，℃。

（四）瓦斯抽采管路局部阻力（$H_{局}$）

抽采管网系统中管件局部阻力（$H_{局}$），按管道总摩擦阻力的10%～20%考虑。

二、抽采泵站负压校核

瓦斯泵压力，必须能克服抽采管网系统总阻力损失和保证钻孔有足够的负压，以及能满足泵出口正压的需求。瓦斯泵压力按下式计算：

$$H_{泵}=(H_{总}+H_{孔}+H_{正})\cdot k \tag{4-44}$$

式中　$H_{泵}$——瓦斯泵的压力，Pa；

$H_{总}$——抽采管路总阻力损失，Pa；

$H_{孔}$——抽钻孔口所需负压，Pa；

$H_{正}$——瓦斯泵出口正压，取 $H_{正}=5000$ Pa；

k——抽采系统压力富余系数，一般取1.5。

三、抽采泵站流量校核

瓦斯泵流量应能满足瓦斯抽采系统服务年限内最大抽采量的需要。瓦斯泵流量按下式计算：

$$Q_{泵}=\frac{100Q}{c\eta}K \tag{4-45}$$

式中　$Q_{泵}$——瓦斯抽采泵的额定流量，m^3/min；

Q——最大抽采瓦斯纯量，m^3/min；

c——瓦斯泵入口处的瓦斯浓度，%；

η——瓦斯泵的机械效率，一般取0.8；

K——瓦斯抽采综合系数，K=1.2～1.8。

目前我国的真空泵曲线都是按工况状态下的流量绘制的，所以还需按下式把标准状态下的抽采泵流量换算成工况状态下的流量。

$$Q_{泵工}=Q_{泵}\frac{p_0T}{pT_0} \tag{4-46}$$

式中　$Q_{泵工}$——工况状态下的瓦斯泵流量，m^3/min；

$Q_{泵}$——标准状态下的瓦斯流量，m^3/min；

p_0——标准大气压力（$p_0=101325Pa$），Pa；

p——瓦斯泵入口绝对压力，Pa；

T——瓦斯泵入口瓦斯的绝对温度（$T=273+t$），K；

T_0——按瓦斯抽采行业标准规定的标准状态绝对温度（$T_0=273+20$），K；

t——瓦斯泵入口瓦斯的温度，℃。

四、能力校核

根据计算的泵站工况流量和压力，对比现有型号抽放泵的性能曲线图，校核现有抽采泵能力是否满足抽采要求。图4-53所示为2BEC-72型水环真空泵性能曲线。

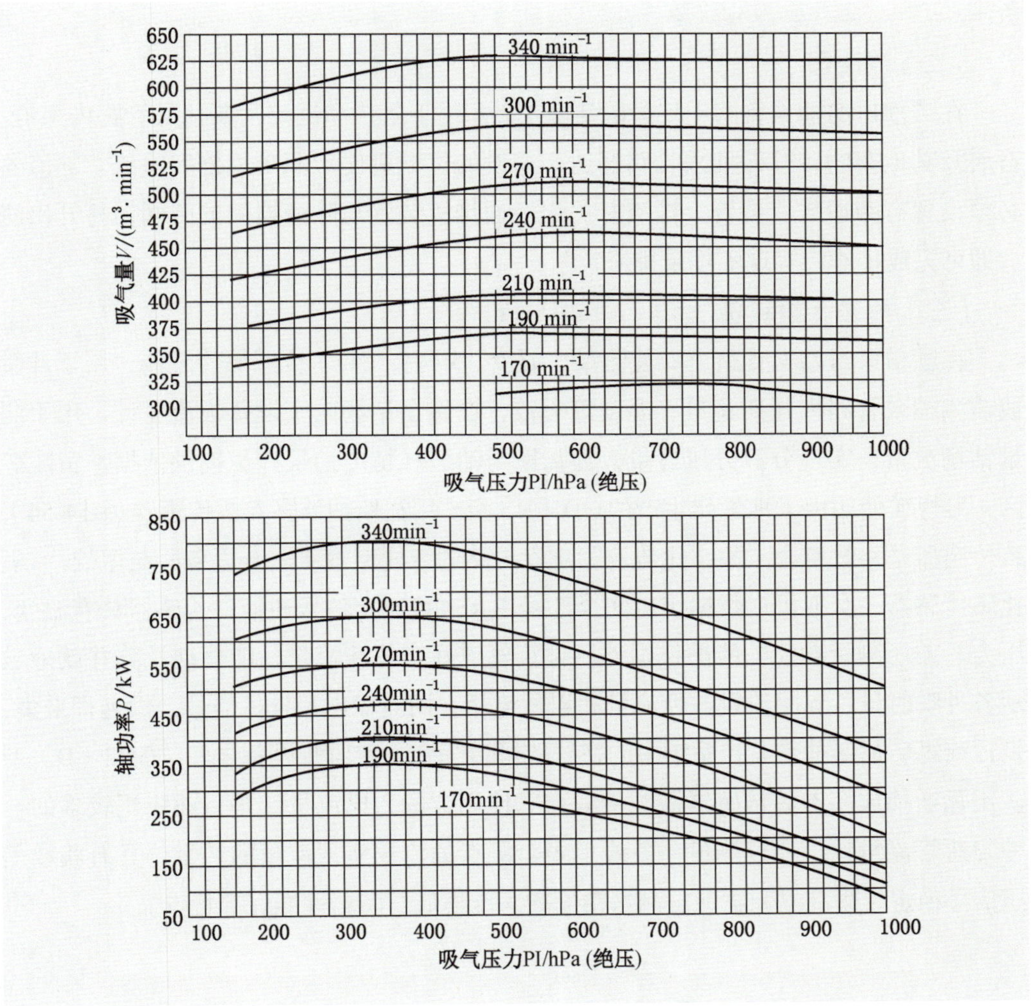

注：该图为吸气温度为20 ℃，工作液温度为15 ℃，出口压力为一个标准大气压（1013 hPa），吸入介质为饱和空气时，泵的性能曲线

图 4–53　2BEC 72 型水环真空泵性能曲线

五、配套及附属设施

（一）阀门

在抽采系统的顺槽口位置安设与抽采管路配套的蝶阀一个，用于控制抽采顺槽抽采系统流量、负压，同时在修理和更换瓦斯管时可关闭阀门切断系统；在每个钻场与本煤层抽采系统连接处需安设球阀，主要用于调节与控制各个独立抽采地点的抽采负压、流量等；在每个钻孔连接处安设测气阀，主要用于测定钻孔瓦斯浓度、

负压。

（二）除渣器

在顺槽口的抽采管路上安设除渣器1个，用于阻拦和沉淀瓦斯抽采管路内煤渣、石块及其他杂物，确保抽采管路畅通，安设的位置应便于职工检修和除渣。除渣器必须设置有旁通排渣装置，排渣时关闭旁通排渣装置与除渣器间的闸阀，打开出渣口即可完成排渣，实现不停泵排渣。

（三）抽采计量装置

在顺槽口每趟支管路上安装流量、温度、甲烷、CO、负压等传感器，用于计量或监测抽采管路内瓦斯流量、温度等参数，在每个钻场内安设孔板流量计，用于测量钻场流量，实现分源分压计量，为瓦斯与油型气精准抽采计量提供依据。黄陵矿区一号煤矿使用由天地常州生产的GD3（B）型矿用瓦斯抽放多参数传感器（图4-54），该传感器是一款符合“数字化传输”建设思路的智能型本质安全设备，与甲烷/一氧化碳传感器、交换机、数据接口间全部采用RS485数字信号通信，传感器具有温度、压力、差压测量功能，能够根据差压计算管道瓦斯体积流量，能自动计算并就地显示各种瞬时量、标况流量、纯流量和累积流量，同时输出RS485信号，供远程采集，是目前煤矿瓦斯抽采监控系统中的在线式管道综合参数监测设备之一。GD3（B）型矿用瓦斯抽放多参数传感器需配接威力巴使用。威力巴流量计是目前应用较多的一种匀速管流量计，通过测量一条线上多个测点的流速实现流量的计量，具有获取差压信号稳定、耐高温和腐蚀、测量精度准、压损低、防堵性能好等特点。

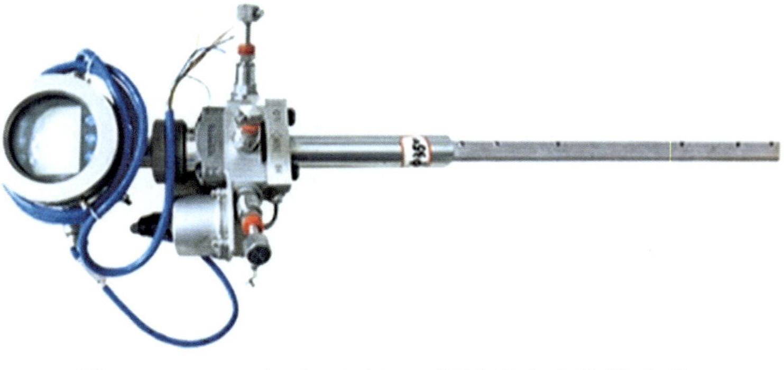

图4-54　GD3（B）型矿用瓦斯抽放多参数传感器

（四）放水器和汇集器

抽采系统每500 m至少安设1个放水器，同时在管路最低点加设放水器，用于抽采管路内积水排放；在每个抽采钻场处安设汇集器和放水器，用于排放抽采钻场的积水和煤渣。图4-55所示为一号煤矿钻场抽采系统。

图 4–55　钻场抽采系统

（五）泄压三通

（1）采掘工作面顺槽瓦斯抽采管路直径在300 mm及以上的，必须在管路上加装等直径的三通泄压阀门。

（2）瓦斯抽采管路每隔300 ~ 500 m（原则上按月回采推进度确定）必须加装一个三通；顺槽口和靠近工作面的三通必须加开关阀门，中间的三通可用堵头临时封堵。

（3）对正在运行的瓦斯抽采管路进行延伸、拆除、收缩及维护等作业前，必须先打开前方的泄压阀门，对系统进行泄压后方可进行作业。作业完毕，及时关闭泄压阀门，恢复系统正常运行，正常运行的瓦斯抽采管路在未打开阀门之前，严禁拆开抽采管路系统。

（4）泄压阀门的入口必须安设防止杂物吸入的防护网，三通阀门安装方向应避免影响巷道行车，要贴帮安装，便于操作。

（六）阻火泄爆、抑爆装置

《煤矿低浓度瓦斯管道输送安全保障系统设计规范》（AQ 1076—2009）中的相关规定如下。

（1）抽出的低浓度瓦斯地面排空管路应安设阻火泄爆、抑爆两种不同原理的阻火防爆装置。阻火泄爆装置宜采用水封式阻火泄爆装置，抑爆装置宜采用自动喷粉抑爆装置。

自动喷粉抑爆装置监控用火焰传感器安装在排空管上，距排空管出气口的距离（沿管道轴向）应小于5 m。自动喷粉抑爆装置的安设位置距火焰传感器的距离（沿管道轴向）为30 ~ 60 m。

（2）易自燃、自燃煤层的井下采空区低浓度瓦斯抽采，应在靠近抽采地点的管道上安设抑爆装置。抑爆装置宜采用自动喷粉抑爆装置。

自动喷粉抑爆装置的安设地点距最近的抽采瓦斯管口的距离（沿管道轴向）应小于100 m。自动喷粉抑爆装置应至少安设1组，每组抑爆装置需安设2个喷粉罐，2个喷粉罐之间的距离为50 m。

抑爆装置的火焰传感器应安设在自动喷粉抑爆装置与抽采管进气口之间，距抑爆装置的距离（沿管道轴向）应大于50 m。

第五章 瓦斯与油型气抽采工程精准施工

抽采工程的精准施工是确保设计内容落实的关键，直接决定着瓦斯与油型气的防治效果，是一个庞大的系统工程。由于油型气的出现对于抽采施工的精准度与安全度都提出了新的要求，黄陵矿区在传统瓦斯抽采工程的基础上，针对这两种灾害耦合的治理需求，对施工全流程进行了精细化研究与落实，特别是抽采系统的施工组织及工程施工要求等方面完善了由有资质的单位进行设计、施工等工序要求，安装必须严格按照设计图纸执行，并制定专项施工措施，安装期间做好工程质量的跟踪管理和验收，这样形成了具备黄陵模式的精准施工规范基础。本章主要从钻场施工、钻孔施工、抽采支管路施工等内容对精准施工进行论述。

| 第一节 |

钻场施工

一、钻场工程管理

在巷道掘进期间根据钻场设计要求及时施工钻场，以避免影响采掘运输等，为工作面瓦斯与油型气治理提供空间。钻场施工时严格按照设计施工，并由生产部门安排专人监督检查钻场施工质量，查看钻场的施工工艺、支护、尺寸、进度是否符合设计要求。钻场采用综掘机施工，施工完毕按照设计要求进行挂网支护。

钻场施工要符合井巷工程标准的相关要求，以保证钻场安全和尺寸。

（1）净宽偏差符合以下要求：锚网（索）、锚喷、钢架喷射混凝土巷道有中线的为0～100 mm，无中线的为–50～200 mm。

（2）净高偏差符合以下要求：锚网背（索）、锚喷巷道有腰线的为0～100 mm，无腰线的为-50~200 mm。

（3）锚网索巷道锚杆（索）安装、扭矩、拉拔力、网的铺设连接符合设计要求，锚杆（索）的间距、排距偏差为–100～100 mm，锚杆露出螺母长度为10～50 mm（全螺纹锚杆10～100 mm），锚索露出锁具长度为150～250 mm，锚杆与井巷轮廓线切线或与层理面、节理面、裂隙面垂直，最小不小于75°，预应力、拉拔力不小于设计值的90%。

（4）锚杆（索）的杆体及配件、网、锚固剂、喷浆材料等材质、品种、规格、强度等符合设计要求。

（5）钻场施工完毕现场整洁，无积尘、浮渣、淤泥、积水、杂物等，附近管线吊挂规范。

二、钻场竣工验收

钻场施工完毕由生产、通风部门及施工单位按照设计图纸要求组织验收，验收内容主要为施工位置、尺寸、支护规格是否符合要求，验收合格后方可移交使用。

第二节

钻孔施工

一、钻孔施工组织编制

（一）施工组织编制的原则和依据

1. 施工组织编制的原则

（1）符合国家有关法律法规、规范，符合行业标准、上级和公司文件的要求。

（2）满足工程施工安全、进度、质量、职业健康、环境保护等管理目标的要求。

（3）坚持科学的施工程序和合理的施工工序，做到资源的优化组织和合理配置。

2. 施工组织编制的依据

《煤矿安全规程》（2022年版）、《煤矿安全生产标准化管理体系基本要求及评分方法》、黄陵矿业集团《“一通三防”管理制度》、施工安全技术措施、施工设计图纸等。

（二）工程概况

详细介绍钻孔施工位置、钻孔类型、具体钻孔量、施工设备、工期等。

（三）施工准备

（1）根据钻孔设计图纸、工程量编制施工组织设计及安全技术措施，组织施工人员学习并考试，做好开工准备。

（2）编写施工设备（钻机、钻杆、钻头、泥浆泵等）、材料、人员进场计划表。

（3）介绍打钻辅助系统准备情况，包括运输系统、供排水压风系统、供电系统、通风系统、抽采系统、防尘系统、监控系统等。

（四）施工方案

（1）介绍钻孔施工的相关技术参数及其他要求。

（2）介绍打钻的工艺流程。

（五）作业方式及劳动组织

说明作业时间安排，总体人员配备和每班人员配备情况，明确各人员职责，编制劳动计划表。

二、钻孔施工设备选型

我国煤炭开采技术实现了由最初的手工作业向机械化、自动化、信息化、智能化的跨越发展，从而也带动了煤矿井下坑道钻探技术和装备的快速发展。我国的科研技术人员根据国内煤矿的实际生产需求研发了众多适用于不同煤岩层赋存条件的煤矿井下坑道钻探技术和装备，从最初的常规回转钻进技术到稳定组合钻具定向钻进技术，再到目前大多数矿区普遍采用的随钻测量定向钻进技术，从原来的小功率、小孔径钻孔施工装备到现在的大功率、大孔径钻孔施工装备，从原有的人工操作钻机到目前已经实现的远程智能操控钻机，煤矿井下坑道钻探技术和装备的发展日新月异。通过多年技术攻关和工程实践，研发制造了系列化坑道钻探装备，煤矿井下坑道钻探施工能力和施工效率不断得到提升，有力推动了煤矿井下灾害治理能力。

（一）黄陵矿区钻机装备发展历程

黄陵矿区自2008年开始引进钻孔施工设备进行抽采作业，所采用的设备均为MKD系列钻机，最初采用MKD-3系列钻机，对综采工作面进行高位裂隙钻孔施工，但由于该钻机扭矩小，不能满足深孔钻进。随后引进ZDY1900S（MKD-5S）型液压坑道钻机，该钻机较MKD系列钻机体积小，操作简单，拆卸方便，转速范围宽，扭矩大，能满足各种角度的施工，在钻孔施工中得到了广泛应用，后因该型号钻机稳钻程序复杂且钻进效率低，不能满足日益增加的钻孔作业要求，因此2009年矿区引进了中煤科工集团西安研究院有限公司生产的ZDY3200L型矿用履带式钻机。该型号钻机安设有履带，可以在未敷设轨道的巷道进行钻孔施工，并且钻机的大扭矩能满足更深钻孔的施工要求。

2010年，矿区引入ZDY3500L、ZDY4000L、ZDY6000L型深孔钻机，开始实施长钻孔抽采作业，逐步实现了“先抽后采、抽采达标”的治理目标。

2011年10月，为了践行“瓦斯区域治理”理念，矿井引入ZDY6000LD型长距离深孔定向钻机，在黄陵一号煤矿北一轨道巷钻场进行了煤矿井下定向钻进系统现场试验，成功施工孔深950 m长距离定向钻孔。2013年6月在一号煤矿北一2号回风巷3号钻场内施工孔深1002 m长距离定向钻孔，成功突破单孔孔深1000 m大关。

随着钻孔施工设备的发展，2012年矿井购入多台CMS1-4000/55、CMS1-6500/75型煤矿用液压深孔钻车，逐步替代原有旧的分体式钻机，提升了钻孔施工效率。

2019年7月黄陵一号煤矿从中煤科工集团西安研究院有限公司引进ZDY12000LD型煤矿用履带式全液压坑道钻机，进一步提升了矿井灾害治理水平。

2021年黄陵一号煤矿从中煤科工集团重庆研究院有限公司引进了ZYWL-4000Y

型煤矿用履带式全液压智能钻机，标志着矿井钻孔施工进入远程自动化控制阶段。

（二）黄陵矿区目前主力钻机介绍

1. CMS1-6500/75 型煤矿用液压深孔钻车

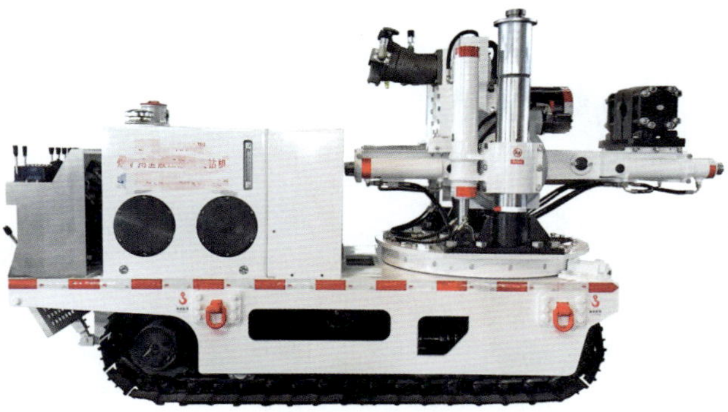

图 5-1　CMS1-6500/75 型煤矿液压深孔钻车

CMS1-6500/75 型煤矿用液压深孔钻车（图 5-1）是以电机为动力带动液压泵，液压马达驱动履带和钻具运动，在软岩或煤层中探水、探瓦斯的设备。它由主机液压系统、履带行走部、工作机构、机架等部分组成。其主要技术参数见表 5-1。

表 5-1　CMS1-6500/75 型煤矿用液压深孔钻车主要技术参数

基本参数性能		单位	参数值
整机性能	钻臂数量	套	1
	工作范围（宽 × 高）	mm	2500 × 2300
	运行状态最小转弯半径	mm	2570
	工作状态稳车工作宽度	mm	2230
	运行状态尺寸（长 × 宽 × 高）	mm	4300 × 1180 × 2250
	钻孔直径	mm	113
	钻孔深度	m	200
	冲洗水压力	MPa	⩾ 0.6
	适应钎具（钻杆）	mm	Φ73
	机重	kg	7000
	接地比压	MPa	0.10
	离地间隙	mm	200
	工作电压	V	660/1140

表5-1（续）

基本参数性能		单位	参数值
整机性能	工作电流	A	80.6/46.5
	启动电流	A	565
	整机功率	kW	75
	操作点声压级	dB(A)	95
	操作点声功率级	dB(A)	115
回转机构性能	类型特征	—	液压回转
	空载流量	L/min	236
	额定工作压力	MPa	20
	额定工作流量	L/min	98
	额定转矩	N · m	5600
	额定转速	r/min	50
	最大工作压力	MPa	22
	最大转矩时工作流量	L/min	80
	最大转矩	N · m	6500
	最大转矩时转速	r/min	40 ~ 0
推进机构性能	类型特征	—	导轨式液压缸推进
	工作压力	MPa	14
	工作流量	L/min	50
	推进行程	mm	800
	推进器长度	mm	2050
	推进力	kN	120
	推进速度	mm/min	14000
	空载返回速度	mm/min	20000
行走性能	行走方式	—	无轨履带
	驱动机构类型	—	液压马达－履带
	行走机构特征	—	液压马达驱动－履带行走
	工作压力	MPa	18
	工作流量	L/min	70/2

表5-1（续）

基本参数性能			单位	参数值
行走性能	行走速度		m/min	30
	爬坡能力		（°）	± 16
	履带宽度		mm	260
液压系统	系统工作压力		MPa	25
	系统工作流量		L/min	236/60
	电动机	额定功率	kW	75
		额定电流	A	80.6/46.5
		额定电压	V	660/1140
		额定转速	r/min	1480
	油泵	额定压力	MPa	25
		排量	mL/r	107/107

钻机的工作机构由旋转组件、推进组件及回转组件组成。旋转组件由液压马达、减速箱组成。液压马达通过齿轮箱内部各个轴承与齿轮传动，达到钻杆所需要的扭矩。减速箱体内与液压系统相通，液压油完成传动与润滑后，经回油滤芯过滤，再次进入液压油箱内，实现全液压传动。旋转组件安装在推进架的滑动轨道上。推进组件包括推进架、推进油缸、前后支撑等。推进油缸的伸缩使旋转组件前后移动，以便装卸钻杆实现钻杆的钻进和后退；前后支撑起固定作用，使钻车钻孔时更稳定。回转组件由回转上盘和回转轴承组成。回转上盘用螺栓固定在回转轴承上，回转轴承固定在机体上。扳动推进架可左右灵活转动，使整个工作平台转动到任何方位角。

液压装置由变量泵、齿轮泵、左右行走马达操纵阀、油缸操纵阀、液压油缸、多路换向阀、空气滤清器、主副油箱以及硬软油管、压力表、测压接头等组成。系统的最高工作压力为25 MPa。制动系统由行走马达操作阀、常闭制动器、行走马达、齿圈组成。行走马达与齿圈相连，常闭制动器与行走马达相连。机器停止时，常闭制动器咬合固定行走马达停止运转。在工作时打开行走阀，液压油随即打开常闭制动器，液压油驱动行走马达，钻机履带开始运转。

行走马达回路中，高压油经过油泵、操纵阀分别到达左、右行走马达（该马达自身带有减速装置，马达转动法兰直接与链轮齿圈连接，省去了减速箱机构）直接驱动机器前进或后退。回油经操纵阀回到主油箱，左、右马达各自有单独泄漏油管通入油箱。系统的压力由左、右换向阀上的进油口一侧的安全溢流阀调节螺钉调定。

液压马达回路中高压油经油泵和操纵阀输出到液压马达的高压接口，高压油驱动液压马达，经减速箱减速再驱动钻杆、钻头旋转工作。

工作机构液压回路中，高压油经换向阀到达推进油缸、前后支撑油缸，回油经换向阀回到油箱。系统压力通过换向阀进油口一侧的安全溢流阀中的调节螺钉整定。副油箱安装在泵站上，为油箱补充液压油的专用入口，主副油箱间用油管和通气管相连，空气滤清器安装在副油箱顶板上。

2. ZDY12000LD 型煤矿用履带式全液压坑道钻机

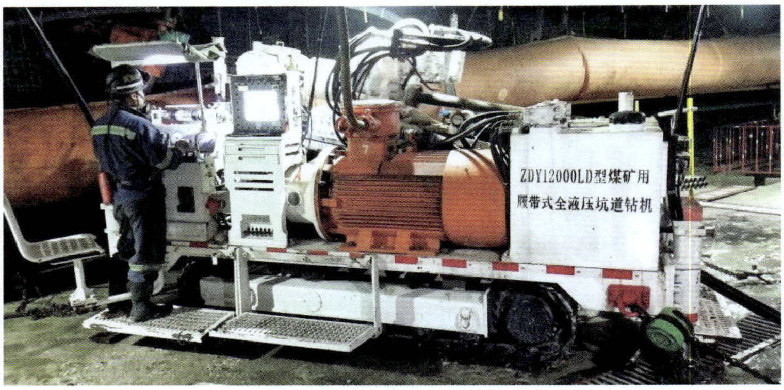

图 5-2　ZDY12000LD 型煤矿用履带式全液压坑道钻机

ZDY12000LD 型煤矿用履带式全液压坑道钻机（图 5-2）属于履带自行式、低转速、大转矩类型，适用于孔底马达定向钻进和孔口回转钻进两种钻进施工方式。该钻机技术性能先进、工艺适应性强、移动搬迁方便，主要用于煤矿井下近水平长距离大直径瓦斯抽放钻孔施工，也可用于地面和坑道近水平工程类钻孔的施工，目前在黄陵一号煤矿使用。其主要技术参数见表 5-2。

表 5-2　ZDY12000LD 型煤矿用履带式全液压坑道钻机主要技术参数

钻车参数			备注
回转器	额定转矩	3000 ~ 12000 N · m	
	额定转速	50 ~ 150 r/min	
	马达排量	45 ~ 160 mL/r	
	主轴制动转矩	2000 N · m	
	主轴通孔直径	135 mm	
	额定压力	28 MPa	

表5-2（续）

钻车参数			备注
给进装置	主轴倾角	–10° ~ 20 °	
	最大给进/起拔力	250 kN	
	给进/起拔行程	1200 mm	
	给进/起拔速度	0 ~ 0.25 m/s	倒杆工况
		0 ~ 0.05 m/s	钻进工况
	额定压力	21 MPa	
行走装置	行走速度	0 ~ 2.2 km/h	
	最大爬坡能力	15 °	
	接地比压	0.09 MPa	
泵站	液压系统额定压力	28 MPa	Ⅰ泵
		26 MPa	Ⅱ泵
		21 MPa	Ⅲ泵
	Ⅰ泵排量	0 ~ 160 mL/r	
	Ⅱ泵排量	0 ~ 71 mL/r	
	Ⅲ泵排量	0 ~ 28 mL/r	
	油箱有效容积	500 L	
	电动机型号	YBK2–315M–4	
	电动机额定功率	132 kW	
	电动机额定电压	380/660 V或660/1140 V	
	电动机额定转速	1480 r/min	
整机	配套钻杆直径	73/89/102/127 mm	
	钻机质量	约9000 kg	
	外形尺寸（长×宽×高）	4200 mm × 1600 mm × 1900 mm	
泵车参数			备注
行走装置	行走速度	0 ~ 2.2 km/h	
	最大爬坡能力	15 °	
	接地比压	0.082 MPa	
泵站	液压系统额定压力	28 MPa	

表5-2（续）

钻车参数			备注
泵站	泵排量	0~190 mL/r	
	油箱有效容积	380 L	
	电动机型号	YBK2-315S-4	
	电动机额定功率	110 kW	
	电动机额定电压	380/660 V或660/1140 V	
整机	泵车质量	5500 kg	
	外形尺寸（长×宽×高）	3250 mm×1300 mm×1760 mm	

该钻机为两体履带式布局，分钻车和泵车两部分。钻车由主机、操纵台、泵站、履带车体、稳固装置、防爆电脑、踏板七部分组成。主机、泵站、操纵台之间通过高压胶管连接，形成钻机液压系统主要回路，钻车各部分通过螺栓共同安装在履带车体上，结构紧凑，便于井下搬迁运输，如图5-3a所示。泵车是由泵车泵站、泵车履带车体、泵车操纵台、泥浆泵组件、机车灯组件、控制器1、控制器2、甲烷传感器八部分组成。泵车泵站、泵车操纵台和泥浆泵组件之间通过高压胶管连接，并通

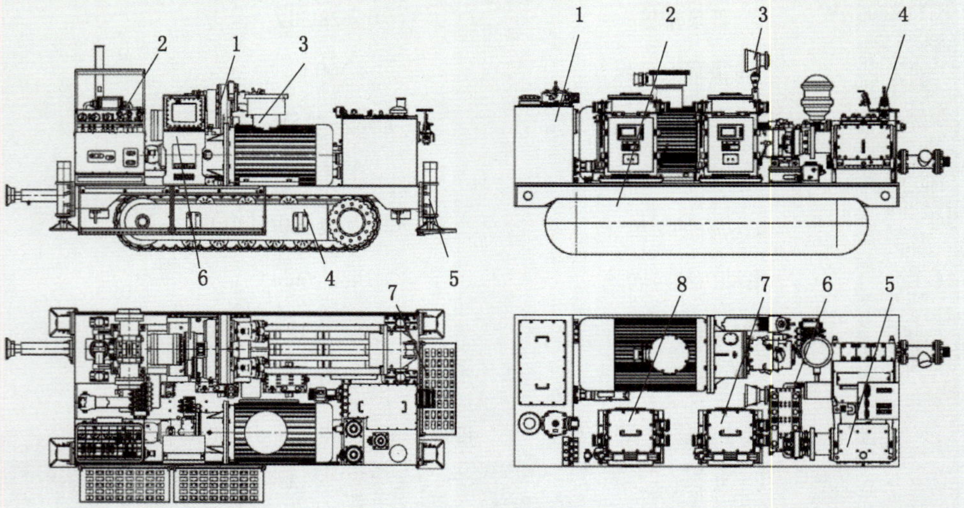

1—主机；2—操纵台；3—泵站；4—履带车体；5—稳固装置；6—防爆电脑；7—踏板

（a）钻车结构示意图

1—泵车泵站；2—泵车履带车体；3—机车灯组件；4—泵车操纵台；5—泥浆泵组件；6—甲烷传感器；7—控制器1；8—控制器2

（b）泵车结构示意图

图5-3　ZDY12000LD型煤矿用履带式全液压坑道钻机结构示意图

过螺栓固定连接在履带车体上；其余部分通过螺栓固定在履带车体上，结构紧凑，可靠性高，如图5-3b所示。钻车与泵车之间通过两根胶管连接，一根是泥浆泵驱动马达控制油管，另一根是泥浆泵高压出水管。搬迁运输时，将上述两根胶管拆卸后放于泵车履带车体上，随车搬迁。

3. ZYWL-4000Y型煤矿用履带式全液压智能钻机

图5-4　ZYWL-4000Y型煤矿用履带式全液压智能钻机

近年来随着煤矿智能化技术的发展，黄陵一号煤矿已采用智能可视化钻机进行打钻（图5-4），该钻机是目前国内唯一能实现全自动钻孔施工的煤矿钻机，具有无线遥控、一键全自动施工、自动上下钻杆、钻孔姿态自动调节、钻孔参数采集及存储、自适应钻进等功能，极大地提高了打钻效率，降低了职工的劳动强度。

该钻机可用于施工瓦斯抽放孔、注浆灭火孔、煤层注水孔、防突卸压孔、地质勘探孔及其他工程孔，也可用于高瓦斯复杂地质环境钻孔施工。钻机主要使用普通圆钻杆、凹槽螺旋钻杆及特殊三棱螺旋钻杆，采用硬质合金钻头或PDC复合片钻头，适用于岩石坚固性系数f<10的各种煤层、岩层。钻机采用整体履带车布置，结构紧凑、操作灵活、机动性好，能显著减轻职工的劳动强度及提高作业安全系数。相比常规井下钻机，该钻机可将单台钻机操作人员减少至1人，具有下井人员少、综合钻孔效率高、经济效益高、安全性好等优点。钻机主要由操纵台、遥控器、履带车、提升架、动力头、机械手、传感器总成、机架、对顶夹持器、提升架、钻杆箱、锚固组件和钻具等部分组成。其主要技术参数见表5-3。

表5-3　ZYWL-4000Y型煤矿用履带式全液压智能钻机主要技术参数

参数			备注
钻机	钻孔深度	400 m（理论值）	
	开孔直径	113/133 mm	
	终孔直径	94/113 mm	
	钻杆直径	73/89 mm	
	钻孔倾角	-40°~+90°	
	输出转速	50~240 r/min	
	最大输出转矩	4000~1050 N·m	
	最大给进力	100 kN	
	最大起拔力	120 kN	
	正常给进速度	0~1.5 m/min	
	给进行程	980	
	外形尺寸	4750 mm×2400 mm×2050 mm	
泵站	大小泵排量	74/60 mL/r	
	小泵出油调定工作压力	28 MPa	
	大泵出油调定工作压力	28 MPa	
	工作介质	46号抗磨液压油	
	油箱有效容积	190 L	
电动机	型号	YBK3-250M-4	
	额定功率	55 kW	
	额定转速	1480 r/min	
操作台	旋转压力（反转）	27 MPa	
	旋转压力（正转）	26 MPa	
	多路阀小泵进油口压力	26 MPa	
	推进压力	21 MPa	
	双夹持器压力	16 MPa	
	行走压力	16 MPa	
	锚固压力	15 MPa	
履带车	行走速度	15 m/min	
	爬坡能力	20°	

（三）钻机设备选型

煤矿瓦斯抽采钻孔施工所使用的钻机通常为煤矿井下坑道钻机，选用时应符合下列要求：

（1）电动机及附属电气设备必须是防爆型。

（2）钻机体积小、轻便，便于拆卸、维护及搬迁。

（3）钻机功率大，施工效率高，能与施工区域的地质条件相适应。

（4）能施工任意角度的钻孔，且便于对钻孔轨迹进行控制。

黄陵矿业集团根据施工钻孔种类和瓦斯治理技术的不同采用了多种型号的钻机，根据多年的工程实践，钻机的选型一般参照表5-4选择。

表5-4　钻孔施工设备选型

钻孔类型	适用钻机型号	钻杆类型	钻头大小
本煤层钻孔	CMS1-6500/75、CMSI-4000/55、CMS1-4200/55、ZDY3200	63.5 mm 73 mm 89 mm	94 mm、113 mm
顶板钻孔			94 mm、133 mm
底板钻孔			94 mm
区域预抽	ZDY4000LD、ZDY6000LD、ZDY12000LD、CSMI-6500、ZYWL-4000Y		113 mm、153 mm

为了确保工作面钻孔施工进度，为瓦斯与油型气的防治提供有力保障，一般每个掘进工作面至少配备2台钻机，1台负责施工“边掘边抽”钻孔和油型气探孔的施工，1台负责施工本煤层预抽钻孔，确保在巷道掘进完毕时，本煤层预抽钻孔也同时施工完毕。在综采工作面，根据油型气赋存规律和采空区瓦斯治理的需求配备不同数量和型号的钻机。

三、钻孔施工技术

（一）钻孔施工标准

1.钻孔施工开工标准

钻孔施工前必须进行开工验收工作，开工标准如下。

1）安全环境确认

检查钻场附近巷道顶、帮是否完好，是否有底鼓现象，发现有活矸、危矸、掉渣、网兜、底鼓等现象时必须先处理完毕方可进入钻场。检查钻场内的瓦斯浓度是否与巷道风流中的瓦斯浓度一致，风量是否充足，温度是否低于26 ℃。当安全环境不符合要求时应及时采取措施进行处理，否则不得进入钻场施工。

2）抽采系统

检查抽采汇集器是否连入抽采系统，高位钻孔、本煤层孔口负压是否达到13 kPa以上，是否存在积水、漏气现象，检查防喷装置是否安装到位。

3）供排水、压风系统

供水系统：根据不同钻机施工钻孔时的用水量需求从供水管路上引出供水管，水压保持在2.5 MPa左右，泥浆泵压力保持在5 MPa左右。

排水系统：钻场内按照施工钻孔排水量的大小开挖尺寸合适的水仓，水仓必须做防水处理。水仓一般要求分为沉淀池和蓄水池两部分，在蓄水池内安设水泵将水排入排水管路，并及时将沉淀池内的钻渣清理装袋。钻场内应做好防渗水和排水措施，防止钻场用水流入巷道。

压风系统：根据钻孔施工工艺需求接入压风系统，风压一般不低于0.6 MPa。

4）监测监控系统

钻场内设置甲烷传感器，甲烷传感器设置在开孔位置下风侧2 m内，距顶不大于300 mm、距帮不小于200 mm。甲烷传感器必须能够实现瓦斯电闭锁功能，并在钻孔施工位置附近悬挂瓦斯便携仪，实时监测钻孔瓦斯涌出情况。

5）安全生产标准化

牌板：钻场内悬挂钻场管理牌板、钻孔设计图、风险提示牌板等。要求牌板干净、设计图标清晰并且悬挂平齐，图5-5～图5-8所示为黄陵二号煤矿钻场内部分牌板。

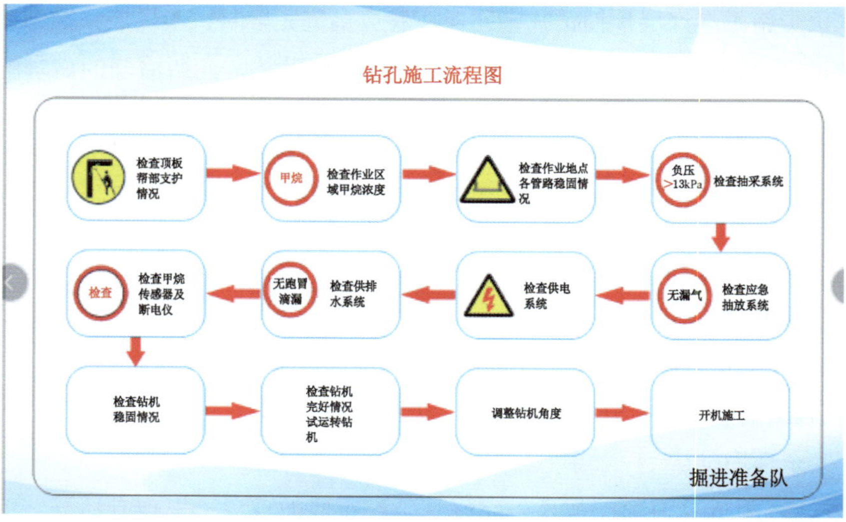

图5-5　钻孔施工流程图

检修钻机风险提示

1. 工作前检查作业地点周围顶板、巷道支护必须完好，钻机必须支垫稳固。
2. 检修钻机时，必须停电至上级馈电开关，并挂牌管理。
3. 更换大型配件时，必须多人同时出力，协同配合。
4. 更换各液压配件时，必须先进行泄压，防止残压伤人。
5. 试运转设备时，必须闭锁各操作手把，逐个检查各手把动作是否灵敏。

图 5-6　检修钻机风险提示

操作泥浆泵风险提示

1. 使用泥浆泵前检查泥浆泵放置稳固情况，防止泥浆泵晃动倾倒伤人。
2. 开机前，检查泥浆泵防护罩完好情况，防止旋转部位伤人。
3. 检查泥浆泵三角带松紧及完好情况，防止三角带崩断伤人。
4. 检查活塞螺母、十字头与拉杆连接紧固，防止泥浆泵运转过程拉杆弹出伤人。
5. 泥浆泵各管路带压，开机前检查管路完好及紧固情况，防止高压伤人。
6. 检查泥浆泵电机及接地装置完好情况，杜绝失爆，防止漏电伤人。

图 5-7　操作泥浆泵风险提示

物资管理：钻场上风侧及油脂堆放点必须配备消防器材（1把消防锹、2个消防桶、1个沙箱、2个8 kg灭火器）。钻机进入钻场后，电缆、油管、风管、水管必须分类捆扎并摆放有序，保证行人通道畅通，防止人员绊倒。钻杆、开关、泥浆泵及其他物料必须上架管理。严禁随意堆放或靠在煤帮、设备上，防止钻杆滑落伤人。

行人过桥：当钻场在皮带里侧时必须在皮带上安装行人过桥和防护网，如图5-9所示。行人过桥两端必须固定牢固，且高度合适。防护网长度要覆盖打钻区域，高

<table>
<tr><th colspan="4">物资定置管理牌板</th></tr>
<tr><td>材料名称</td><td colspan="3">钻杆</td></tr>
<tr><td>规格型号</td><td colspan="3">Φ94mm，1m</td></tr>
<tr><td>使用单位</td><td>综采一队</td><td>数量</td><td>200根</td></tr>
<tr><td>责任人</td><td>× ×</td><td>用途</td><td>施工钻孔</td></tr>
<tr><td colspan="4">综采一队</td></tr>
</table>

图 5-8　物资定置管理牌板

图 5-9　皮带行人过桥

度至少高出皮带200 mm。

施工记录：钻场相关记录本必须齐全。包括交接班记录、设备维护记录、钻孔施工记录。保证一个钻场一套记录，各种记录填写规范。

环境管理：钻场环境做到“三无一畅通”，即无煤（岩）粉，无积水，无杂物，水沟畅通。

6）开孔定位

传统的开孔定位采用三点一线标出巷道中线，放线后引入钻场内，使用坡度规对照设计参数（开孔位置、夹角、倾角等）调整钻机位置，稳固钻机，最后确认钻进角度是否符合设计要求。随着技术进步，黄陵矿区目前使用YHZ85/360型钻机开孔定向仪进行定位。该仪器共9个按键，具体如图5-10所示。其操作步骤（图5-11）如下。

（1）将设备打开并与计算机连接，将钻场及钻孔参数设置数据按说明书输入指定的文件内并保存。

（2）操作菜单打开【钻场设置】，仪器显示钻场列表，按上下键移动，按确认键即可选择钻场。

（3）操作菜单打开【钻场设置】-【孔号设置】，通过“列表选择”选项仪器将显示对应钻场的孔号列表，按上下键移动，按确认键即可选择孔号；如需添加新的孔号，在选定钻场的前提下，通过“手工输入”菜单进行孔号配置。

（4）钻场、孔号选择完毕，按取消键退出菜单，回到主界面，继续测量前的校准工作。

每次测量时必须按照以下方式对定向仪进行校准和测量。①仪器调平：将仪器放置于配套的调校平台上，仪器开机，在主界面按“切换”键进入校准界面，通过调节调校平台的可调支脚使校准界面十字靶心位于白色矩形框内，十字靶心颜色变为绿色，说明仪器已趋于水平。②中线对准：在调校平台上缓慢移动和转动主机，使仪器射出的激光线与

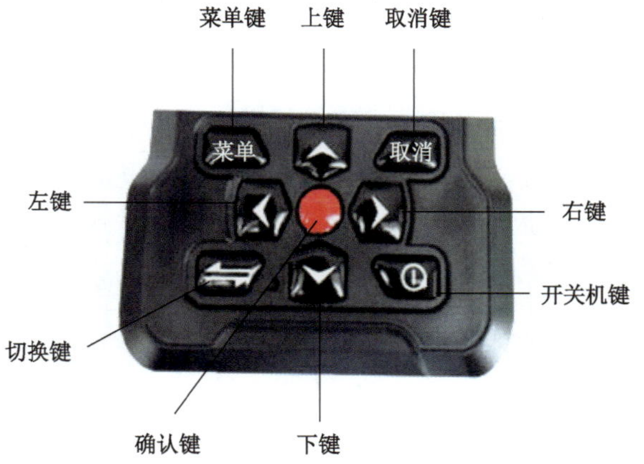

图5-10　YHZ85/360型钻机按键说明图

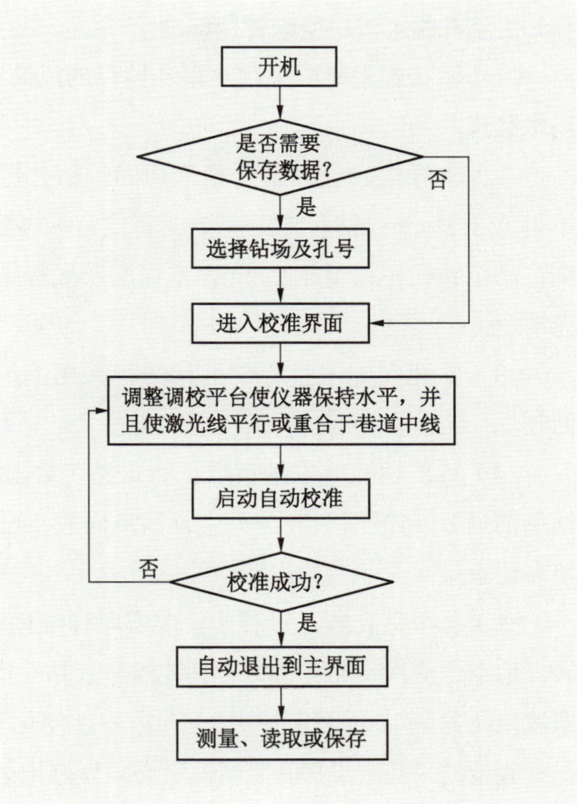

图5-11　YHZ85/360型钻机开孔定向仪主要操作步骤

巷道中线平行或重合。③开始校准：上述步骤完成后，按“确认键”进入自动校准过程，此过程持续90 s左右，自动校准过程中严禁移动仪器或放置手中，否则极易导致校准失败，校准完成后，屏幕会进行提示。校准成功后应尽快测量。④测量：仪器校准后，将仪器双手平托移至测量钻杆处，放置在所需测量位置，等待主界面的倾斜角、方位角显示值稳定即完成测量，如需保存，按下“确认”键即可。

2. 钻孔施工过程管控标准

钻孔施工期间要对钻孔施工参数进行控制，确保实际参数符合设计参数的要求。钻孔开孔角度偏差不超过 ±1° ，开孔高度误差不超过 ±100 mm，孔间距误差不超过 ±100 mm。在标注好的开孔位置严格按照设计参数施工，施工期间记录好钻杆根数，保证钻孔施工长度符合要求。

在特殊区域（高瓦斯区域、异常区域）应采用定向钻机施工确保施工精度，一般钻孔施工可采用普通钻机。利用定向钻机施工时应根据电脑实时观测到的钻孔轨迹及时调整钻孔角度，使其参数符合设计要求。同时应推广应用打钻视频监控系统，为普通钻机安装轨迹测量装置，提高钻孔施工精确度。

3. 钻孔施工过程精细管理标准

（1）钻孔施工时，采用水渠和铺设的风筒布将施工排水引入钻场水池，杜绝钻场水乱流。

（2）本煤层、底板钻孔施工期间，钻孔每施工50 m冲洗一次钻孔，冲洗时间不得低于5 min；钻孔施工完毕，高位、本煤层、底板钻孔必须使用水力或风力冲洗，高位钻孔不得低于5 min，本煤层及底板钻孔不得低于10 min，保证孔壁干净、光滑。

（3）钻孔在施工过程中的钻渣，采用编织袋及时收装，靠帮码放整齐，定期回收。

（4）每班钻孔施工结束后，当班钻工要对施工现场进行清理工作，项目包括：钻场前后20 m范围全覆盖灭尘，钻渣码放、设备牌板卫生、管线整理、工具收纳、填写记录。

（5）每个钻孔施工过程中，要实时详细记录钻孔施工情况，内容包括：施工时间、地点、班次、钻场编号、钻孔编号、钻孔类型、夹角、倾角（仰角）、斜长、瓦斯浓度（每隔12 m测定一次）、孔内岩性变化等，并记清钻孔施工过程中的异常情况，底板抽采孔下设护孔管情况，必须做好记录。

（二）钻孔施工关键技术

近年来针对煤矿井下瓦斯抽采钻孔施工的不同需求，国内诸多科研单位和院所对钻孔的施工技术进行了定向研发，促进了钻孔施工技术的迭代升级，已逐步向专业化领域发展。如形成的定向钻进技术、钻孔轨迹精准测量技术等，其技术指标已达到世界先进水平，并向着安全高效、结构轻便的方向发展。

1.定向钻进技术

定向钻进技术主要用于煤矿井下顺层长钻孔及煤层顶、底板钻孔施工。通过高精度孔底随钻测量系统反馈的数据进行精准定位，显示钻孔轨迹并纠偏，并能实现分支钻孔的施工。定向钻进装备主要由钻机、钻具、测量系统等部分组成，是以高压冲洗液或空气作为传递动力介质的一种孔底动力钻具，孔底马达上带有造斜装置，并配上孔底测斜仪器，可方便地对钻进过程进行随钻测量。利用孔底马达进行定向钻进时，钻杆及孔底马达外壳不动，造斜件的弯曲方向即是钻孔将要弯曲的方向，其纠偏能力远强于传统的组合钻具，使用方便灵活。

1）钻进技术

钻进技术主要有岩石定向钻孔复合钻进技术和松软煤层定向钻孔空气螺杆马达钻进技术，前者将滑动定向钻进与复合钻进相结合，后者将旋转复合钻进和滑动定向钻进相结合。

（1）岩石定向钻孔复合钻进技术。复合定向钻进是将滑动定向钻进与复合钻进相结合，借助滑动定向钻进钻孔轨迹控制功能和复合钻进高效及轨迹平滑特点，在钻孔轨迹人工控制的同时发挥复合钻进的技术优势，提高了岩石定向钻孔成孔率和成孔效率。

滑动定向钻进：钻头回转碎岩动力仅由泥浆泵提供，钻头和螺杆马达转子转动，定向钻机仅向钻具施加轴向钻压，钻具其他部分只产生轴向滑动，螺杆马达工具面（弯头朝向）可保持在一个稳定的方向，从而达到钻孔增斜或降斜的目的，进而实现钻孔轨迹连续人工控制。

复合钻进：泥浆泵向孔底泵送入高压水驱动螺杆马达带动钻头转动，同时钻机动力头带动孔内钻具回转并向钻具施加钻压，实现复合碎岩；钻进过程中采用随钻测量装置对钻孔轨迹参数进行实时测量，从而掌握钻孔实时轨迹。在合适的时候进行干预，确定是否实施滑动定向钻进，保证钻孔按设计轨迹向前延伸。

（2）松软煤层定向钻孔空气螺杆马达钻进技术（图5-12）。空气螺杆马达定向钻进不同于液动马达定向钻孔施工，在软煤钻进过程中，由于煤层松软破碎、钻渣较多，为保证排渣和成孔效率采用旋转复合钻进与滑动定向钻进相结合的方式，以旋转复合钻进方式为主、滑动定向为辅。

旋转复合钻进：供风后待孔口正常返风、螺杆马达正常运转时，开始回转钻进，钻机带动钻杆回转的同时，孔内压风驱动空气螺杆马达运转从而带动钻头回转。此时，在整体式螺旋钻杆螺旋翼片或三棱钻杆搅动作用下，提高排渣效果，确保孔内畅通。

滑动定向钻进：当钻孔偏离设计轨迹时，可采用滑动定向钻进方式钻进施工，即通过调整螺杆马达朝向来进行轨迹调整或纠偏。定向纠偏完成后，则停止滑动定向钻进，更换回转复合钻进方式钻进。滑动定向过程中，每定向钻进3 m，回转扫孔排渣，然后继续定向再回转扫孔，如此反复，保证孔内顺畅和施工安全。

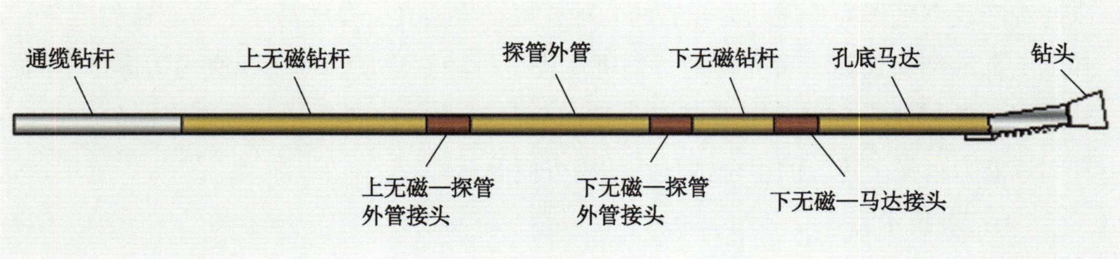

图 5-12　螺杆马达钻进技术

2）复杂岩层定向钻孔成孔技术

针对复杂岩层中施工定向钻孔时常遇到的岩屑床沉积、孔壁坍塌和泥岩缩径等难题，采用全孔碎-排渣定向钻进技术、穿层孔段大曲率定向钻进主动防塌技术、复杂岩层局部孔段扩孔防堵技术和多孔联合注浆与单孔分级注浆加固技术。

（1）全孔碎-排渣定向钻进技术。全孔碎-排渣定向钻进技术是在冲洗液水力正循环排渣的基础上，采用螺旋定向钻具组合进行复合排渣。钻进过程中，根据轨迹调整需要，选择采用滑动定向钻进技术或复合钻进技术进行钻孔施工。当采用滑动定向钻进技术时，钻具组合不回转，加大泵量，利用冲洗液紊流作用进行排渣；采用复合钻进技术时，冲洗液紊流将较细岩屑悬浮，旋转流场形成周向水流将沉淀岩屑床中的较粗岩屑搅动并悬浮在冲洗液中，在冲洗液正循环将悬浮的岩屑向孔外推送时，利用钻杆旋转提高岩屑向孔外推送的速度，实现高效复合排渣。如果出现孔壁坍塌等情况，采用“高转速、低钻压”工艺措施，通过钻具在孔内高速转动，保证孔内返水通道畅通，使孔内、孔底的岩屑和掉块及时排出孔外，克服塌孔事故；同时利用钻杆外表面螺旋线槽对岩屑的磨削和搅拌作用，还可以磨碎、搅拌大岩屑，使高压冲洗液能顺利地将其带出孔外，防止卡、埋钻事故。

（2）穿层孔段大曲率定向钻进主动防塌技术。当局部孔段岩层不稳定或易缩径时，可以采用大角度穿越技术进行施工，即增大钻孔与不稳定地层的夹角，使钻孔快速穿过不稳定地层，减少在不稳定地层中的距离，优化孔壁受力，然后采用大弯角螺杆马达迅速调整钻孔倾角至与地层平行。

（3）复杂岩层局部孔段扩孔防堵技术。当泥岩缩径或地层破碎带塌孔严重导致钻孔通道堵塞、返水不畅，造成无法顺利实施定向钻进时，采用局部孔段扩孔防堵工艺将钻孔通道恢复或扩大，使塌孔碎屑能顺利通过，缩径后的钻孔依然能满足钻具通过需要，根据扩孔形式分为随钻扩孔技术和预先扩孔技术。随钻扩孔技术是指定向钻进过程中，可在定向钻具后连接一个或多个随钻扩孔器，如图5-13所示。当发现钻孔内存在泥岩缩径或孔壁坍塌时，利用钻机回转孔内钻具，随钻扩孔器及时破碎和清理坍塌的孔壁岩块、扩大泥岩缩径处孔壁直径，确保孔壁光滑、孔内清洁，提高孔内钻具安全性。

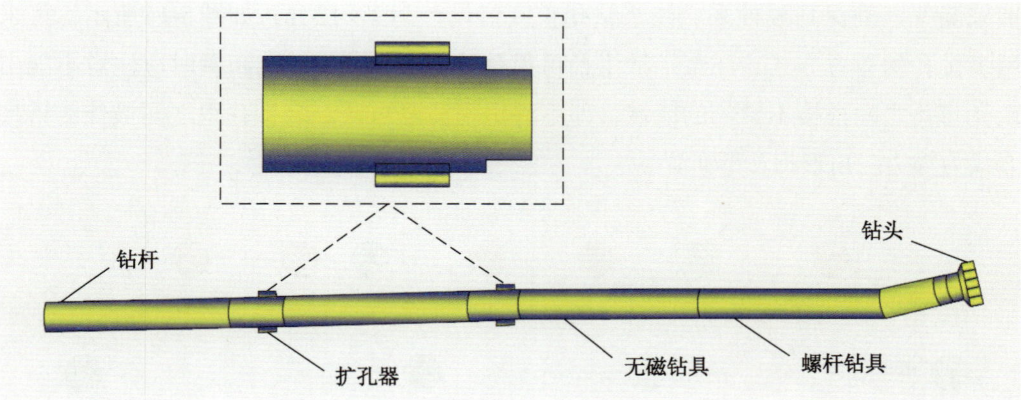

图5-13　随钻扩孔钻具组合示意图

预先扩孔技术是指当钻孔钻过破碎带或泥岩缩径带后，提钻，换用大直径扩孔钻头进行扩孔，将钻孔直径扩大超出先导孔孔径，然后继续施工先导孔的技术方法。扩孔前后钻孔孔径与钻具级配如图5-14所示，可以看出，扩孔后钻孔环状间隙增大，排水排渣更加通畅，减少了塌孔卡钻和泥岩缩径抱钻的风险。

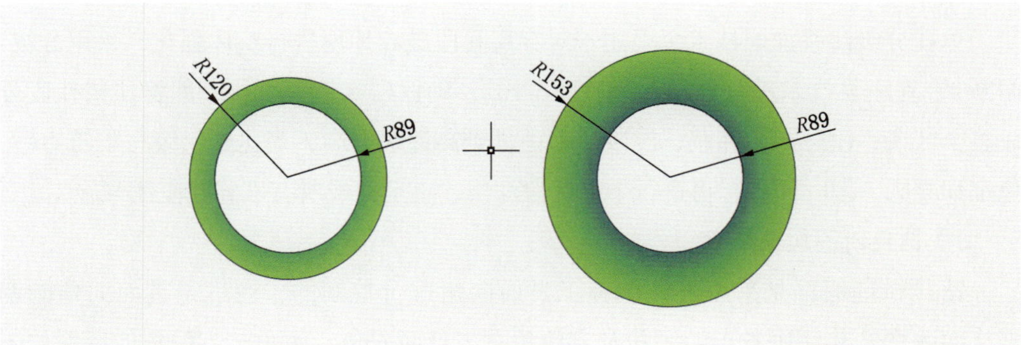

图5-14　扩孔前后钻孔孔径与钻具级配

（4）多孔联合注浆与单孔分级注浆加固技术。针对复杂岩层整体易坍塌、缩径问题，以水泥浆为注浆材料，采用多孔联合注浆加固技术对孔口套管孔段破碎煤岩层进行整体强化，采用分级-间断-重复注浆技术对爬坡穿层孔段进行分段加固。通过充填破碎裂隙，增强岩体胶结强度，减少冲洗液向孔壁渗漏，改善孔壁的物理与力学状态，改变加固范围内岩体峰后承载和变形特性，提高岩体强度，充分发挥岩体自身的承载能力，保持围岩稳定和孔壁应力平衡，确保易破碎和软化缩径段孔壁的稳定性。

多孔联合注浆加固技术主要用于对孔口段破碎煤岩层进行整体强化，既可提高套管孔段施工时的孔壁稳定性，又可为穿层孔段注浆上压提供基础，并可避免后期抽采漏气，确保高效抽采。注浆钻孔长度可设计为9～12 m；如图5-15所示，可采用多排孔的布置方式，注浆扩散半径可设计为1.5～2 m，钻孔布置时应注意不能出现孔与孔之间搭接不紧密的区域，即不许出现注浆盲区。多排孔组之间最佳的搭接方式为等边三角形梅花形布置。

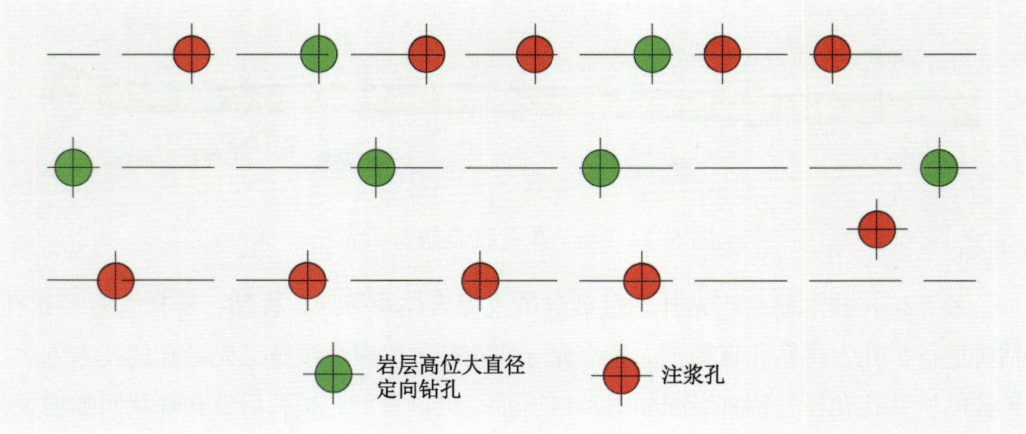

图5–15　孔口段多孔联合注浆加固技术示意图

单孔分级注浆加固技术主要用于对穿层孔段破碎地层进行整体强化，采用分级-间断-重复注浆技术进行分段加固（图5-16），确保密实性最大化，即将注浆孔段分成多个区段，由外向内注浆；注浆压力由低到高逐级升高，当达到每级注浆压力后，稳定和凝固一段时间后，再进行下一区段注浆，直至完成所有破碎孔段注浆施工。

3）钻孔轨迹纠偏技术

钻孔轨迹纠偏是采用连续调整工具面向角进行控制的，通过工具面向角的调整从而改变钻孔轨迹各点的倾角及方位角。工具面向角对倾角、方位角的影响如图5-17、图5-18所示，当工具面位于I、IV象限时，其效应是增斜的；当工具面位于II、

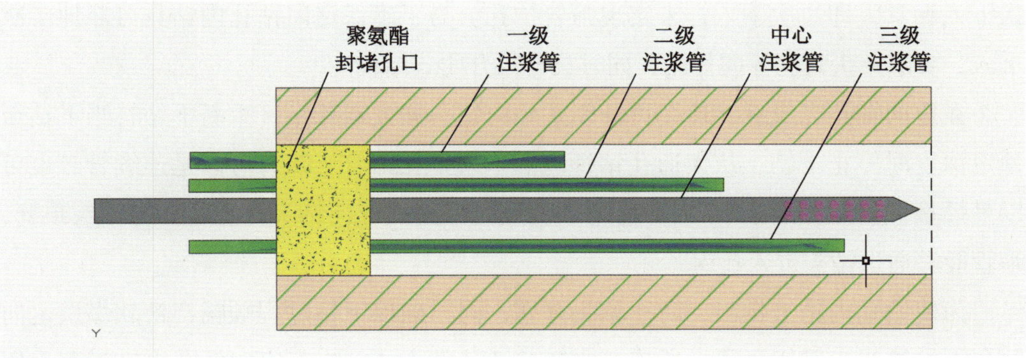

图 5-16　单孔分级注浆加固技术示意图

Ⅲ象限时，其效应是降斜的。若工具面向角 α =0°或180°，则其效应是全力造斜上仰或全力降斜。

弯接头螺杆钻具组合的工具面向角对钻孔的方位也有显著影响，当工具面位于Ⅰ、Ⅱ象限时，其效应是增方位的；当工具面位于Ⅲ、Ⅳ象限时，其效应是减方位的。若工具面向角 α=90°，则为全力增方位；若 α =-90°（即270°），则为全力减方位。当然要准确地控制方位，重要的一点是定量控制工具面向角，但由于停泵才能对工具面向角进行测量，造成反扭角改变，使测量值与实际值出入较大。所以在施钻过程中，每次调节完工具面向角后，反复拉动钻具以释放反扭力，使工具面调节值尽量接近实际工具面值，减少反扭矩对钻孔轨迹控制的影响。

4）筛管完孔技术

由于定向钻孔一次成孔钻具无法实现一次下筛管，因而定向钻孔成孔后需要再

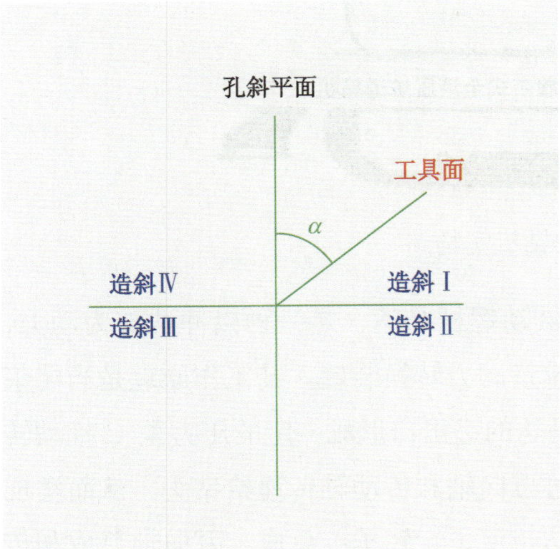

图 5-17　工具面向角对倾角的影响

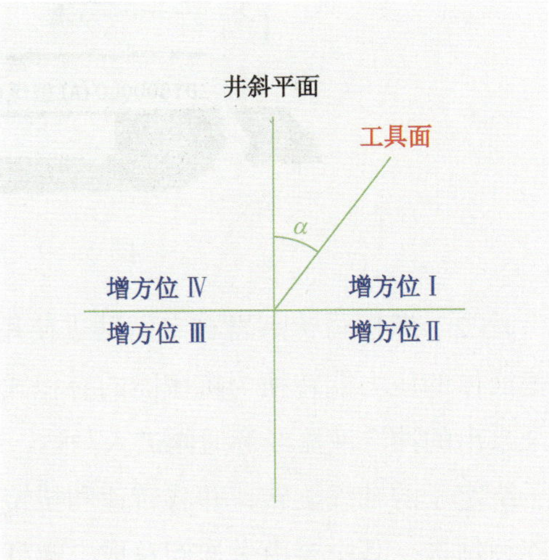

图 5-18　工具面向角对方位角的影响

次下入钻具，即二次下入，来实现筛管护孔。为了确保定向钻孔内钻具可靠地二次下入，要求钻头具有导向作用，同时具有可开闭式结构。

在定向钻孔完成后，连接可开闭式导向钻头和大通孔钻杆重新下钻，当下钻至预定深度时停止下钻，从大通孔钻杆内部下入护孔筛管（筛管可以是连续管，也可以是插接或者丝扣连接），当筛管推入孔底可开闭式导向钻头位置时，将钻头顶开，筛管能够通过钻头进入孔内。

为使钻孔内钻渣排出，防止钻头堵塞，同时确保下钻过程顺畅，松软煤层定向钻孔下钻过程中采用每隔一段连接水辫并通风的方式，岩石定向钻孔下钻过程采用回转扫孔的方式。

5）定向钻进主要设备

定向钻进主要设备包括钻机、螺杆马达、螺旋钻杆以及高精度钻孔轨迹随钻测量装置。

（1）钻机。钻机主要由油箱、操作台、动力头、机架、夹持器、电机组件、电脑柜、履带车、电控柜、水路系统和锚固立柱等组成，具有回转钻进和定向钻进两种功能。配上定向钻杆、定向水辫、孔底马达、随钻测斜系统、钻机即可实现定向钻进。黄陵矿区所使用的其中一种定向钻机如图5-19所示。

图5-19　定向钻机实物图

（2）螺杆马达。岩石定向钻进使用的液动螺杆马达，是一种以冲洗液为动力，把液体的压力能转换为机械能的容积式正排量动力转换装置。其工作原理是当泥浆泵泵出的冲洗液流经旁通阀进入马达，在马达的进出口形成一定的压力差，推动转子绕定子的轴线旋转，并将转速和扭矩通过万向轴和传动轴传递给钻头，从而实现连续钻进。其主要由旁通阀总成、螺杆马达（定子、转子）总成、万向轴总成和传动轴总成组成，如图5-20所示。

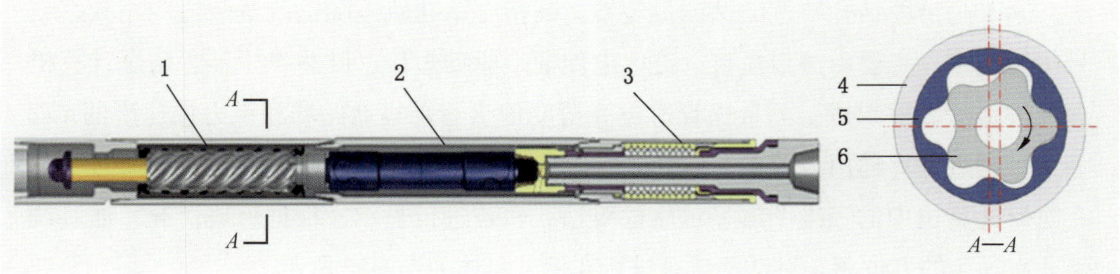

1—螺杆马达总成；2—万向轴总成；3—传动轴总成；4—钢管；
5—橡胶衬套；6—转子

图 5-20　液动螺杆马达部件结构示意图

松软煤层定向钻进采用外螺旋结构空气螺杆马达，与液动马达相比，马达为大导程，满足井下空压机压风要求，空气压降仅为0.4 MPa，保证风量以得到需要的转速和扭矩。为克服无冲洗液润滑、冷却，使轴承过度发热、磨损，传动轴采用油润滑结构和自润滑结构，能够提高马达轴承的使用寿命。具体方法为将润滑液送入进风管路中，压缩空气将润滑液体吹成雾状并经过通风管的出风口流入空气螺杆马达内部，对马达进行润滑和降温，如图5-21所示。

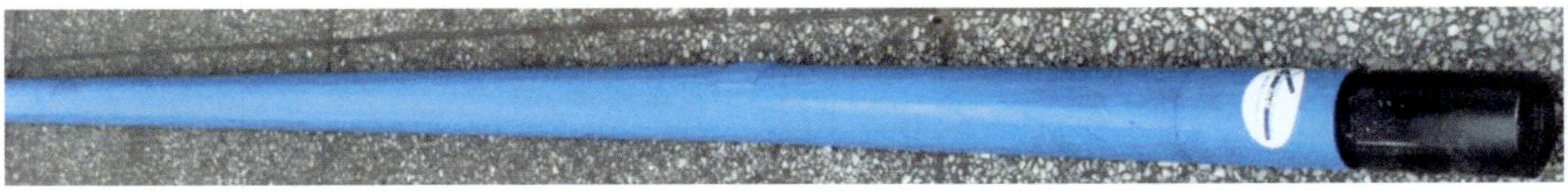

图 5-21　螺杆马达实物

（3）螺旋钻杆。高强度整体螺旋钻杆内部未设置通缆组件，内通孔面积和强度大，对泥浆泵压影响相对小，主要用于配套泥浆脉冲无线随钻测量系统进行定向先导孔施工，其杆体经铣槽成螺旋结构，有利于施工中采用复合钻进工艺时旋转排渣。钻杆实物如图5-22所示。

图 5-22　螺旋钻杆实物

（4）高精度钻孔轨迹随钻测量装置。高精度钻孔轨迹随钻测量装置应用频率信号传输技术，主要由测量短接、充电电池筒、驱动短接、脉冲发生器、防爆计算机和轨迹显示软件组成。测量探管通过高精度传感器采集地磁场和重力加速度的*XYZ*分量，通过计算输出方位角、倾角、工具面角到与其连接的防爆计算机；通过安装在防爆计算机中的三维图形显示软件对钻孔轨迹进行显示，根据轨迹情况，通过调整孔底马达的方位角，对钻孔轨迹进行纠偏，具体如图5-23所示。

随钻测量装置主要用于近水平定向钻孔施工过程中的随钻监测，可随钻测量钻孔倾角、方位、工具面等主要参数，同时可实现钻孔参数、轨迹的即时孔口显示，便于施钻人员随时了解钻孔施工情况，并及时调整工具面方向和工艺参数，使钻孔尽可能地按照设计的轨迹延伸。

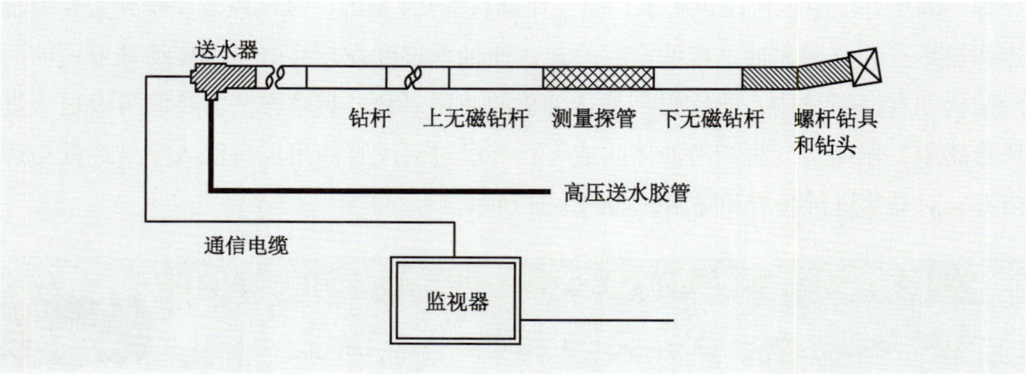

图 5-23　随钻测量装置系统示意图

2. 钻孔轨迹精准测量技术

准确掌握钻孔轨迹是煤矿瓦斯抽采特别是突出防治急需解决的难题，我国煤矿过去普遍使用回转钻进钻机施工瓦斯抽采、探放水、超前探测钻孔，无法得到真实、确切的施工轨迹数据。准确测定钻孔施工轨迹是将钻孔施工轨迹由位置确定性差和偏差大的现状转变到有据可依、有章可循、轨迹可控的先进技术方向上来。

随钻测量装置工作时分孔内设备和孔外设备两部分，采用有线或无线通信方式进行信号测量通信。孔内设备由测量探管和无磁钻杆组成，测量探管负责采集钻孔轨迹点的数据，包括倾角、方位角、弯头；无磁钻杆主要用于防止钻具的磁干扰。孔外设备为配套数据处理模块、隔爆计算机等。探管安装在无磁钻杆内放置于钻头之后，随钻孔施工进入孔内采集数据，钻杆施工至预定测量点深度停止运动。有线传输时将测量线连接通缆钻杆，无线传输时直接将测量信号无线传输到孔外接收主机。信号稳定后开始测量，数据处理软件装在隔爆计算机上处理数据，实时得到钻孔轨迹数据并绘制钻孔轨迹图，定向钻孔施工完毕生成钻孔数据报告文档。

存储式随钻轨迹测量技术无须将测量信号实时传出，而是存储在钻杆内的存储卡上，钻孔施工结束后再将测量信息导入计算机，使用数据处理软件进行数据处理，得到钻孔轨迹数据并绘制钻孔轨迹图，检查钻孔测量结果无误后生成钻孔数据报告文档。

1）可靠的孔外供电技术

测量探管采用孔外供电方式，避免因电量耗尽撤钻的问题，大幅度提升定向钻进施工效率，降低退钻造成的施工风险和施工成本。孔外供电线兼具信号传输功能，设计为本安方式工作，逐级降压提供本安供电保证了孔外供电的可靠性。

2）可靠的孔内外设备电流环信号传输技术

探管信号传输采用电流环通信，抗干扰能力强，传输距离远。在煤矿井下随钻测量装置中使用电流环信号传输技术属于业内领先技术，率先使用该技术创造性地改变和引领定向钻孔随钻测量产品的发展方向，保持行业技术和产品领先。电流环信号传输技术信号衰减小，仅使用两芯线缆即可完成供电和信号传输双向同时进行，既解决了定向钻孔随钻测量产品的供电问题，又保证了信号传输的稳定性和可靠性，同时还提高了信号传输距离。

钻孔轨迹测量装置主要包括测量探管（图5-24）、随钻测量装置和孔口监视器（图5-25）三部分。测量探管使用高强度无磁材料，使用精密减震和高可靠性集成电路，先进的校验方法和精密的检定仪器可确保探管的测量精度和机械、电子可靠性。测量探管精度高于行业标准标称值，倾角测量误差为0.2°、方位角测量误差为+1.5°，经过不断的技术改进，出厂产品实际检定值已进一步提升至倾角测量误差 ±0.1°、方位角测量误差+0. 5°。

随钻测量装置分为有线随钻测量装置、无线随钻测量装置和回转钻进随钻轨迹测量装置，此处主要介绍回转钻进随钻轨迹测量装置。它包括孔内仪器和孔外仪器，孔内仪器由存储式随钻轨迹测量仪（测量探管）、无磁钻杆、变径接头、数据线等组成，孔外仪器主要由存储式随钻轨迹测量时间记录仪、充电器、实用工具等组成。

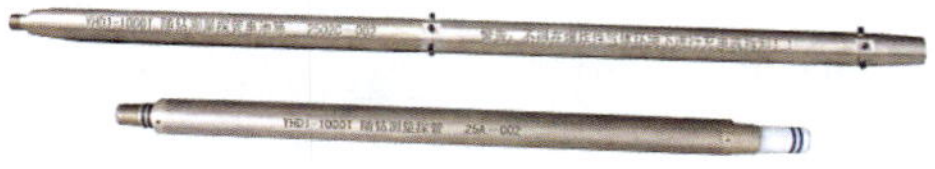

图 5-24　测量探管

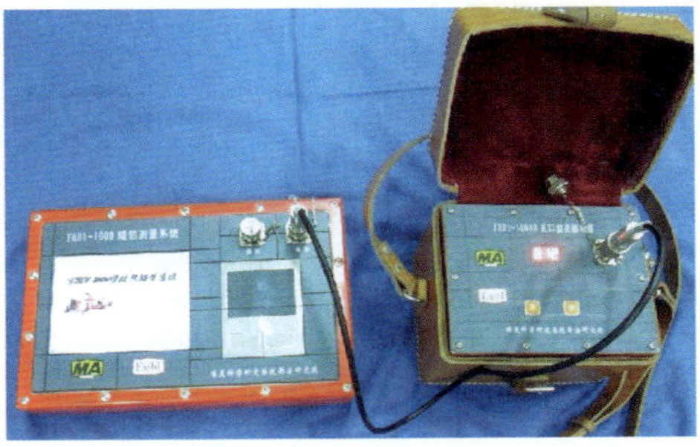

图 5-25　孔口监视器及匹配电源

3. 钻孔封孔技术

1）黄陵矿区钻孔封孔方法发展历程

黄陵矿区钻孔封孔方法发展历程主要经历了聚氨酯（A、B料）缠绕封孔法、袋装聚氨酯封孔法、聚氨酯“两堵”高分子材料“一注”封孔法以及囊袋封孔法四个阶段。四个阶段的封孔方法主要以本煤层钻孔封孔方法为基础，在便捷性、密封性、承压性各方面进行改进，底板钻孔和顶板钻孔的封孔方法均依据各个阶段的本煤层封孔方法结合现场实际情况简化、改良为经济、实用的“一堵一注”。钻孔封孔发展历程如图5-26所示。

（1）聚氨酯缠绕封孔法。聚氨酯缠绕封孔法是将棉纱缠绕在封孔管上，利用聚氨酯和棉纱的絮凝发泡特性对钻孔进行封堵，防止钻孔漏气的一种方法，如图5-27所示。

其工艺流程是查看孔内钻渣和孔壁完好情况，如果孔内有钻渣且孔壁垮落不完整，则需要清理干净钻孔内封孔段的钻渣，加大聚氨酯和棉纱使用量，保证棉纱和聚氨酯能够充满孔壁垮落的空间。根据封孔长度确定好封孔管长度并将棉纱撕成条状，以一定的厚度缠绕在封孔管上，并用扎带或铁丝将棉纱固定在封孔管相应的位置，按照1∶1的比例均匀混合散装聚氨酯的AB两种材料，均匀涂抹在绑好的棉纱

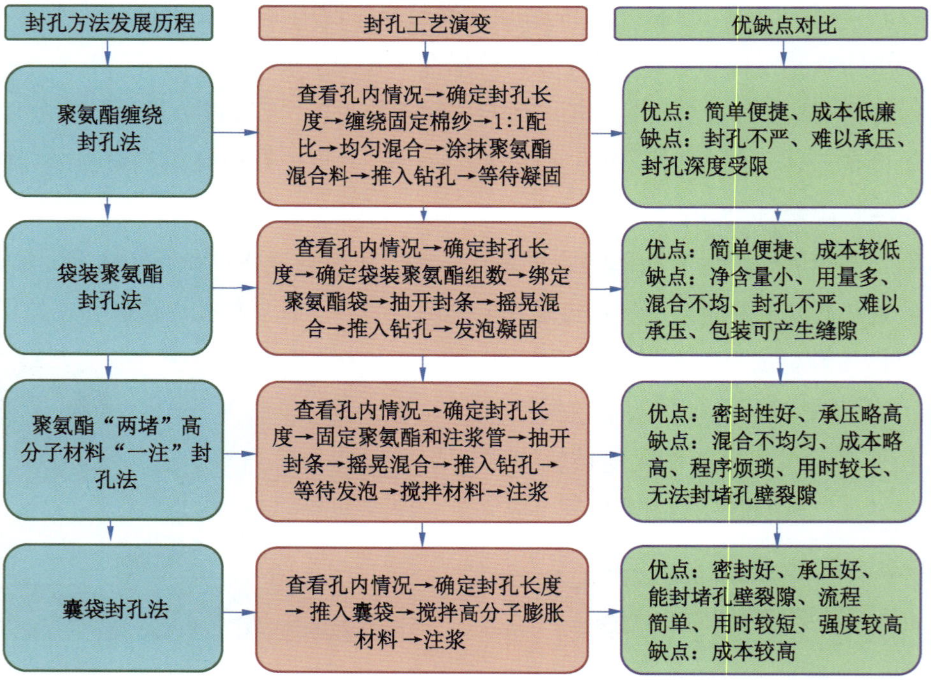

图5-26 钻孔封孔方法发展历程

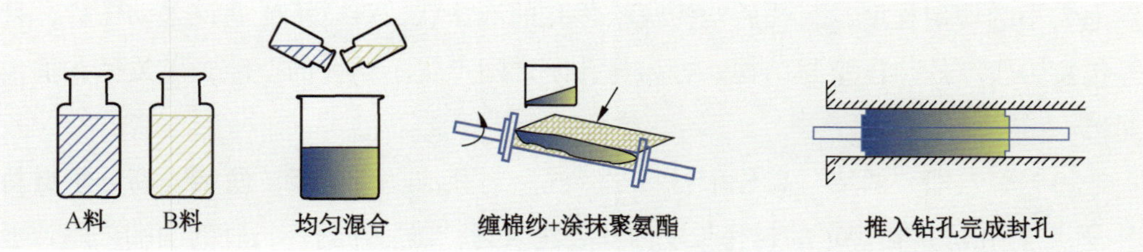

图 5-27　聚氨酯缠绕封孔法

上，迅速推入准备封堵的钻孔内，等待聚氨酯产生发泡膨胀反应，等待凝固，完成封孔。

该方法的优点是封孔方式简单快速，成本相对低廉，单日封孔数量多，缺点是容易污染工人衣物和巷道环境，且封孔不够严密，难以保证其密封性能，封孔初期强度尚可，随着时间的推移，其强度逐渐衰减，难以承受采动压力的影响，采动后封孔段容易产生压裂裂隙，导致钻孔漏气，降低抽采效率。

（2）袋装聚氨酯封孔法。袋装聚氨酯封孔法是将聚氨酯袋按照分组的方式利用胶带每隔一段距离捆扎一组在封孔管上，抽去分隔封条摇晃均匀，然后推入钻孔等待发泡凝固的封孔方法，如图5-28所示。

其工艺流程是查看孔内钻渣和孔壁完好情况，如果孔内有渣且孔壁垮落不完整，则需要清理干净钻孔内封孔段的钻渣，并增加聚氨酯组数，保证聚氨酯发泡后有足够的量充满垮落的空间，避免留下空隙。根据封孔长度确定好封孔管长度并将袋装聚氨酯按照确定的组数均匀绑扎在封孔管上，抽去AB料分隔封条，摇晃均匀并将绑扎端对准孔口迅速推入准备封堵的钻孔内，等待聚氨酯产生发泡膨胀反应，等待凝固，完成封孔。

相对于聚氨酯缠绕封孔法，该方法的优点是封孔方法简单便捷，封孔材料用量相对稳定，不会出现浪费的情况，不污染职工衣物和巷道环境，其缺点是净含量太少，封一个孔的用量需要很多组，抽开封条后AB料在袋内难以均匀混合，难以保证

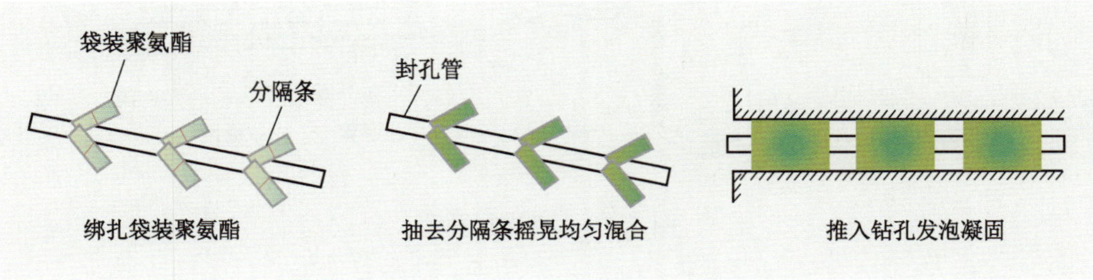

图 5-28　袋装聚氨酯封孔法

发泡大小的均匀程度，封孔后均为疏松多孔的泡沫状，难以承受巷道采动压力，且外包装为较厚的热压塑封结构，容易与孔壁之间产生不贴合的空隙，导致钻孔抽采漏气。

（3）聚氨酯“两堵”高分子材料“一注”封孔法。聚氨酯“两堵”高分子材料“一注”封孔法是在规定的封孔长度内安装注浆管，然后在封孔长度的两端采用若干组袋装聚氨酯或缠绕有棉纱的聚氨酯进行封堵，再利用注浆泵将按一定比例配制的高分子膨胀封孔材料带压注入预留的空腔内，直至将空腔完全注满的一种封孔方法。

其工艺流程是查看孔内情况，清理干净钻孔内的钻渣，确定封孔长度并在封孔管上固定注浆管，在封孔管两端缠绕棉纱或者绑定几组袋装聚氨酯，待聚氨酯产生发泡反应时迅速推入钻孔内，直至聚氨酯完全反应，等待一个小时以上，让聚氨酯彻底冷却变硬。搅拌好高分子封孔材料，采用注浆泵将配好的浆液注入聚氨酯封堵的空腔内，为防止聚氨酯被注入的高分子材料冲开，一般在注浆泵略有憋压的时候停止注浆，等待钻孔内封孔材料凝固。

相对于聚氨酯缠绕封孔法和袋装聚氨酯封孔法，该方法是聚氨酯缠绕封孔法或袋装聚氨酯封孔法与传统注浆封孔法的一种结合，其优点是密封性较前两者有所提升，能够承受一定程度的采动压力，可以很大程度地减少钻孔漏气，其缺点是污染职工衣物和巷道环境或者袋装聚氨酯封堵后与孔壁有裂隙，造成注浆泄漏，难以维持压力，无法完全封闭孔壁裂隙，且封孔程序烦琐，用时较长，效率低下，浪费较大，成本略高。

（4）囊袋封孔法。囊袋封孔法是“两堵一注”封孔法的改良版本，该方法利用囊袋封孔器和高分子材料进行注浆封孔，封孔器两端固定有两个囊袋，封孔时直接将囊袋推入确定的封孔深度，直接连接注浆泵开始注浆，直至压力达到规定值（约1.5 MPa）停止注浆，完成封孔、等待凝固，如图5-29所示。

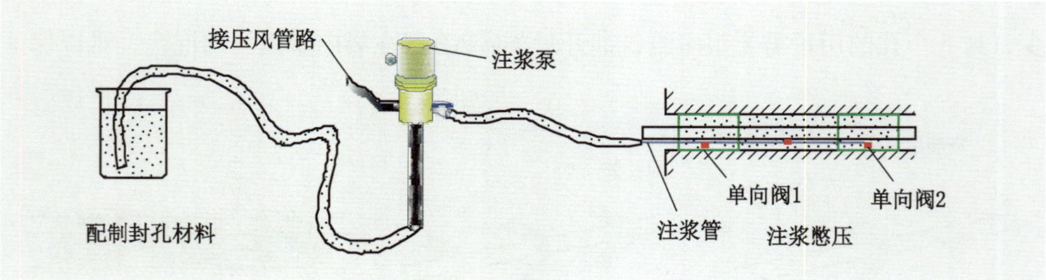

图 5–29　囊袋封孔法

使用的注浆泵为气动封孔注浆泵（图5-30），由矿井压风提供动力源，利用高压

图 5-30　气动封孔注浆泵实物

气体推动气动封孔注浆泵运行，将搅拌均匀的浆体吸入泵体内加压后从出浆口进入注浆管内，实现钻孔封孔。

囊袋封孔法较前三种封孔方法而言，该方法能承受较高的注浆压力，在压力的驱动下能渗入孔壁裂隙，封堵钻孔周围的裂隙，封孔后密封性较好，且高分子膨胀封孔材料凝固后承压效果好，采动影响不明显，封孔效率高，用时少，整体强度较高。其缺点是成品的囊袋封孔器和高分子材料价格较高，封孔成本高。

2）不同种类钻孔的封孔标准

（1）顶板钻孔。顶板钻孔（含高位钻孔）采用“一堵一注”式囊袋封孔器，囊袋位于封孔器首端，封孔长度不低于5 m，如图5-31所示。封孔时，将封孔器送入钻孔预定深度，然后将注浆管与注浆泵连接开始注浆，先向孔口的囊袋内注浆，待注浆压力达到0.7 MPa时，爆破阀打开，此时囊袋已将钻孔孔口端封堵严实，浆液液面缓慢向上升高，直到浆液从返浆管返出，停止注浆。注入的浆液是水泥和膨胀剂混合的浆料，凝固后不会收缩，因此不会留有空隙。注浆完毕等待24 h后，检查浆料完全凝固、封孔管无松动、无漏气后方可连接抽采系统开始抽采。

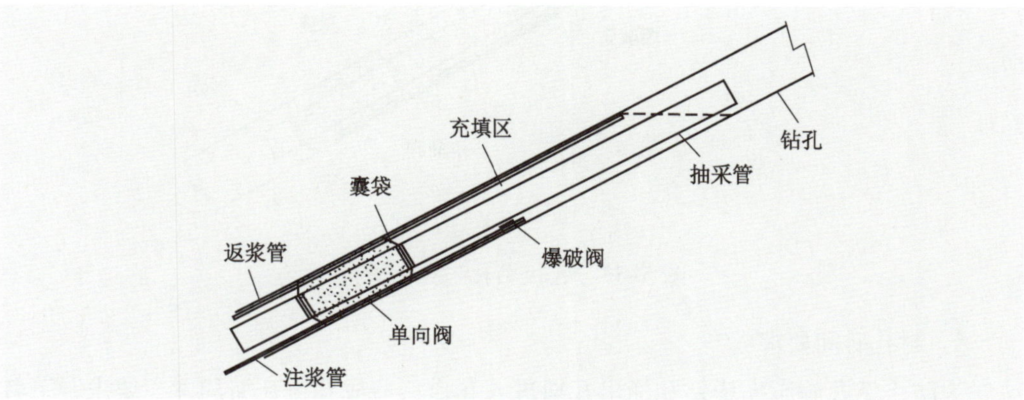

图 5-31　顶板钻孔封孔示意图

（2）本煤层预抽钻孔。本煤层预抽钻孔采用“两堵一注”囊袋式封孔器，该封孔器有两个囊袋，使用时先将封孔器固定在抽采管上缓慢推入钻孔内预定深度，根据黄陵矿区测试的本煤层裂隙带深度，确定封孔长度不低于8 m，如图5-32所示。注浆时，浆液首先注满两个囊袋，当注浆压力达到0.7 MPa时，爆破阀打开，开始中间注浆段注浆直至浆液完全注满空间，返浆管开始返浆，关闭返浆管，观察注浆泵压力表，达到指定注浆压力（一般为1.5 MPa）时停止注浆。注浆完毕等待24 h后，检查浆料完全凝固、封孔管无松动、无漏气后方可连接抽采系统开始抽采。

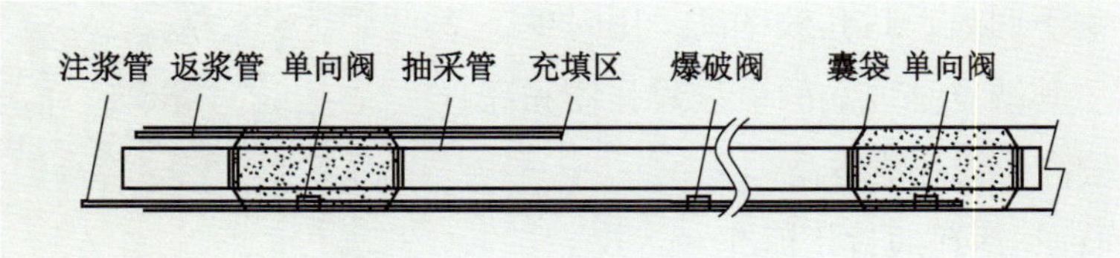

图 5-32　本煤层预抽钻孔封孔示意图

（3）底板钻孔。底板钻孔采用“一堵一注”式囊袋封孔器，囊袋位于封孔器尾部，封孔长度不低于8 m，如图5-33所示。封孔时，将封孔器送入钻孔内预定深度，将注浆管与注浆泵连接开始注浆，先向底部的囊袋注浆，待注浆压力达到0.7 MPa时，爆破阀打开，此时囊袋已将封孔段底部封堵严实，浆液液面缓慢向上升高，到达孔口后，停止注浆。注浆完毕等待24 h后，检查浆料完全凝固、封孔管无松动、无漏气后方可连接抽采系统开始抽采。

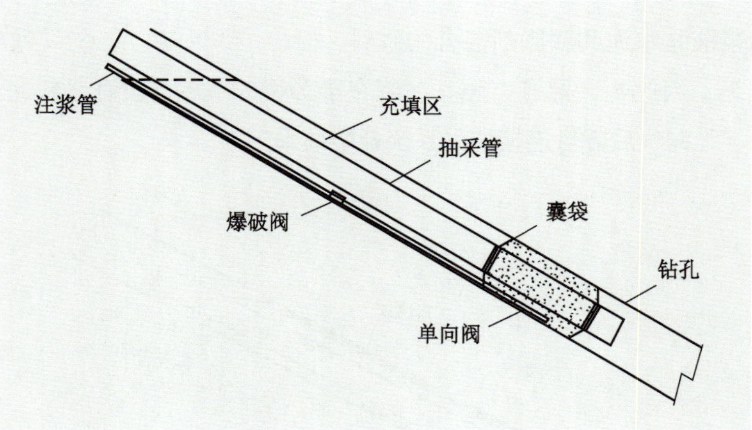

图 5-33　底板钻孔封孔示意图

3）封孔时间要求

为防止钻孔施工完毕钻孔涌出瓦斯进入巷道，造成巷道瓦斯异常，要求井下各类型钻孔封孔时间按照以下标准执行：掘进工作面所施工的钻孔从成孔至封孔不得超过16 h；采煤工作面瓦斯抽采钻孔封孔不得超过72 h；有瓦斯压力的钻孔在施工完毕立即封孔，若钻孔瓦斯压力较大无法封孔则连接抽采系统加强抽采，直至瓦斯压力下降至10 kPa以下。

4）封孔流程

钻孔封孔期间各环节必须执行到位，确保作业人员人身安全和封孔质量，同时整个封孔过程必须有专人对作业场所及其下风侧瓦斯实时监测，确保巷道内瓦斯浓度无异常、无积聚。

（1）钻孔瓦斯浓度、压力测定。钻孔成孔后，当班瓦检员对成孔浓度、压力进行测定，并将测定结果报通风调度。掘进队及时组织人员进行封孔前的准备工作，封孔前先将钻孔与抽采系统临时连接，防止孔内瓦斯进入钻场，封孔准备期间，瓦检员全程现场监督。

（2）钻孔必须具备封孔条件。瓦检员现场确认：扩孔长度满足封孔要求（扩孔长度≥封孔长度）；封孔段内煤、岩屑清理干净，保证封孔材料膨胀紧贴孔壁，达到密封严密。

（3）应急抽采系统及现场监测。瓦检员现场确认抽放支管是否从主管路接至钻场内，支管负压是否大于13 kPa，封孔作业人员必须在钻场下风侧悬挂便携式甲烷报警仪，悬挂位置与钻场断电仪位置相同。封孔期间注意观察瓦斯浓度变化，如发现浓度持续升高时，必须立即停止封孔，并对钻孔进行临时抽采，防止钻场瓦斯积聚。

（4）对照封孔标准进行封孔。瓦检员在现场监督封孔过程，确保封孔深度、材料用量符合规定。

（5）预留封孔料凝固时间。封孔结束后，必须将抽采阀门处于关闭状态或微开状态（当孔内有正压时应连接抽采系统抽采），聚氨酯封孔保持30 min，注水泥浆钻孔保持7 h，保证封孔材料固化后再开启阀门。

5）钻孔封孔质量检测

钻孔封孔质量检测装置为便携式矿用本质安全型仪器，能够快速准确地测定抽采状态下钻孔内不同深度处的瓦斯浓度和抽采负压等参数，从而掌握抽采钻孔内的瓦斯分布状况，评价抽采钻孔的封孔质量和漏气位置，为改进封孔参数和封孔方式、提高抽采效果提供技术依据。

根据注浆封孔方法和工艺，结合孔内瓦斯流动分布规律和漏气通道分析，可将抽采钻孔的漏气位置划分为4个区域或漏气点。

（1）封孔管内。封孔管破损漏气、封孔材料封闭不严密漏气。

（2）封孔管瓦斯入口处。封孔材料封闭不严密漏气、封孔段—钻孔孔壁之间的空隙漏气、钻孔松动圈漏气、煤体裂隙漏气。

（3）钻孔内距离封孔段瓦斯入口处0.5 ~ 1.0 m煤体裂隙漏气。

（4）钻孔深部。钻孔深部邻近钻孔互通漏气或煤体裂隙漏气。

钻孔漏气检测原理：在抽采负压作用下，钻孔封孔严密不漏气时，钻孔内瓦斯浓度沿孔深的分布基本稳定一致；如果钻孔封孔质量差，钻孔内某一部位漏气，在抽采负压作用下，抽采钻孔内瓦斯浓度的分布将出现“阶梯式”突变，在孔口至漏气位置瓦斯浓度急剧降低，而漏气位置至孔底区域瓦斯浓度较高；在抽采钻孔抽采正常状态下，借助一定的装置和方法，通过测定抽采钻孔内不同深度的瓦斯浓度和瓦斯流量，分析瓦斯浓度和漏气量沿钻孔深度的分布变化规律，判定抽采钻孔的密封质量和漏气位置。封孔质量检测装置工作原理如图5-34所示，实物如图5-35所示。

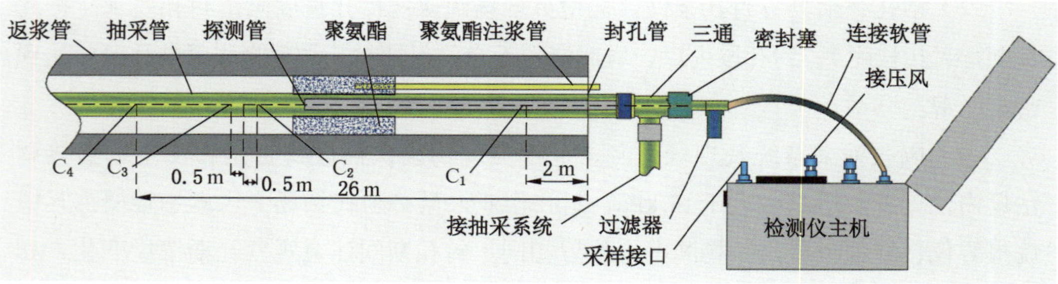

图 5-34　封孔质量检测装置工作原理

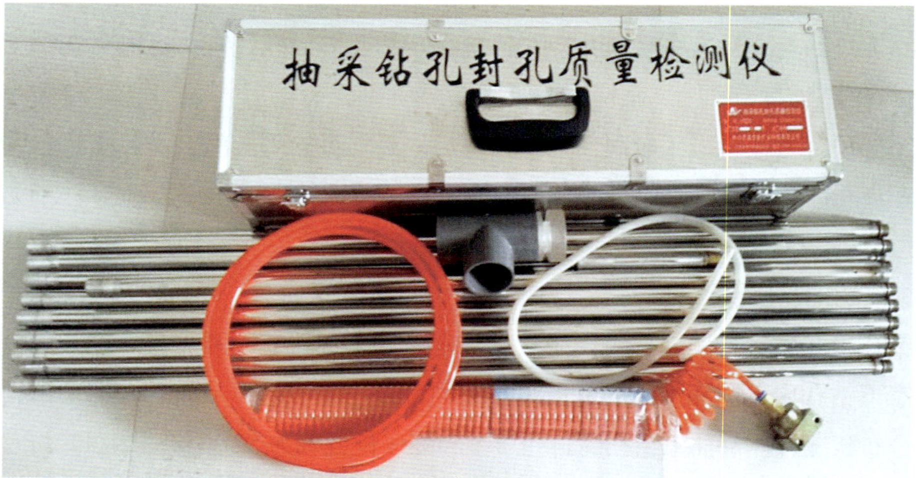

图 5-35　封孔质量检测装置实物

（三）钻孔连孔抽采标准

（1）施工钻场钻孔连接：要求钻孔连接接头必须紧固喉箍，保证各接头连接可靠，抽采软管不漏气、无积水，各孔抽采管路必须经过放水器后再连接抽采支系统。各孔在连接放水器前，单孔必须安设瓦斯取样器，满足对每个钻孔的抽采数据检测。

（2）平行孔连接：要求钻孔施工结束后必须对钻孔进行临时连接，每个接头必须使用喉箍紧固，钻孔连接必须平直，防止钻孔积水影响临时抽采，单孔必须安设瓦斯取样器，满足对每个钻孔的抽采数据检测。当钻孔瓦斯有压力时应在钻孔施工完毕立即封孔抽采。

（3）钻孔二次连接（整理）：严禁一次性拆除所有钻孔进行整理，必须按照拆一个孔、整理一个孔进行，放水器接头满足钻孔接入数量，连接时尽量少用或不用90°弯头，从而减小抽采阻力，单孔要具备检测条件，所有接头连接段必须到位，所有配件安装位置、方向要统一，钻孔统一编号、喷码，钻场内放水器、放水器支架、水池定置管理。图5-36所示为黄陵一号煤矿的钻孔连接图。

（4）平行孔抽采支管必须吊挂平直，单孔要具备检测条件，所有接头连接段必须到位，所有配件安装位置、方向要统一，钻孔统一编号、喷码。

（5）钻场放水器安设：放水器放水端必须处于最低位置，自动放水器安设位置必须在放水器出气端。高位钻孔可能存在石油渗出的情况，对于出油量较大且瓦斯较小的钻孔必须单独排油，出油量大且瓦斯较大的钻孔必须设立单独放水器。图5-37所示为黄陵矿业集团常用的一种放水器。

（6）钻孔临时连接不得超过1个钻场，平行孔临时连接一般不得超过5个孔。

（7）牌板填写：钻孔施工人员填写钻场编号、钻孔施工信息，瓦检员填写初始瓦斯浓度、抽采参数，牌板数据与现场实际必须保持一致。

图5-36　黄陵一号煤矿钻孔连接图

图5-37　井下放水器

四、施工安全措施

（一）钻孔施工安全措施

1. 防止瓦斯和煤燃烧

开孔前必须检查施工地点周围瓦斯情况，瓦斯浓度须小于0.6%，检查压柱是否牢靠。查看开孔位置处煤体是否松散，有无裂隙发育，煤体温度是否正常。如煤体松散有裂隙，应测定施工地点温度、一氧化碳浓度等，确定无安全隐患时方可继续操作。在施工钻孔时严禁干打眼或使用压风打钻，必须使用水进行排渣和冷却钻头，防止钻进期间钻头因摩擦发热而引起火灾事故。

2. 防止煤尘超限

本煤层和高位钻孔必须采用湿式钻进，底板油气钻孔可采用压风施工，采用压风施工钻孔时必须做好防尘措施，孔口必须安装除尘装置，除尘装置与钻孔周边密封严密，出渣口用编织袋封闭，钻场下风侧安装净化水幕或捕尘网。

3. 防止巷道风流瓦斯超限

为防止在钻孔施工过程中发生瓦斯超限事故，钻孔施工作业场所必须要有良好的通风，并安设瓦斯自动报警断电仪。钻孔施工时必须装好防喷孔装置，并由瓦检员加强对钻孔施工处瓦斯等气体的检查，严禁瓦斯超限作业，施工作业人员在钻孔施工过程中必须佩戴便携式瓦斯检查仪。

4. 防止钻孔瓦斯大量涌出

施工钻孔时为了防止打钻过程中出现大量瓦斯涌出必须采用边钻进边抽采瓦斯的措施，在每个钻孔施工时都必须加装防喷孔装置。防喷孔装置（图5-38）是一种特制的四通套管，套管左右两端为密封套，一端进钻杆，一端插入钻孔内并用聚氨酯材料封闭严实，上部接口连接抽采系统，下部接口排放水与钻渣。为防止打钻时防喷孔装置来回晃动，使用钢绞线将防喷孔装置固定在钻孔附近巷帮的锚杆上。打钻期间发现顶钻、钻孔瓦斯突然增大时必须立即停止钻进，并切断钻场内钻机、水泵等设备电源，使用应急抽采系统加强抽采。

5. 防止机械伤人事故

（1）开钻前必须认真检查钻机的机架、压柱、各类管线及防护装置等部位，确保各部位连接牢固可靠，防止因连接部位松动而发生意外事故。

（2）打钻人员必须穿戴整齐，袖口要勒紧，施工人员严禁带手套接近钻机旋转部位。

（3）钻机开启后，钻机附近严禁站人。在钻机停稳前不得接近钻机的旋转部位。

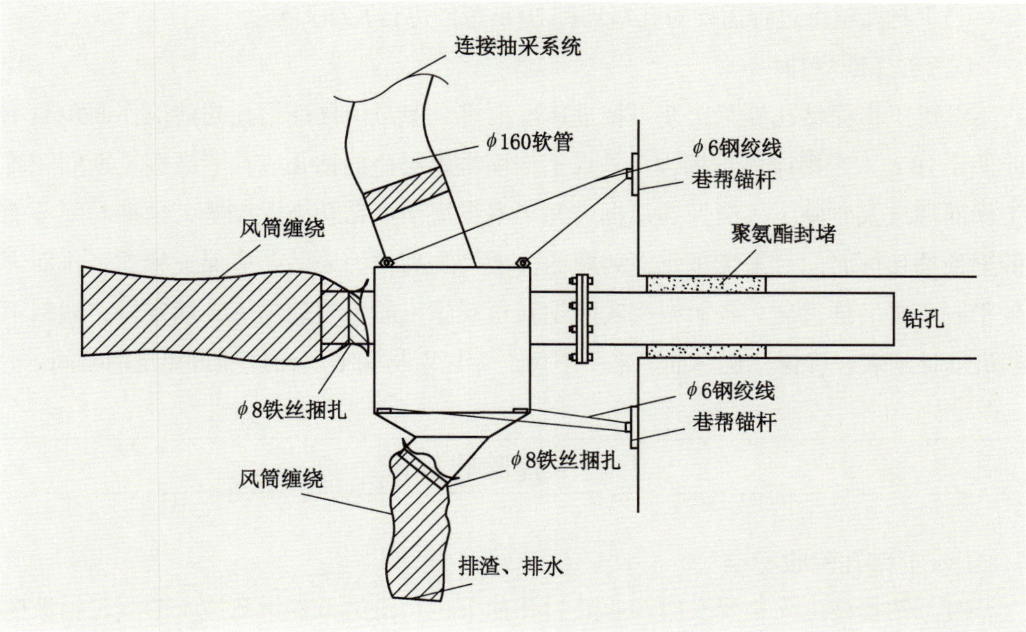

图 5-38　防喷孔装置

钻机有钻杆时，钻杆正后方严禁站人，防止钻杆后退伤人。

（4）装卸注水器期间，严禁设备旋转；装卸注水器完后且人员离注水器 1 m后，才能旋转设备。

（5）停止钻进时，要立即调开夹持器截止阀，夹住钻杆，确保安全。

（6）当主司机离开操作台时，必须切断钻机电源，并对钻机操作把手上锁。

（二）封孔安全措施

（1）钻孔内煤、岩屑必须冲洗干净。钻孔施工到位后，必须使用水力或风力进行排渣，且时间不得小于 15 min，确保钻孔煤、岩屑排干净，为后期封孔创造条件。

（2）钻孔封孔完毕不能立即抽采。无论是聚氨酯还是水泥浆都有凝固时间，立即抽采时，会造成封孔料填充的裂隙填充不实，使封孔料与孔壁接触不严密，影响封孔效果。

（3）安装封孔管时，必须对接头涂抹密封胶。封孔管在连接后如不涂抹密封胶，会造成接头漏气或脱节，人为缩短了封孔长度，造成钻孔抽采效率低下，抽采系统负压提升困难。

（4）封孔前必须对封孔材料进行检查，如聚氨酯在运输期间是否造成部分料混合反应（鼓起），封孔器囊袋、铝箔是否破损，封孔管接头是否干净、完好；水泥是否变质板结等。发现以上问题时，严禁使用其封孔，防止造成钻孔封孔质量下降。

（5）封孔整个过程需要对孔口周围20 m范围进行瓦斯监测。

（三）工期安排

掘进工作面钻孔施工工期以掘进速度而定，但必须保证钻孔超前工作面距离不能低于10 m，否则应停止掘进。采煤工作面本煤层预抽钻孔应在巷道掘进期间随着工作面掘进及时施工，确保巷道掘进完毕本煤层预抽钻孔施工完毕，预抽时间不能低于预抽达标时间。采煤工作面两顺槽油型气及高位抽采钻孔应保证超前工作面不少于一个月的推进度。各矿根据实际钻孔量及施工能力明确施工工期安排，编制工程进度计划表，确保“掘、抽、采”平衡，为瓦斯与油型气治理赢得充足的时间。

五、工程验收标准

（一）钻孔验收标准

（1）钻孔施工完毕要及时验收并封孔抽采，瓦检员负责钻孔施工验收，抽放队负责编制钻孔施工日报表。

（2）钻孔施工验收由瓦检员、安监员、施工单位跟班队长（班长）三单位人员在钻孔施工完成后，现场共同验收。

（3）未按设计参数施工的钻孔验收不合格，不计入进尺，并按照设计重新施工钻孔；因现场地质条件变化，调整钻孔参数，未经通风部门同意而擅自施工的钻孔不得验收；施工现场无坡度规的、无设计的不得验收；未经验收，施工单位自行抽钻的钻孔不得验收；钻孔未冲洗干净的必须冲洗干净孔内无渣后方可验收。

（4）钻孔验收人员除验收钻孔深度外，必须同时验收钻孔夹角、倾角、钻孔位置、钻孔冲洗等情况。深度验收采用清点钻孔拆除钻杆的方法或者使用YSZ300型矿用钻孔深度测量仪进行测量，必须满足设计钻孔施工深度；夹角和倾角验收采用坡度规实际测量，误差不超过 ±1° ；钻孔开孔位置误差不超过 ±100 mm；钻孔冲洗必须保证孔内无煤、岩屑。验收人员要如实填写验收记录，不得瞒报、虚报、弄虚作假，通风部门随机抽查，一旦发现弄虚作假，按照黄陵矿业集团《安全生产管理二十条红线规定》，对瓦检员立即开除。

（5）验收后填写钻孔验收单，验收单由验收人员和队干负责填写，包括开孔日期、成孔日期、施工地点、钻场号、孔号、钻孔类型、倾角、夹角、孔深、孔径、瓦斯浓度，煤岩性类别描述、施工人员签字、验收人员签字等。

（6）钻孔抽钻验收结束后，瓦检员根据钻孔验收情况向通风调度如实汇报，通风调度按汇报情况填写钻孔施工记录台账。瓦检员将验收单交通风队及时存档，每月由通风部门建立台账进行登记存根，并根据钻孔实际施工情况以钻孔设计图为底图绘制钻孔写实图。

（二）封孔验收标准

验收人员逐个确认封孔质量，发现问题，责令封孔人员立即整改，并监督整改情况。封孔质量按下述标准考核。

1. 封孔气密性检测

对钻孔气密性进行检测，每个钻场抽查率不低于5%。检测采用封孔气密性检测器，检测时将该装置开口端与钻孔封孔管进行连接，并用喉箍固定，将一个截止阀与压风管路连接进行供压，缓慢打开，观察压力表变化情况，当孔内压力达到13 kPa时关闭压风，继续观察压力表变化情况，在30 s内压力表稳定在13 kPa不发生变化则表明钻孔封孔严密，否则钻孔未封闭严密，需要重新封孔。

2. 封孔信息记录在册

瓦检员封孔质量确认完毕，持续对钻孔进行抽采，瓦检员在抽采参数管理牌板上填写钻孔初始瓦斯浓度。参与封孔人员必须在相关记录上签字，明确封孔时间、地点、孔号、钻孔瓦斯、压力、封孔人、封孔方式及材料。瓦检员、跟班队长签字确认。

| 第三节 |

抽采支管路安装工程

一、施工组织编制

（一）施工组织编制的原则和依据

1.施工组织编制的原则

（1）符合国家有关法律法规、规范，符合行业标准、上级和公司文件的要求。

（2）满足工程施工安全、进度、质量、职业健康、环境保护等管理目标的要求。

（3）坚持科学的施工程序和合理的施工工序，做到资源的优化组织和合理配置。

2.施工组织编制的依据

《煤矿安全规程》（2022年版）、《煤矿安全生产标准化管理体系基本要求及评分方法》、黄陵矿业集团《“一通三防”管理制度》、施工安全技术措施、施工设计图纸等。

（二）工程概况

介绍本工作面布置情况、邻近工作面基本情况，本区域内瓦斯抽采管路布置情况，本抽采系统安装工程量，包含管路型号、长度、配件数量、设备、工期、工程进度及时间节点安排（包括工程进场日期、施工准备时长、开工日期、施工日期、计划进度安排、竣工日期、计划验收时间等内容）。

（三）施工准备

（1）根据设计图纸、工程量编制施工组织设计及安全技术措施，组织施工人员学习并考试。

（2）编写施工设备、材料、人员进场计划表。

（3）介绍施工辅助系统准备情况，包括运输系统、供排水压风系统、供电系统、通风系统、监控系统等。

（4）对施工技术方面的要求。

（四）施工方案

说明采用何种方法进行抽采系统安装，包括管路的运输、装卸、摆放、起吊、连接等。

（五）作业方式及劳动组织

说明作业时间安排，总体人员配备、作业班次安排及每班人员配备情况，明确各人员职责，编制劳动计划表。

（六）施工安全措施

按照瓦斯抽采系统安装的工序流程编制施工安全技术措施，包括管路装卸、运输、吊点施工、管路起吊、管路连接、配件安装等安全技术措施。

二、施工要求

（1）盘区抽采系统的布置应根据井下巷道布置、抽采地点分布以及矿井的发展规划等因素确定，避免或减少系统的频繁改动。

（2）盘区抽采系统应布置在回风巷道或车辆、人员不经常通过的巷道，巷道曲线段少、距离短，管路安装平直，转弯时角度应与巷道角度相匹配，管路布置应靠帮贴顶，便于维护。

（3）瓦斯管在跨越巷道、设施等交叉口时，必须保障高度尽可能接近巷道顶板，保证管路下方行车、行人及抽采管路安全。管路距底板不应低于0.3 m，在行车、行人地点必须设置车辆限高牌板和危险源告知牌。

（4）瓦斯管路管径从泵站至末端为依次减小，在经过变坡点时，必须平滑过渡，在斜井安装时必须有防下滑设施。多趟管路安装时，必须满足管路间距大于500 mm，管路与巷帮距离大于300 mm，并满足检修需要。

（5）当抽采设备或管路发生故障时，管路内的瓦斯不得流入采掘工作面及机电硐室内。

（6）管路在与托梁等硬物接触时，必须进行软处理，防止管路损坏。在爆破、巷道维修等施工段时，施工人员必须对瓦斯管路进行保护，地面瓦斯管路必须有防冻设施。

（7）管路不得与带电物体同侧吊挂，遇到交叉点时，满足带电物体与管路间距大于300 mm，且使用抗静电、阻燃材料进行隔挡。

（8）管路连接时所有金属部件必须经过防腐处理，接头使用同径密封圈，管路使用的配套部件必须与管路同等管径，且每隔500 m加设一道接地极，接地极电阻值不得大于2 Ω。

（9）管路应在水仓、最低点处安设放水器，在管路分叉处加设控制阀门。在抽采管路的支管与干管连接前段、抽采泵吸气侧应设置除渣器，在靠近工作面顺槽口时必须预留异径三通。

（10）管路在安装期间必须有瓦斯管路防横向滑动的设施，管路在起吊时下方严禁站人。

（11）瓦斯管路吊挂必须采用专用吊挂点，且牢固可靠，严禁使用原巷道支护锚杆、锚索吊挂。每根瓦斯管路至少有两个吊挂点，吊卡、链环紧固螺栓必须上全丝，并压紧连接件，保证吊挂点有效且稳固。

（12）管路必须加设防爆装置、威力巴、甲烷传感器、温度传感器、一氧化碳传感器、除渣器等，实现分源检测，安装位置必须便于测量和维护。

（13）抽采系统管材的备用量不少于10%。

（14）采掘工作面抽采系统与盘区抽采系统对接变径时必须设过渡节。顺槽每趟管路必须在分叉处安设控制阀门和除渣器及抽采参数监测装置。在水仓、管路低洼处安设放水器，每隔500 m安设泄压三通，在管路配气三通阀门、上隅角风筒和与管路接头处必须加设护网。

（15）管路安装期间必须保证管内无杂物且完好。管路吊挂高度影响行人、行车时，必须对管路悬挂或粘贴醒目标识，防止车辆碰撞和管路掉落伤人。

（16）瓦斯管路下方严禁堆放杂物，不得使用瓦斯管路起吊重物或悬挂物体。管路吊挂完毕要标注抽采系统名称，并对每根管路编号。

（17）掘进工作面延伸瓦斯管路时，严禁关闭系统阀门，必须按照先打开配气三通、开始管路安装、关闭配气阀门的顺序进行管路延伸作业。配气阀门要随工作面掘进不断前移，剩余配气三通使用堵板封堵。

（18）管路在变坡点、凸出部位及管路附件处必须加设反光标识，防止车辆碰撞管路。

（19）瓦斯管路与其他管路交叉时，瓦斯管路必须在其他管路上方且间距大于300 mm，防止其他管路掉落砸断瓦斯管路。

（20）管路吊挂必须按照设计使用专用吊具，严禁使用铁丝、钢绞线吊挂瓦斯管路，严禁使用不同型号螺栓紧固。

三、工程验收要求

（1）管路材质、管径是否符合设计要求。

（2）管路铺设是否按照设计图纸进行施工。

（3）配套设施及安装地点是否符合规范要求。

（4）安装过程是否符合安全措施要求。

（5）管路安装完毕必须进行气密试验，并确保漏气率不超过1 m^3/km（试验气压为0.1 MPa)。

第六章 抽采系统智能精准管理

瓦斯抽采系统主要由供电系统、水循环系统、瓦斯泵、管路系统、抽采参数监测系统、抽采安全装置等组成。传统的瓦斯抽采系统管理主要依靠人工，如抽采泵站的管理需要瓦斯抽采泵站司机，抽采管路的巡视需要安排巡道工等，存在抽采效率低、故障排查困难、自动化和智能化程度低等问题。抽采系统的精准管理从泵站的智能化、抽采数据的精准计量、管路异常段的精确定位、抽采负压的精准调控、抽采达标智能评判等方面入手，解决了传统瓦斯抽采系统管理效率低下的问题，实现了抽采资源的精准调控。

| 第一节 |

智能化瓦斯抽采泵站

为推进“智能矿井、智慧矿区”的建设进程，黄陵矿业集团自2018年开始对各矿井的瓦斯抽采泵站进行智能化改造，对监测监控系统进行了优化，增加了自动化设备设施，设计了远程控制系统，安装并调试了自动控制程序，最终实现了远程控制代替现场操作，自动设备代替人工作业，简化了设备操作流程，降低了作业人员的劳动强度。

一、智能化瓦斯抽采泵站的组成

智能化瓦斯抽采泵站主要由数据采集系统、PLC冗余控制系统、故障分析系统、视频监视系统、安防系统和点检系统等分系统组成，如图6-1所示。该泵站集数据分

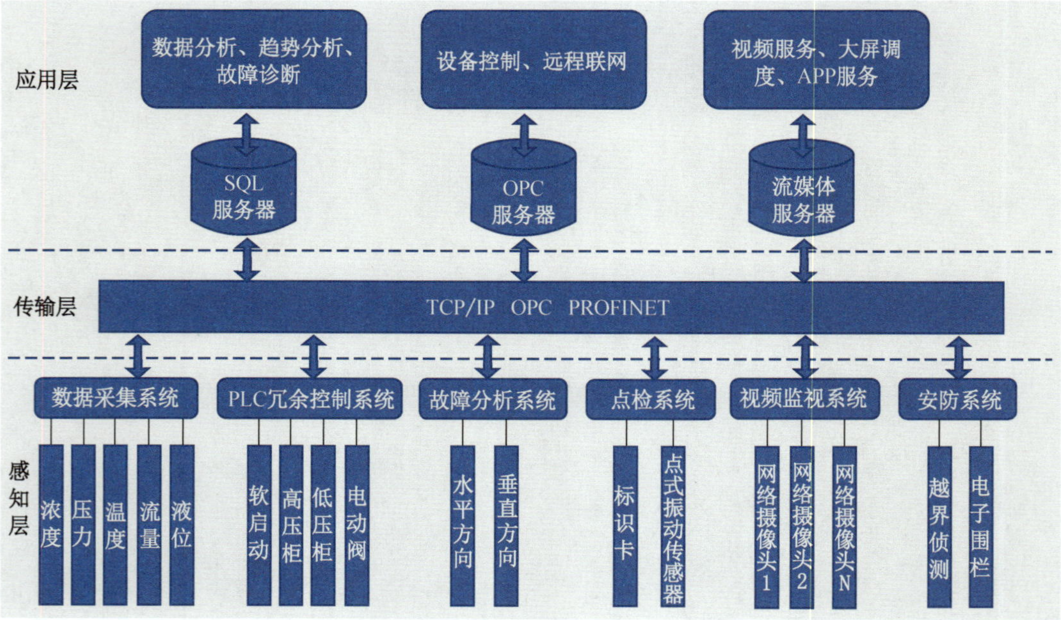

图6-1 智能化瓦斯抽采泵站结构图

析、趋势分析、故障诊断、设备控制、远程联网、视频监视、APP服务为一体，全方位、多角度保障瓦斯抽采泵站在无人值守的情况下安全、可靠运行。

（一）数据采集系统

数据采集系统主要采用数字化数据采集分站进行现场传感器数据采集，在满足煤矿安全监控系统升级改造的同时提高了系统的抗干扰性和稳定性，通过数字化采集分站对现场的温度、压力、浓度、流量、环境瓦斯、一氧化碳、液位、缺水等传感器进行采集，实现煤矿瓦斯抽采及利用中的管道工况参数、环境参数、供水参数、供电参数、供气参数等的实时监测及计量。

（二）PLC冗余控制系统

PLC冗余自动控制系统的主要作用是根据现场采集的数据和预先制定的规则，自动控制整个抽放泵站的运行，在保障瓦斯抽采系统安全、稳定、可靠运行中起至关重要的作用。PLC控制器在自动控制中处于核心地位，相当于瓦斯抽采系统的大脑，因此在智能化瓦斯抽采系统中采用西门子S7-400系列PLC做冗余控制，当一台CPU出现故障，自动切换到另一个CPU进行，有效保证控制核心正常运行。

（三）故障分析系统

在瓦斯抽采系统中水环式真空泵是实现把井下瓦斯气体运输到地面的主要大型机械设备，必须对该设备进行故障分析和诊断，把事故控制在可控范围内。通过安装在电机水平方向和垂直方向的振动传感器及安装在电机前后轴的温度传感器和定子温度传感器进行综合分析和预判，提前对设备进行维护。

（四）视频监视系统

在瓦斯抽采系统的瓦斯泵房室、管道间、泵站监控室、仪表间、水泵房和高低压控制室等关键点及关键部位安装网络视频探头，实时了解现场运行状态，通过视频和控制系统相互配合，远程还原瓦斯抽采泵站现场情景，实现可视可控、视频联动等。视频技术采用网络摄像头加千兆交换机模式，实现数字高清传输，画质更加清晰。

（五）安防系统

由于智能化瓦斯抽采泵站中不需要人时时刻刻值守，对设备安全及外来人员必须进行防范，采用视频越界侦测和电子围栏进行布防，防止无关人员闯入瓦斯抽采泵站内对设备进行盗窃和破坏，同时防止无关人员误入瓦斯抽采泵站内造成人员伤亡事故。

（六）点检系统

在智能化瓦斯抽采泵站中要保证瓦斯抽采系统的正常运行，除正常的在线监测外，还需要对现场设备进行更详细的检测。通过专业技术人员对设备进行测试，确保设备始终处于一用一备状态，当正常运行的设备出现紧急情况停机时备用设备可以马上投入运行。

二、智能化瓦斯抽采泵站的主要功能

智能化瓦斯抽采泵站系统的主要功能之一是各类抽采设备的实时在线监测及控制。图6-2所示的智能化瓦斯抽采泵站系统包含了各类数据的实时在线显示及设备控制功能。

（一）远程数据监测与自动控制

（1）对井上和井下抽采管道内气体的流量、温度、压力、甲烷浓度、一氧化碳浓度等进行连续准确监测。自动换算标准状态下的混合瓦斯流量和纯流量，并精确计算出累计抽放量，给出年、月、日累计量的分析报表。

（2）对抽放泵的轴承温度、电机轴承温度、电机三相绕组温度、减速机温度、电机及抽放泵振动、减速机油压、抽采泵真空度、设备开停、防回火装置压差等工况参数进行连续监测；对泵房中循环水的供水状态、水位、水温，泵房环境瓦斯浓度以及阀门开闭状态等进行连续监测。

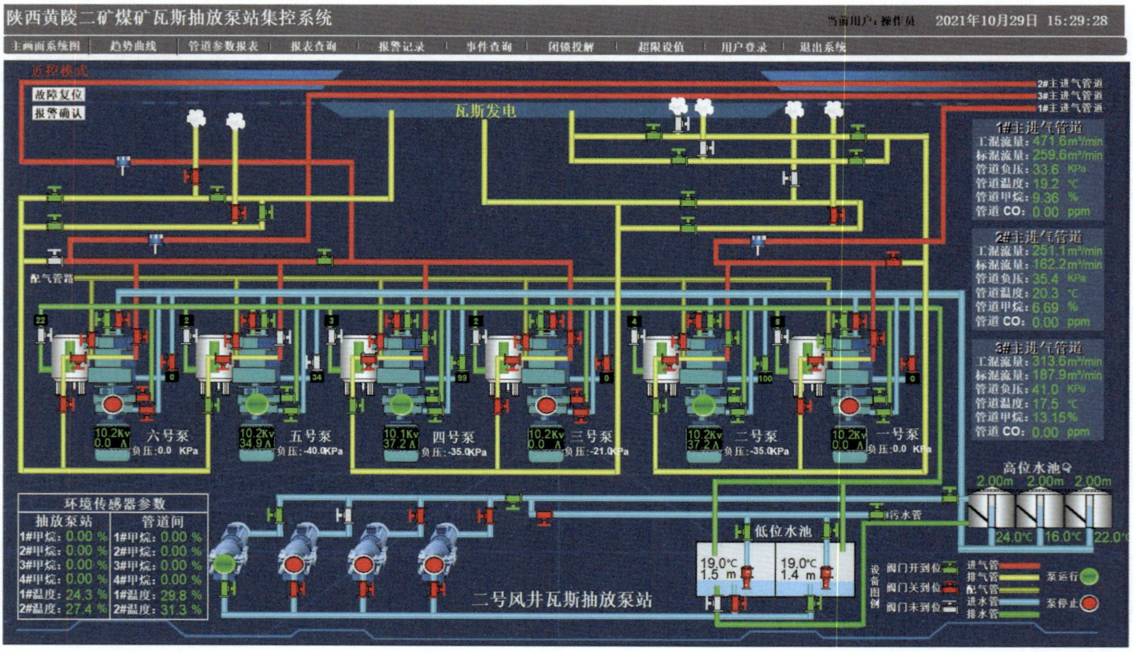

图6-2 智能化瓦斯抽采泵站系统主界面

（3）自动监测真空泵供水压力、温度及流量，热水池水位、水温，冷却池水位、水温等供水参数；根据供水流量自动调节抽放泵供水量，根据高低位水池液位自动补水，根据水池温度自动启停冷却塔等操作，实现供水系统自动运行。具有抽采泵缺水保护功能，真空泵与供水传感器实现闭锁，断水时可立即自动停泵，供水正常后方能重新启动真空泵。

（4）通风机与环境瓦斯监测传感器实现联动。当环境瓦斯浓度超限时自动开启通风机排风，瓦斯浓度降至规定值以下时自动停止，当环境瓦斯浓度在一段时间内仍不能降到规定值以下时自动停止真空泵。暖风机与环境温度传感器实现联动，环境温度低于规定值时自动启动暖风机供热，当环境温度超过设定报警值时自动停止。通风机与暖风机冬季实现联动，冬季启动通风机时暖风机同时启动。

（5）当监测数据超过设定报警值或设备故障时，及时发出语音声光报警，同时上位机主画面提示设备操作人员报警或故障所在位置。

（6）系统具有手动或自动切换功能，系统双机热备，确保监测数据的安全。

（7）系统具有历史数据查询、报警查询和报表打印功能。

（二）瓦斯抽采泵一键启停

传统的倒泵方式至少需要3～4人配合，50 min左右才能完成倒泵任务，且稍有不慎就可能导致抽采泵运行故障，造成瓦斯超限事故，采用该系统只需1人，30 min就可以完成倒泵作业，实现了安全高效作业。

1. 一键启动流程

第一步：现场确认设备正常，转动减速机轴3～5圈，查看轴承转动是否正常，电话汇报调度室开始启泵。

第二步：按下一键启动按钮。

程序自动执行步骤为：①打开进气阀、出气阀、排水阀、减速机进水阀、减速机出水阀（阀门开到位后执行下一步）；②开泵（瓦斯泵运行反馈正常后执行下一步）；③关闭排水阀，打开密封水阀（阀门到位后执行下一步）；④一键启动完成。

第三步：调节进水阀开度，使瓦斯泵电流保持在38～40 A，启泵完成。

故障反馈：程序执行过程中设备出现故障均会反馈，同时停止程序执行。

其流程如图6-3所示。

2. 一键停止流程

第一步：现场确认设备正常，电话汇报调度室开始停泵。

第二步：按下一键停止按钮。

程序执行步骤为：①停泵（瓦斯泵运行反馈正常后执行下一步）；②关闭进水

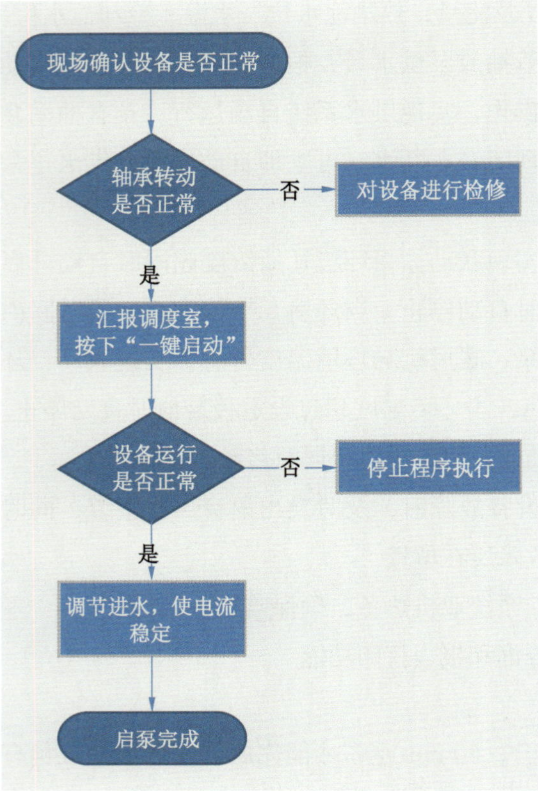

图6-3 智能化瓦斯抽采泵站一键启动流程图

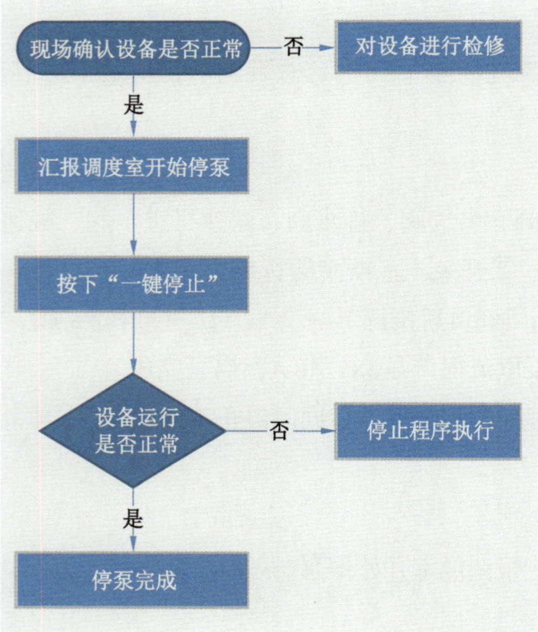

图6-4 智能化瓦斯抽采泵站一键停止流程图

阀、密封水阀，打开排水阀、减速机进水阀、减速机出水阀（阀门到位后执行下一步）；③关闭进气阀、出气阀（阀门到位后执行下一步）；④一键停止完成。

故障反馈：程序执行过程中设备出现故障均会反馈，同时停止程序执行。

其流程如图6-4所示，相关界面如图6-5、图6-6所示。

（三）视频监控

视频监控系统能够实现对抽采泵站的配电室、控制室、设备间、抽采泵房、管道间和集中安置仪表的区域进行监视，系统具有异常人/物出入泵站区域检测及报警功能，可以与PLC联动。

1. 实时视频监控

通过客户端和浏览器可以实时掌握监控区域内的一切情况，对所辖区域的两台全方位摄像机进行控制。

2. 录像存储和回放

对监控视频进行实时存储，记录报警前后的现场情况；当发生重大安全事件时，通过调用回放录像，能够全程看到事情发生的经过，为事件调查及事后总结提供宝贵的资料。

3. 智能控制视频联动功能

在基于视频监控的环境基础上，通过控制指令操控视频自动跟踪对应设备，达到将视觉自动延伸到每一个控制单元的目的（图6-7），减少远程

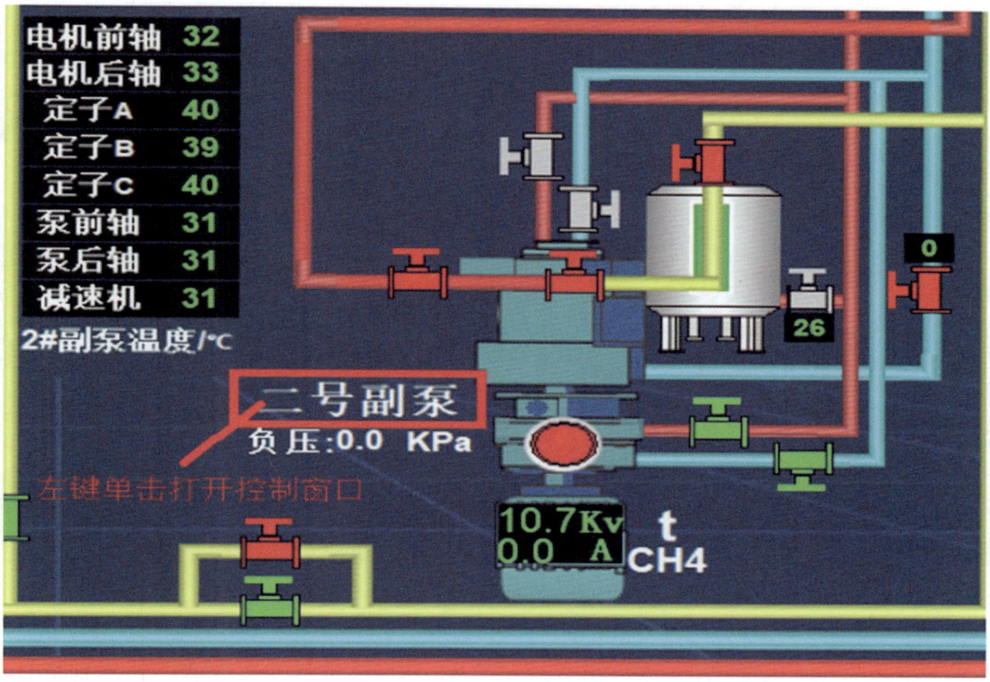

图 6–5　瓦斯抽采系统控制图

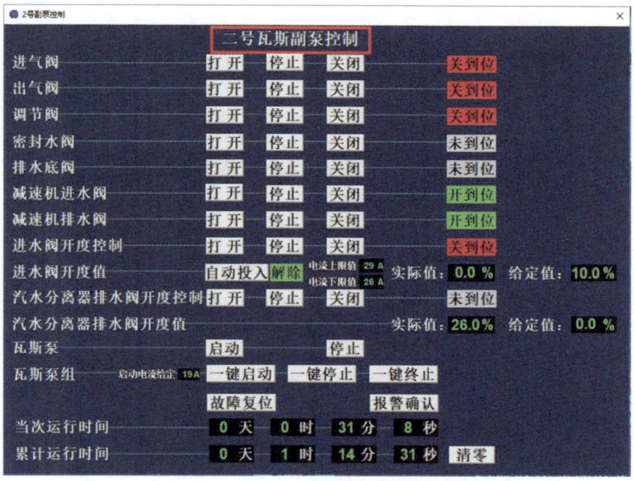

图 6–6　智能化瓦斯抽采泵站一键启停界面

控制出现的安全隐患。

（四）抽采系统智能诊断

瓦斯抽采系统在运行过程中存在泵站故障、管道堵塞或漏气的可能，智能化瓦斯抽采系统具备自主诊断能力，能够及时发现抽采系统自身的缺陷或隐患，发出报警信号。目前，已经实现了抽采泵工况的在线监测和故障诊断，通过对泵站负压、

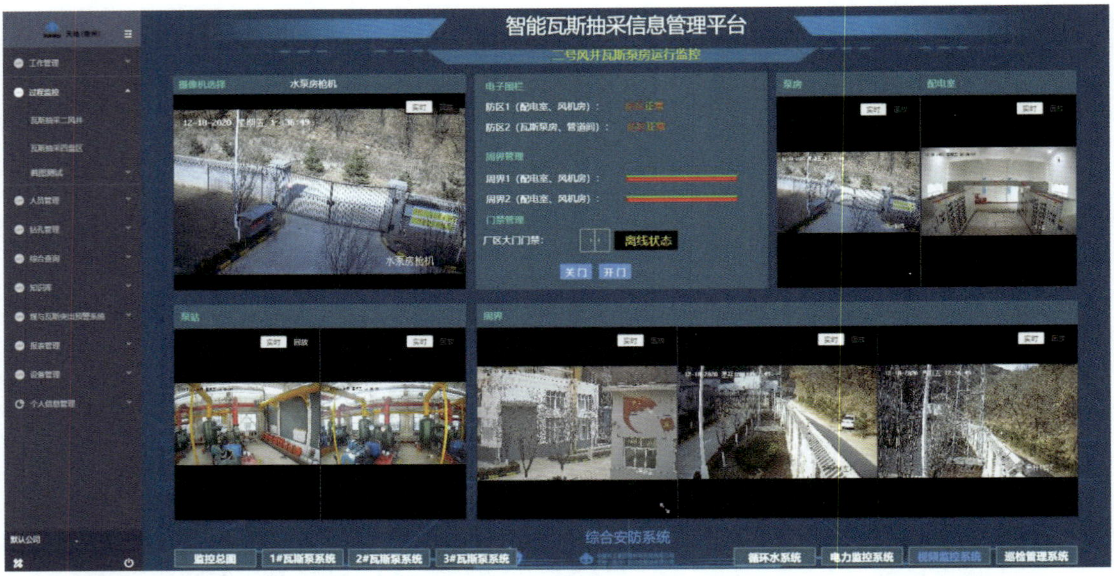

图 6–7　智能化瓦斯抽采信息管理平台监测画面

流量、水位、轴温、震动等的监测分析，对泵站故障进行自动报警。系统智能诊断功能主要包括报警参数设置功能、关键参数趋势分析与预警功能、各种故障点记忆功能、故障智能诊断功能，具有运行状态实时数据显示、历史记录查询、工况参数列表显示等功能，如图6-8、图6-9所示。

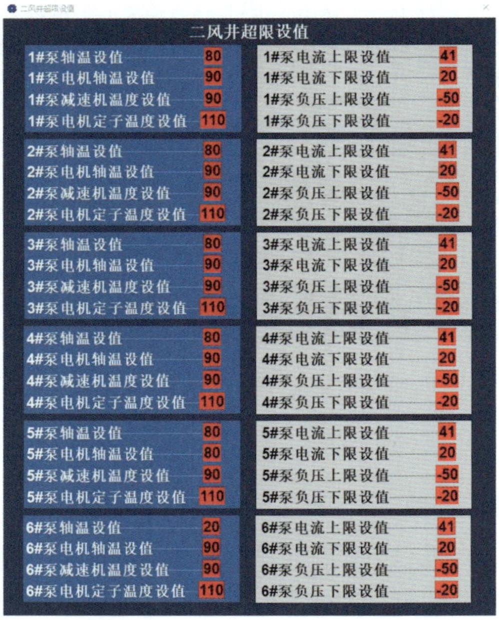

图 6–8　抽采系统智能诊断功能界面

图 6-9　抽采系统智能诊断功能报警记录

三、智能化瓦斯抽采泵站的主要设备

智能化瓦斯抽采泵站中除传统泵站配备的设备外主要包含的设备见表6-1。

表6-1　智能化瓦斯抽采泵站主要设备清单

序号	设备	性能参数
1	瓦斯抽放云平台管理系统	瓦斯抽放数据上传云端
2	瓦斯抽放智能诊断系统	系统软硬件故障自动诊断，提示报警
3	工控机	紧凑型4U机架式机箱，深度为348 mm 支持ATX/mATX主板 抗震动磁盘驱动器托架，以及一个超薄光驱 双前置USB 3.0端口 前置系统风扇，采用易维护设计 LED指示灯和报警提醒，有效提高系统可用性 智能风扇转速控制 内置侵入开关功能

表6-1（续）

序号	设备	性能参数
3	工控机	内置智能系统模块，支持整个系统的风扇控制和远程管理 CPUi7 3.0 GHz以上、内存8 G以上、显卡显存2 G以上、显示器分辨率1080 p以上、硬盘2 T以上、系统软件Microsoft windows7（64位）以上，带显示器、蓝牙键鼠
4	瓦斯抽放监控系统软件	系统总体监控，信息显示，必须将数据传至黄陵矿业集团安全生产信息共享平台
5	矿用本安型声光报警器	防爆型式：矿用本质安全型 ExibIMb 工作电压：DC（9～24.5）V 工作电流：≤300 mA @DC18 V 通信接口：RS485 输入信号：2路电平型开关量 声报警：合成语音 光报警：3色闪烁、旋转 其他功能：风门闭锁报警
6	UPS电源	5 kV · A/6 H
7	矿用本安型环网接入器	防爆型式：矿用本安型，标志为“Exd[ia ib] I” 工作电压：AC127 V、220 V、660 V 输入视在功率：≤180 V · A 交换机：赫斯曼MS4128-L3E，含MM2-4TX1两块、MM4-4TX/SFP一块 、MM3-4FXS2一块、RPS-80EEC一块、M-SFP-LX/LC, SFP Transceiver LX（单模传输20km）两块
8	矿用隔爆兼本安型PLC控制箱	防爆型式：矿用本安型，标志为“Exd[ia ib] I” 工作电压：AC127 V、220 V、660 V 输入视在功率：≤180 V · A 通信接口：2路以太网电接口（本安）、2路RS485接口（本安） 输入输出信号： 16路无源接点型开关量信号输入（本安ib保护等级） 8路无源接点型开关量信号输入（本安ia保护等级） 8路无源接点输出（本安） 16路无源接点型开关量信号输入（非本安） 24路继电器接点信号输出（非本安） 外形尺寸：880 mm × 530 mm × 895 mm Plc核心：AB 5000-1769系列含电源、CPU、网络、通信模块
9	显示控制柜	现场显示各类参数、传感器数据
10	通用监控分站	防爆型式：矿用本质安全型 Exia I 工作电压：DC（15～19.5）V 工作电流：≤400 mA @DC18 V

表6-1（续）

序号	设备	性能参数
10	通用监控分站	百兆以太网光口：2路 百兆以太网电口：2路 RS485接口：5路 CAN接口：2路 人机交互：遥控、按键、液晶
11	隔爆兼本安多路电源	防爆型式：矿用隔爆兼本质安全型Exd [ib] I Mb 输入电压：AC（127 ~ 660）V 本安输出：6路 输出电压：DC18.5 V 输出电流：1300 mA 续航时间：≥4 h 人机交互：液晶 通信接口：RS485 电源管理：远程监测、充放电管理
12	机电设备开停传感器	防爆型式：矿用本质安全型 Exia I 工作电压：DC（9 ~ 24.5）V 工作电流：≤25 mA @DC18 V 通信接口：RS485 输出信号：频率，电平型开关量 防护等级：IP65
13	矿用本安型缺水传感器	防爆型式：矿用本安型，标志为"Exia I" 工作电压：DC（9 ~ 24.5）V 工作电流：≤30 mA@DC18 V 通信接口：RS485 输出信号：电平型开关量 防护等级：IP65 外形尺寸：227 mm × 146 mm × 56 mm
14	矿用本安型表面温度传感器（测轴温、减速机温度，每台泵）	防爆型式：矿用本质安全型，Exib I 测量范围：0 ~ 150 ℃ 测量误差：±1.5 Ω 分度号：Pt100 输出信号：100.0 ~ 157.33 Ω 传感器为无源式，接触式一路测温 电缆外径：Φ3（配套附件M16接线嘴），电缆长度1.5 m 外形尺寸：45 mm × 15 mm × 15 mm 重量：约0.3 kg
15	矿用本安型表面温度传感器（测量水池水温）	测量范围：0 ~ 150 ℃ 测量误差：±1.5 Ω 输出信号：100.0 ~ 157.33 Ω 传感器为无源式，接触式一路测温

表6-1（续）

序号	设备	性能参数	
16	矿用激光甲烷传感器	防爆型式：矿用本质安全型 Exia I 测量范围：（0 ~ 100）% CH_4 工作电压：DC（9 ~ 24.5）V 工作电流：≤ 45 mA @DC18 V 通信接口：RS485 输出信号：频率，电平型开关量 防护等级：IP65	
17	温度传感器	防爆型式：矿用本质安全型 Exia I 测量范围：−5.0 ~ 45.0 ℃ 工作电压：DC（9 ~ 24.5）V 工作电流：≤ 35 mA @DC18 V 通信接口：RS485 输出信号：频率，电平型开关量 防护等级：IP65	
18	矿用水位传感器	防爆型式：矿用本质安全型 Exia I 测量范围：（0 ~ 10.0）m 工作电压：DC（9 ~ 24.5）V 工作电流：≤ 35 mA @DC18 V 通信接口：RS485 输出信号：频率，电平型开关量 防护等级：IP65	
19	总线式通用I/O接口	防爆型式：矿用本安型，标志为“Exia I” 工作电压：DC（9 ~ 24.5）V 工作电流：≤ 50 mA@DC18 V 输入信号：PT100电阻信号8路 通信接口：RS485 输出信号：1路RS485 防护等级：IP65 外形尺寸：298 mm × 231 mm × 72 mm	
20	矿用瓦斯抽放多参数传感器（含天地自动化矿用瓦斯抽放多参数传感器嵌入式软件V1.0）	防爆型式：矿用本安型，标志为“Exia I” 工作电压：DC（9 ~ 24.5）V 工作电流：≤ 50 mA@DC18 V 测量范围：1路0 ~ 100 kPa差压 1路20 ~ 200 kPa绝压 1路0 ~ 100 ℃温度 1路0 ~ 800 m^3/min流量 通信接口：RS485 输出信号：3路频率 防护等级：IP65 外形尺寸：294 mm × 107.5 mm × 145 mm	

表6-1（续）

序号	设备	性能参数
21	管道激光甲烷传感器	防爆型式：矿用本安型，标志为“Exia I” 工作电压：DC（9 ~ 24.5）V 工作电流：≤65 mA@DC18 V 测量范围：（0 ~ 100）%CH_4 通信接口：RS485 输出信号：频率，电平型开关量 防护等级：IP65 外形尺寸：240 mm × 145 mm × 56 mm
22	管道用一氧化碳传感器	防爆型式：矿用本安型，标志为“Exia I” 工作电压：DC（9 ~ 24.5）V 工作电流：≤30 mA@DC18 V 测量范围：（0 ~ 1000）× 10^{-6}CO 通信接口：RS485 信号输出制式：频率，电平型开关量 防护等级：IP65 外形尺寸：240 mm × 145 mm × 56 mm
23	插入式汽水分离装置	挡板式
24	矿用差压传感器	防爆型式：矿用本安型，标志为“Exia I” 工作电压：DC（9 ~ 24.5）V 工作电流：≤30 mA@DC18 V 测量范围：差压0 ~ 5 kPa；负压0 ~ 100 kPa 防护等级：IP65 外形尺寸：170 mm × 146 mm × 56 mm
25	矿用压力传感器	防爆型式：矿用本质安全型 Exia I 测量范围： KGY8-1型：-100 ~ 100kPa KGY8-2型：0 ~ 20.0MPa 工作电压：DC（9 ~ 24.5）V 工作电流：≤ 35mA @DC18 V 通信接口：RS485 输出信号：频率，电平型开关量 防护等级：IP65
26	高清网络录像机（NVR）	可接驳符合ONVIF、PSIA、RTSP标准及众多主流厂商的网络摄像机；支持GB28181协议、Ehome协议接入平台；支持萤石云服务，可一键配置上网；支持人体侦测及报警联动、人体检索以人搜人等，基于深度学习算法，实现更为精确的人体分析接入；支持对越界、区域入侵等行为分析进行人体目标二次识别，过滤非人触发报警，大大提高人员入侵报警准确率；支持

表6-1（续）

序号	设备	性能参数
26	高清网络录像机（NVR）	4 K高清网络视频的预览、存储与回放；支持H.265、H.264编码前端自适应接入；支持海康SMART IPC越界、进入区域、离开区域、区域入侵、徘徊、人员聚集、快速移动、非法停车、物品遗留、物品拿取、人脸、车牌、音频输入异常、虚焦以及场景变更等多种智能侦测接入与联动，专业智能配置与分析；支持即时回放功能，在预览画面下对指定通道的当前录像进行回放，并且不影响其他通道预览；支持重要录像文件加锁保护功能；支持RAID0、RAID1、RAID5、RAID6和RAID10；双千兆网卡，支持双网络IP设定等应用；支持网络检测（网络流量监控、网络抓包、网络通畅）功能。含60 T硬盘
27	人员身份识别联动系统	人脸识别、身份卡识别结合
28	热成像摄像仪	最大图像尺寸：160× 120 响应波段：8 ~ 14 μm NETD（噪声等效温差）：＜ 40 mk（@25°C,F号=1.0） MRAD（空间分辨率）：2.74 热成像镜头焦距：6 mm 参照物大小：人1.8 m × 0.5 m 人员周界报警有效距离：42 m 分辨率：1920 × 1080 可见光镜头焦距：6 mm 低照度：0.06 Lux @F1.6 数字降噪：3D降噪 补光功能：15 m照射距离 区域增强：ROI感兴趣区域增强 网口：1路10/100 M自适应以太网口 应用编程接口：支持软件集成的开放式API，支持标准协议（ONVIF）、支持海康SDK和第三方管理平台接入 浏览器：支持IE7+, Chrome18+, Firefox5.0+, Safari5.02+浏览器 电源输入：POE、DC12V 功率：8 W max 工作温度和湿度：-40 ~ 70 ℃，＜95% RH 防护等级：IP67 藏线盒：标配藏线盒 约翰逊法则：热成像镜头焦距 6 mm 探测距离（车辆: 1.4 m × 4.0 m）559 m 探测距离（人: 1.8 m × 0.5 m）182 m 识别距离（车辆: 1.4 m × 4.0 m）140 m 识别距离（人: 1.8 m × 0.5 m）46 m 辨认距离（车辆: 1.4 m × 4.0 m）70 m 辨认距离（人: 1.8 m × 0.5 m）23 m

表6-1（续）

序号	设备	性能参数
29	热成像枪球联动套装	必须实现枪球联动功能
30	户外报警箱	声光报警、声音不小于120 dB
31	矿用网络摄像仪	行为检测：拌线/区域入侵，输煤皮带违章乘人，物品遗留/消失，场景变更，虚焦侦测；供电：AC127 V；功耗：20 W；温度适应性：–40 ~ 60 ℃；产品尺寸：434 mm × Φ159 mm、3个出线喇叭嘴；重量：10 kg；可见光传感器类型：1/1.9英寸 CMOS；可见光传感器像素：1920（H）× 1080（V）；最低照度：0.001 Lux/F1.2（彩色模式），0.0001 Lux/F1.2（黑白模式）；信噪比：≥ 56 dB；视频编码：H.264；可见光分辨率：1920 × 1080；音频编码：G.711a/G.711Mu
32	矿用浇封兼本安型直流电源	电压：AC127 V 输入视在功率：≤ 100 V・A 电源具有1路本安电源输出；电源具有过流、过压保护功能，故障排除自恢复功能 电压波动范围：AC95 ~ 265 V
33	矿用光纤盘纤盒	防爆型式：矿用本质安全型 防爆标志：ExibI 接入光缆外径：Φ5 ~ 10mm 外形尺寸：400 mm × 200 mm × 60 mm 质量：约2.5 kg 盘纤盒：常规24芯
34	矿用本安型超声波流量计	防爆型式：矿用本质安全型，标志为“ExibIMb” 工作电源：额定工作电压DC 18 V 工作电流：≤ 200 mA 测量对象：管道内 液体流量：35 ~ 500 m^3/h 测量精度：示值误差≤ ±1%（F.S.），重复性≤ 1% 流量计功能：流量计具有4个按键，具有采集管道内水流量并通过60 mm × 20 mm液晶屏显示的功能 信号输出 4 ~ 20 mA电流：输出流量值，对应值0 ~ 500 m^3/h，负载阻抗0 ~ 250 Ω RS485：波特率4800 bps，传输距离不大于1 km 电池参数：时钟电路供电采用一节一次性锂–二氧化锰钮扣电池CR 2025 3 V/150 mAh，电池本安参数：Uo3.7 V，Io > 1.3 A 外形尺寸 主机：319 mm × 160 mm × 72 mm 外夹式探头：90 mm × 41 mm × 45 mm 插入式探头：215 mm × 58 mm × 80 mm

表6-1（续）

序号	设备	性能参数
35	矿用本安型振动速度传感器	灵敏度：20 mV/mm/s（可定制） 频　响：10 ~ 1000 Hz（通用） 4.5 ~ 1000 Hz（垂直或水平） 工作方式：两线制（无源） 精　度：±5%输出 温　漂：≤0.1%/℃ 适用温度：−40 ~ 100 ℃ 阻 尼 比：0.6 ± 0.05 自然频率：80 Hz ± 5% 失　真：≤0.2% 测试条件：*f*=12 Hz，振动1.8 cm/s.p−p 外壳材料：不锈钢 防护等级：IP67 重　量：280 g 输出形式：直接引线输出航空插头
36	矿用本质安全型输入输出	防爆型式：矿用本质安全型 防爆标志：ExibI 外壳防护等级：IP54 工作电压：12 ~ 18 V 输入输出：12路模拟量/开关量输入，12路开关量输出
37	设备巡检管理系统	煤矿设备点检解决方案平台门户 管理模块（基础配置管理、巡检路线管理、巡检计划管理、日报表、班次报表、统计报表等） 井下设备巡检模块（手持终端） 设备巡检管理模块 用户及权限管理
38	设备巡检记录仪	后置摄像头1300万像素，前置摄像头500万像素 屏幕4.7寸，具有彩色液晶显示功能，按键、触摸屏操控功能，中英文、数字、符号输入功能 本安、防爆产品 操作系统 Android6.0 具有802.11b/g协议的无线网络通信功能 采用数据通信电路和射频技术，内置非接触式识读器及WIFI模块，实现数据通信、记录、存储、显示、信息卡识读为一体，具有13.56MHz低频电子标签卡的读写功能，可读写电子标签卡扇区内的数据内容
39	服务器（含操作系统）	CPU: Intel(R) Xeon(R) E5−2630v2 内存：8 GB内存(DDR3) SAS 硬盘：500 G × 2　10 KRPM 冗余电源

表6-1（续）

序号	设备	性能参数
39	服务器（含操作系统）	RAID卡：RAID-5，带≥256 MB缓存，带电池保护 DVD ROM 安装导轨 2U 机架式机箱
40	地面无线基站	产品类型：企业级无线路由器 网络标准：IEEE 802.11b、IEEE 802.11g、IEEE 802.11n 最高传输速率：450 Mbps 网络接口：2个10/100/1000Mbps WAN口，3个10/100/1000Mbps LAN口 天线 天线类型：外置全向天线 天线数量：3根 是否可拆卸：是 天线增益：5 dBi 功能参数 VPN支持：支持 防火墙功能：内置防火墙 WDS功能：支持WDS无线桥接 无线安全：WEP，WPA，WPA2，WPA-PSK，WPA2-PSK 网络管理：全中文Web网管，远程管理
41	身份卡（无源）	集成电路芯片密封在卡壳内，防水、防尘、防腐蚀，坚固耐用，可在各种恶劣的环境使用。每个感应卡编号不重码，无须供电。
42	地址卡（无源）	RFID射频卡，集成电路芯片密封在外壳内，防水、防尘、防腐蚀，坚固耐用，适合于多种介质表面进行固定，可在各种恶劣环境中使用
43	现场标识牌	定制/夜光/物料码：1.60.JXZS-1
44	隔爆兼本安电动球阀	QJ941F-25C-127-DN32
45	矿用隔爆兼本安型电动球阀	QJ941F-25C-127-DN50
46	矿用隔爆兼本安型电动闸阀	Z941H-16C-DN100
47	矿用隔爆兼本安型电动闸阀	Z941H-16C-DN150
48	矿用隔爆兼本安型电动闸阀	Z941H-16C-DN200
49	电动蝶阀	MDS943F-10Q DN350

表6-1（续）

序号	设备	性能参数	
50	电动蝶阀	MDS943F-10Q DN500	
51	电动蝶阀	MDS943F-10Q DN700	
52	闸阀控制箱（一控三）	KXBC-3x15/660(380)DZ	
53	煤矿电力监控系统软件	电力监控系统具备定值管理功能	
54	矿用一般型电力分站	KJF88	
		KJF88-DRV 变电站接入定制驱动软件	

| 第二节 |

智能化瓦斯抽采系统

抽采系统的智能化是实时感知抽采对象和抽采系统工况参数的变化，借助管网抽采优化模型及智能控制算法，对关键目标参数进行优化和修正，并能够根据管网抽采的负压、流量、浓度等数据变化规律对关键装置反馈调控的瓦斯抽采控制方法。其结构如图6-10所示。

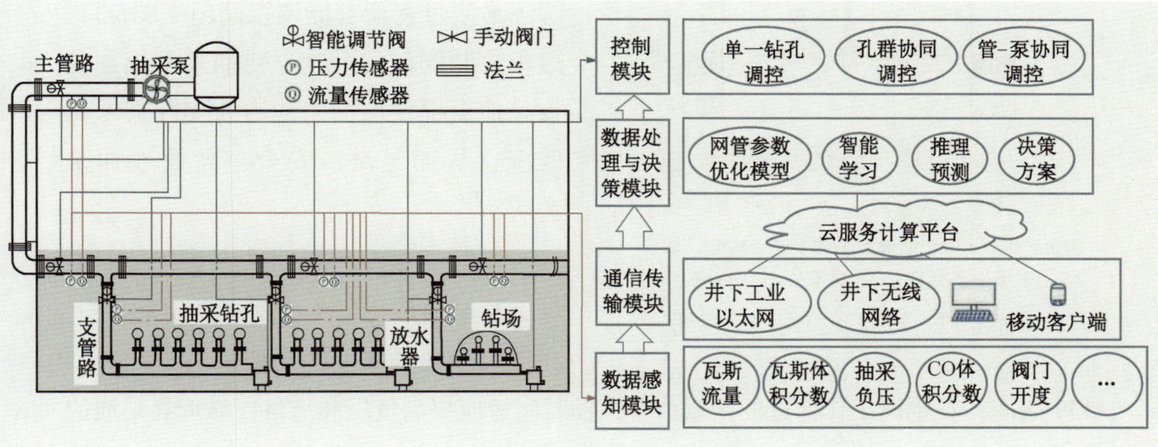

图6-10　智能化瓦斯抽采系统结构图

一、智能辅助动力装置

抽采泵站是智能化瓦斯抽采系统的动力单元，也是智能化瓦斯抽采系统的“心脏”。管网中瓦斯浓度的大小反映了瓦斯抽采效率的高低。智能辅助动力装置通过实时检测管中气体流量和瓦斯浓度，反馈给PLC控制器，若分析数据发现监测值低于设定值，则调整防爆电机转速，即实现调整抽采区域的抽采负压作用，提高抽采过程中的瓦斯浓度，保证抽采效率及安全性。

二、智能控制阀门

在瓦斯抽采过程中，相同或不同封孔工艺的钻孔，其最佳瓦斯抽采流量对应于不同的抽采负压，同时最佳抽采负压是随着钻孔和煤层的漏风量、管道流量、瓦斯残存压力、抽采时间而实时动态变化的，因此经常存在抽采能力不足或过剩的情况。另外，抽采管理不到位，对浓度低、抽采量小的钻孔或管路没有及时关闭，也会造成抽采能力资源的浪费。通过手工调节阀门控制管道流量和抽采负压等因素的变化，工作量很大且不易实现。

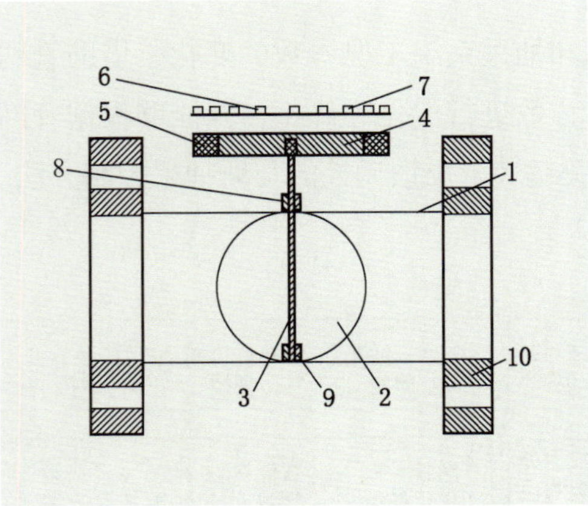

1—阀门管道；2—蝶阀片；3—驱动轴；4—调节杆；5—磁铁；6—电磁驱动盘；7—电磁线圈；8—密封圈；9—轴承；10—法兰

图 6-11　智能调控阀门示意图

近年来随着抽采技术的发展，抽采管路阀门也逐渐实现了自动化调节，在对瓦斯抽采监测数据研究的基础上通过仿真模拟对管网运行状态进行分析，可以根据瓦斯浓度、抽采负压、管道流量等因素通过瓦斯智能调控阀门（图6-11）远程控制阀门的开度，使抽采系统在各抽采地点提供的抽采能力与实际需求相匹配，从而经济、安全、高效地抽采瓦斯。

根据工作面瓦斯抽采方式，一般本煤层瓦斯抽采孔口负压不得低于13 kPa，高位裂隙抽采和上隅角抽采负压在3～5 kPa之间，在距离工作面近的区域由于预抽时间短应提高负压和流量，靠近终采线的区域预抽时间长可减小负压和流量，在高瓦斯区域提高抽采负压和流量，在低瓦斯区域降低抽采负压和流量。另外，本煤层钻孔的抽采负压和纯量符合二次函数关系，随着负压提高，抽采纯量呈先上升后下降的趋势，因此在实际抽采过程中需要对不同负压情况下钻孔的抽采规律进行研究，利用大数据进行分析，建立模型加入智能化抽采系统中，通过智能控制阀门实现工作面抽采“一段一策”，提高抽采系统的有效利用率。

三、瓦斯智能抽采管控系统

黄陵二号煤矿基于矿井瓦斯抽采全过程管控现状，根据精准抽采的管控需求，建立了一套瓦斯智能抽采管控系统，该系统在二盘区213工作面和三盘区303工作面进行了现场实施。

（一）瓦斯智能抽采管控系统主要建设内容

1. 建立地面瓦斯精准抽采与防突信息管控系统

地面瓦斯精准抽采与防突信息管控系统主要包含全矿井抽采系统三维可视化展示模块、工作面瓦斯抽采动态分元评价三维可视化展示模块、瓦斯抽采智能业务分析模块、钻孔全过程信息管理模块等。

1）建立全矿井抽采系统三维可视化展示模块

矿井抽采系统三维可视化设计可实现全矿井瓦斯抽采系统三维可视化展示，构建全矿井抽采系统三维导航，直观、动态展示矿井及采掘区域的抽采管路系统、管网监控、抽采评价等信息，促进瓦斯抽采系统科学管理，提高瓦斯抽采系统设计效率，降低开采过程中的瓦斯涌出量、防止瓦斯超限和积聚，预防瓦斯爆炸和煤与瓦斯突出事故。

2）建立工作面瓦斯抽采动态分元评价三维可视化展示模块

基于工作面巷道、煤层、岩层等信息化数据，构建工作面区域的三维模型，实现采掘工作面煤层、巷道、顶板、岩层三维的自动设计与展示；三维工作面可根据采掘工程实际数据进行动态自动调整。基于采掘工作面抽采系统空间信息化数据，还原井下抽采系统场景，实现工作面瓦斯抽采动态分元评价的表达可视化、分析可视化、过程可视化、设计可视化和决策可视化。

3）建立瓦斯抽采智能业务分析模块

通过建立智能化、多业务分析模型，包括传感器故障自诊断、抽采管段堵漏异常诊断、钻孔过抽异常发现、抽采资源优化等模型；针对不同抽采区域、不同测点类型测点参数、测点关联属性和监测数据进行逻辑关联、交叉分析，提供基于测点流量、浓度、压力异常分析的管道漏气、管道堵塞、传感器故障诊断，及时发现异常测点、危险区域。

4）建立钻孔全过程信息管理模块

基于多维度、一体化信息管理，针对矿井的区域预测、区域预抽及区域效果检验等钻孔工程，实现钻孔设计、施工、封孔联抽、钻孔轨迹、视频监控、抽采计量、观测分析等关键环节的系统性管理，所有相关资料建档并妥善保管，建立钻孔全过程管理体系，实现钻孔信息管理与分析。

瓦斯精准抽采与防突信息管控系统地面部分所需设备清单见表6-2。

表6-2 瓦斯精准抽采与防突信息管控系统地面部分设备清单

序号	设备名称	规格型号	单位	数量
1	服务器	浪潮2U机架式服务器 CPU × 1颗 16 GB × 2 DDR4内存 8 × 2.5盘位，1.2 T × 1 SAS硬盘 4个1000M网口 Raid 5 550电源 导轨	台	2
2	服务器硬盘	1.2 T	个	16
3	监控主机	研华4U工控机/IPC-610L/I7 十代/8 G × 2/千兆网口 × 3/4 G独显/含24寸液晶显示器/键盘/鼠标	台	1
4	监控主机硬盘	1 T	个	4
5	千兆网络交换机	S5120，24个10/100/1000Base-T以太网端口，4个千兆SFP	台	1
6	智能瓦斯抽采达标评价系统软件	KJ751	套	1

2. 建立传输网络系统

矿井传输网络系统担负着将监控现场的业务监测参数、设备运行状态采集的信息上传到地面瓦斯精准抽采与防突信息管控系统中，并将人工或者自动控制指令及时分发给控制现场。

部署的在线计量设备通过全数字传输方式接入监控分站，监控分站通过新增部署的本安型以太网交换机，接入矿用环网交换机的以太网电口或光口，利用光纤主干以太网，实现在线计量设备监测数据至地面瓦斯精准抽采与防突信息管控系统间的通信。

针对黄陵二号煤矿通信网络现状，目前，矿井已建立了井下光纤传输网络，井下部署的抽采计量在线监测设备就近接入分站，分站与分站间采用RS485通信总线串接方式接入矿用本安型信号转换器上，信号转换器通过百兆光口或电口接入矿井变电所现有光纤网络交换机富余的百兆光口或电口，实现数据的通信传输（图6-12）。

3. 建立井下瓦斯精准抽采与防突信息管控系统

针对不同类型的抽采区域，通过在井下瓦斯抽采钻孔、钻场、抽采单元、工作面、采区等重要区域分别部署基于循环自激检测技术、管道甲烷检测技术的传感器监测设备以及便携式计量设备，能够准确测量瓦斯流量、浓度、压力和温度等参数，

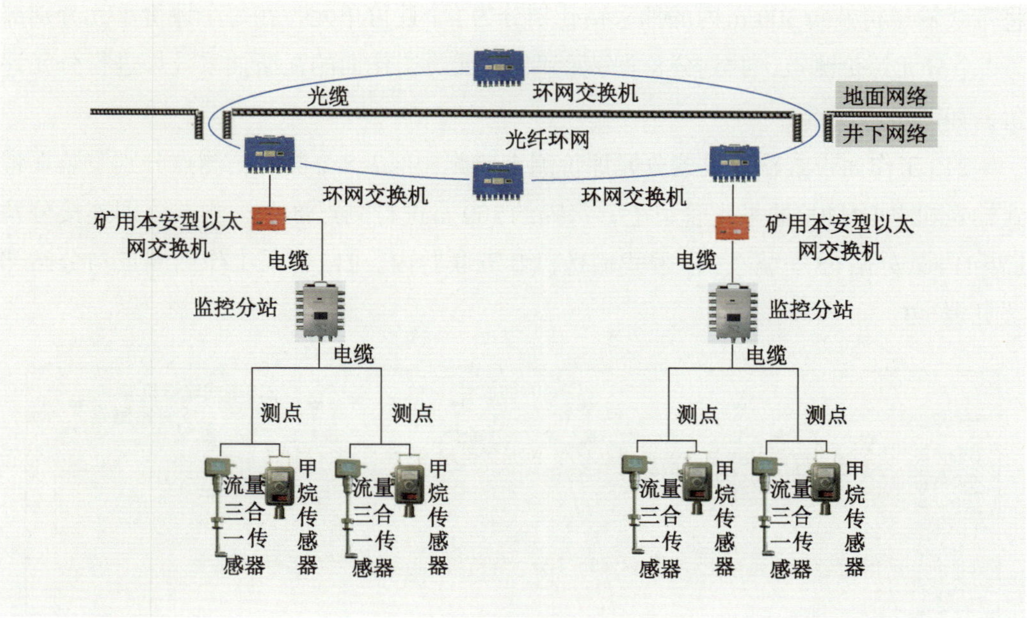

图 6-12　通信传输示意图

将测量数据通过传输网络系统上传至地面服务器系统中心，为瓦斯抽采动态达标评价提供坚实的数据支撑。

1）213工作面测点与分站部署

根据213工作面灾害分布情况，将213带式输送机巷掘进工作面分为高瓦斯区域和低瓦斯区域，并对对应区域进行钻孔设计。在低瓦斯区域内工作面主要以施工探测钻孔为主，摸清工作面本煤层瓦斯含量、顶底板油型气赋存情况，并掌握富集区起始位置，根据探明灾害的赋存情况，针对性进行钻孔设计与施工。在高瓦斯与油型气富集区内主要以施工抽采钻孔为主，并根据灾害赋存层位的变换及时调整钻孔数量及设计参数。低瓦斯区域范围：巷道开口~1610 m（23号钻场）；高瓦斯区域范围：1610~3743 m（开切眼）。

213备采工作面作为瓦斯抽采效果分元达标评价重点区域，根据213工作面进回风巷实际情况及矿井实际监测需求，将213工作面划分为两类测点部署方案，具体部署方案如下。

（1）213备采工作面支管道测点与分站部署。213工作面带式输送机巷抽采支管道监测：部署1个测点，测点安装在工作面带式输送机巷巷口抽采支管道上，测点连接分站F7，分站F7安装在213工作面带式输送机巷巷口附近。

（2）213备采工作面分元评价测点与分站部署。在213备采工作面高瓦斯区域，将带式输送机巷每300 m内的抽采钻孔划分为1个评价单元，在每个评价单元分别部署1个分元评价测点，共划分8个分元评价单元对工作面的瓦斯抽采效果进行分元评价，如图6-13所示。

213工作面带式输送机巷分元评价测点监测：部署8个测点，测点分别安装在带式输送机巷DN400抽采支管道上，每隔约300 m进行测点部署；测点分别连接分站F7和F8，分站F8安装在213带式输送机巷五联巷内。213备采工作面测点与分站部署见表6-3。

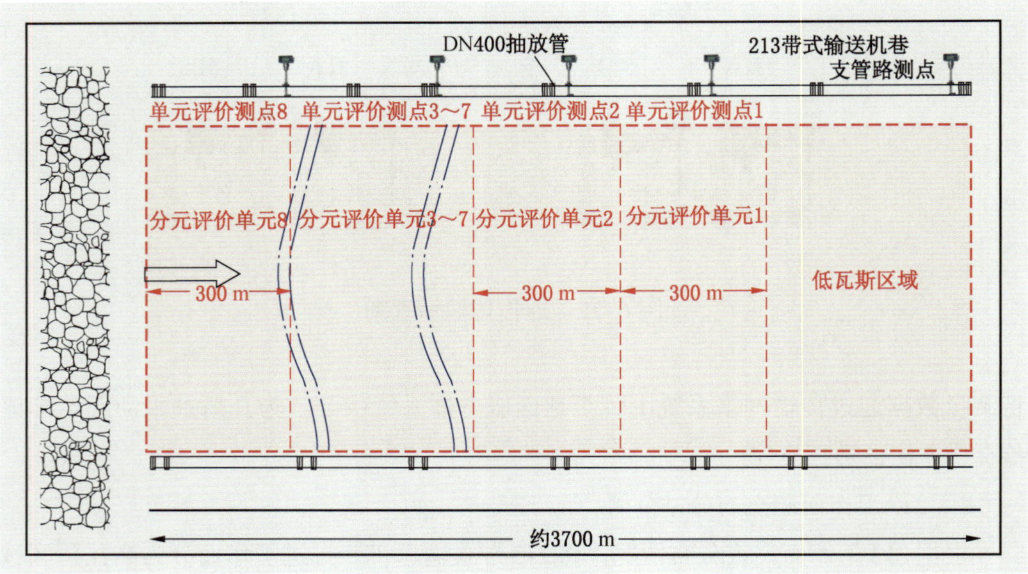

图6-13　213备采工作面瓦斯抽采分元评价测点部署示意图

2）303工作面测点与分站部署

303工作面走向长度剩余约为3900 m，在303工作面带式输送机巷部署本煤层钻孔对煤层瓦斯进行预抽。本煤层钻孔为单排钻孔，单孔间距为10 m，接入DN225汇流管道，每300 m范围内的单孔通过汇流管道接入抽采支管道。在303工作面带式输送机巷每隔70 m部署一个钻场，钻场内部署有本煤层钻孔、顶板钻孔、底板钻孔、边掘边抽钻孔，钻孔呈扇形部署接入DN225汇流管道，然后通过汇流管道接入DN400抽采支管道；在303工作面回风巷部署高位钻孔，距离开切眼50 m部署一组，同时开启相邻三组抽采，随着回采迈步式部署高位钻孔，每组钻孔通过DN225汇流管道接入DN500抽采支管道。

根据303工作面进回风巷实际情况及实际监测需求，确定测点部署方案，具体部署方案如下。

表6-3　213备采工作面测点与分站部署一览表

序号	区域	测点名称	管径	分站安装位置	测点到分站距离（8芯线）/m	分站	分站到交换机距离（4芯线）/m	交换机位置
1	213工作面带式输送机巷	213工作面带式输送机巷支管路测点（巷口）	DN400	213工作面带式输送机巷巷口	100	F7	F7至13号联巷瓦斯泵站交换机处300 m	213工作面外瓦斯抽放泵站
2		213工作面带式输送机巷分元测点1（距开切眼2400 m）	DN400		1400			
3		213工作面带式输送机巷分元测点2（距开切眼2100 m）	DN400		1700			
4		213工作面带式输送机巷分元测点3（距开切眼1800 m）	DN400	213工作面带式输送机巷五联巷（距开切眼1935 m）	200	F8	F8至F7分站485通信线缆1950 m	
5		213工作面带式输送机巷分元测点4（距开切眼1500 m）	DN400		500			
6		213工作面带式输送机巷分元测点5（距开切眼1200 m）	DN400		800			
7		213工作面带式输送机巷分元测点6（距开切眼900 m）	DN400		1100			
8		213工作面带式输送机巷分元测点7（距开切眼600 m）	DN400		1400			
9		213工作面带式输送机巷分元测点8（距开切眼300 m）	DN400		1700			

（1）在303备采工作面，将带式输送机巷每300 m内的抽采钻孔划分为1个评价单元，在每个评价单元分别部署1个分元评价测点，共划分13个分元评价单元对工作面的瓦斯抽采效果进行分元评价。

（2）303工作面带式输送机巷分元评价测点监测：部署13个测点（图6-14、表6-4），测点分别安装在带式输送机巷DN400抽采支管道上，每隔约300 m进行测点部署；分站部署3台，分别安装在带式输送机巷巷口（F9）、带式输送机巷1500 m处（F10）、带式输送机巷2700 m处（F11），测点1～测点5连接分站F9，测点6～测点9连接分站F10，测点10～测点13连接分站F11。

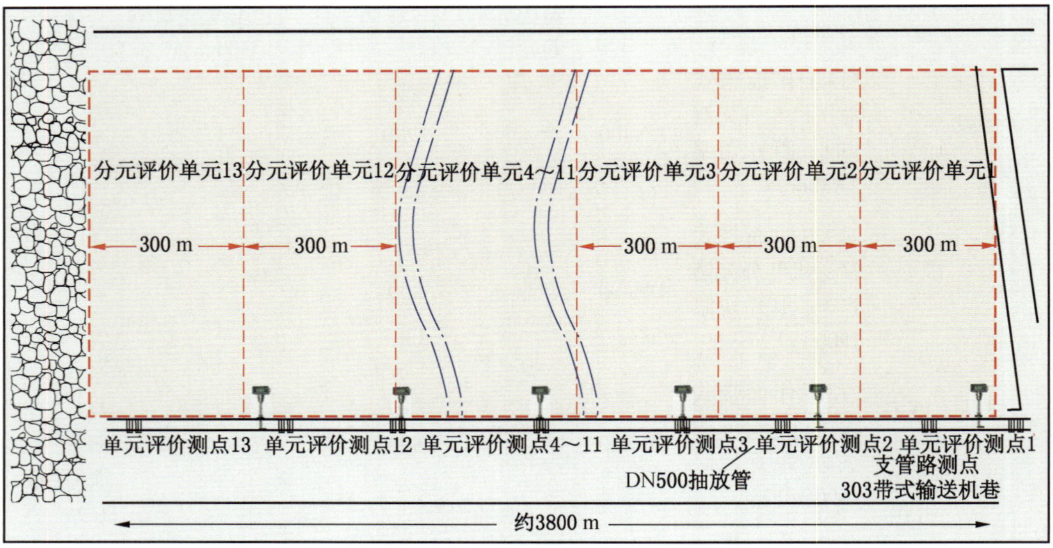

图6-14　303备采工作面瓦斯抽采分元评价测点部署示意图

表6-4　303备采工作面测点与分站部署一览表

序号	区域	测点名称	管径	分站安装位置	测点到分站距离（8芯线）/m	分站	分站到交换机距离（4芯线）/m	交换机位置
1	213工作面带式输送机巷	303工作面带式输送机巷支管路测点（巷口）	DN400	303工作面带式输送机巷巷口	100	F9	F9分站通过RS485总线连接到交换机	安装位置待确定
2		303工作面带式输送机巷分元测点（距巷口300 m）	DN400		350			
3		303工作面带式输送机巷分元测点（距巷口600 m）	DN400		650			
4		303工作面带式输送机巷分元测点（距巷口900 m）	DN400		950			

表6-4（续）

<table>
<tr><th>序号</th><th>区域</th><th>测点名称</th><th>管径</th><th>分站安装位置</th><th>测点到分站距离（8芯线）/m</th><th>分站</th><th>分站到交换机距离（4芯线）/m</th><th>交换机位置</th></tr>
<tr><td>5</td><td rowspan="9">213工作面带式输送机巷</td><td>303工作面带式输送机巷分元测点（距巷口1200 m）</td><td>DN400</td><td></td><td>1250</td><td>F9</td><td>F9分站通过RS485总线连接到交换机</td><td rowspan="9">安装位置待确定</td></tr>
<tr><td>6</td><td>303工作面带式输送机巷分元测点（距巷口1500 m）</td><td>DN400</td><td rowspan="4">303工作面带式输送机巷1500 m处</td><td>100</td><td rowspan="4">F10</td><td rowspan="4">F10分站通过RS485总线连接到分站F9，距离1550 m</td></tr>
<tr><td>7</td><td>303工作面带式输送机巷分元测点（距巷口1800 m）</td><td>DN400</td><td>350</td></tr>
<tr><td>8</td><td>303工作面带式输送机巷分元测点（距巷口2100 m）</td><td>DN400</td><td>650</td></tr>
<tr><td>9</td><td>303工作面带式输送机巷分元测点（距巷口2400 m）</td><td>DN400</td><td>950</td></tr>
<tr><td>10</td><td>303工作面带式输送机巷分元测点（距巷口2700 m）</td><td>DN400</td><td rowspan="4">303工作面带式输送机巷2700 m处</td><td>100</td><td rowspan="4">F11</td><td rowspan="4">F11分站通过RS485总线连接到分站F10，距离1250 m</td></tr>
<tr><td>11</td><td>303工作面带式输送机巷分元测点（距巷口3000 m）</td><td>DN400</td><td>350</td></tr>
<tr><td>12</td><td>303工作面带式输送机巷分元测点（距巷口3300 m）</td><td>DN400</td><td>650</td></tr>
<tr><td>13</td><td>303工作面带式输送机巷分元测点（距巷口3600 m）</td><td>DN400</td><td>950</td></tr>
</table>

（二）瓦斯智能抽采管控系统主要设备参数

1. CJZ7J（A）型激光瓦斯抽放综合参数测定仪

CJZ7J（A）型激光瓦斯抽放综合参数测定仪是用于测量钻孔及抽采管路内甲烷浓度、流量、绝压、温度、一氧化碳浓度、环境压力参数的仪表，其主要技术参数见表6-5。

表6-5　CJZ7J（A）型激光瓦斯抽放综合参数测定仪主要技术参数表

流量	0.040 ~ 1.600 m^3/min，DN50； 0.090 ~ 3.600 m^3/min，DN75； 2.5 ~ 100.0 m^3/min，DN300
甲烷浓度	(0 ~ 100.0)%CH_4

表6-5（续）

绝压	10.0～200.0 kPa
温度	−10.0～50.0 ℃
一氧化碳浓度	（0～2000）$\times 10^{-6}$
环境压力	50～110 kPa
防爆型式	矿用本质安全型

2. KJ370-F（B）型矿用本安型分站

KJ370-F（B）型矿用本安型分站具有数字量采集、开关量采集、传输、存储、控制等功能，主要用来监测管道甲烷浓度、一氧化碳、压力、流量、温度等，并能实现甲烷超限声光报警（传感器实现）、断电控制等功能。

1）主要功能

（1）采用4.3寸真彩TFT液晶显示屏，可全通道全参数中文显示数据采集信息，便于现场安装与维护。

（2）具有自诊断、故障指示功能、初始化参数设置和掉电保护功能。

（3）可与电源箱进行通信，可实现远程充放电管理。

2）主要技术参数

KJ370-F（B）型矿用本安型分站主要技术参数见表6-6。

表6-6　KJ370-F（B）型矿用本安型分站主要技术参数表

输入信号制式	RS485总线信号，4路
最大传输距离	传感器及执行器至分站之间的最大传输距离≥2 km；分站至交换机、分站至分站之间的最大传输距离≥10 km
最大监控容量	分站所能接入传感器为16个
外壳材质	不锈钢
防护等级	IP65
防爆标志	Exia I Ma

3. KDW660/24B(A)型矿用隔爆兼本质安全型直流稳压电源

KDW660/24B(A)型矿用隔爆兼本质安全型直流稳压电源提供多路隔离本安电源输出，具备后备电源功能，保证系统或设备在交流电断电后稳定运行。

1）主要功能

（1）电源输出具有限流、限压保护功能。

（2）电源输出具有短路保护功能。

（3）电源输出具有故障撤销后自动恢复功能。

（4）备用电源在交流电断电后，能连续工作4 h以上。

2）主要技术参数

KDW660/24B(A)型矿用隔爆兼本质安全型直流稳压电源主要技术参数见表6-7。

表6-7　KDW660/24B(A)型矿用隔爆兼本质安全型直流稳压电源主要技术参数表

额定电压	127/220/380/660V AC，（85 ~ 900）V AC自适应
直流输出	7路ib（1路12 V，3路18 V，3路24 V）
防爆型式	矿用隔爆兼本质安全型
防爆标志	Exd[ib]IMb

4. GJG100J(A)型煤矿用高浓度激光甲烷传感器

GJG100J(A)型煤矿用高浓度激光甲烷传感器采用激光吸收光谱技术，具备测量精确、标校周期长、不受水汽和其他交叉气体干扰的高性能甲烷监测仪表，适用于煤矿等需要监测甲烷浓度的场所。

1）主要功能

（1）采用激光检测技术，且激光气体检测模块独立封闭，可整体拆卸更换，方便维护。

（2）具有压力、温度补偿功能，在高负压侧不受负压、温度变化的影响准确测量高浓度瓦斯含量。

（3）本地5位高亮红色数码管显示，具备声光报警功能。

（4）具有红外遥控调校功能。

2）主要技术参数

GJG100J(A)型煤矿用高浓度激光甲烷传感器主要技术参数见表6-8。

表6-8　GJG100J(A)型煤矿用高浓度激光甲烷传感器主要技术参数表

测量范围	0.00%CH_4 ~ 100.0%CH_4
测量误差	（0.00 ~ 1.00）%CH_4时，±0.05%CH_4；（1.00 ~ 100.0）% CH_4时，真值的±5%

表6-8（续）

工作电压	（9～25）V DC
输出信号	RS485
报警方式	声光报警
传输距离	≥2 km
防护等级	IP65
外壳材质	不锈钢
防爆型式	Exia I Ma

5. GD3型瓦斯抽放管道用多参数传感器

GD3型瓦斯抽放管道用多参数传感器是专门用于瓦斯抽放过程中的气体流量、气体压力和气体温度测量的精密仪器，传感器本地显示各个参数值，同时输出标准信号传递给关联设备。

1）主要功能

（1）可以同时测量管道瓦斯流量、负压、温度参数。

（2）具备标况、工况测量和输出功能；可以单屏同时显示流量、浓度、温度、压力的瞬时量，也可以显示某段时间的混合量累计量、纯量累计量。

（3）具备环境大气压测定功能，无须人工设定即可精确进行绝压、负压转换。

（4）流量测量下限低至1 m/s以下。

（5）采用插入式安装，无阻力，只需在管道上开个小孔即可安装。

（6）单支传感器可适用DN200～DN1000各种管径，不受管径限制。

（7）可以直接在风洞上校验。

（8）表头可180° 旋转。

2）主要技术参数

GD3型瓦斯抽放管道用多参数传感器主要技术参数见表6-9。

表6-9　GD3型瓦斯抽放管道用多参数传感器主要技术参数表

流量	（0.0～100.0）m^3/min（DN300），不超过±1.5%FS
绝压	（10.0～200.0）kPa，±0.75%FS
温度	（-10.0～+60.0）℃，不超过±1 ℃
电源	（9～25）V DC
防护等级	IP65

表6-9（续）

外壳材质	不锈钢
防爆型式	矿用本质安全型
防爆标志	Exia I Ma

6. GTH500(A)型煤矿用一氧化碳传感器

GTH500(A)型煤矿用一氧化碳传感器采用高性能电化学元件，实时性强、功耗低、抗干扰，适合复杂环境下信号远距离传输。

1）主要功能

（1）采用高性能测量元件，可对瓦斯管道或环境一氧化碳浓度进行测量，具有实时性强、功耗低、抗干扰的优点，适合复杂环境下信号远距离传输。

（2）采用防水、防尘结构，能在含尘、高湿及高负压的环境下长期可靠工作。

2）主要技术参数

GTH500(A)型煤矿用一氧化碳传感器主要技术参数见表6-10。

表6-10　GTH500(A)型煤矿用一氧化碳传感器主要技术参数表

测量范围	0～500 ppm
测量误差	0～100 ppm范围：±4 ppm； 100～500 ppm范围：不超过测量值的±5%
工作电压	9～25 V DC（本安电源）
报警方式	声光报警，红色报警光信号能在黑暗环境中距离20 m处清晰可见，报警声级强度在距其1 m远处的声响信号大于800 dB(A)
信号输出制式	RS485数字信号
防护等级	IP65
防爆标志	Exia I Ma

7. KZG18型矿用本安型信号转换器

1）主要功能

（1）该转换器为矿井综合自动监测系统的终端产品，可将RS485信号转换为以太网（光或电）信号。

（2）具有以太网光口和以太网电口，支持全双工，可将RS485信号和以太网信号相互转换。

2）主要技术参数

KZG18型矿用本安型信号转换器主要技术参数见表6-11。

表6-11 KZG18型矿用本安型信号转换器主要技术参数表

工作电压	DC18V
以太网光信号接口	接口数量：2个；传输速率：100 Mbps；最大传输距离：20 km
以太网电信号接口	接口数量：1个；传输速率：10/100 Mbps自适应；传输距离：100 m； RS485信号接口：接口数量：2个；传输速率：2400 bps（可配置）；最大传输距离：10 km

（三）瓦斯智能抽采管控系统的主要功能

（1）系统实时在线监测瓦斯抽采钻场、支管道、干管道和主管道等测点的瓦斯流量、甲烷浓度、负压、温度等参数，实现分元计量以构成瓦斯抽采区域的动态达标评价体系。系统实时在线监控界面如图6-15所示。

（2）系统提供分区监测和分段监测功能，分区监测和分段监测可根据差异系数，采煤工作面的回采循环情况，以及抽采差异时间和抽采时间长短来划分，并能计量工作面支管道瓦斯抽采量，如图6-16所示；实现不同抽采系统、抽采方式、抽采区域等多种监控方式，支持点、线、面全方位立体监控。

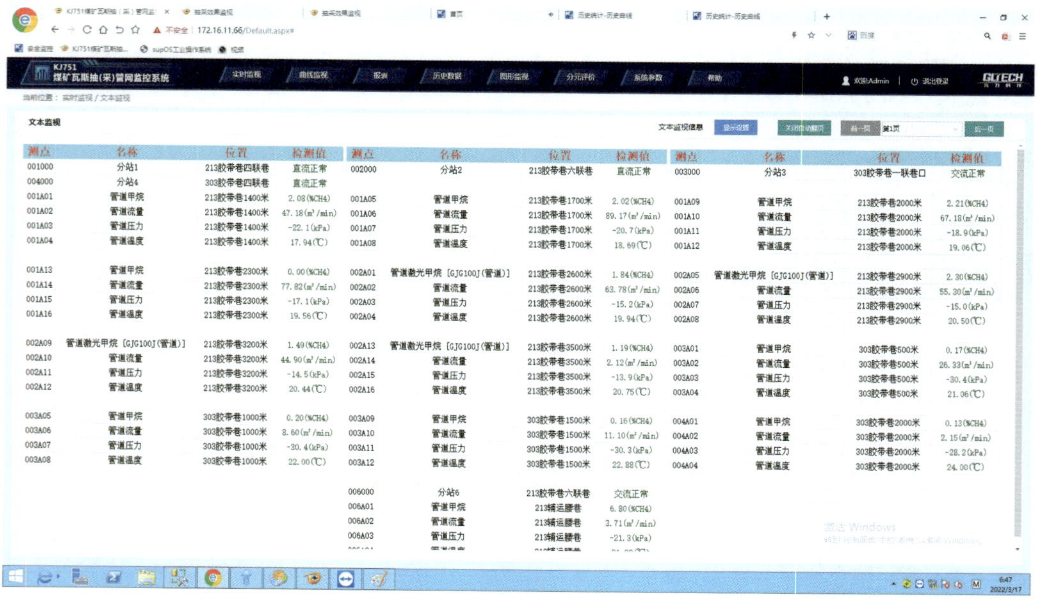

图6-15 系统实时在线监控界面

名称	瓦斯储量(m^3)	达标量(m^3)	序号	抽采地址	抽采浓度(%)	抽采绝压(kPa)	抽采温度(℃)	混合流量(m^3/min)	纯流量(m^3/min)	混合流量累计	纯流量累计
213	17903357.28	13427517.96	1	213胶带巷1400米	2.12	69.89	17.95	45.67	0.97	23526.3	499.35
			2	213辅运腰巷	6.82	70.71	21.89	3.59	0.24	1850.8	126.16
			合计:							25377.1	625.51
213-1	356362.29	267271.72	1	213胶带巷1400米	2.12	69.89	17.95	45.67	0.97	23526.3	499.35
			2	213胶带巷1700米	2.06	71.34	18.71	89.55	1.84	46126.21	949.16
			合计:							69652.51	1448.51
213-2	1381802.37	1036351.78	1	213胶带巷1700米	2.06	71.34	18.71	89.55	1.84	46126.21	949.16
			2	213胶带巷2000米	2.25	73.12	19.08	66.08	1.49	34040.88	767.58
			合计:							80167.09	1716.74

图 6-16　系统分区、分段监测计量功能

（3）系统能自动计算出工（标）况混合流量、工（标）况纯流量，并能自动统计日抽采混合量、月抽采混合量、年抽采混合量、日抽采纯量、月抽采纯量和年抽采纯量，如图6-17所示。

序号	抽采参数					工况				标况				运行时间
	抽采地点	抽采浓度(%)	抽采负压(kPa)	抽采温度(℃)	一氧化碳(ppm)	混合流量(m^3/min)	纯流量(m^3/min)	累计混合流量(m^3)	累计纯流量(m^3)	混合流量(m^3/min)	纯流量(m^3/min)	累计混合流量(m^3)	累计纯流量(m^3)	
1	二号风井	8.13	-42.08	18.3	无	193.26	15.72	11595.63	943.27	95.78	7.79	5746.53	467.47	01:00:00
合计:								11595.63	943.27			5746.53	467.47	01:00:00

图 6-17　抽采量统计功能

（4）系统根据评价区域瓦斯抽采量变化趋势，自动计算抽采达标预计时间；系统还可通过周期性现场实测数据与系统计算的数据对比分析，优化抽采效果评价模型，使抽采达标评判结果更加准确。303工作面抽采分元评价如图6-18所示。

（5）系统具备钻孔信息化管理功能（图6-19），对矿井钻孔进行信息管理、信息

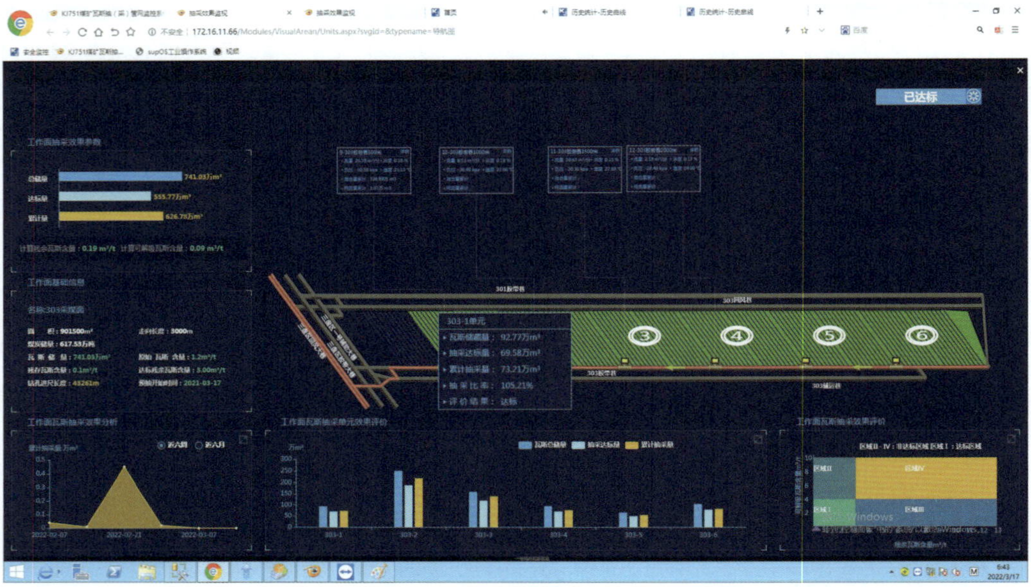

图6-18　303工作面抽采分元评价示意图

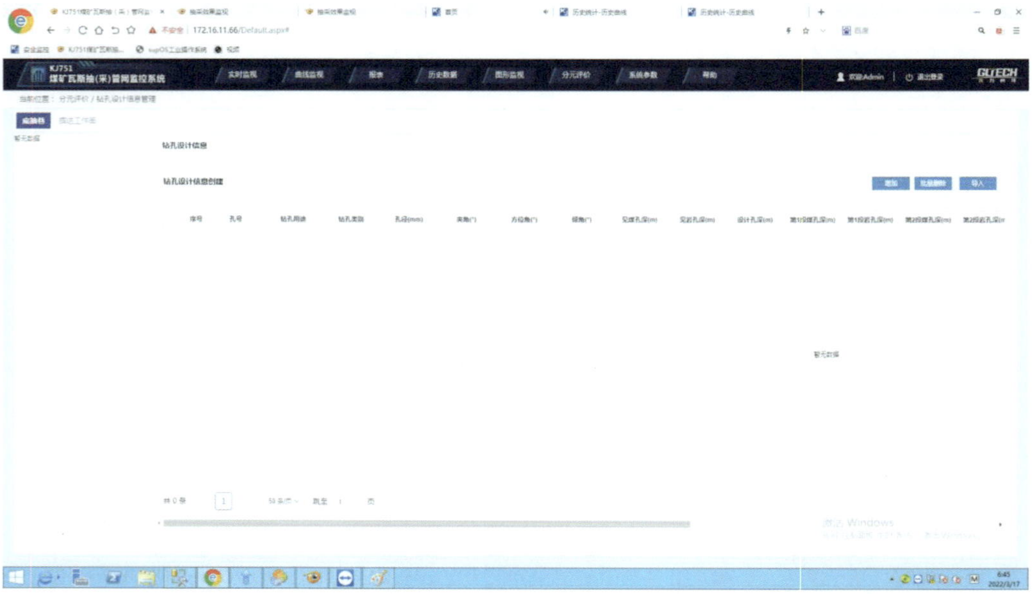

图6-19　钻孔信息化管理功能

归档、偏差分析；建立钻孔信息中心，对钻孔设计、施工、封孔联抽、钻孔轨迹、视频监控、抽采计量、观测分析等关键环节进行“一钻一工程”管理，实现钻孔的全生命周期管理。

（6）系统实现基于系统图、拓扑图的可视化实时监控，可全面而直观地分别展示各个瓦斯抽采区域或集中展示整个矿井的瓦斯抽采情况，系统提供基于系统监控图、工作面抽采效果动态图、评价单元抽采效果图的多层次、可视化展示手段，实现对各抽采区域、工作面、抽采单元进行瓦斯抽采效果动态评判。抽采达标分元评价如图6-20所示，303工作面第一单元抽采评价如图6-21所示。

（7）系统提供基于工作面煤层参数、瓦斯基础参数，不同阶段的瓦斯抽采监测数据，动态计算煤层残余瓦斯含量、煤的可解吸瓦斯量、瓦斯抽采率等抽采达标评价指标，如图6-22所示；综合分析评价单元内瓦斯抽采效果，并利用不同颜色动态展示各评价单元的抽采达标情况。

（8）系统提供工作面各评价单元区域划分功能，支持评价单元位置信息、评价单元内预抽时间最长和最短的钻孔信息的编辑、展示，可自动进行各评价单元的预抽时间差异性评判。

（9）系统支持工作面瓦斯抽采效果评价报告在线编辑功能（图6-23），提供工作面抽采效果评价报告模板，并具备评价报告导出等功能。

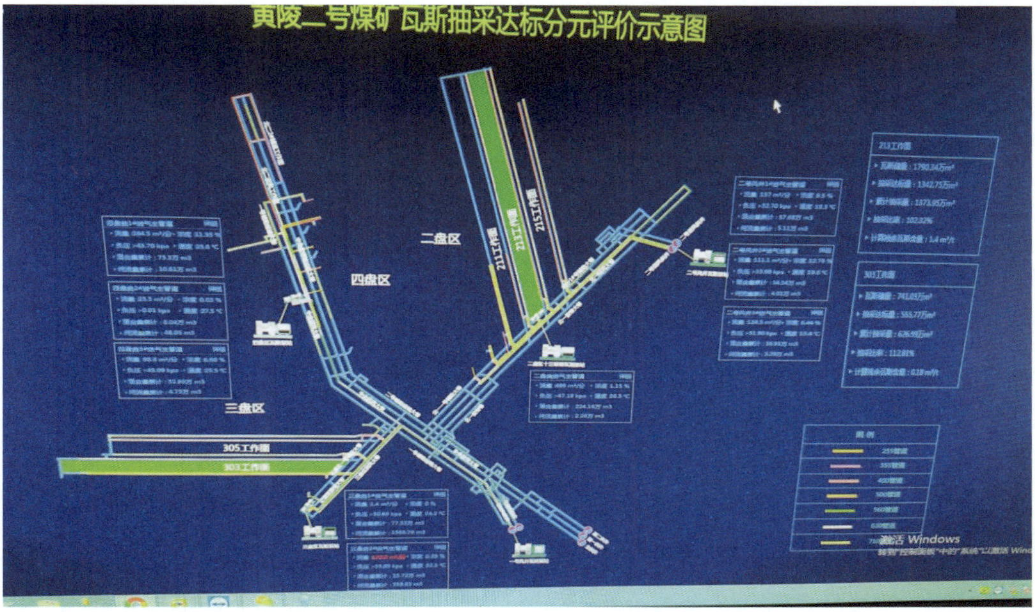

图6-20　抽采达标分元评价示意图

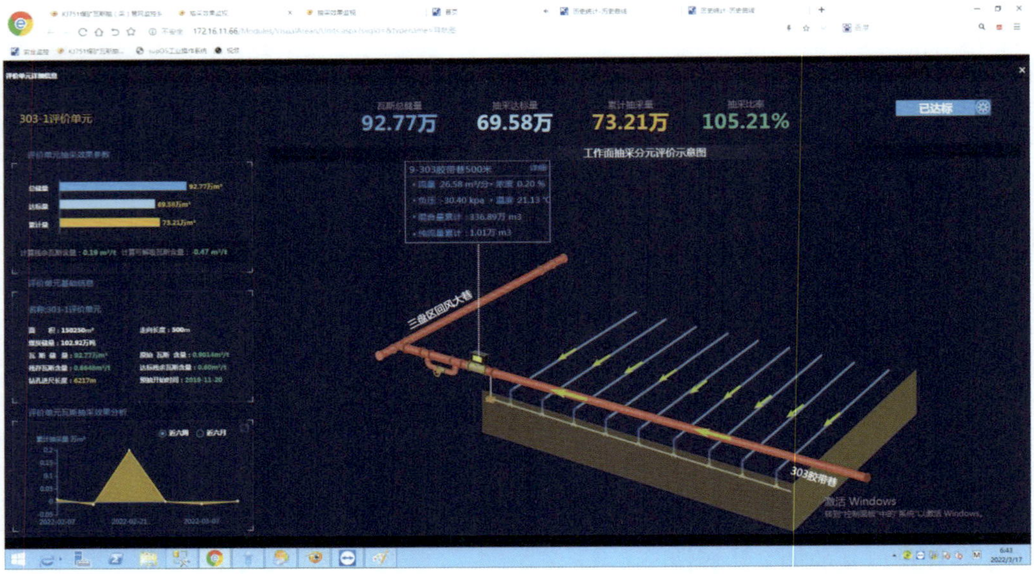

图 6-21　303 工作面第一单元抽采评价示意图

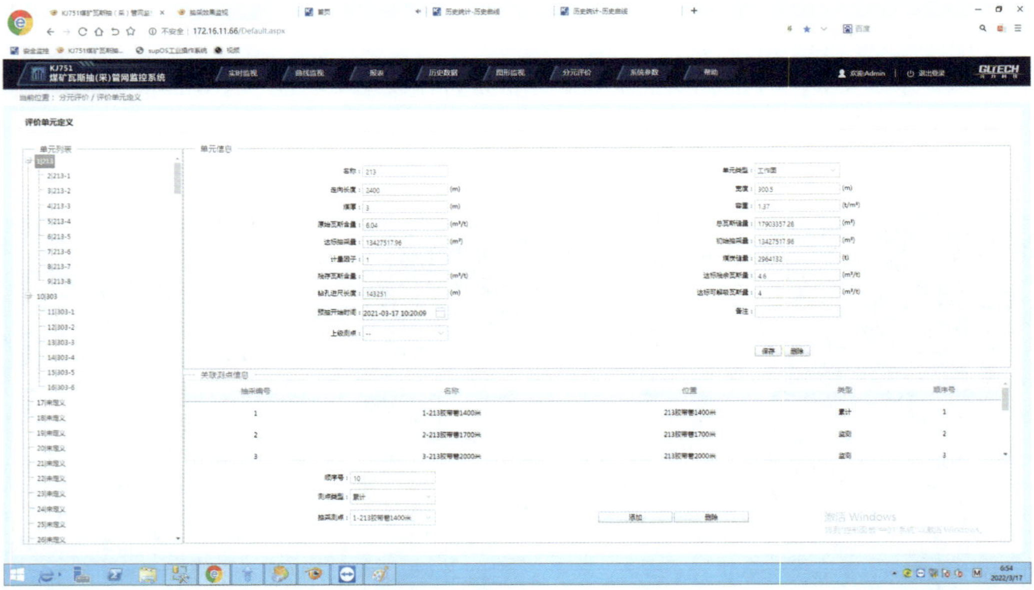

图 6-22　单元瓦斯基础参数分析功能

（10）系统具备瓦斯抽采测点日常巡检信息管理功能，支持日常巡检数据录入、历史数据查询、抽采量人工统计分析等功能，如图6-24所示。

（11）系统具备智能化业务分析功能，可建立多种瓦斯抽采分析模型，根据分析模型，对抽采不同类型的测点数据进行关联分析、交叉分析，及时发现抽采测点异

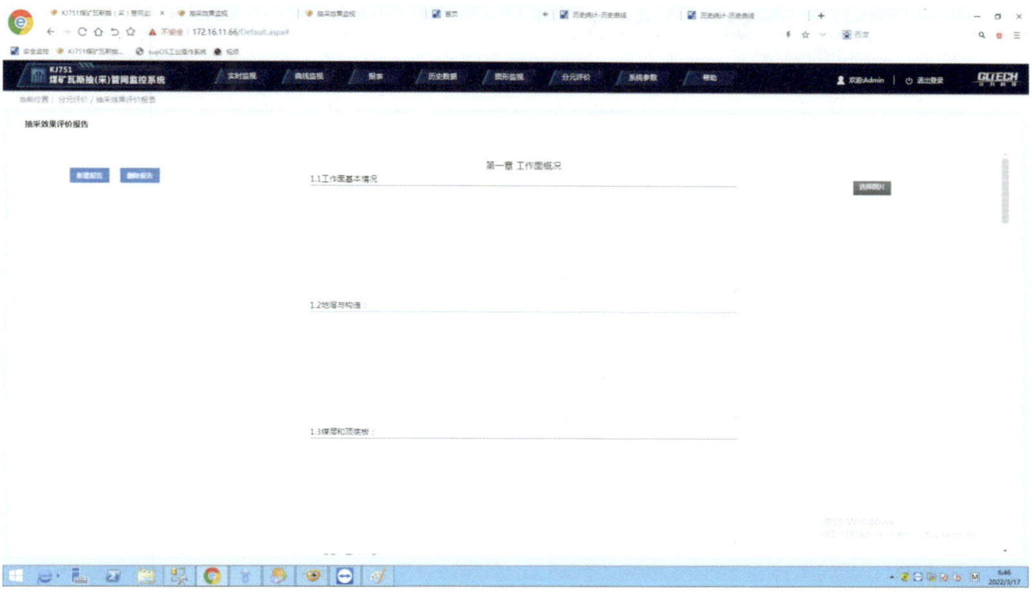

图 6–23　瓦斯抽采效果评价报告功能

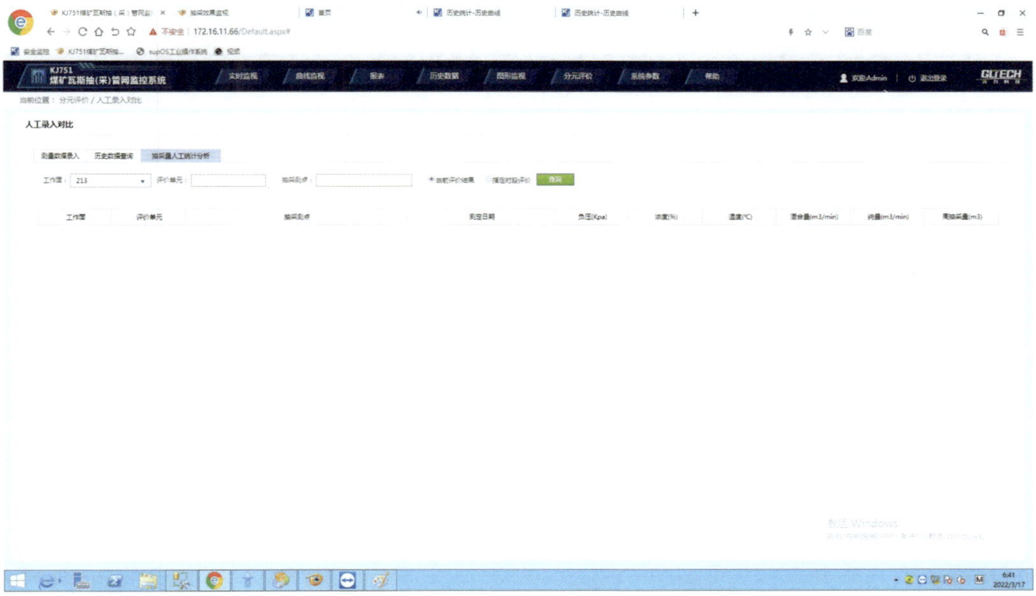

图 6–24　瓦斯抽采数据查询功能

常和抽采管道异常，并及时对自动识别的异常参数报警，如图6-25所示。

（12）系统提供数据报表和业务报表，报表展示方式丰富直观，既可提供基于曲线、柱型等的图形报表，也可提供表格报表，方便人员随时查阅及打印，如图6-26

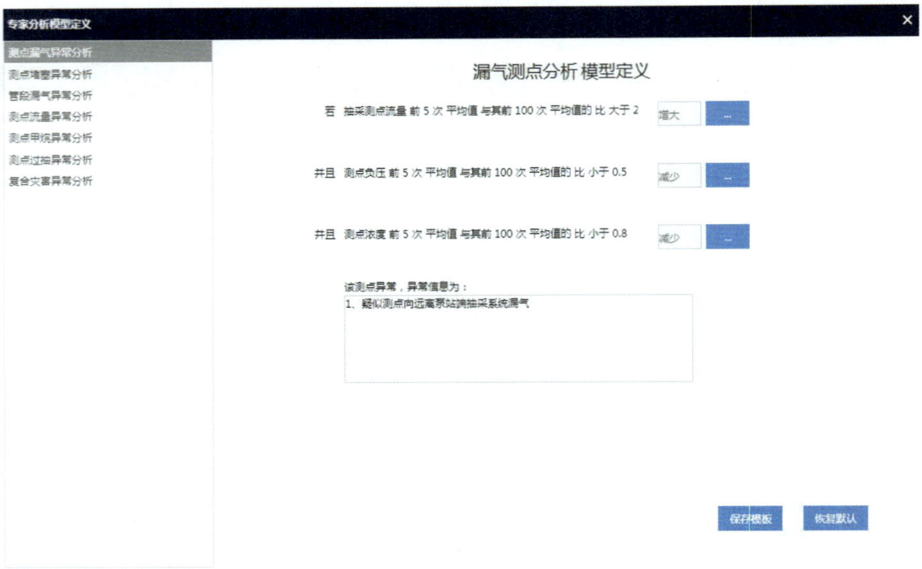

图 6–25　瓦斯抽采分析功能

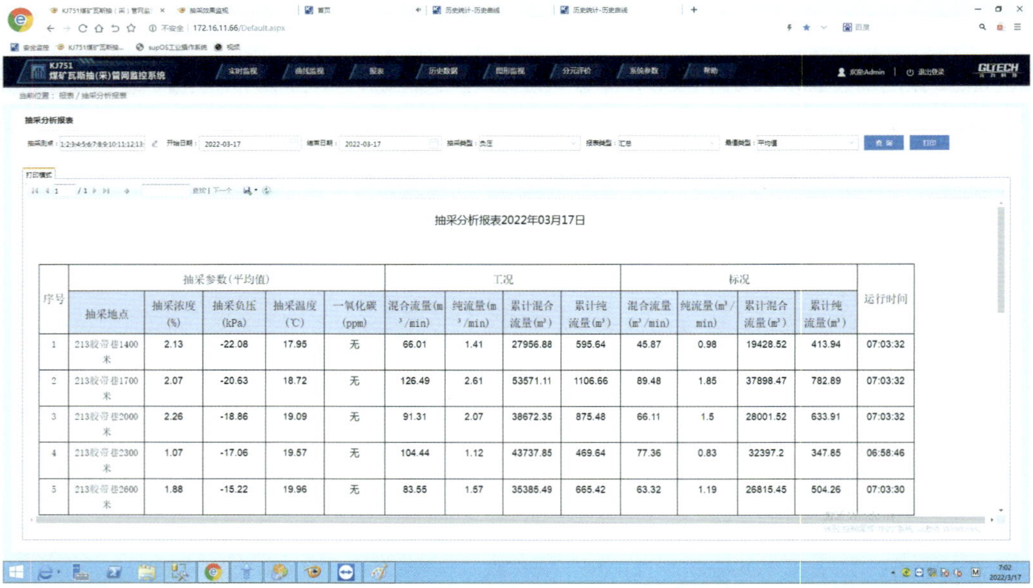
抽采分析报表2022年03月17日

序号	抽采参数(平均值)					工况				标况				运行时间
	抽采地点	抽采浓度(%)	抽采负压(kPa)	抽采温度(℃)	一氧化碳(ppm)	混合流量(m³/min)	纯流量(m³/min)	累计混合流量(m³)	累计纯流量(m³)	混合流量(m³/min)	纯流量(m³/min)	累计混合流量(m³)	累计纯流量(m³)	
1	213胶带巷1400米	2.13	-22.08	17.95	无	66.01	1.41	27956.88	595.64	45.87	0.98	19428.52	413.94	07:03:32
2	213胶带巷1700米	2.07	-20.63	18.72	无	126.49	2.61	53571.11	1106.66	89.48	1.85	37898.47	782.89	07:03:32
3	213胶带巷2000米	2.26	-18.86	19.09	无	91.31	2.07	38672.35	875.48	66.11	1.5	28001.52	633.91	07:03:32
4	213胶带巷2300米	1.07	-17.06	19.57	无	104.44	1.12	43737.85	469.64	77.36	0.83	32397.2	347.85	06:58:46
5	213胶带巷2600米	1.88	-15.22	19.96	无	83.55	1.57	35385.49	665.42	63.32	1.19	26815.45	504.26	07:03:30

图 6–26　瓦斯抽采数据报表功能

所示。

（13）具备网络发布功能（图6-27），在授权的局域网计算机上，可以浏览瓦斯抽采效果动态分元评价系统的运行状态。

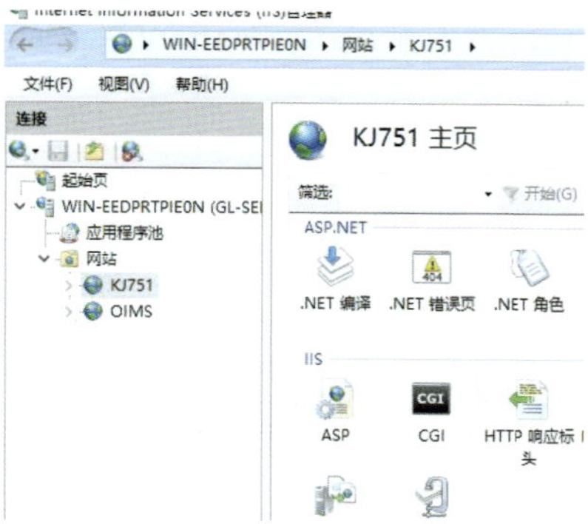

图 6–27　系统网络发布功能

第三节

瓦斯抽采数据精准检测

抽采数据的检测与计量是瓦斯抽采工作的基础，也是评判瓦斯防治措施效果的重要指标。抽采数据的检测一般可分为两部分，分别是管道抽采数据检测和钻孔抽采数据检测，其中管道数据和抽采单元的数据已实现自动化、智能化监测，但对于重点区域的抽采钻孔仍需要人工检测进行补充。

一、瓦斯抽采数据的人工检测

1. 检测项目

人工检测的参数主要有钻孔抽采瓦斯浓度、流量、负压、一氧化碳浓度、正压等。

2. 检测周期

综采工作面钻孔：每天对回采工作面超前2个钻场内所有钻孔及靠近工作面50 m范围内本煤层钻孔进行检测，每7天对其他本煤层钻孔抽采参数进行人工检测，有特殊变化的钻孔需要每班测定一次，当抽采系统调整时需要立即检测。

掘进工作面钻孔：靠近工作面迎头的3个钻场，要求每天检测一次抽采参数，其他钻场要求每7天检测一次数据，有特殊变化的钻孔需要每班测定一次，当抽采系统调整时需要立即检测。

区域预抽钻孔：每天测定一次，有特殊变化的钻孔需要每班测定一次，当抽采系统调整时需要立即检测。

3. 检测方法

（1）瓦斯浓度：打开测气阀，采用光学瓦斯检测仪及多功能气体检测仪配合测量钻孔瓦斯浓度。

（2）流量：采用孔板流量计及压差计配合使用，读取压差计数据，通过公式计算流量。

（3）负压：拧掉测气阀，将负压表安装在测气阀位置，读取负压表数据。

（4）一氧化碳浓度：采用多功能气体检测仪及一氧化碳便携仪配合使用，测量一氧化碳浓度。

（5）正压：关闭抽采阀门，当孔内无负压时，拆除测气阀，将正压表安装在测气阀位置，读取数据。

以上所测地点必须将数据填写在牌板上，并做到挂牌管理，牌板数据、手册数据及台账要做到“三对口”，原始记录保存两年以上。

（a）钻孔负压测试

（b）钻孔瓦斯浓度测定

（c）钻孔流量测定

图 6–28　钻孔负压、浓度及流量测定操作示意图

图6-28所示为现场测试钻孔负压、浓度及流量测定操作示意。

二、钻孔负压调整

根据钻孔抽采数据分析结果，当钻孔浓度均低于1%时，将该钻孔抽采阀门关闭，每周至少检测一次；当钻孔浓度在1%～5%时，将钻孔抽采阀门关闭50%；当钻孔浓度大于5%时，将钻孔抽采阀门完全打开抽采；距离工作面50 m范围内的抽采钻孔全部打开抽采。每次抽采阀门调整后应在一周内至少检测一次，查看钻场瓦斯浓度和钻孔瓦斯压力及浓度变化情况，出现异常及时调整抽采负压。

| 第四节 |

瓦斯抽采全生命周期管理

瓦斯抽采全生命周期管理主要包含抽采管路、钻场、钻孔、抽采资料的全生命周期管理，承担抽采任务的单位应按照分配的抽采任务合理组织人员作业，明确分工和职责，确保瓦斯抽采顺利进行，尤其对钻孔全生命周期管理要建立台账并及时分析，为钻孔参数的优化提供科学依据。

一、瓦斯抽采管理职责

（一）人员职责

矿长（总经理）作为煤矿企业第一负责人，对矿井瓦斯抽采工作全面负责，矿总工程师对矿井瓦斯抽采工作负全面技术责任，应定期检查瓦斯抽采工作；负责组织编制、审批、实施抽采工作长远规划、年度计划和安全技术措施，保证瓦斯抽采工作的正常衔接，做到“掘、抽、采”平衡。矿井行政正、副职负责落实和检查所分管范围内的有关瓦斯抽采工作；各职能部门负责人对本职范围内的瓦斯抽采工作负责。瓦斯抽采所需要的费用、材料和设备等，必须列入企业财务、供应计划和生产计划。必须配备专业技术人员，负责瓦斯抽采日常管理，总结分析瓦斯抽采效果，研究和改进抽采技术，组织新技术推广等。

1. 矿长（总经理）瓦斯防治职责

（1）矿长（总经理）是矿井“一通三防”工作的第一责任人，对全矿“一通三防”工作全面负责。

（2）负责贯彻执行党和国家安全生产方针、政策、法律、法规、规章、规程和黄陵矿业集团“一通三防”规定。

（3）负责建立健全“一通三防”管理机构和人员配备，并确保人员素质。

（4）负责建立健全“一通三防”安全生产责任制和安全管理制度，并认真组织实施。

（5）定期检查“一通三防”工作，优先解决“一通三防”所需的人、财、物。

（6）定期召开安全办公会议，分析研究“一通三防”重大问题，制定整改措施，避免重大事故发生。

（7）负责把“一通三防”工作落实到分管副矿长（副总经理）。定期检查“一通三防”齐抓共管责任制执行情况，并落实有关奖惩办法。

（8）每日批阅“一通三防”工作日报，审批重大安全隐患处理措施。

（9）对存在“一通三防”重大隐患的采掘工作面停产整顿负直接管理责任。

（10）负责组织“一通三防”重大灾害的抢险救灾工作。

2. 党委书记瓦斯防治职责

（1）认真贯彻落实党的安全生产方针、政策，落实上级颁布的“一通三防”指令、决定、规定等，对全矿安全思想教育负总责。

（2）把“一通三防”工作列入党委重要议事日程，研究决定“一通三防”人员的考核任免，党员干部和职工“一通三防”培训等事项。

（3）认真宣传上级有关“一通三防”的指示和决议，抓好全矿职工的“一通三防”教育工作。

（4）组织党群部门围绕“一通三防”工作，有针对性地开展各种活动。

（5）掌握职工安全思想动态，总结“一通三防”安全生产经验，分析和解决生产过程中出现的新情况和新问题。

（6）负责党、政、工、团的“一通三防”齐抓共管责任制落实。

（7）经常深入现场，了解“一通三防”方面存在的问题，并提出建设性意见。

（8）参加安全办公会议，对“一通三防”重大事项、资金投入提出意见。

3. 总工程师瓦斯防治职责

（1）在矿长（总经理）领导下，全面负责全矿“一通三防”管理工作，并负技术管理责任。

（2）负责贯彻执行党和国家安全生产方针、政策、法律、法规、规章、规程和黄陵矿业集团“一通三防”有关规定、细则、通报和措施等，并组织实施。

（3）负责组织编制本矿井“一通三防”中长期规划、年度工作计划、安全费用资金计划，并督促落实。

（4）负责把好设计关，在开采设计和工程施工设计中，优先满足“一通三防”需要，确保符合规定要求，保证安全生产。

（5）负责组织编制年度《矿井灾害预防与处理计划》和“一通三防”技术方案、

设计，负责井下所有采掘作业规程和施工安全措施的审批，并严格把好措施审批关。

（6）负责组织矿井瓦斯等级鉴定、矿井反风演习、通风阻力测定及主要通风机性能测定工作。

（7）负责组织矿井“一通三防”和瓦斯综合治理例行检查与隐患排查，及时发现、解决和处理现场“一通三防”问题与隐患。

（8）负责“一通三防”人员技术培训。

（9）负责每月召开一次“一通三防”工作例会，总结上月工作，分析存在问题，提出处理措施，布置下月任务。

（10）负责审批“一通三防”工作报表、图纸，对出现的通风、瓦斯、煤尘异常等情况，及时组织制定措施进行处理，并对处理情况督促检查。

（11）负责落实“一通三防”及瓦斯治理激励政策和补贴政策。

（12）负责“一通三防”科研攻关以及新技术、新工艺、新材料和先进经验的推广应用工作。

（13）负责矿井瓦斯地质工作。组织有关部门调查收集瓦斯地质基础资料，做好地质构造探查及预报工作，为瓦斯综合治理工作提供决策依据。

（14）负责矿井重大灾害的抢险技术方案和防范措施的制定，参加事故处理工作。

4. 生产副矿长（生产副经理）瓦斯防治职责

（1）在矿长（总经理）领导下，对分管范围内的“一通三防”工作负责。

（2）负责贯彻执行“一通三防”方面的文件、指令和有关规定，落实瓦斯防治技术措施。

（3）负责采掘工作面投入生产前的验收，确保“一通三防”系统完善、装备设施齐全、瓦斯治理工程符合设计要求。对采掘工作面区域“一通三防”设施、安全防护装置始终完好负责。

（4）负责矿井合理生产布局，按“以风定产”和“抽、掘、采”平衡的要求，组织制定矿井生产接续计划和作业计划，为“一通三防”创造良好条件，避免采掘接续失调、生产过于集中等给矿井通风造成困难。

（5）经常检查分管范围内的“一通三防”工作进展情况，会同总工程师分析存在的问题，积极采取措施并组织实施。

（6）负责配备足够的“一通三防”工作人员。

（7）抓好采掘工作面的工程质量管理工作，组织正规循环作业，保证推进度符合规定，确保工作面回采结束后按期封闭。

（8）负责巷道贯通安全技术措施的贯彻落实，确保贯通前后通风系统合理、稳定、可靠。

（9）积极配合矿井的通风技改、反风演习及瓦斯等级鉴定工作的开展。

（10）参加矿井重大灾害事故和抢救工作。

5. 机电副矿长（机电副经理）瓦斯防治职责

（1）在矿长（总经理）领导下，对分管范围内的“一通三防”工作负责。

（2）负责贯彻执行“一通三防”方面的文件、指令和有关规定，落实瓦斯防治技术措施。

（3）保证主要通风机、瓦斯抽采泵站正常运转，局部通风机、瓦斯抽采、安全监控系统电源稳定可靠。对因供电系统原因造成的瓦斯超限事故负责。

（4）负责抓好采掘供电、掘进通风供电“三专两闭锁”，局部通风机自动切换装备正常工作。

（5）负责组织全矿通风设备完好率的检查及督促检修。组织检查井下电气设备的“失爆”现象并落实处理，确保电气设备完好运转。

（6）确保采掘设备上配套瓦斯监测、综合防尘等装置的齐全、性能良好。

（7）经常检查分管范围内的“一通三防”工作进展情况，会同总工程师分析存在的问题，积极采取措施并组织实施。

（8）参加矿井重大灾害事故的抢险救灾工作。

6. 安全副矿长（安全副总经理）瓦斯防治职责

（1）在矿长（总经理）及上级安监部门的领导下，对分管范围内的“一通三防”工作负责。

（2）负责贯彻执行党和国家安全生产方针、政策、法律、法规、规章、规程和黄陵矿业集团“一通三防”规定的监督检查。

（3）负责“一通三防”安全隐患的组织检查及督促落实整改工作。

（4）参加矿通风例会，参与“一通三防”重大隐患处理措施的制订。

（5）组织召开安全生产会议，并研究分析“一通三防”方面存在的重大问题，提出处理措施。

（6）负责对存在“一通三防”重大隐患的工作面及时下达停产整顿通知，负责整改后及时复查验收。

（7）组织“一通三防”事故的追查和处理，对事故责任者提出处理意见。

（8）积极协助矿长（总经理）进行重大灾害事故的抢险救灾工作。

7.通风副总工程师瓦斯防治职责

（1）在总工程师领导下，负责矿井“一通三防”技术管理工作。

（2）贯彻落实上级下发的各项技术政策、指令、规定、措施等，协助总工程师把好五关（设计关、生产布局关、措施审查关、隐患排查处理关、专项资金使用关）。

（3）协助总工程师组织制定矿井“一通三防”工作规划、计划、实施办法等，提交矿研究决定后组织实施。

（4）协助总工程师定期开展“一通三防”检查，召开“一通三防”专题会议，对查出的“一通三防”事故和隐患，负责提出处理意见，经矿总工程师审查后，组织实施。

（5）掌握通风、抽采、监控、防灭火、防尘等系统的装备和运行情况及“一通三防”安技措工程资金的使用情况；负责安全仪器、仪表购置计划的编制。

（6）严格按照《煤矿安全规程》和“一通三防”有关规定，审查、审批《矿井灾害预防与处理计划》、有关设计、“一通三防”技术措施。

（7）负责组织实施“一通三防”方面的技术科研攻关和新技术、新工艺、新材料及先进经验的推广应用。

（8）具体检查、指导、落实通风部日常业务工作，组织矿井通风安全生产标准化检查验收，督促协调各业务部门，搞好业务保安工作。

（9）参与“一通三防”重大隐患、事故处理以及抢险技术方案和防范措施的制定。

8.通风部长瓦斯防治职责

（1）认真贯彻执行瓦斯与油型气防治工作法规、政策、制度；负责制定矿井瓦斯防治的各项制度、措施；编制瓦斯防治计划，督促相关区队按期完成计划。

（2）审阅瓦斯、抽放、监测监控报表。

（3）做好瓦斯抽放系统及钻孔的设计工作，并监督检查，负责瓦斯抽放的日常业务管理。

（4）监督检查通风、抽放设施的工程质量和运行情况，做好盲巷管理、巷道贯通管理、瓦斯排放管理。

（5）负责瓦斯防治工作所需材料、费用的申报、经办，并监督使用情况。

（6）组织检查涉及瓦斯防治计划完成进度、工程质量、设施完好情况，对违规、违章者进行处罚。

（二）建立制度

矿井必须建立健全抽采系统巡查管理制度、钻孔施工质量验收制度、钻孔封孔验收制度、抽采工程验收制度。

1.抽采系统巡查管理制度

（1）瓦斯抽采系统包括瓦斯抽采泵站、抽采管道、汇集器、放水器、除渣器及系统计量装置。

（2）矿井年初要制定各级管理人员抽采系统巡查计划，并由矿通风部建立考核记录台账。矿属各单位相关管理人员系统巡查次数每月由矿通风管理部门在安办会上通报并进行考核；矿领导班子相关成员系统巡查次数由公司通风部每月在公司安办会上通报，按季度在风险抵押金兑现中进行考核，每少一次处罚1000元。

（3）巡查人员包括矿主要负责人，分管业务的副职，主要专业管理部门及相关区队管理和岗位操作人员。

（4）矿井瓦斯抽采基础达标能力、钻孔施工质量、管道安装质量、封孔质量及系统管理等参照公司“一通三防”技术管理规定标准纳入月度工资结算进行考核。

（5）矿长每6个月对抽采泵站和矿井主抽采系统巡查一次，每季度对矿井支抽采系统巡查一次。

（6）矿总工程师和分管安全、生产、机电的副职每季度对抽采泵站和矿井主抽采系统巡查一次，每月对矿井支抽采系统巡查一次。

（7）矿通风、安监、生产、机电部门和抽放队管理人员每月对抽采泵站和矿井主抽采系统巡查一次，每15天对矿井支抽采系统巡查一次。

（8）矿抽放队或者业务所属区队每天（班）安排人员对泵站和抽采系统进行巡视。

（9）各矿井在形成密闭式抽采系统后，每月在抽采系统不同位置取样，以氧气含量为标志性气体进行系统密封性检测。

2.钻孔施工质量验收制度

（1）钻孔施工验收由通风队瓦检员、安监员、施工单位跟班队长（班长）在钻孔施工现场共同验收，验收人员要如实填写验孔单，验孔单一式两份，施工单位和瓦检员各执一份，瓦检员要将当班验孔单及时上交通风队。验孔数据不得瞒报、虚报、弄虚作假，通风队长（班长）对钻孔施工角度、长度、孔径及封孔长度和质量进行验收，瓦检员、安监员现场监督随机进行抽查，一旦发现弄虚作假，按照黄陵矿业集团《安全生产管理二十条红线规定》，对参与验收人员立即开除，并处罚责任单位5000元；未及时上交验孔单，发现一张处罚500元。

（2）施工单位必须按照通风部提供的钻孔设计进行打钻，当现场钻孔施工与设计存在问题时，施工单位必须向通风部以书面形式提出情况说明，由通风部现场确认后拿出解决方案。未经通风部同意擅自修改钻孔施工设计的，由通风部组织追查，并处罚施工单位10000元，处罚单位负责人1000元。

（3）钻孔验收人员除验收孔深外，必须同时验收钻孔夹角、倾角、钻孔位置、钻孔冲洗等情况。深度验收采用清点拆除钻杆的方法，夹角和倾角验收采用坡度规实际测量，钻孔冲洗必须保证孔内无煤、岩屑。瓦检员要检查孔内瓦斯浓度、是否有油气味、孔内压力等情况，并将验收情况上报通风调度。瓦检员未检测孔内瓦斯，发现一次处罚200元；钻孔施工现场无记录或记录不全，发现一处处罚200元；瓦检员未上报通风调度，发现一次处罚500元。

（4）钻孔施工完毕，由打钻机长联系本采掘工作面瓦检员，瓦检员在现场先审验每班汇报记录是否符合规定，再进行清点退杆验收。未经瓦检员验收，打钻人员私自退杆的，该钻孔进尺视为无效进尺，发现一次私自退杆的罚款施工单位1000元，当班机长500元，当班瓦检员因事无法到场时，瓦检员和施工单位跟班队长必须向通风调度说明情况，由安检员和跟班队长到场验收并签字。未执行此程序的，发现一次处罚责任者500元。

（5）钻孔退钻验收结束后，瓦检员根据钻孔验收情况向通风调度如实汇报，调度室按汇报情况填写钻孔施工记录台账。瓦检员将验孔单交通风队及时存档，每月由通风部建立台账进行登记、统计并存根。各单位实际施工量以现场钻孔验孔单统计数量为准。瓦检员未及时上交验孔单，发现一张处罚通风队500元。

（6）施工队在每月20日前向通风部包面人员递交验收钻孔申请，验收人员在本月内对区队施工的钻孔进行验收，验收完成后出具验孔单由双方签字各自保存，作为结算资料，施工队必须在次月5日前做好上月钻孔结算资料。未按规定执行的区队，下浮当月10%钻孔量。

（7）通风部将定期对验收过的钻孔进行二次随机抽查，当抽查情况与验孔单内容不符时，由通风部组织追查，并对钻孔施工、验收单位各处罚5000元，对施工、验收人员按照触犯“二十条红线”处理。

3. 钻孔封孔验收制度

（1）“边掘边抽”钻孔封孔保证成一个孔，封一个孔，抽一个孔。剩余类型钻孔采取专人统一封孔，专人封的孔必须在成孔后48 h内完成封孔，在此期间必须将钻孔进行临时抽采，并保证气密性。未及时封孔的，发现一个孔处罚封孔单位500元。

（2）钻孔封孔前必须保证封孔段孔壁光滑，无煤、岩屑。否则封孔人员必须进行二次冲洗。封孔长度要严格按照规定执行。封孔管未进行冲洗封孔或冲洗不彻底，发现一个处罚1000元；钻场钻孔未连接抽放，发现一个处罚500元；封孔长度不符合设计要求或封孔不严，发现一处处罚1000元，并按报废孔对待。

（3）钻孔封孔过程中，探测钻孔或顶板钻孔使用防水马丽散封孔，本煤层钻孔全部采用“两堵一注”带压注浆封孔。封孔剂使用配比、用量符合产品使用要求，保证封孔质量。

（4）综采工作面顺槽钻场底板孔二次封堵，随着工作面的推进在距离工作面10 m范围内时要对钻孔进行封堵，封堵前必须对钻场内顶、底板钻孔的浓度、压力等情况进行检测，并报至通风部，经通风部同意后方可施工，封孔时必须使用注浆带压封孔。当班瓦检员现场监督封孔流程。凡是未经通风部同意私自封堵钻孔的，一次一个孔责任人罚款1000元；瓦检员未进行现场监督、验收的，发现一次处罚200元。

（5）综采工作面顺槽钻场底板孔二次封堵，要保证封孔长度，封闭段末端延伸至工作面煤层底板下方，确保工作面生产期间不发生底板油型气与瓦斯从孔内涌出，因封堵钻孔不严造成瓦斯超限的，按照瓦斯超限追究责任。

（6）通风部将定期对井下现场封孔流程进行监督、抽查。

4.抽采工程验收制度

（1）瓦斯抽放工程设计必须依照《陕西黄陵二号煤矿瓦斯抽放管理细则》要求，设计必须经矿总工程师批准后，施工队严格按设计要求组织施工，施工前必须编制施工安全技术措施，并保证措施执行到位。

（2）抽放管路安装时，施工队必须严格按设计要求和质量标准安装，安装完毕由施工队通知通风部、机电部、安监部、生产部、调度室、瓦斯抽放队等相关单位进行验收，应按照抽放设计和质量标准进行验收。验收合格后由施工队上报验孔单，经相关部室及矿总工程师签字同意后，方可投入使用。对不符合设计标准的应重新安装直到合格为止。

（3）瓦斯抽放钻场施工时，施工单位必须严格按抽放钻场设计和质量标准要求施工。施工完毕，由生产部牵头，组织通风部、安监部、调度室、瓦斯抽放队、掘进准备队相关单位进行验收，验收合格后方可投入使用。

（4）瓦斯抽放钻孔施工中，交接班时必须按要求填写现场交接班记录，并将当班详细情况向下班汇报。在施工中当班负责人必须每班向通风调度进行汇报，汇报当班钻孔施工情况及钻孔进尺情况，并按要求填写钻孔施工原始记录。

（5）钻孔施工单位在每班交接班时，必须按要求填写现场施工牌板，牌板必须按要求填写清楚。

（6）瓦斯抽放钻孔必须严格按设计要求施工，施工中不得随意更改设计。施工中，若遇地质条件变化或出现其他特殊情况，需要对钻孔设计位置、数量、深度或角度进行调整时，施工单位技术负责人必须与通风部联系。经通风部现场确认，确实需要调整和改变钻孔参数时，由通风部对设计参数进行变更，总工程师同意后，施工单位按设计变更后的参数进行施工。在施工中如果私自调整钻孔参数或不按设计要求施工的，此钻孔数不予验收。

（7）瓦斯抽放钻孔施工中，如果出现卡钻、塌孔等现象，无法继续钻进，施工单位现场负责人必须通知通风部，由通风部现场确认，确认后如果确实无法继续钻进的，验收时对钻孔进尺小于设计进尺1/3的，不计入验收考核进尺，并要求重新补打，补打完毕按要求进行验收。

（8）验收过程中，必须对钻孔深度、角度认真验收，钻孔必须符合设计要求，如一项不符合，则不予验收。验收人员验收过程中必须清点清楚钻杆数目，不得谎报、虚报钻孔深度。瓦斯抽放钻孔验收，其钻孔倾角允许范围为 ±1°。

（9）瓦斯抽放钻孔验收时，验孔单必须一式二份，施工单位一份、通风队一份。通风部定期对验孔单进行统计，作为施工单位施工量。

（10）瓦斯抽放其他工程质量验收，必须严格按设计要求和质量标准进行验收，验收合格后按要求填写验孔单，对于不符合设计标准的，不计入抽放工程完成任务工程量。

（三）管理资料

须建立以下图纸和技术资料。

1. 记录

（1）抽采工程和钻孔施工记录。

（2）抽采钻孔验收记录。

（3）抽采参数测定记录。

（4）泵站检修记录及故障处理记录。

（5）泵站值班记录。

（6）来宾登记记录。

2. 报表

（1）抽采年、季、月、日报表。

（2）抽采量年、季、月、旬、日报表。

3. 图纸

（1）瓦斯抽采系统图。

（2）泵站平面及管网（包括阀门、放水器、除渣器、检测仪表、安全装备等）布置图。

（3）抽采钻场及钻孔布置图。

（4）泵站供电系统图。

（5）监测监控系统图。

4. 台账

（1）抽采设备管理台账。

（2）钻孔管理台账。

（3）瓦斯抽采系统和抽采参数、抽采量管理台账。

5. 报告

（1）瓦斯基础参数测定报告。

（2）矿井和盘区抽采工程设计文件及竣工报告。

（3）瓦斯抽采总结、分析与效果评价报告。

二、钻场巡查

（1）巡查人员进入钻场内工作时，必须携带便携式甲烷报警仪，并随时检查环境瓦斯等气体，气体超过规定时，应停止进入并报通风调度。

（2）发现管路存在漏气、变形、脱落时应及时组织人员进行处理，保证管路横平竖直，所有接头处采用喉箍紧固，并用玻璃胶涂抹确保无漏气。

（3）发现抽采支管内有积水时应检查放水器是否正常工作，如放水器损坏则应对放水器进行维修，确保自动放水功能正常。无自动放水器的钻场每班至少放水1次，水大的钻场根据水量增大频次。

（4）钻场水仓积水未及时排放时应对排水系统进行检查，查看排水泵能否正常工作，排水管路是否堵塞等，查清问题后及时处理确保排水系统正常。

（5）钻场不得堆放杂物，确保地面平整，无积水、淤泥。

三、钻孔全生命周期管理

必须建立钻孔（本煤层钻孔、高位钻孔、顶板钻孔、底板钻孔）全生命周期管理台账，对钻孔施工、封孔、抽采、封闭全过程监控，积累抽采数据进行分析整理，不断优化钻孔布置参数，提高瓦斯抽采效果。

（一）建立台账

包括钻孔施工设计图纸、钻孔施工记录、钻孔成孔验收记录、封孔验收记录、每日抽采参数台账（包括抽采时间、抽采浓度、流量、负压、纯量等）、封孔验收台账，针对单个钻孔建立钻孔全生命周期记录表。

（二）数据分析

根据每个钻孔抽采数据绘制抽采曲线图，考察不同参数钻孔抽采效果，分析抽采效果好坏的原因，提出针对性措施不断优化钻孔参数设计、施工及封孔工艺，形成抽采数据分析报告，以提高钻孔抽采效果。

四、抽采管路巡查

（1）矿井应按照不同区域划分抽采系统管理负责单位，制定瓦斯抽采系统巡查路线和巡查周期，并安排专人进行巡视。矿井主回风井瓦斯抽采系统至少每10天检查一次，盘区主抽采系统至少每周检查一次，采掘工作面抽采系统每班检查一次。

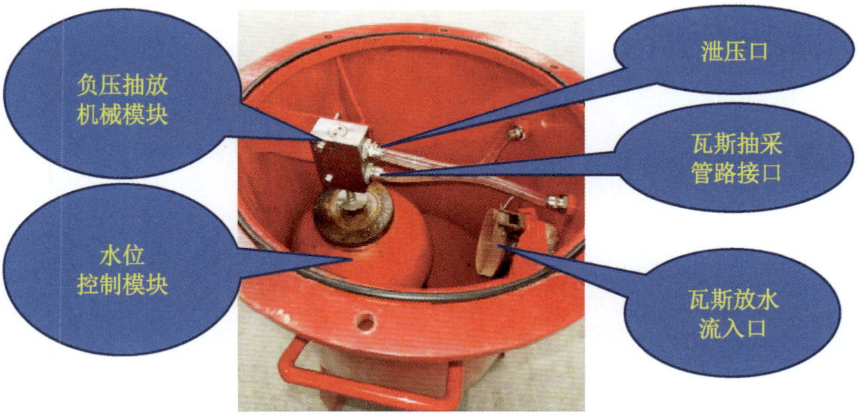

图 6–29　负压放水器内部结构图

（2）抽采管路巡查重点检查管路吊挂是否牢固，有无挤压、变形现象，各区域控制阀门是否完好并定期润滑，垃圾箱是否清理干净，除渣器、放水器是否完好并正常使用，管路是否存在漏气、积水，监测监控系统是否正常运行，管路配件是否及时回收等。

（3）发现抽采系统出现异常时应及时汇报通风调度并通知抽放队采取措施现场处理。①瓦斯管路法兰盘接缝处漏气时，采用扳手将螺丝拧紧，直至不漏气；②管路上有砂眼漏气时，采用薄膜将砂眼位置进行包裹，确保不漏气；③管路内有积水时，在有放水器位置对放水器进行维修，查看放水器导通管、出水口及内部浮球，查明原因后打开放水器顶盖进行处理；积水附近无放水器时应及时通知通风调度，安排人员安装放水器，图6-29所示为负压放水器内部结构；④巡视期间发现除渣器有杂物影响抽采负压时，及时关闭除渣器下部闸阀，打开排渣口进行排渣，排渣完毕将除渣器恢复原状；⑤其他现场无法及时处理的问题应及时汇报通风调度及区队，安排专人进行处理。

第七章 达标评判

为了确保回采工作面生产风排瓦斯量和风流中瓦斯浓度符合要求，避免瓦斯超限事故发生，按照《煤矿瓦斯抽采达标暂行规定》的要求，煤层瓦斯和顶底板油型气必须先抽采瓦斯与油型气，瓦斯与油型气抽采效果达到标准要求后方可安排采掘作业。矿井在编制生产发展规划和年度生产计划时，必须同时组织编制相应的瓦斯与油型气抽采达标规划和年度实施计划，确保“掘、抽、采”平衡。煤矿企业应当根据矿井井上（下）条件、煤层赋存、地质构造、开拓开采部署、瓦斯与油型气来源及涌出特点等情况选择先进、适用的抽采方法和工艺，设计瓦斯与油型气抽采达标的工艺方案，实现瓦斯与油型气抽采达标。采掘工作面作业前，应当编制瓦斯与油型气抽采达标评判报告，对抽采效果进行评判。符合达标评判要求的，进行采掘作业，否则严禁进行采掘作业。

| 第一节 |

瓦斯与油型气抽采基础条件评判标准

瓦斯与油型气的防治是一个系统且复杂的工程，各个环节必须紧密配合、有序衔接，因此需要对多个环节分别进行评判。瓦斯与油型气抽采基础条件评判是对抽采的基础工作进行评判，主要包括抽采规划评判、抽采设计评判、抽采系统评判、抽采工程竣工资料评判、抽采管理体系评判、抽采能力评判等内容。抽采的基础条件是保障瓦斯与油型气治理效果最基本、最关键的内容，只有抽采基础条件评判达标才能保证瓦斯与油型气防治工作的顺利开展。

瓦斯与油型气抽采达标评判主要有以下要求：①矿井必须对瓦斯与油型气抽采的基础条件和抽采效果进行评判；②在瓦斯与油型气抽采基础条件满足“先抽后掘，先抽后采”要求的基础上，再对瓦斯与油型气抽采效果是否达标进行评判；③采掘工作面作业前，必须编制瓦斯与油型气抽采达标评判报告，由矿总工程师审核并报矿长（总经理）批准，上报矿业公司通风部门审查，抽采评判达标批复后方可进行采掘作业；④工作面是否可以连续组织生产要用风排瓦斯量进行验证。采煤工作面风量配备符合作业规程，采煤工作面风排瓦斯量小于5 m^3/min，回风流瓦斯浓度不超过0.6%，掘进工作面风排瓦斯量小于2 m^3/min，回风流瓦斯浓度不超过0.4%，可以连续组织生产；不符合要求时，要停止采掘活动，分析原因，继续加强抽采，直至符合风排瓦斯相关规定，方可连续组织生产。

存在以下七项中任何一条的，矿井瓦斯与油型气抽采基础条件评判不达标。

一、抽采规划评判

矿井无瓦斯与油型气抽采达标规划和年度计划，或者未达到相关标准要求。

（1）矿井应提前3年制定瓦斯与油型气抽采规划，在编制生产发展规划和年度生产计划时，必须同时组织编制相应的瓦斯与油型气抽采达标规划和年度实施计划，确保“掘、抽、采”平衡。矿井生产规划和计划的编制应当以预期的矿井瓦斯与油型气抽采达标煤量为限制条件。

（2）抽采达标规划包括抽采达标工程、抽采量、抽采设备设施、资金计划，抽采达标范围可规划产量、采面接替、巷道掘进等。

（3）年度实施计划包括年度瓦斯与油型气抽采达标的范围及相对应的年度产量安排、采面接替、巷道掘进，年度抽采工程、抽采设备设施、施工队伍、抽采时间、抽采量、抽采指标、资金计划以及其他保障措施。

（4）矿井应对不同抽采方式和参数条件下的煤层瓦斯与油型气抽采规律进行研究。根据抽采参数、抽采时间和抽采效果之间的关系，确定矿井合理抽采方式下的抽采超前时间，并结合抽采工程施工周期，安排抽采、掘进、回采三者之间的接续关系。矿井“掘、抽、采”达到接续持续平衡（“掘、抽、采”平衡是指：一个采煤工作面掘进准备，一个采煤工作面进行瓦斯与油型气预抽，一个采煤工作面正常回采）。

（5）公司对矿井瓦斯与油型气抽采规划、计划、设计、工程施工、设备设施以及抽采计量、效果等每季度进行一次考核，矿井每月对瓦斯与油型气抽采达标工作进行考核。要做好瓦斯与油型气抽采达标的生产前预评价、生产过程中间评价和生产结束后评价工作，对采掘工作面瓦斯与油型气抽采达标工作按照全生命周期进行管理，工作面形成后要制定瓦斯与油型气抽采达标方案、设计及措施。瓦斯与油型气抽采达标工作注重过程管控，在生产过程中按要求对抽采达标效果进行评判及验证，发现瓦斯与油型气抽采达标方案、设计等与实际不符时，应及时修改完善瓦斯与油型气抽采方案、设计，保证瓦斯与油型气抽采效果达标。

二、抽采设计评判

矿井无瓦斯与油型气抽采达标工艺方案设计、无采掘工作面瓦斯与油型气抽采施工设计，或者不能达到《煤矿瓦斯抽采达标暂行规定》第十八条要求。

（1）矿井应当根据矿井井上（下）条件、煤层赋存、地质构造、开拓开采部署、瓦斯与油型气来源和涌出特点等情况，选择先进、适用的瓦斯与油型气抽采方法和工艺，设计瓦斯与油型气抽采达标的工艺方案，实现瓦斯与油型气抽采达标。

（2）矿井确定开拓和开采布局时，应当充分考虑瓦斯与油型气抽采达标需要的工程和时间。

（3）预抽煤层瓦斯的工艺方案应当在测定煤层瓦斯压力、瓦斯含量、吸附常数

（a、b）值等参数的基础上进行，抽采钻孔控制范围应当满足《煤矿瓦斯抽采基本指标》（AQ 1026—2006）的要求。

（4）卸压瓦斯与油型气抽采的工艺方案应当根据邻近煤层瓦斯含量、层间距离与岩性、工作面瓦斯与油型气涌出来源分析等进行，采用多种方式实施综合抽采。

（5）抽采达标方案设计应当包括为抽采达标服务的各项工程（井巷工程、抽采钻场和钻孔工程、管网工程、监测计量工程、放水除尘排渣等管路管理工程）的布局、工程量、施工设备、主要器材、进度计划、资金计划、接续关系、有效服务时间、组织管理、安全技术措施及预期抽采瓦斯量和效果等。抽采达标的工艺方案设计应当由矿井总工程师（技术负责人）审核并报矿长（总经理）审批，上报矿业公司通风部门备案。

（6）采掘工作面进行瓦斯与油型气抽采前，按照“一矿一策、一面一策、一段一策”进行施工设计。施工设计包括抽采钻孔布置图、钻孔参数表（钻孔直径、间距、开孔位置、钻孔方位、倾角、深度等）、施工要求、钻孔（钻场）工程量、施工设备与进度计划、有效抽采瓦斯与油型气时间、预期效果以及组织管理、安全技术措施等，施工设计相关文件应由矿总工程师审批。

三、抽采系统评判

未按《煤矿安全规程》等相关规定要求建立瓦斯抽采系统，或者瓦斯抽采系统没有正常、连续运行。

（1）矿井、采区（盘区）、采掘工作面瓦斯抽采系统能力不能满足瓦斯抽采需要；瓦斯抽采系统建设没有结合矿井生产布局，抽采系统与瓦斯抽采技术方案不匹配、不协调。

（2）矿井未按要求建立健全以下措施、记录、图纸：①瓦斯抽采泵安装、运行、检修、维护措施；②瓦斯抽采泵停、开泵操作规程；③管路系统安装、检查、维护措施；④瓦斯抽采泵房安全防火措施等；⑤瓦斯抽采供电措施；⑥瓦斯抽采泵及管路系统监测监控措施；⑦瓦斯抽采泵站外来人员登记记录；⑧抽采参数测定、检验记录；⑨瓦斯抽采泵站司机交接班记录；⑩瓦斯抽采泵停、开泵、汇报记录；⑪瓦斯抽采泵站系统巡回检查记录；⑫瓦斯抽采系统检查记录；⑬瓦斯抽采泵站设备布置图、供电图、泵站场区平面图；⑭瓦斯抽采系统工艺布置图。

四、抽采工程竣工资料评判

无采掘工作面瓦斯与油型气抽采工程竣工验收资料（包含资料不真实）或者不符合《煤矿瓦斯抽采达标暂行规定》第十九条要求。

（1）瓦斯与油型气抽采工程必须严格按设计施工，并应当进行验收，瓦斯与油型气抽采工程竣工图及其他竣工验收资料（参数表等）有相关责任人签字。

（2）瓦斯与油型气抽采工程竣工资料（图）除应有与设计对应的内容外，还应包括各工程开工时间、竣工时间以及工程施工过程中的异常现象（如喷孔、顶钻、卡钻等）等内容。

（3）钻孔施工完毕应当及时封孔、连接抽采，并确保钻孔封孔严实和准确记录钻孔接抽时间。

五、抽采管理体系评判

没有建立矿井瓦斯与油型气抽采达标自评价体系与瓦斯与油型气抽采管理制度或建立制度不符合《煤矿瓦斯抽采达标暂行规定》要求。

（1）矿井成立瓦斯与油型气抽采达标评判机构，并配备满足需要的专业技术人员，未按要求配备的判定为不达标。①建立专业的瓦斯与油型气抽采管理机构与负责瓦斯与油型气抽采的部（科）室、区队，配备足够数量的专业工程技术人员；②由矿通风部门负责抽采和达标评价工作；③瓦斯与油型气抽采管理人员、抽采参数测试工、打钻及封孔等工种应当参加专门培训并取得相关资格证。

（2）建立满足瓦斯与油型气抽采达标评判的相关制度，未按要求建立制度的判定为不达标。①建立抽采管理、抽采统计考核奖惩制度；②制定矿井瓦斯与油型气抽采达标评判细则和实施办法；③建立抽采工程检查验收制度；④召开评价达标会议，并有上级主管部门参加，记录齐全。

六、抽采能力评判

瓦斯抽采泵站能力和备用泵能力、抽采管网能力等达不到《煤矿瓦斯抽采达标暂行规定》要求。

（1）泵站的装机能力和管网能力应当满足矿井瓦斯与油型气抽采期间或在瓦斯抽采设备服务年限内所达到的开采范围的最大抽采量和最大抽采阻力的要求，且应有不小于15%的富余能力。矿井抽采系统的总阻力，必须按管网最大阻力计算，瓦斯抽采系统应不出现正压状态。具体参照《煤矿瓦斯抽采达标暂行规定》和《煤矿瓦斯抽采规范》（AQ 1027—2006）执行。

（2）抽采矿井所有运行泵的装机能力不得小于瓦斯与油型气抽采达标时应抽采瓦斯量对应工况流量的2倍。

（3）一个抽采泵站内瓦斯抽采泵及附属设备只有一套工作时，应备用一套；两套或两套以上工作时，应至少备用一套。备用泵能力不得小于运行泵中最大一台单泵的能力。

（4）封孔深度应大于巷道松动圈范围5 m。各类瓦斯与油型气抽采钻孔封孔深度必须符合公司相关规定。预抽瓦斯钻孔的孔口负压不得低于13 kPa。

（5）矿井应积极推广应用新的封孔技术和材料，保证抽采钻孔孔口负压和抽采瓦斯浓度。

（6）瓦斯与油型气抽采管网中应安装足够量的放水和除渣装置。

（7）每个抽采钻孔的接抽管上应留设钻孔抽采负压和瓦斯浓度（必要时还应观测一氧化碳浓度）观测孔。

（8）矿井应当加强瓦斯与油型气抽采现场管理，确保瓦斯抽采系统的正常运转和瓦斯与油型气抽采钻孔的效果，钻孔抽采效果不好或者有发火迹象的，应当及时处理。

（9）瓦斯与油型气抽采管路必须连接紧密，不漏气。

七、抽采计量器具评判

瓦斯与油型气抽采系统的抽采计量测点不足，计量器具不符合相关计量标准和规范要求或者计量器具使用超过检定有效期，不能进行准确计量。

（1）瓦斯与油型气抽采监控系统。实时监控管网瓦斯浓度、压力或压差、流量、温度等参数及设备的开停状态。针对瓦斯与油型气抽采系统监测监控存在的数据误差大等问题，矿井应对计量仪器仪表定期标校，对瓦斯与油型气抽采监控系统进行完善，采用新技术、新设备对系统的瓦斯浓度、压力或压差、流量等参数进行监测，为瓦斯与油型气抽采达标效果评价提供基础依据。

（2）计量测点布置应当满足瓦斯与油型气抽采达标评价的需要，在泵站、主管、干管、支管及需要单独评价的区域分支、钻场等地点布置测点。

（3）抽采瓦斯计量仪器仪表应当符合相关计量标准要求。

八、瓦斯与油型气抽采基础达标评判表

矿井瓦斯抽采基础达标评判表由两部分组成，第一部分是瓦斯抽采基础达标评判表（表7-1），由14个否决项组成，任何一项不合格，矿井瓦斯抽采基础评判不达标，必须立即整改；第二部分是瓦斯抽采基础达标评判考核表（表7-2），按照项目设置进行综合评定打分，低于80分的矿井瓦斯抽采基础评判不达标，存在问题必须立即整改，下一年度进行矿井瓦斯抽采基础达标评定时上一年检查存在的问题，仍然没有整改到位的，作为本年度的否决项。

表7-1　瓦斯抽采基础达标评判表

项目	序号	考核内容	考核办法	评判结论
体系及制度建设	1	没有建立矿井瓦斯抽采达标自评价体系和瓦斯抽采管理制度或建立制度不符合《煤矿瓦斯抽采达标暂行规定》要求	查文件	
	2	未按《煤矿瓦斯抽采暂行规定》要求建立瓦斯抽采系统，或者瓦斯抽采系统没有正常、连续运行	查运行记录，没有记录的按不正常运行处置	
	3	矿井、采区（盘区）、采掘工作面瓦斯抽采系统能力不能满足瓦斯抽采需要；瓦斯抽采系统建设没有结合矿井生产布局，抽采系统与瓦斯抽采技术方案不匹配、不协调	查设备设计参数及设计资料	
	4	矿井无瓦斯抽采达标规划和年度计划	检查文件	
	5	矿井无瓦斯抽采达标方案设计、无采掘工作面瓦斯抽采施工设计、无工作面钻孔布置图等	查设计资料	
	6	矿井确定开拓和开采布局时，没有充分考虑瓦斯抽采达标需要的工程和时间，未做到同设计、同建设，超前治理	按照瓦斯治理计划，推算开拓布局接续时间不能保证瓦斯治理工程时间的	
	7	瓦斯抽采泵站能力和备用泵能力、抽采管网能力等达不到《煤矿瓦斯抽采达标暂行规定》要求	比较设备能力和工程需要的能力，富余能力小于15%的	
	8	矿井所有抽采运行泵的装机能力小于瓦斯抽采达标时应抽采瓦斯量对应工况流量2倍的	与抽采工程量最大月份的需要抽采能力比较	
现场考核	9	无采掘工作面瓦斯抽采工程竣工验收资料（包含资料不真实）	查资料	

表 7-1（续）

项目	序号	考核内容	考核办法	评判结论
现场考核	10	瓦斯抽采系统的抽采计量测点不足，计量器具不符合相关计量标准和规范要求或者计量器具使用超过检定有效期，不能进行准确计量	计量设施不能保证分点、分区、分段计量的	
	11	瓦斯抽采效果评判的相关测试条件满足要求（瓦斯残余量、残余压力等测试）	相关测试条件不满足要求	
	12	预抽瓦斯钻孔的孔口负压低于 13 kPa 的	查资料或者现场实际检测量测	
	13	瓦斯浓度、压力或压差、流量、温度等参数没有实时监控的	现场实际检查	
	14	单独评价的区域没有在分支管、钻场等地点布置测点的	现场检查	

表 7-2　瓦斯抽采基础达标评判考核表

序号	考核内容	考核标准	标准分	得分
1	瓦斯抽采泵安装、检修、维护措施	少一项扣1分，扣完为止	2	
2	瓦斯抽采泵停、开泵操作规程	没有该项不得分	2	
3	管路系统安装、检查、维护措施	少一项扣1分，扣完为止	3	
4	瓦斯抽采泵房安全防火措施、设施等	无措施扣1分，消防器材少一项或者失效扣0.5分，扣完为止	2	
5	瓦斯抽采供电措施	无措施扣1分，内容不全一处扣0.5分，扣完为止	2	
6	瓦斯抽采泵及管路系统监测监控措施	无措施扣1分，内容不全一处扣0.5分，扣完为止	2	
7	瓦斯抽采泵站外来人员登记记录	无记录扣1分，记录不全，一处扣0.2分	1	
8	瓦斯抽采泵运行、检修、维护记录	无记录扣1分，内容不全一处扣0.5分，扣完为止	3	
9	抽采参数测定、检验记录	数据造假该项不得分	5	
10	瓦斯抽采泵站司机交接班记录	无记录不得分，内容不全一处扣0.5分，扣完为止	2	
11	瓦斯抽采泵停、开泵、汇报记录	无记录不得分，内容不全一处扣1分，扣完为止	3	

表7-2（续）

序号	考核内容	考核标准	标准分	得分
12	瓦斯抽采泵站系统巡回检查记录	无记录不得分，内容不全一处扣0.5分，扣完为止	2	
13	瓦斯抽采系统检查记录	无记录不得分，内容不全一处扣0.5分，扣完为止	3	
14	抽采达标规划	无规划不得分，内容不全一处扣0.5分，扣完为止	4	
15	年度实施计划	无计划不得分，内容不全一处扣0.5分，扣完为止	4	
16	收集分析研究煤层瓦斯抽采相关参数（瓦斯含量、压力、解吸量等）	没有进行瓦斯赋存及抽采参数收集不得分，收集数据不全适当扣分	4	
17	瓦斯抽采达标工作考核开展情况	有考核办法得3分，内容不全一处扣0.5分，进行严格考核得2分，没有考核不得分	5	
18	煤层瓦斯压力、瓦斯含量、a和b值等参数的测定	少一项扣2分	6	
19	抽采达标的工艺方案设计报送审批	审批签字不全一处扣0.5分，没有按时报送扣1分	3	
20	瓦斯抽采工程竣工图及其他竣工验收资料	资料内容不全一处扣0.5分，扣完为止	5	
21	矿井瓦斯抽采达标评判机构	没有机构文件不得分，人员构成不合理一处扣0.5分，扣完为止	2	
22	瓦斯抽采管理人员、抽采参数测试工、打钻及封孔人员持证情况	少一人持证扣1分扣完为止	4	
23	抽采管理、井下排放、抽采统计考核奖惩制度	没有制度及考核不得分	3	
24	矿井瓦斯抽采达标评判细则和实施办法	无细则或者办法项目不得分，内容不全一处扣0.5分	5	
25	抽采工程检查验收制度	无制度或者制度未执行项目不得分	4	
26	抽采泵站内瓦斯抽采泵及附属设备备用情况	没有备用不得分	3	
27	瓦斯抽采管网中放水和除渣装置设置情况	应该设置而没有设置的一处扣1分，扣完为止	5	

表7-2（续）

序号	考核内容	考核标准	标准分	得分
28	钻孔抽采负压和瓦斯浓度观测孔设置情况	每个钻孔都要设置，发现一处未设置扣0.5分，扣完为止	4	
29	瓦斯抽采管路气密性	发现一处漏气扣1分，扣完为止	3	
30	瓦斯抽采系统的抽采计量测点	没有实施分区或者段计量的项目不得分	3	
31	瓦斯浓度、压力或压差、流量、温度等参数实时监控记录	缺少一项记录扣2分，内容不全一处扣0.5分，扣完为止	5	
合 计			100	

第二节

瓦斯与油型气抽采效果评判标准

一、区域预抽效果评判

由于油型气赋存的复杂性和钻孔精准施工技术的限制，暂时无法对油型气进行区域定量评判预抽，因此区域预抽效果评判只针对本煤层预抽。

矿井高瓦斯区（煤层原始瓦斯压力大于0.74 MPa或瓦斯含量大于3 m^3/t的区域）应当进行区域预抽。满足以下条件则区域瓦斯抽采效果评判达标。

（一）区域预抽评价单元划分

区域预抽范围至少覆盖2个以上综采工作面，评价单元必须属同一地质单元，其地质特征相近、未受到大的地质构造阻隔；具有相同的煤质，相近的构造影响程度、煤层破坏程度、软分层厚度等；煤层瓦斯含量发生变化范围不超过1 m^3/t；预抽瓦斯钻孔间距基本相同，控制范围内的钻孔布置均匀；预抽瓦斯时间基本一致，抽采时间差异系数小于30%。

（二）取样点设计

（1）每个评价单元一侧布置测点不少于2个，评价单元超过500 m一侧不少于3个。

（2）各测点应布置在原始瓦斯含量较高、钻孔间距较大、预抽时间较短的位置，并尽可能远离预抽钻孔或与周围预抽钻孔保持等距离，且避开采掘巷道的排放范围和工作面的预抽超前距。在地质构造复杂区域适当增加测点。

（3）绘制取样点布置图，标明每个单元的取样数量和编号，并与测试报告相对应。

（三）评判指标

（1）抽采量必须达到设计抽采量的要求。

（2）区域预抽时间不少于2年。

（3）残余瓦斯压力$p_{cy}<0.5$ MPa，残余瓦斯含量$W_{cy}<2$ m^3/t，检验钻孔施工过程中无喷孔、顶钻等其他异常现象。残余瓦斯含量和残余瓦斯压力的计算应先根据抽采计量数据按照式（7-2）和式（7-4）计算，当满足以上指标要求后再进行现场实测，只有计算得出的数值和现场实测数值均满足评判指标方可判定达标。

（4）区域瓦斯抽采预抽率不得低于50%。

（5）区域预抽钻孔施工完毕对钻孔进行反演分析，确保钻孔实际施工参数、轨迹符合设计要求。钻孔的个数、长度、施工角度等数据符合设计要求，钻孔布置均匀，所有终孔孔间距不大于设计间距。

（四）评判时间

在区域预抽区域进行采掘活动前必须进行抽采达标评判，未达标的区域不得进行采掘作业，并采取措施加强抽采。

二、煤巷掘进工作面预抽效果评判

由于矿井赋存有本煤层瓦斯和顶底板油型气，因此需要对本煤层瓦斯预抽效果和顶底板油型气预抽效果分别进行评判，两者均评判达标方可继续掘进，否则停止掘进加强抽采，并修改抽采方案。一般情况下，可将巷道当月掘进进尺（300～800 m）作为一个评价单元（地质条件变化、原始瓦斯含量变化时重新划分），本单元的评价结果一方面验证当前措施的有效性，另一方面可以为下一月的防治措施提供数据支撑，便于及时优化抽采方案。

（一）本煤层预抽效果评判

1. 评价单元划分

（1）根据巷道掘进的实际情况，以月进尺量作为掘进工作面预抽评价单元。

（2）评价单元必须属同一地质单元，其地质特征相近、未受到大的地质构造阻隔；具有相同的煤质，相近的构造影响程度、煤层破坏程度、软分层厚度等。预抽瓦斯钻孔间距基本相同，控制范围内的钻孔布置均匀；预抽瓦斯时间基本一致，抽采时间差异系数小于30%。

（3）当掘进工作面地质条件发生变化、风排瓦斯量发生变化（梯度为1 m^3/min）、煤层瓦斯含量发生变化（梯度为1 m^3/t）或施工本煤层钻孔出现喷孔、顶钻等瓦斯动力现象时应重新划分评价单元，并进行抽采效果评价。

2. 取样点设计

（1）每个评价单元沿巷道帮部依次布置测点不少于3个，在地质构造复杂区域应增加测点。

（2）评判测点的钻孔应布置在预抽钻孔控制条带边界影响范围内的上、下边界处。各测点应布置在原始瓦斯含量较高、钻孔间距较大、预抽时间较短的位置，并尽可能远离预抽钻孔或与周围预抽钻孔保持等距离，且避开采掘巷道瓦斯自然排放范围和工作面的预抽超前距。

（3）绘制取样点布置图，标明每个单元的取样数量和编号，并与测试报告相对应。

3. 评判指标

1）抽采量

抽采量必须达到精准设计中抽采量的要求。

2）抽采时间

抽采时间不能少于抽采设计中计划的时间。

3）残余瓦斯含量

检验钻孔施工过程中无喷孔、顶钻等其他异常现象，残余瓦斯含量不能大于式（4-7）计算的数值。残余瓦斯含量的计算应先根据抽采计量数据按照式（7-2）计算，当满足以上指标要求后再进行现场实测，只有计算得出的数值和现场实测数值均满足评判指标，且施工测定钻孔时没有喷孔、顶钻或其他压力现象时方可判定评价范围预抽达标。

4）瓦斯预抽率

瓦斯预抽率应不小于式（4-9）计算的掘进工作面预抽率。

瓦斯预抽率η＝瓦斯抽采量 / 瓦斯储量。

瓦斯抽采量：计算η指标值时间段内单元煤体的抽采瓦斯量+评价单元内采取增透措施的钻孔排出瓦斯量（m^3）。

瓦斯储量：单元预抽钻孔控制范围内煤体储存瓦斯量（m^3）。

5）钻孔工程评判

（1）有效控制范围评判。钻孔的有效控制范围为巷道轮廓线外10 m以上，工作面前方10 m以上，同时必须符合设计要求。钻孔的控制范围按照如下方法界定：对顺层钻孔，钻孔有效控制范围按钻孔长度方向的控制边缘线、最边缘2个钻孔及钻孔开孔位置连线确定。钻孔长度方向的控制边缘线为钻孔有效孔深点连线，相邻有效钻孔中较短孔的终孔点作为相邻钻孔有效孔深点。

（2）施工参数评判。钻孔的个数、长度、施工角度等数据符合设计要求，钻孔布置均匀，所有钻孔开孔和终孔孔间距不大于设计间距。

4. 评判时间

每月一次，每月月底对本单元进行评价。

5. 掘进工作面瓦斯抽采达标的验证

（1）掘进工作面必须保证巷道回风流中瓦斯浓度低于0.4%，工作面风排瓦斯量小于2 m^3/min，风速不超过4 m/s。掘进过程中根据工作面瓦斯涌出情况，及时调整优化瓦斯与油型气抽采钻孔参数和掘进速度。

（2）煤巷掘进施工要按照瓦斯预抽区段分段进行，预抽效果不达标严禁巷道施工作业，并及时优化钻孔设计，加强抽采管理，提高抽采效果。

（二）顶底板油型气预抽效果评判

由于油型气赋存的特殊性，对其抽采效果的定量评判较为困难，因此采用定性评判。

1. 评价单元划分

以单个油型气抽采钻场内顶底板钻孔覆盖的范围作为一个评价单元，在顶底板钻孔施工过程中对所有钻孔进行定性评价。

2. 评判指标

1）油型气压力

根据黄陵矿业集团生产实践，将油型气抽采钻孔的自然涌出压力为零作为评判标准。

2）油型气中甲烷浓度

油型气抽采钻孔中测试的甲烷浓度低于10%。

3）钻孔工程评判

（1）有效控制范围评判。钻场中油型气抽采钻孔覆盖的超前探测距离不得小于工作面前方20 m，顶底板探测孔的终孔位置位于巷道中线的正上方和正下方，探测宽度不小于巷道轮廓线20 m，底板钻孔的最大垂深不低于35 m，顶板钻孔的最大垂高不低于50 m。

（2）施工参数评判。钻孔的个数、长度、施工角度等数据符合设计要求，钻孔布置均匀，所有钻孔开孔和终孔孔间距不大于设计间距。

3. 评判时间

对当月掘进过程中施工完一个钻场的顶底板油型气钻孔进行评判。

4. 油型气抽采达标验证

（1）掘进工作面必须保证巷道回风流中瓦斯浓度低于0.4%，工作面风排瓦斯量小于2 m^3/min，风速不超过4 m/s。

（2）工作面掘进期间无底板、顶板油型气涌出现象。

（3）油型气抽采钻孔无压力、甲烷浓度平稳。

三、采煤工作面预抽效果评判

（一）本煤层预抽效果评判

1. 评价单元划分

根据回采工作面实际情况，评价单元必须属同一地质单元，其地质特征相近、未受到大的地质构造阻隔；具有相同的煤质，相近的构造影响程度、煤层破坏程度、软分层厚度等；煤层瓦斯含量变化梯度在1 m^3/t以内。预抽瓦斯钻孔间距基本相同，控制范围内的钻孔布置均匀；预抽瓦斯时间基本一致，抽采时间差异系数小于30%。

2. 取样点设计

（1）每个评价单元一侧布置测点不少于2个，在地质构造复杂区域应增加测点。

（2）评判测点的钻孔应布置在预抽钻孔控制条带边界影响范围内的上、下边界处。各测点应布置在原始瓦斯含量较高、钻孔间距较大、预抽时间较短的位置，并尽可能远离预抽钻孔或与周围预抽钻孔保持等距离，且避开采掘巷道瓦斯自然排放范围和工作面的预抽超前距。

（3）绘制取样点布置图，标明每个单元的取样数量和编号，并与测试报告相对应。

3. 评判指标

1）抽采量

瓦斯抽采量必须达到精准设计中抽采量的要求。

2）抽采时间

瓦斯预抽时间不能少于抽采设计中计划的时间。

3）残余瓦斯含量

检验钻孔施工过程中无喷孔、顶钻等其他异常现象，煤层残余瓦斯含量W_{cy}不能大于式（4-17）计算的数值。残余瓦斯含量的计算应先根据抽采计量数据按照式（7-2）计算，当计算得出的数值满足以上指标要求后再进行现场实测，只有计算得出的数值和现场实测数值均满足评判指标且施工测定钻孔时没有喷孔、顶钻或其他压力现象时方可判定评价范围预抽达标，否则，判定以超标点为圆心、半径100 m范围未达标，必须采取补孔措施。

4）残余可解吸瓦斯量

对瓦斯涌出量主要来自于开采层的工作面，评价范围内煤的可解吸瓦斯量满足表7-3规定，且与采煤工作面配风量相适应。可解吸瓦斯量应按照式（7-5）计算，计算值和实测值均要满足要求。

表7-3　采煤工作面回采前煤的可解吸瓦斯量应达到的指标

工作面日产量/t	可解吸瓦斯量 W_j/($m^3 \cdot t^{-1}$)
2500～4000	1.8～1.2
4000～6000	1.2～0.8
6000～8000	0.8～0.6
8000～10000	0.6～0.48
10000～12000	0.48～0.40
12000～15000	0.40～0.32

5）瓦斯预抽率

瓦斯预抽率应不小于式（4-19）计算的综采工作面预抽率。

瓦斯预抽率η＝瓦斯抽采量／瓦斯储量。

瓦斯抽采量：计算η指标值时间段内单元煤体的抽采瓦斯量+评价单元内采取增透措施的钻孔排出瓦斯量（m^3）。

瓦斯储量：单元预抽钻孔控制范围内煤体储存瓦斯量（m^3）。

6）瓦斯抽采率

对瓦斯涌出量主要来自于邻近层或围岩的工作面，计算的工作面瓦斯抽采率满足表7-4的规定。

表7-4　采煤工作面瓦斯抽采率应达到的指标

工作面绝对瓦斯涌出量 Q/($m^3 \cdot min^{-1}$)	工作面瓦斯抽采率/%
$5 \leqslant Q < 10$	≥50
$10 \leqslant Q < 20$	≥75
$20 \leqslant Q < 30$	≥84
$30 \leqslant Q < 40$	≥88
$40 \leqslant Q < 50$	≥90

7）钻孔工程评判

（1）有效控制范围评判。评价单元内不能存在抽采盲区，抽采钻孔应全面覆盖到位，钻孔的控制范围按照如下方法界定：①对顺层钻孔，钻孔有效控制范围按钻孔长度方向的控制边缘线、最边缘2个钻孔及钻孔开孔位置连线确定。钻孔长度方向的控制边缘线为钻孔有效孔深点连线，相邻有效钻孔中较短孔的终孔点作为相邻钻孔有效孔深点；②对穿层钻孔，钻孔有效控制范围取相邻有效边缘孔的见煤点之间的连线所圈定的范围。

（2）施工参数评判。钻孔的个数、长度、施工角度等数据符合设计要求，钻孔布置均匀，所有钻孔开孔和终孔孔间距不大于设计间距。

4. 评判时间

综采工作面回采前进行一次本煤层全面评判。

5. 回采工作面瓦斯抽采达标的验证

（1）符合采煤工作面风排瓦斯量不超过5 m^3/min，同时符合公司对回采工作面回风流瓦斯浓度不得超过0.6%的规定。

（2）采煤工作面回采前煤层可解吸瓦斯量。回采期间发现可解吸瓦斯量不符合验证规定的应及时采取补救措施加强抽采，调整回采强度，确保风排瓦斯量及瓦斯浓度数据符合规定。

6. 矿井瓦斯抽采率评判

采煤工作面回采前矿井要进行抽采效果达标评判，抽采未达标，严禁组织生产。矿井瓦斯抽采率应达到的标准见表7-5。

表7-5　矿井瓦斯抽采率应达到的指标

矿井绝对瓦斯涌出量 $Q/(m^3 \cdot min^{-1})$	矿井瓦斯抽采率/%
$20 \leqslant Q < 40$	≥60
$40 \leqslant Q < 80$	≥70
$80 \leqslant Q < 160$	≥75

（二）油型气预抽效果评判

综采工作面的顶底板油型气抽采钻孔一般会至少提前一个月将下个月综采工作面推进范围内的钻孔全部施工完毕，评判时需要综合考虑钻孔、钻场、综采工作面顶底板的油型气涌出情况。

1. 评价单元划分

综采工作面的油型气涌出不同于掘进工作面，综采工作面的油型气抽采钻孔施工后会预抽部分油型气，但仍有部分油型气会通过卸压释放。当工作面推采后，顶底板岩层卸压会产生大量裂隙，部分裂隙会与油型气储集层沟通，导致油型气涌出，此时钻孔则起到拦截作用。由于工作面推进期间卸压范围的限制，所以综采工作面油型气抽采效果评价单元的划分距离不能太长，范围也不能太大。根据黄陵矿区的现场实际情况，将进风巷和回风巷紧邻工作面钻场所覆盖的几何范围作为一个评价单元。

2. 评判指标

1）油型气压力

根据黄陵矿区生产实践，将油型气抽采钻孔的自然涌出压力为零作为评判标准。

2）油型气中甲烷浓度

油型气抽采钻孔中测试的甲烷浓度低于10%。

3）钻孔工程评判

（1）有效控制范围评判。钻场中油型气抽采钻孔覆盖的范围在倾向上不能小于开切眼长度的1/2，在走向上必须要大于两个钻场的间距，且与其他钻场的钻孔有压茬，达到全面覆盖；抽采钻孔的覆盖垂深不低于20 m，覆盖垂高不低于35 m。

（2）施工参数评判。钻孔的个数、长度、施工角度等数据符合设计要求，钻孔布置均匀，所有钻孔开孔和终孔孔间距不大于设计间距。

3. 评判时间

工作面推进至钻场中钻孔的覆盖范围前对其进行评判。

4. 油型气抽采达标验证

（1）符合采煤工作面风排瓦斯量不超过5 m^3/min，同时符合公司对回采工作面回风流瓦斯浓度不得超过0.6%的规定，风速不超过4 m/s。

（2）工作面顶底板无油型气涌出现象。

（3）工作面推进期间，油型气抽采钻孔无压力、甲烷浓度平稳。

|第三节|

瓦斯抽采评判相关参数计算

一、本煤层预抽时间差异系数计算

预抽时间差异系数为预抽时间最长的钻孔抽采天数减去预抽时间最短的钻孔抽采天数的差值与预抽时间最长的钻孔抽采天数之比。预抽时间差异系数按式（7-1）计算：

$$\eta=\frac{T_{\max}-T_{\min}}{T_{\max}}\times 100\% \tag{7-1}$$

式中　η——预抽时间差异系数，%；

$T_{\max}$——预抽时间最长的钻孔抽采天数，d；

$T_{\min}$——预抽时间最短的钻孔抽采天数，d。

二、煤的残余瓦斯含量计算

$$W_{cy}=\frac{W_0G-Q}{G} \tag{7-2}$$

式中　W_{cy}——煤的残余瓦斯含量，m^3/t；

W_0——煤的原始瓦斯含量，m^3/t；

Q——评价单元钻孔抽排瓦斯总量，m^3；

G——评价单元参与计算煤炭储量，t。

评价单元参与计算煤炭储量G按式（7-3）计算：

$$G=\left(L-H_1-H_2+2R\right)\left(l-h_1-h_2+R\right)m\gamma \tag{7-3}$$

式中　L——评价单元煤层走向长度，m；

l——评价单元抽采钻孔控制范围内煤层平均倾向长度，m；

H_1、H_2——评价单元走向方向两端巷道瓦斯预排等值宽度，m；如果无巷道则为0；

h_1、h_2——评价单元倾向方向两侧巷道瓦斯预排等值宽度，m；如果无巷道则为0；

R——抽采钻孔的有效影响半径，m；

m——评价单元平均煤层厚度，m；

γ——评价单元煤的密度，t/m³。

H_1、H_2、h_1、h_2应根据矿井实测资料确定，如果无实测数据，可参照表7-6中的数据或计算式确定。

表7-6　巷道预排瓦斯等值宽度

巷道煤壁暴露时间t/d	长焰煤巷道预排瓦斯等值宽度/m
25	11.5
50	13.0
100	16.0
160	18.0
200	19.7
250	21.5
≥300	23.0
预排瓦斯等值宽度亦可采用下式进行计算： 低变质煤：$0.808\times0.55t$ 高变质煤：$(13.85\times0.0183t)/(1+0.0183t)$	

三、煤的残余瓦斯压力计算

煤的残余相对瓦斯压力（表压）按下式反算得出：

$$W_{\rm cy}=\frac{ab(p_{\rm cy}+0.1)}{1+b(p_{\rm cy}+0.1)}\times\frac{100-A_{\rm d}-M_{\rm ad}}{100}\times\frac{1}{1+0.31M_{\rm ad}}+\frac{\pi(p_{\rm cy}+0.1)}{\gamma p_{\rm a}} \quad (7\text{-}4)$$

式中　$W_{\rm cy}$——残余瓦斯含量，m³/t；

a、b——吸附常数；

$p_{\rm cy}$——煤层残余相对瓦斯压力，MPa；

$p_{\rm a}$——标准大气压力，0.101325 MPa；

$A_{\rm d}$——煤的灰分，%；

$M_{\rm ad}$——煤的水分，%；

π——煤的孔隙率，m³/m³；

γ——煤的容重（假密度），t/m³。

四、煤的可解吸瓦斯量计算

$$W_j = W_{cy} - W_{cc} \tag{7-5}$$

式中　W_j——煤的可解吸瓦斯量，m^3/t；

W_{cy}——抽采瓦斯后煤层的残余瓦斯含量，m^3/t；

W_{cc}——煤在标准大气压力下的残存瓦斯含量（不可解吸瓦斯量），按式（7-6）计算。

$$W_{cc} = \frac{0.1ab}{1+0.1b} \times \frac{100-A_d-M_{ad}}{100} \times \frac{1}{1+0.31M_{ad}} + \frac{\pi}{\gamma} \tag{7-6}$$

五、采煤工作面瓦斯抽采率计算

$$\eta_m = \frac{Q_{mc}}{Q_{mc}+Q_{mf}} \tag{7-7}$$

式中　η_m——工作面瓦斯抽采率，%；

Q_{mc}——回采期间，当月工作面月平均瓦斯抽采量，m^3/min。其测定和计算方法为：在工作面范围内包括井下抽采（含移动抽采）各瓦斯抽采干管上安装瓦斯抽采检测、监测装置，每周至少测定3次，按月取各测定值的平均值为当月工作面平均瓦斯抽采量（标准状态下纯瓦斯量）；

Q_{mf}——当月工作面风排瓦斯量，m^3/min。其测定和计算方法为：工作面所有回风流排出瓦斯量减去所有进风流带入的瓦斯量，按天取平均值为当天回采工作面风排瓦斯量（标准状态下纯瓦斯量），取当月中最大一天的风排瓦斯量为当月回采工作面风排瓦斯量（标准状态下纯瓦斯量）。

六、矿井瓦斯抽采率计算

$$\eta_k = \frac{Q_{kc}}{Q_{kc}+Q_{kf}} \tag{7-8}$$

式中　η_k——矿井瓦斯抽采率，%；

Q_{kc}——当月矿井平均瓦斯抽采量，m^3/min。其测定和计算方法为：在井田范围内井下抽采（含移动抽采）各瓦斯抽采站的抽采主管上安装瓦斯抽采检测、监测装置，每天测定不少于12次，按月取各测定值的平均值之和为当月矿井平均瓦斯抽采量（标准状态力下纯瓦斯量）；

Q_{kf}——当月矿井风排瓦斯量，m^3/min。其测定和计算方法为：按天取各回风井回风瓦斯平均值之和为当天矿井风排瓦斯量，取当月中最大一天的风排瓦斯量为当月矿井风排瓦斯量。

第八章 瓦斯与油型气抽采后评价

后评价是指在工作面回采完毕根据回采期间积累的瓦斯与油型气治理数据对精准设计、精确施工、精准管理、达标评判四部分内容进行综合分析评价，主要评价设计是否达到精准无误的要求、施工是否达到设计的要求、抽采是否符合相关管理制度的规定、达标评判的结果是否与实际生产一致等。其主要目的是将实际生产中一些好的管理方法、措施进行积累，对管理或措施上的漏洞进行改进，使精准抽采体系不断地迭代升级更加完善，为下一工作面生产提供帮助。

第一节

后评价机构设置

一、组织管理

各矿井应成立以矿长（总经理）为组长的评价领导小组，以总工程师为核心的技术管理体系，通风、生产、机电、地测、信息化、安监等相关部门配合瓦斯与油型气治理工作。按照瓦斯与油型气治理工作的要求，配备足够的瓦斯与油型气治理专业技术人员及施工人员，并定期组织培训，确保组织机构健全，满足瓦斯与油型气治理工作的需要。

二、后评价工作分工

通风部：后评价工作的牵头部门，主要负责整个后评价报告的编制。需要对整个精准抽采体系进行全过程、各环节的详细评价，重点评价瓦斯与油型气赋存规律是否掌握清楚、抽采指标及钻孔的设计是否合理、抽采系统的配备是否满足瓦斯与油型气抽采需求、钻孔的实际施工情况是否与设计要求一致、现场抽采管理是否严格按照制度执行、生产期间的瓦斯治理情况是否符合规定要求等。

生产部：主要评价巷道掘进、钻场施工与设计是否一致，巷道掘进和钻场的施工速度是否满足灾害治理的要求。

机电部：主要评价抽采系统的运转状况是否满足瓦斯与油型气抽采需要，打钻设备的配备是否与钻孔工程量匹配，设备运行期间的供电、供水、压风、排水系统是否对钻孔施工造成影响。

地测部：主要评价煤层赋存规律与预测结果是否一致，地质条件对瓦斯与油型气赋存及灾害治理造成的影响，对工作面评价单元划分合理性给予建议，对钻孔施工角度与设计是否一致给予监督。

信息化：主要评价生产期间工作面监测监控系统是否正常运转，钻场的监控系统设置是否合理，抽采系统上的监测设备是否齐全、有效。

安监部：主要评价灾害治理工程施工期间的安全风险辨识及管控措施是否到位，生产期间突发状况的应急处置措施是否完善有效。

第二节

后评价内容

后评价的主要内容主要包含精准设计、精确施工、精准管理、达标评判四部分，需要对四部分中的各项内容进行采后评价，寻找瓦斯与油型气治理流程中存在的漏洞、失误，并提出改进措施，提升管理水平。后评价主要内容见表8-1。

表8-1 后评价项目表

后评价内容	后评价项目	后评价部门	存在问题
精准设计	设计的依据是否符合相关文件要求	通风部	
	瓦斯与油型气治理方法的选择是否符合原则要求		
	掘进工作面、综采工作面和区域预抽的抽采指标计算是否准确		
	掘进巷道、钻场的设计是否符合瓦斯与油型气治理的要求	生产部	
	掘进工作面边掘边抽钻孔的设计是否按照设计的流程和要求进行计算	通风部	
	综采工作面抽采钻孔的设计是否按照设计的流程和要求进行计算		
	区域预抽钻孔的设计是否按照设计的流程和要求进行计算		
	抽采系统能力校核是否符合实际情况		
	抽采系统配套及附属设施是否齐全		
精准施工	抽采支管路的安装工程是否按照流程进行，安装质量是否符合标准要求	通风部	
	钻场施工是否符合设计标准	生产部	
	钻孔施工设备选型是否合理，钻孔施工是否按照施工标准进行，钻孔的轨迹是否与设计相符，钻孔的数量是否与设计一致，钻孔施工期间的安全措施及现场管理是否符合标准，工程验收环节是否存在弄虚作假	机电部 通风部 地测部	

表8-1（续）

后评价内容	后评价项目	后评价部门	存在问题
抽采系统精准管理	瓦斯抽采泵站的运行是否正常，有无存在问题	机电部	
	瓦斯智能抽采管控系统的各功能模块运行是否正常，各地点数据采集有无异常，动态评判的结果是否准确	信息化 通风部	
	监测监控系统运行是否正常，数据监测有无缺失	信息化	
	瓦斯抽采全生命周期管理中管路、钻场的巡视是否符合相关要求，钻孔全生命周期台账是否完善，瓦斯抽采的相关管理职责是否落实到位	通风部	
抽采达标评判	瓦斯抽采基础条件评判是否按照标准要求开展，评判的结果与实际是否一致	通风部 安监部	
	瓦斯与油型气抽采效果的评判是否科学合理，生产期间的实际情况是否与评判的结果一致，掘进工作面风排瓦斯量是否小于2 m^3/min，综采工作面风排瓦斯量是否小于5 m^3/min，有无出现瓦斯超限、油型气异常涌出等事故		

| 第三节 |

结　论

后评价结论是对瓦斯与油型气精准治理体系进行一个总体的结论性定语，即对瓦斯与油型气精准治理体系进行总体梳理，包括组织机构、责任分工、瓦斯地质及基础参数、精准设计、精准施工、精准管理、达标评判几个方面进行分析总结（表8-2），评价各个项目是否按照体系的要求完成，并从执行的过程中提炼亮点，查漏补缺，形成文字材料，积累瓦斯与油型气治理经验，不断完善精准治理体系，为后期瓦斯与油型气治理工作提供帮助。

表8-2　后评报告表

时间：

后评价项目	序号	后评价内容	评价结论
组织机构	1	瓦斯与油型气防治组织机构是否健全	
	2	瓦斯与油型气防治相关技术人员及施工人员是否充足，是否培训合格	
责任落实	3	瓦斯与油型气治理相关人员和部门的责任划分是否明确到位	
	4	相关人员的责任制是否落实到位	
瓦斯地质及基础参数	5	瓦斯与油型气赋存的规模是否掌握准确	
	6	瓦斯与油型气相关参数测定是否符合规定	
精准设计	7	瓦斯与油型气治理选择的方法是否符合相关规定，是否科学、合理、有效	
	8	抽采指标计算的结果是否准确，与现场实际生产期间的风排瓦斯量等数据验证是否一致	

表8-2（续）

后评价项目	序号	后评价内容	评价结论
精准设计	9	钻场、钻孔的设计是否能够满足生产期间的瓦斯与油型气治理工作要求，钻孔参数是否达到最佳抽采效果	
	10	系统抽采能力能否满足实际抽采需求，抽采系统相关的配套设施是否齐全可靠、符合要求	
精准施工	11	钻场的施工参数是否符合设计要求，能否满足钻孔施工的需求	
	12	钻孔的施工参数是否符合设计要求，钻孔量是否达到设计量	
	13	钻孔的施工效率、轨迹、封孔等是否得到有效控制，钻孔施工期间安全措施及现场管理是否到位，工程验收结果是否准确可靠	
	14	抽采管路及配件的安装是否与设计一致，生产期间有无出现漏气或故障	
精准管理	15	瓦斯抽采泵在生产期间各运行参数是否正常，提供的抽采负压和流量是否能够满足瓦斯与油型气治理需求	
	16	瓦斯智能抽采管控系统的各功能模块在生产期间运行是否正常，采集的数据是否准确无误，动态评判的结果与实际是否一致	
	17	瓦斯抽采全生命周期管理工作是否按照要求开展，抽采管理职责是否落实到位，相关的记录、台账是否齐全	
达标评判	18	瓦斯与油型气抽采基础条件评判是否按照要求开展，评判结果是否达标	
	19	区域预抽、掘进工作面、回采工作面的瓦斯与油型气抽采效果评判是否按照要求开展，评判的结果是否达标	
	20	生产过程中验证的结果与达标评判结果是否一致，掘进工作面风排瓦斯量是否小于2 m^3/min，综采工作面风排瓦斯量是否小于5 m^3/min，瓦斯浓度是否符合规定，有无出现瓦斯超限、油型气异常涌出等事故	

表8-2（续）

后评价项目	序号	后评价内容	评价结论
后评价结论：			
存在问题：			

矿通风部：　　矿通风副总：　　矿总工程师：　　公司总工程师：

附录

一　自主研究相关公式

序号	内容	公式
1	计算油型气含量	$$W=\frac{\pi pT_0S}{Tp_0\xi}$$ 式中　W——储层油型气含量，m^3/m^3； π——储层的孔隙率，m^3/m^3； p——油型气压力，MPa； T_0、p_0——标准状况下的绝对温度(273 K)与压力(0.101325 MPa)； S——储层含油型气饱和度，%； T——储层油型气绝对温度，K； ξ——油型气压缩系数，无因次量
2	计算掘进工作面风排瓦斯量	$$q_{掘}=q_1+q_2+q_3$$ 式中　$q_{掘}$——掘进工作面风排瓦斯涌出量，m^3/min； q_1——掘进工作面新鲜暴露煤壁瓦斯涌出量，m^3/min； q_2——掘进工作面生产时落煤瓦斯涌出量，m^3/min；按照煤层抽采后工作面生产时落煤瓦斯涌出量； q_3——后巷煤壁瓦斯涌出量，m^3/min
3	计算掘进工作面后巷煤壁瓦斯涌出量	$$q_3=Q(T_2-T_1)$$ 式中　q_3——后方巷道瓦斯释放量，m^3/min； Q——掘进工作面风量，m^3/min； T_1——掘进工作面非生产期间迎头瓦斯浓度，%； T_2——掘进工作面非生产期间回风口瓦斯浓度，%
4	计算掘进工作面抽采达标残余瓦斯含量	$$W_{cy}\leqslant W_{cc}+\frac{2-q_1-q_3}{S\cdot v\cdot \gamma}$$ 式中　W_{cy}——抽采后煤层残余瓦斯含量，m^3/t； W_{cc}——煤的残存瓦斯含量，m^3/t，无实测值可按照表4–10和式（4–5）选取计算； q_1——掘进工作面巷道煤壁绝对瓦斯涌出量，m^3/min； q_3——后方巷道瓦斯释放量，m^3/min； S——掘进巷道断面积，m^2； v——巷道平均掘进速度，m/min； γ——煤的密度，t/m^3

序号	内容	公式
5	计算掘进工作面预抽区域瓦斯抽采总量	$$Q_{抽} = (W_0 - W_{cy})\rho l_{长} l_{宽} h$$ 式中 $Q_{抽}$——掘进工作面预抽区域瓦斯抽采量，m^3； W_0——预抽区域煤层原始瓦斯含量，m^3/t； W_{cy}——预抽区域残余瓦斯含量，m^3/t； ρ——预抽区域煤的容重，t/m^3； $l_{长}$——预抽区域长度，m； $l_{宽}$——预抽区域宽度，m； h——预抽区域煤厚，m
6	计算综采工作面生产时落煤产生的瓦斯	$$q_{落} = q_{综} - q_{检}$$ 式中 $q_{落}$——综采工作面生产时破煤产生的瓦斯涌出量，m^3/min； $q_{综}$——综采工作面生产时风排瓦斯量，m^3/min； $q_{检}$——综采工作面检修时风排瓦斯量，m^3/min
7	计算综采工作面生产时落煤产生的瓦斯	$$q_{落} = \frac{(W_{cy} - W_{cc}) \cdot G}{t}$$ 式中 $q_{破}$——综采工作面生产时破煤产生的瓦斯，m^3/min； W_{cy}——综采工作面残余瓦斯含量，m^3/t； W_{cc}——煤的残存瓦斯含量，m^3/t； G——工作面日产量，t； t——工作面生产时间，按每天生产 16 h，960 min
8	计算综采工作面生产时风排瓦斯量	$$q_{综} = QT_{生}$$ 式中 $q_{综}$——综采工作面生产时风排瓦斯量，m^3/min； Q——综采工作面配风量，m^3/min； $T_{生}$——综采工作面生产时回风流瓦斯浓度，%
9	计算综采工作面检修时风排瓦斯量	$$q_{检} = QT_{检}$$ 式中 $q_{检}$——综采工作面检修班风排瓦斯量，m^3/min； Q——综采工作面配风量，m^3/min； $T_{检}$——综采工作面检修班回风流瓦斯浓度，%
10	计算综采工作面抽采达标残余瓦斯含量	$$W_{cy} \leqslant \frac{5t - QT_{检}t}{G} + W_{cc}$$ 式中 W_{cy}——综采工作面残余瓦斯含量，m^3/t； 5——综采工作面风排瓦斯量不能超过 5 m^3/min； t——工作面生产时间，按每天生产 16 h（960 min）； Q——综采工作面配风量，m^3/min； $T_{检}$——综采工作面检修班回风流瓦斯浓度，%； G——工作面日产量，t； W_{cc}——煤的残存瓦斯含量，m^3/t
11	计算区域预抽抽采瓦斯总量	$$Q_{抽} = (W_0 - W_{cy})\rho L(a + b + c + d)h$$ 式中 $Q_{抽}$——预抽区域瓦斯抽采量，m^3； W_0——预抽区域煤层原始瓦斯含量，m^3/t； W_{cy}——预抽区域残余瓦斯含量，m^3/t；

序号	内容	公式
11	计算区域预抽抽采瓦斯总量	ρ——预抽区域煤的容重，t/m³； L——预抽区域长度，m； a——预抽区段1宽度，m； b——预抽区段2宽度，m； c——预抽区段3宽度，m； d——预抽区段4宽度，m； h——抽采区域内平均煤厚，m
12	计算边掘边抽钻孔布置长度	$L_{钻} \geqslant L_{间} + L_{超}$ 式中 $L_{钻}$——钻孔长度，90～130 m； $L_{间}$——钻场间距，40～60 m； $L_{超}$——钻孔超前距，>15 m
13	计算边掘边抽钻孔布置个数	$n = \dfrac{(W_{巷} + 30) \times h}{\pi r^2}$ 式中 n——钻孔布置个数； $W_{巷}$——巷道宽度，m； 30——巷道两侧抽采保护带，巷道两侧各取15 m； h——煤层厚度，m； r——瓦斯抽采有效半径，m
14	计算综采工作面预抽钻孔量	$M = \dfrac{L}{2r} \times L_{均}$ 式中 M——钻孔总工程量，m； L——抽采区域长度，m； r——抽采有效半径，m； $L_{均}$——钻孔平均长度，m/个
15	计算综采工作面预抽钻孔量	$M = 2 \times \dfrac{L}{\sqrt{3}r} \times L_{均}$ 式中 M——钻孔总工程量，m； L——抽采区域长度，m； r——有效抽采半径，m； $L_{均}$——钻孔平均长度，m/个
16	计算区域预抽钻孔量	$M = \left[\sum_{i=1}^{n_1}(L_i) + \sum_{i=1}^{n_2}(l_i)\right]\dfrac{L}{d}$ 式中 M——区域预抽钻孔总工程量，m； L_i——定向钻孔长度，m/个； l_i——空白区域平行钻孔长度，m/个； n_1——区域预抽单个钻场内钻孔个数，个； n_2——单个空白区内钻孔个数，个； L——区域预抽巷道长度，m； d——区域预抽钻场间距，m

二　会议研讨

1. 煤油气共生瓦斯防治研讨会

2012 年 12 月 21 日，陕西陕煤黄陵矿业集团召开“煤油气共生瓦斯防治研讨会”

2. 黄陵矿区煤油气共生油型气研究技术研讨会

2017 年 10 月 26 日，由黄陵矿业集团主办，中煤科工集团常州研究院承办，西安科技大学与中煤科工集团西安研究院协办的“黄陵矿区煤油气共生油型气研究技术研讨会”在常州研究院顺利召开

3. 国家科技进步奖答辩会

2021 年 11 月 3 日，黄陵矿业集团“煤与油型气共生矿区安全智能开采关键技术与工程实践”项目，顺利通过 2020 年度国家科技进步奖答辩会

三　获奖证书

国家科学技术进步奖

证　书

为表彰国家科学技术进步奖获得者，特颁发此证书。

项目名称：煤与油型气共生矿区安全智能开采关键技术与工程示范

奖励等级：二等

获 奖 者：陕西陕煤黄陵矿业有限公司

2021年9月23日

证书号：2020-J-255-2-02-D01

2020 年国家科学技术进步奖二等奖
煤与油型气共生矿区
安全智能开采关键技术与工程示范

中国煤炭工业科学技术奖

获奖证书

证书编号：2019-101-D01

获奖项目：煤油气共生大采高智能化综采关键技术研究与应用

获奖等级：一等奖

获奖单位：陕西陕煤黄陵矿业有限公司

发证机构：中国煤炭工业协会 中国煤炭学会

2019 年中国煤炭工业科学技术奖一等奖
煤油气共生大采高
智能化综采关键技术研究与应用

中国煤炭工业科学技术奖

获奖证书

证书编号：2018-291-D01

获奖项目：黄陵矿区高效瓦斯抽采关键技术及评价研究

获奖等级：二等奖

获奖单位：陕西陕煤黄陵矿业有限公司

发证机构：中国煤炭工业协会 中国煤炭学会

2018 年中国煤炭工业科学技术奖二等奖
黄陵矿区
高效瓦斯抽采关键技术及评价研究

陕西省科学技术奖

证　书

为表彰陕西省科学技术奖获得者，特颁发此证书。

项目名称：黄陵矿区煤油气共生矿井油型气（瓦斯）防治技术研究

奖励等级：贰等

获 奖 者：陕西陕煤黄陵矿业有限公司

2018年2月12日

证书号：2017-2-022-D1

2017 年陕西省科学技术奖二等奖
黄陵矿区煤油气共生
矿井油型气（瓦斯）防治技术研究

陕西省科学技术奖
证 书
为表彰陕西省科学技术奖获得者，
特颁发此证书。
项目名称：黄陵矿区煤层瓦斯赋存规律、资源潜力及瓦斯防治技术研究
奖励等级：贰等
获 奖 者：陕西陕煤黄陵矿业有限公司
二〇一二年九月十九日
证书号：2012-2-018-D1

2012 年陕西省科学技术奖二等奖
黄陵矿区煤层瓦斯赋存规律、
资源潜力及瓦斯防治技术研究

获奖证书
《黄陵矿区井下综合瓦斯抽采技术及应用研究》项目荣获陕西煤业化工集团公司2014-2017年度科技进步三等奖，特颁发此证书。
获奖单位：陕西陕煤黄陵矿业有限公司D1
陕西煤业化工集团有限责任公司
2018年5月18日

2018 年陕煤集团科技进步奖三等奖
黄陵矿区井下综合瓦斯抽采技术及
应用研究

第六届安全生产科技成果奖
证 书
为表彰在促进安全生产科学技术进步工作中做出突出贡献的单位，
特颁发此证书。
项目名称：黄陇侏罗纪煤田煤油气共生矿井耦合灾害防控关键技术
奖励等级：一等
获奖单位：陕西陕煤黄陵矿业有限公司
证书编号：AQJ-6-1-27-D08
二〇一五年一月

2015 年国家安全生产科技成果奖一等奖
黄陇侏罗纪煤田
煤油气共生矿井耦合灾害防控关键技术

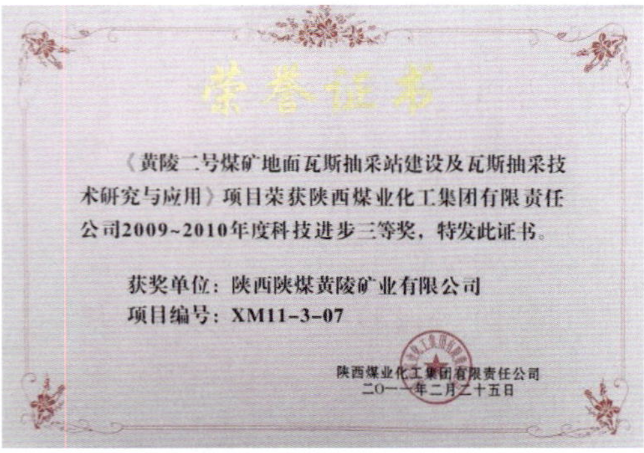
荣誉证书
《黄陵二号煤矿地面瓦斯抽采站建设及瓦斯抽采技术研究与应用》项目荣获陕西煤业化工集团有限责任公司2009~2010年度科技进步三等奖，特发此证书。
获奖单位：陕西陕煤黄陵矿业有限公司
项目编号：XM11-3-07
陕西煤业化工集团有限责任公司
二〇一一年二月二十五日

2011 年陕煤集团科技进步奖三等奖
黄陵二号煤矿地面瓦斯抽采站
建设及瓦斯抽采技术研究与应用

荣誉证书
HONORARY CREDENTIAL
项目名称：黄陵矿区定向长钻孔水力压裂高效抽采技术研究与应用
奖　　项：第十届（2018-2020年度）陕西省煤炭工业优秀科技成果三等奖
完成单位：陕西黄陵二号煤矿有限公司（D1）
陕西省煤炭工业协会　陕西省煤炭学会
2021年9月29日

2021 年第十届陕西省煤炭工业
优秀科技成果三等奖
黄陵矿区定向长钻孔
水力压裂高效抽采技术研究与应用

荣誉证书
HONORARY CREDENTIAL

项目名称：基于U+L型通风工作面定向长钻孔高位裂隙瓦斯抽采技术研究

奖　　项：第十届（2018-2020年度）陕西省煤炭工业优秀科技成果三等奖

完成单位：陕西黄陵二号煤矿有限公司（D1）

陕西省煤炭工业协会　陕西省煤炭学会

2021年9月29日

2021 年第十届陕西省煤炭工业
优秀科技成果三等奖
基于 U+L 型通风工作面
定向长钻孔高位裂隙瓦斯抽采技术研究

荣誉证书
HONORARY CREDENTIAL

项目名称：井下可控冲击波煤（岩）层增透技术应用研究

奖　　项：第十届（2018-2020年度）陕西省煤炭工业优秀科技成果三等奖

完成单位：陕西黄陵二号煤矿有限公司（D1）

陕西省煤炭工业协会　陕西省煤炭学会

2021年9月29日

2021 年第十届陕西省煤炭工业
优秀科技成果三等奖
井下可控冲击波
煤（岩）层增透技术应用研究

四　专利证书

《煤矿下向钻孔高分子泥浆排渣系统、方法及高分子泥浆》

《顶板钻孔防水防喷孔装置》

《一种超前抽采管路》

《一种高位钻场抽采系统连接结构》

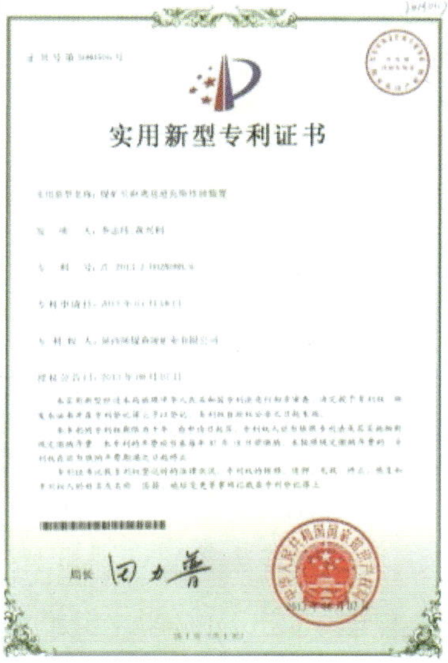

实用新型专利证书

《煤矿长距离巷道瓦斯排放装置》

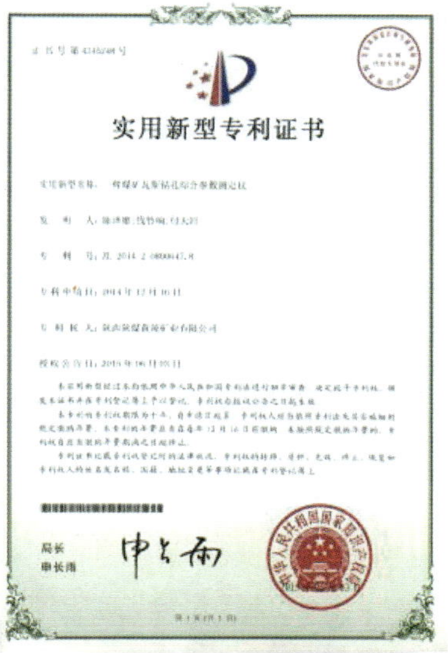

实用新型专利证书

局长 申长雨

《一种煤矿瓦斯钻孔综合参数测定仪》

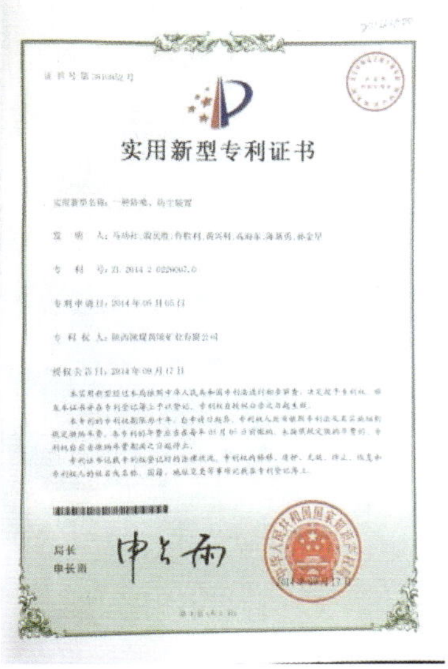

实用新型专利证书

局长 申长雨

《一种防喷防尘装置》

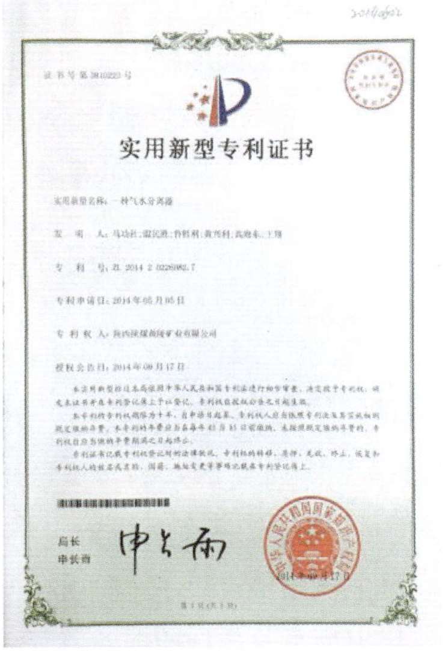

实用新型专利证书

局长 申长雨

《一种水气分离器》

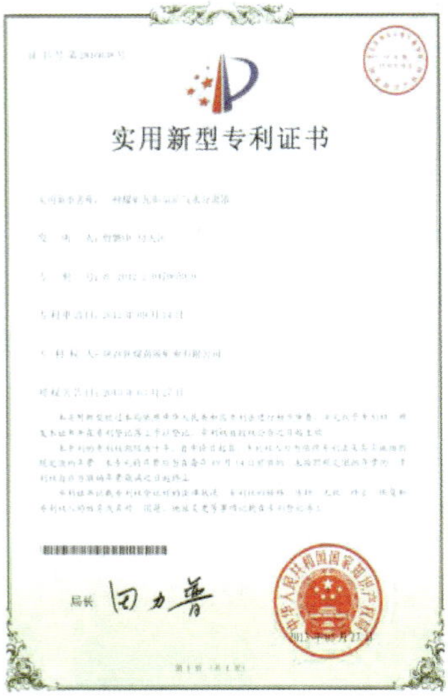
实用新型专利证书

局长

《一种煤矿瓦斯泵站汽水分离器》

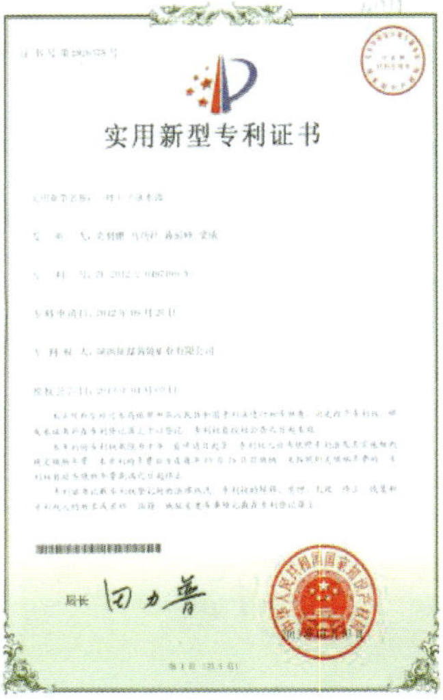
实用新型专利证书

局长

《一种十字放水器》

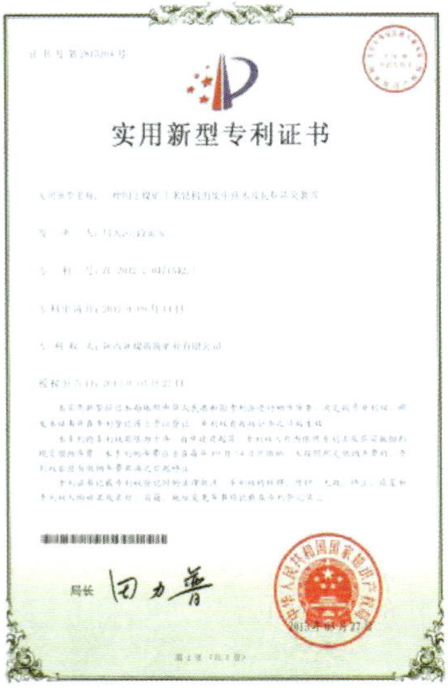
实用新型专利证书

局长

《一种用于煤矿千米钻机的集中排水及瓦斯防突装置》

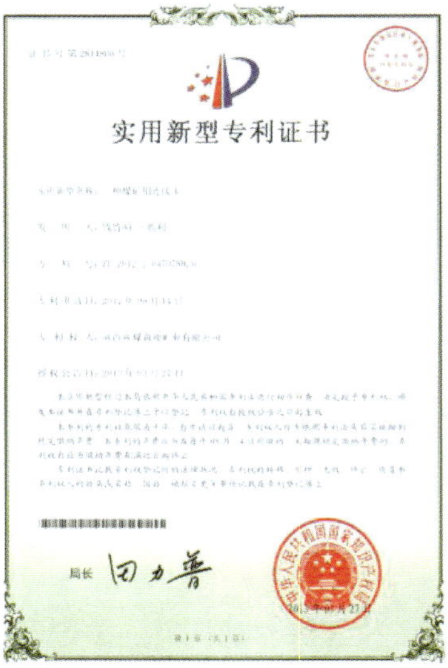
实用新型专利证书

局长

《一种煤矿用连接卡》

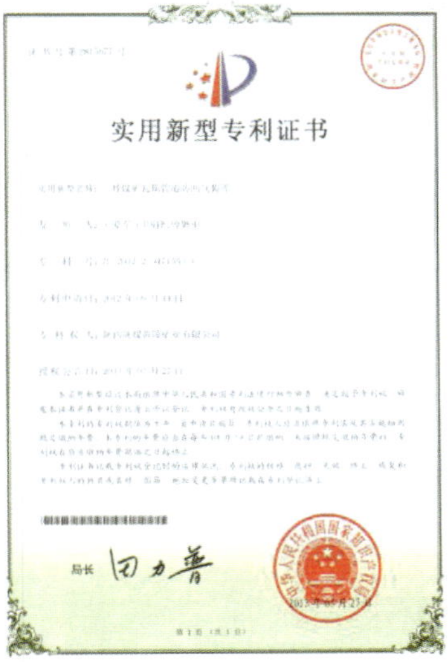

实用新型专利证书

局长　田力普

《一种煤矿瓦斯管道防回气装置》

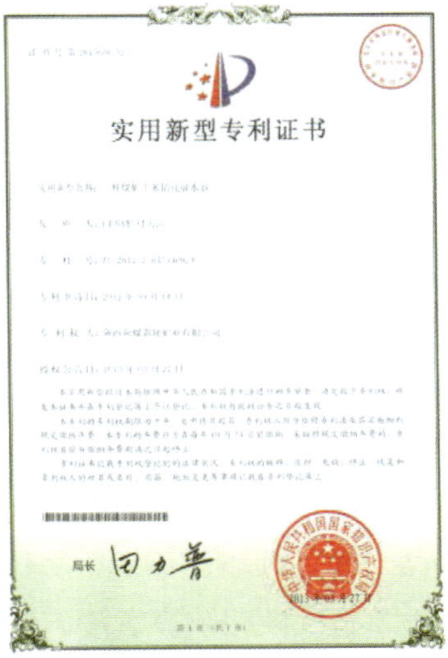

实用新型专利证书

局长　田力普

《一种煤矿千米钻孔放水器》

五　科研成果

1.煤与油型气共生矿区安全智能开采关键技术与工程示范

获 奖 等 级　2020年国家科学技术进步奖二等奖

主要完成单位　陕西陕煤黄陵矿业有限公司
天地科技股份有限公司
北京天地玛珂电液控制系统有限公司
中煤科工集团西安研究院有限公司
西安煤矿机械有限公司
西安科技大学

主要完成人员　范京道　雷贵生　唐恩贤　任怀伟　刘　清
马　英　徐建军　孙四清　毛明仓　袁建平

◎立项背景及目的、意义

鄂尔多斯盆地包含3个亿吨级煤炭基地，是我国的煤炭主产区。其中黄陇矿区地质条件复杂、致灾因素多，多个煤田出现了油型气涌出现象，严重威胁着煤矿安全生产；区内薄及中厚煤层赋存条件差，开采用人多、效率低，始终没有得到有效开发。虽然近年来我国在安全保障技术、综采自动化及开采装备方面取得了巨大进步，支撑了煤炭大型现代化矿井建设，但在安全、地质条件等因素制约严重的黄陇矿区，保障安全高效开采的难度依然巨大：油型气赋存涌出规律准确描述与分级精细解危技术难以破解，复杂条件下开采装备智能精准控制与远程干预极为困难，且缺乏工程配套的全面技术保障体系。上述问题严重影响着地区煤矿安全运行及行业高质量发展，突破煤与油型气共生条件下的煤炭安全、高效、智能开采关键技术难题势在必行。为解决上述重大问题，本项目组织了研究、试验和示范应用一体化研发团队，经过10年攻关，自主创新了四项关键技术和一套全面保障技术体系，建成了首个国家智能化开采示范矿井，实现了受油型气威胁矿区的安全智能开发。

◎项目研究的主要内容

（1）油型气涌出规律及精准防治技术研究。

（2）煤机多级联控模型和智能运行控制技术研究。

（3）煤与油型气共生矿区安全智能开采工程配套与保障技术研究。

◎解决的关键问题及创新点

（1）自主创新了油型气赋存涌出规律准确描述与分级精细解危技术，实现了受油型气威胁矿区的安全高效开发。集成创新基于地面钻探、绳索取心和三维地震勘探的“三区联动”油型气勘查技术，揭示了采掘工作面油型气赋存涌出规律；发明了油型气区域综合预测指标及预测方法，研制出油型气线性检测仪，实现了涌出区域自动辨识及危险性分级评价；建立了“超前预置钻孔-水力压裂强化-定向长钻孔”的油型气全时空立体综合抽采模式，实现了精细化解危险。

（2）首创薄及中厚煤层工作面“一人巡视、无人操作”智能开采模式，实现了常态化远程协同控制采煤。创新研发了软底多级拉架及智能调斜控制、三角煤全自动化截割工艺和基于油型气超前预测的煤机多级联控等关键技术；发明了液压支架精确控制推移阀、高效高适应性“联锁自移”控制的超前支护装备；形成了“井下自控-地面远控-移动监控”的三级超低延时、可视化远程控制的智能化开采模式。

（3）升级创新复杂地质条件下智能化开采配套工艺、技术及设备，制定了智能化无人开采技术和管理标准体系，建成了首个国家智能化开采示范矿井。全面升级开采装备、数据传输网络、复杂条件（油型气、软底等）地质及安全保障技术，制定了国内首套智能化综采设计、安装、操作、回撤和验收标准组合，建立了完整的黄陇矿区复杂矿井环境下智能开采工程实践技术支撑体系。

◎推广应用成效

该项目获得发明专利13项，实用新型专利21项，制定国家和企业标准8项，出版专著1部，发表论文43篇。经鉴定，成果达到国际领先水平，先后获得省部级奖励4项。项目解决了受油型气威胁矿区的薄及中厚煤层安全智能开发难题，避免了因油型气异常涌出造成的停产停掘现象，有效保障了矿工的生命安全和矿井的安全高效生产，减少了油型气防御面积30%，释放受油型气威胁无法开采煤炭资源4000万t以上。研发的薄及中厚煤层智能化开采技术将原有工作面作业人员由原来的9人减至1人跟机巡视，大幅改善了工人的劳动环境，地面远程操控采煤实现了常态化。

项目成果在陕煤集团、铜川、黄陵、彬长等矿区全面应用，释放煤炭资源超过1.2亿t，减少油型气治理钻探工程量90万m，累计回采超过40个工作面，产量超过1.1亿t；据不完全统计，项目取得直接经济效益115亿元。

2. 黄陵矿区煤油气共生矿井油型气（瓦斯）防治技术研究

获 奖 等 级 2018年中国煤炭工业协会科学技术奖一等奖
2017年陕西省科学技术奖二等奖

主要完成单位 陕西陕煤黄陵矿业有限公司
中煤科工集团西安研究院有限公司
煤矿瓦斯治理国家工程研究中心
西安科技大学
煤炭绿色安全高效开采国家地方联合工程研究中心黄陵中心

主要完成人员 范京道 师永贵 唐恩贤 马功社 李 川
殷民胜 仵胜利 党利鹏 黄兴利 李晓辉

组织鉴定单位 中国煤炭工业协会

鉴定成果水平 国际领先水平

鉴 定 日 期 2016年11月6日

◎立项背景及目的、意义

黄陵二号煤矿405工作面、413辅运巷、201辅运巷和203掘进巷等地点相继发生顶底板瓦斯异常涌出，多个地点出现渗油现象。异常涌出气体导致采掘工作面瓦斯浓度超限，造成采掘停滞，增加监测难度，危及工人生命安全，给矿井安全高效生产造成严重威胁。初步研究表明，底板异常涌出气体与煤层气不同，其成因类型为油型气，加之前期对油型气勘查程度不足，对油型气的成因、运移、赋存及涌出控制机理等认识不清，尚未开展矿井油型气爆炸临界值及监测监控等方面的研究，更未形成有效的煤油气共存矿井瓦斯综合防治理论及技术体系，急需开展油型气（瓦斯）防治技术研究。

◎项目研究的主要内容

（1）矿区油型气（瓦斯）储集层综合勘查技术。

（2）矿区油型气（瓦斯）赋存、涌出规律及预测技术。

（3）矿井油型气（瓦斯）综合防治技术研究。

（4）矿井油型气爆炸临界值及监测监控系统研究。

◎解决的关键问题及创新点

（1）揭示了黄陵矿区油型气赋存与涌出规律，提出了油型气综合预测指标及方法，建立了油型气地质工作体系。

（2）建立了矿井油型气综合防治技术体系。

（3）研究了油型气爆炸与巷道扩散规律，研制了煤矿油型气检测装置。

◎推广应用成效

自开展研究工作以来，在油型气的成因、赋存、涌出等基础理论认识和防治工程技术等方面取得了重大突破，通过油型气认识、管理和防治等工作体系的形成，避免了因油型气异常涌出引起巷道瓦斯浓度超限而导致停采停掘现象的发生，有效杜绝了顶底板油型气向采掘空间的涌出。掘进工作面回风流瓦斯浓度在0.25%以下、油型气（瓦斯）抽采率达64%；回采工作面回流风瓦斯浓度低于0.6%，矿井连续4年实现油型气涌出工作面瓦斯“零”超限目标和煤炭安全高效回采，保障了矿工的人身健康和生命安全。通过项目研究，解放原有受油型气威胁无法开采的煤炭区域8.28 km^2、煤炭资源4000万t，增加产值120亿元。研究成果对黄陵二号煤矿井田范围内的油型气赋存情况进行了区划，将其划分为I级、II级和III级，指出了矿井油型气防治的重点区域，减少油型气防治面积近30%；通过油型气（瓦斯）抽采技术研究优化了钻孔布置；2014—2016年矿井累计减少油型气治理钻探工程量90万m，油型气治理钻探工程费减少1.35亿元。通过项目的实施，有效消除了煤矿生产中的油型气威胁，保障了矿区矿井的安全生产，提高了油型气治理工程的有效性、针对性和经济性，实现了矿井油型气治得住、治得准、治得省的战略目标，提高了工作效率，为矿井带来了较大经济效益和社会效益。

3. 煤油气共生大采高智能化综采关键技术研究与应用

获奖等级　2019年中国煤炭工业科学技术奖一等奖

主要完成单位　陕西陕煤黄陵矿业有限公司
北京天地玛珂电液控制系统有限公司
西安煤矿机械有限公司
天地科技股份有限公司
沈阳天安科技股份有限公司

主要完成人员 范京道 雷贵生 师永贵 唐恩贤 徐建军 袁建平 刘建伟 黄曾华 张 强 张孝斌 张玉良 刘俊峰 刘 清 易瑞强 党景峰 杨 波 李 川

组织鉴定单位 中国煤炭工业协会

鉴定成果水平 国际领先

鉴 定 日 期 2018年6月9日

◎立项背景及目的、意义

黄陵矿业集团煤炭资源丰富，煤田总面积561 km^2，地质储量15.7亿t，可采储量11.4亿t。现有4对生产矿井，总生产能力1550万t。其中，二号煤矿井田总面积375.6561 km^2，地质储量9.75亿t。可采储量6.2亿t，全矿井煤层平均厚度为3.39 m，设计生产能力800万t。因此，二号煤矿承担着黄陵矿业集团主要采煤任务，更是黄陵矿业集团能否达产的关键和保障。

近年来，黄陵矿业集团加大科技投入，依靠科技进步不断提升矿井高产高效水平。其中二号煤矿2006年开始进行国产600万t成套设备研究，并探索应用了液压支架电液控制技术，为开展大采高智能化综采技术研究奠定了装备基础和管理基础。与此同时，虽然二号煤矿依靠机械化设备实现了高产高效，但仍采用传统综采技术进行采煤作业，该作业方式主要以人工作业为主，存在用人多、职工劳动强度大、作业环境恶劣等问题，急需开展智能化综采技术研究。

◎项目研究的主要内容

（1）研究大采高智能化工作面灾害超前治理技术、自动控制技术及高效协同控制的生产工艺，实现各综采设备模拟人工操作智能运行。

（2）建立地面和顺槽监控中心，集成实时数据、自动追机视频、井上下语音通信等功能于一体的可视化远程监控平台，实现生产现场发生异常时可进行远程干预控制，最终达到大采高工作面智能化开采的常态化运行，大大提高了生产效率，减少了作业人数。

（3）研究煤油气共生工作面的多种耦合灾害防治技术、高速有线及无线传输技术、自动化远程集中控制技术、全程跟随采煤机行走的无缝视频监控技术和高效协同大采高工作面智能化生产工艺，实现“人、机、环、管”深度融合，确保大采高工作面各设备安全、高效、协调、稳定、智能运行。

◎解决的关键问题及创新点

（1）建立了基于应力路径效应的煤壁“拉裂–滑移”力学模型，提出了煤壁片帮演化的两个阶段，即拉裂破坏与滑移失稳，得到了采煤机附近煤壁的拉裂深度、宽度与煤体强度、开采高度的非线性耦合关系，开发了基于煤壁片帮条件下的液压支架特殊跟机工艺，形成了护帮板精准控制技术。

（2）建立了基于底板软弱地质条件下的自动跟机方法，研发了基于底板软弱条件下液压支架特殊跟机工艺，形成了大采高工作面底板软弱智能控制技术。

（3）创新开发了高精度高可靠性的大采高智能综采装备及高效协同控制技术。研制了高可靠性的智能采煤机、高精度智能控制的液压支架及具有高强度高灵活性多伸缩单元的超前支架，设计了高性能广角多角度调节的视频装备，研发了基于大数据、工业云技术的智能综采分析管理平台。

（4）创新研究了基于煤油气共生大采高智能化综采工作面的环境安全保障技术。研发了基于瓦斯浓度的采煤机联动控制技术，开发了惰化阻化泡沫防灭火技术与装备，研发了高压降尘装置，开展了大采高智能化工作面围岩控制技术研究。

◎推广应用成效

项目成果的应用将减少采煤工作面恶劣环境下操作人员的数量、改善回采工作面的安全生产条件、降低操作工人的劳动强度，提高生产效率，在同等地质、生产技术条件下提高产量、提高煤矿的经济效益、满足国民经济发展对能源的需求。实现了综采成套装备智能化控制系统核心技术的突破，大幅提升了综采成套装备的智能化水平，带动了我国在煤机装备自动化、智能化方面的整体技术进步，为建设大型现代化矿井提供了保障，有力地推动了我国煤炭工业的转型升级。

预计“十三五”期间煤炭消费比重将下降到58%左右，但同时高产高效矿井数量将大幅增加，综采智能化也将实现大范围普及。据不完全统计，全国约有3000个综采工作面，其中年产500万t以上的工作面有200多个，尤其是大采高煤层条件下多数具有智能化需求，推广前景广阔。

4. 黄陵矿区高效瓦斯抽采关键技术及评价研究

获 奖 等 级　2018年中国煤炭工业科学技术奖二等奖

主要完成单位　陕西陕煤黄陵矿业有限公司

陕西煤业化工技术研究院有限责任公司

煤炭绿色安全高效开采国家地方联合工程研究中心黄陵中心

主要完成人员 唐恩贤 王苏健 徐建军 黄维明 马功社 殷民胜
黄克军 王 宁 曹明世 陈泽雄 尚英智 李 川
仵胜利 闫 赞 付天河 高 亮 邵 龙 胡魏魏

组织鉴定单位 中国煤炭工业协会

鉴定成果水平 国际先进

鉴 定 日 期 2017年6月13日

◎立项背景及目的、意义

黄陵矿区是国家“八五”重点建设项目，属于煤油气共生矿区。煤田勘查钻孔揭露矿区内含油气钻孔近150个，其中5个钻孔出现天然气喷出或逸出。随着矿井开采活动的进行，矿井瓦斯涌出量逐年增大，同时出现了围岩瓦斯异常涌出，其中底板瓦斯异常涌出尤为严重，且具有突发性、隐蔽性（异常涌出前无明显征兆）和涌出量大等特点，成为影响矿井安全高效开采新的致灾因素。

根据陕西煤业化工集团《煤矿瓦斯预防治理暂行规定》的通知，“回采工作面生产前，其工作面全范围内瓦斯预抽时间不得低于1年”。而一号煤矿的煤层透气性好，煤层瓦斯含量衰减速度很快，本煤层预抽3～4层，就可以满足《煤矿瓦斯抽采基本指标》《煤矿瓦斯抽采达标暂行规定》的要求，但是未满足预抽1年的时间要求，导致抽采系统能力浪费以及工作面不能按时回采的时间成本增加。另外，在采用本煤层钻孔进行瓦斯抽采中，由于不同区域的瓦斯含量不同、煤层厚度不同，导致煤层瓦斯涌出情况不一样，但是由于没有充分的科学依据，导致设计不科学、不合理，存在设计不足现象。

因此，如何从设计上做好钻孔布置工作，协调好抽采方式、钻孔布孔密度、抽采时间，同时提高煤层瓦斯抽采效果等，使瓦斯抽采管理由粗放型向集约型转变，显得非常必要。

◎项目研究的主要内容

（1）抽采钻孔密封机理及封孔工艺装备研发。

（2）黄陵矿区瓦斯赋存规律研究。

（3）黄陵矿区精细化瓦斯抽采方法对比研究。

（4）瓦斯抽采钻孔密封质量及漏气位置检测技术研究。

（5）黄陵矿区本煤层瓦斯抽采模型及其评价研究。

◎解决的关键问题及创新点

（1）针对黄陵矿区瓦斯赋存特征，研究形成了一种以间距、封孔深度、单双排布置钻孔为划分参数的条带化精细区域对比瓦斯抽采方法。

（2）通过对应力集中带进行分析，确定了黄陵矿区顺层钻孔最佳封孔位置，经现场钻孔施工和抽采验证，方法可靠，效果良好。

（3）以瓦斯浓度变化为依据，提出了一种适合黄陵矿区的新型瓦斯抽采钻孔密封质量及漏气位置判定检测技术方法，将抽采钻孔漏气种类分为封孔管漏气、封孔材料漏气、封孔段-钻孔壁之间的空隙漏气、钻孔松动圈漏气、煤体裂隙漏气和钻孔深部邻近钻孔互通漏气6种漏气情况，并判定封孔管内漏气通道、封孔管瓦斯入口处、钻孔内距离封孔管瓦斯入口处0.5～1.0 m和钻孔深部4个漏气点。研制了实验室瓦斯封孔检测系统，对钻孔封孔进行有效的指导，提高了抽采效率。

（4）通过对黄陵矿区进行钻孔漏气位置检测，根据20个钻孔漏气位置处的统计结果共发现了32处漏气位置，其中密封段漏气位置11处、管路连接漏气位置3处、孔口漏气位置8处、PVC抽采管漏气位置5处、深部煤体漏气位置5处。

（5）以残余瓦斯含量为关键评价指标，得出黄陵矿区不同瓦斯含量区域适用的抽采方法，即：原始瓦斯含量小于3 m^3/t时，采用单排平行钻孔、钻孔间距10 m、封孔长度8 m；原始瓦斯含量为3～5 m^3/t时，采用单排平行钻孔、钻孔间距8 m、封孔长度8 m；原始瓦斯含量大于5 m^3/t时，采用双排平行钻孔、钻孔间距6 m、封孔长度8 m。

◎推广应用成效

通过项目的实施，提出了黄陵矿区不同瓦斯含量区域的最佳抽采方法，形成了一套适合于黄陵矿区的煤层瓦斯抽采体系，明显提高了工作面的瓦斯抽采效果、减少了工作面抽采钻孔数量，缩短了工作面抽采时间、加快了工作面回采。对于减轻黄陵矿区瓦斯灾害具有重要意义，目前已在黄陵一号煤矿、双龙煤矿应用。

5. 井下可控冲击波煤（岩）层增透技术应用研究

获 奖 等 级　2021年第十届陕西省煤炭工业优秀科技成果三等奖

主要完成单位　陕西陕煤黄陵矿业有限公司

陕西黄陵二号煤矿有限公司

中煤科工集团西安研究院有限公司

主要完成人员 马功社 郭超奇 殷民胜 仵胜利 黄兴利
李 川 闫 赞 高海东 李宝军 赵军平
李博涛 焦博朋 龚 辉 解永青 张佳龙

◎立项背景及目的、意义

随着矿井开采活动的进行和开采深度的不断增加，黄陵二号煤矿矿井瓦斯涌出量逐年增大，且出现了严重的围岩瓦斯异常涌出现象，围岩瓦斯异常涌出已成为影响矿井安全高效开采新的致灾因素。黄陵二号煤矿205工作面回风巷和带式输送机巷施工了大量的本煤层、顶板和底板预抽钻孔，顶底板钻孔初期部分钻孔有油型气涌出，抽采几天后钻孔内不再有气体涌出，在工作面回采到该位置时受采动影响，钻孔内又有大量油型气涌出。同时矿井目前在三盘区、四盘区、二盘区生产过程中均发现高瓦斯煤层区域，本煤层预抽钻孔间距6 m，抽采钻孔施工量大、成本高，然而由于接续紧张预抽时间短，工作面回采过程中仍有大量瓦斯涌出，使回风巷瓦斯治理压力较大。因此，工作面抽采工作难度大任务重，必须采取煤层瓦斯、围岩油型气的强化抽采措施，提高钻孔抽采效率，缩短预抽达标时间。

井下可控冲击波煤层增透技术是一种新型的煤层增透技术，基于脉冲功率技术的高聚能重复电脉冲强冲击波激励煤储层的设想，并通过一系列地面和井下工程试验与探索，初步验证了该项原创性技术的可行性与可控性，已初步显示出设备简单、能量密度高、增透效果显著、施工周期短、施工安全可靠、劳动强度低、适用范围广等技术优势。从该技术理论研究和工程实践中显示出的特点看，该技术一旦成熟，其在设备、操作和应用效果上要明显优于当前大多数煤层增透技术，所以必然是煤层增透抽采的一个新方向，在黄陵二号煤矿进行井下可控冲击波煤层增透技术适用性试验研究，不但可以为当前矿井煤层瓦斯抽采治理提供新的方法选择，同时，对降低工作面瓦斯抽采难度、提高钻孔抽采效率、缓解接替紧张、保障黄陵矿区煤油气共生矿井的安全高效开采具有重要意义。

◎项目研究的主要内容

（1）井下可控冲击波增透施工工艺研究。

（2）可控冲击波煤层及顶、底板增透技术工程试验。

（3）井下可控冲击波煤层及顶、底板增透瓦斯抽采效果考察。

◎解决的关键问题及创新点

（1）采用可控冲击波进行底板岩层增透预抽底板油型气，在全国范围内属于首次应用。

（2）可控冲击波增透技术是一种利用安全、增透半径大、对煤层无污染无损害的新技术，对黄陵矿区煤层瓦斯及油型气的治理具有指导意义。

◎推广应用成效

可控冲击波增透试验增透钻孔瓦斯自然涌出量是常规钻孔的1.31~2.23倍，钻孔瓦斯抽采纯量是常规钻孔的2.76~7.57倍，钻孔瓦斯抽采浓度是常规钻孔的1.47~2.68倍，形成了适合黄陵矿区的钻孔可控冲击波增透工艺技术，降低了工作面瓦斯抽采工作难度，提高了钻孔抽采效率，缓解了接替紧张，为矿区瓦斯高效抽采提供了技术保障。

可控冲击波增透技术是一种利用安全、增透半径大、对煤层无污染无损害的新技术，该项目在二号煤矿成功应用可提高瓦斯、油型气灾害治理水平，保障矿井安全生产同时对黄陵矿区其他煤矿的煤层瓦斯及油型气治理具有指导意义。

6. 井下固定瓦斯抽放系统技术研究与应用

获 奖 等 级　2016年第八届陕西省煤炭工业优秀科技成果三等奖
主要完成单位　陕西黄陵二号煤矿有限公司
中煤科工集团重庆研究院
主要完成人员　梁　平　张建彬　马功社　王　民　蔡华军　王建军
张晓斌　李志伟　仵胜利　李晓辉　郭超奇
组织鉴定单位　陕西省科技厅
鉴定成果水平　国内先进水平
鉴 定 日 期　2014年8月31日

◎立项背景及目的、意义

抽放瓦斯是防治煤矿瓦斯灾害最有效的措施之一，同时国家又出台了各种方针政策，要求各高瓦斯及突出矿井必须建立瓦斯抽放系统。因此一套运行可靠的煤矿瓦斯抽放系统是煤矿安全生产的重要保障。

陕西黄陵二号煤矿矿井设计主要开采2号煤层，矿井设计生产能力7.0 Mt/a。矿井四盘区是二号煤矿主要盘区之一，根据二号煤矿一、二、四盘区回采情况，四盘区煤层瓦斯含量均大于一、二盘区，高效的瓦斯抽放系统对于四盘区的安全生产显得尤为重要。根据四盘区的瓦斯含量、煤炭产量，要求其瓦斯抽放系统的抽放能力达到1000 m^3/min以上。如此一个大型瓦斯抽放泵站占地面积大概在7000 m^2。陕西黄陵二号煤矿井田范围内大多是高山丘陵，地面瓦斯泵站建设位置很难选择，选择在山林里，水电难以供应，建设成本高，维护难度大。如果建设在一号风井工业场地内，则瓦斯管路必须经过一盘区抽采四盘区瓦斯，瓦斯主管路长度约为12000 m，管路阻力损失巨大。目前我国井下移动瓦斯抽放泵的能力在150 m^3/min以下，如果选用移动瓦斯抽放泵，则需要7～8台瓦斯抽放泵同时运行，其系统的可靠性大大降低，管理难度也相应增加。

为此经过多种方案比较，陕西黄陵二号煤矿大胆创新在四盘区井下建设大型瓦斯抽放泵站，在地面施工大口径管道井连接井下大型瓦斯抽放泵站，抽出的瓦斯经过大口径管道井排出地面，这样避免了瓦斯抽采量加大后，总回风流瓦斯浓度超限问题。

黄陵二号煤矿井下大型瓦斯泵站建成并成功运行，将改善黄陵二号煤矿的安全生产状况，从根本上解决煤炭开采过程中瓦斯超限等问题，是黄陵二号煤矿高效生产的安全保障，并对其他煤矿在井下建设大型瓦斯抽放泵站具有重要的指导意义。

◎项目研究的主要内容

（1）根据矿井四盘区生产能力和煤层瓦斯含量，设计井下大型瓦斯抽放泵站，合理选择泵站布局，布置泵站所需各设备，设计合理的瓦斯泵基础，降低底鼓对基础的破坏。根据设备尺寸，设计合理的硐室，选择相应的支护强度，减小煤层采掘压力对硐室的影响。

（2）选择合适的工艺施工600余米深的大口径管道井，控制管道井的偏移距离，选择合适的下套管固井工艺，把瓦斯抽放管道放入管道井中并固定好。

◎解决的关键问题及创新点

（1）基于技术经济方案比选，建立井下固定式瓦斯抽放泵站（安装6台2BEC67型瓦斯抽放泵，每台电机功率为500 kW），采用大口径管道井排放瓦斯，解决了复杂条件下的瓦斯抽放难题。

（2）井下瓦斯抽放泵站布局合理、设备选型满足抽放要求。

（3）瓦斯泵站硐室技术参数及支护方式、支护材料选择合理，即通过加强支护和施工卸压槽，降低了采动压力影响。

◎推广应用成效

二号煤矿四盘区井下大型瓦斯泵站顺利投产后，经过多年运行，井下瓦斯治理效果显著提升。一是瓦斯固定泵站采取直接将瓦斯通过管道井排向地面的新型方式，明显降低了总回风巷道中的瓦斯浓度，工作面瓦斯抽采效率达到了70%以上，为井下安全生产提供了良好的作业环境；二是提高了抽放钻孔的孔口负压。井下瓦斯固定泵站的实施，缩短了泵站和钻孔间的管道距离，通过减小系统阻力增加抽放钻孔孔口负压，增加了钻孔瓦斯抽放量。

井下大型瓦斯抽采泵站的创举对二号煤矿生产盘区的瓦斯后续治理以及对整个黄陵矿区的瓦斯管理提供了新思维、新出路和新理念。井下大型瓦斯抽放泵站的运行和大深度大口径管道井的施工对其他煤矿皆具有重要的参考价值。

7. 基于U+L型通风工作面定向长钻孔高位裂隙瓦斯抽采技术研究

获 奖 等 级　2021年第十届陕西省煤炭工业优秀科技成果三等奖

主要完成单位　陕西陕煤黄陵矿业有限公司

陕西黄陵二号煤矿有限公司

主要完成人员　马功社　殷民胜　仵胜利　黄兴利　李　川　闫　赞

高海东　李宝军　赵军平　李博涛　解永青

龚　辉　李　刚　李赵岩　焦博朋　李胜利

◎立项背景及目的、意义

陕西黄陵二号煤矿有限公司（简称“二号煤矿”）属高瓦斯矿井，矿井瓦斯防治形势紧迫严峻，加之二号煤矿伴有全行业罕见的油型气灾害，且油型气赋存极不均衡，掘进期间单元内最大油型气涌出量达到35万 m^3/min，采煤工作面回采期间发生的油型气涌出量最高达到6万 m^3/min。根据井下部分涌出区域零散测得油型气压力最高达1.02 MPa，储集层孔隙度为2.73%～2.91%，储集层渗透率为（0.38～0.62）× 10^{-4} μm^2。根据这3个数据分析，该储集层为低孔致密储集层。用油型气压力反演的话，可以得出测点附近油型气的含量较大，孔隙度数据说明了储集层的联通性较差，同时也从一个侧面得出了油型气赋存不均衡的原因，而渗透率指标非常小，反映了油型气的透气性较差，直接说明了灾害治理的难度。

油型气赋存及涌出规律难以掌握，涌出灾害发生突然、无预兆，且每次涌出量都极大，导致采掘工作面瓦斯异常，造成采掘停滞，增加了监测难度。目前二号煤矿严格按照“先探先抽、先抽后掘、先治后采”方针，采取抽放措施，降低了煤层瓦斯含量和压力，有效防止了采掘空间的瓦斯积聚现象发生。为保证工作面正常回采，基于目前采掘布局，采用普通钻机在回风巷施工高位裂隙孔进行瓦斯抽放，用于防止工作面回采期间上隅角瓦斯超限。而用普通钻机施工的钻孔存在钻孔数量多、施工工作量大、单孔深度不足、孔径小、钻孔轨迹不可控、人员投入多、钻孔利用率低、钻孔抽采时间短、瓦斯抽采浓度低等诸多问题。

为解决上述问题，拟采用ZDY6000LD型煤矿用履带式全液压坑道钻机对正在回采的207工作面进行顶板高位定向长钻孔施工，用于替代传统高位裂隙钻孔，以达到高效精准抽采上隅角瓦斯的目的。

◎项目研究的主要内容

（1）从负压、倾角、施工经济高效的角度出发，保障工作面内钻孔合理安排的前提下，合理设置钻孔深度，钻孔长度定在400 m范围内。

（2）为了准确检测定向长距离钻孔的抽采效果，钻孔施工过程中不再设计分支钻孔。

（3）结合207回风巷普通钻机施工高位裂隙钻孔抽采数据和以往钻孔布孔设计的经验，在207回风巷四联巷向外20 m施工定向长距离钻孔8个，钻孔平行分布在距离回风巷0～30 m区域范围，垂高在15～55 m。

注意事项：为防止高位裂隙定向长距离钻孔无法满足工作面瓦斯治理要求，在207回风巷四联巷施工高位裂隙定向长距离钻孔的同时继续施工回风巷高位裂隙带钻孔（50 m一个钻场）。当工作面推采至定向长距离钻孔覆盖区域后，打开定向钻孔，关闭相应区域的所有高位钻孔，根据上隅角瓦斯浓度情况及钻孔抽采情况进行实验，如定向钻孔不能解决上隅角瓦斯浓度时，及时打开普通钻机施工的高位裂隙钻孔进行抽采，确保工作面安全回采。

◎解决的关键问题及创新点

（1）通过定向钻机施工高位裂隙钻孔，提高钻孔施工精准度，确保了钻孔运行轨迹。

（2）钻孔目标层位的延长，实现了钻孔抽采利用率达到90%以上，为钻孔高效抽采提供了基础保障。

◎推广应用成效

本项目的实施，通过理论分析、现场实际验证，形成了一套高位裂隙钻孔施工方案，此方案适用于二号煤矿所有综采工作面回风巷高位裂隙钻孔施工；适用于黄陵矿区瓦斯灾害严重，需要施工高位裂隙钻孔的矿井；对全国灾害严重的矿井具有极大的参考意义。

8. 黄陵矿区定向长钻孔水力压裂瓦斯高效抽采技术研究与应用

获 奖 等 级　2021年第十届陕西省煤炭工业优秀科技成果三等奖

主要完成单位　陕西陕煤黄陵矿业有限公司
陕西黄陵二号煤矿有限公司
中煤科工集团西安研究院有限公司

主要完成人员　马功社　殷民胜　仵胜利　黄兴利　李　川　闫　赞
高海东　李宝军　赵军平　李博涛　解永青
龚　辉　李　刚　李赵岩　焦博朋　李胜利

◎立项背景及目的、意义

黄陵矿区是我国规划重点建设的煤炭基地之一，属于煤油气共生矿区。近年来，随着矿井开采活动的进行和开采深度的不断增加，矿井瓦斯涌出量逐年增大，矿井安全生产面临极大威胁；同时，出现了多次顶底板油型气异常涌出现象，最大涌出量达21万m^3、涌出持续时间近1个月，已成为影响矿井安全高效开采新的隐蔽致灾因素，矿区煤炭开采同时受煤层瓦斯与油型气的双重威胁，矿井瓦斯治理难度大。

黄陵二号煤矿生产能力为800万t/a（主采延安组2号煤层），属高产高效矿井，工作面回采效率高、接续时间紧，导致工作面瓦斯预抽时间短、钻孔工程量大，需要采取煤层强化抽采措施，以减少钻孔施工量或缩短抽采时间，提高瓦斯抽采效率。然而，由于油型气储集层孔隙度小、渗透率低，故抽采效果不佳：抽采钻孔油型气衰减快，抽采几天后，钻孔内不再有气体涌出，但在工作面回采期间受采动影响，钻孔内又有大量油型气涌出，工作面回采依然受到油型气威胁。另外，密集钻孔存在钻孔影响范围小、钻孔施工工程量大、成本高、钻孔利用率低、施工周期长等问题，增加了煤炭开采成本。

实践证明，水力压裂具有煤层增透、改变煤体强度等功效。定向长钻孔水力压裂综合了定向钻进高效抽采技术和水力压裂增透强化抽采的技术优势，能够有效加快瓦斯治理效率、扩大瓦斯治理规模，引领国内外低渗煤层瓦斯高效治理技术研究开发与应用的趋势。

◎项目研究的主要内容

（1）煤矿井下煤（岩）层定向长钻孔水力压裂参数设计。依据工作区地质条件、裂缝形态判识理论和目标层位地质特征设计定向长钻孔和水力压裂施工参数（水力压裂泵注流量、压裂液配比、破裂压力、注水量等）。

（2）定向长钻孔分段、整体水力压裂工程施工及工艺技术研究。根据现有水力压裂增透工艺及机理，结合研究区地质特征，研究适合研究区的水力压裂（分段、整体）工艺技术和水力压裂工程施工工序。

（3）定向长钻孔水力压裂煤层增透效果考察。水力压裂工程结束后考察定向长钻孔瓦斯抽采浓度、瓦斯抽采量等抽采参数，以及水力压裂影响范围，在此基础上合理设计瓦斯预抽钻孔并联网抽采。

◎解决的关键问题及创新点

（1）2号煤层底板裸眼钻孔循环坐封和压裂裂缝导向技术。

（2）2号煤层底板定向长钻孔施工轨迹精准控制技术。

（3）基于黄陵矿区地质特征，首次采用本煤层裸眼封孔水力压裂技术，初步证明了水力压裂技术在黄陵矿区的适用性，为黄陵矿区瓦斯及油型气灾害治理提供了技术支撑。

（4）根据现有水力压裂增透工艺及机理，结合黄陵矿区地质特征及瓦斯抽采现状，研究适用于黄陵矿区的煤层及油型气储集层水力压裂工艺技术，处于国内领先水平。

◎推广应用成效

项目为煤层顶板定向长钻孔水力压裂高效抽采技术在生产应用过程的系统研究，包括钻孔长度、分段压裂、压裂影响范围等，使其更好地服务于煤矿生产实践。后续该技术将作为矿井瓦斯强化抽采的常规技术在矿井区域瓦斯预抽中应用和推广。

9. 黄陵矿区立体综合瓦斯预抽技术及应用研究

主要完成单位　陕西陕煤黄陵矿业有限公司
陕西黄陵二号煤矿有限公司

中煤科工集团西安研究院有限公司

主要完成人员 李双民 马功社 李 川 党利鹏 赵继展 殷民胜 仵胜利 孙四清 李晓辉 黄兴利 闫 赞 陈冬冬 高海东 李宝军

组织鉴定单位 中国煤炭工业协会

鉴定成果水平 国际先进水平

鉴 定 日 期 2017年6月13日

◎立项背景及目的、意义

黄陵矿区是国家“八五”重点建设项目，属于煤油气共生矿区。近年来，黄陵二号煤矿随着矿井开采活动的进行和开采深度的不断增加，矿井瓦斯涌出量逐年增大，且出现了严重的围岩瓦斯异常涌出现象，围岩瓦斯异常涌出已成为影响矿井安全高效开采新的致灾因素。同时，在2号煤层瓦斯含量较小且预抽后，仍存在采空区瓦斯涌出量大的问题，采空区瓦斯涌向工作面造成工作面或上隅角瓦斯超限，给区内矿井的瓦斯治理工作带来了较大难度，严重威胁着矿井的安全高效生产。矿区地质勘查资料显示，在2号主采煤层顶底板地层中存在含气砂岩层、部分区域2号煤层下部赋存有3号煤层（厚度0.85～3.80 m），实测3号煤层瓦斯含量为1.34～6.67 m^3/t、瓦斯含量相对较高。受2号煤层采动影响，顶底板砂岩含气层及邻近3号煤层均向采空区释放瓦斯，进而造成采空区瓦斯涌出量大幅增加；测算数据表明，黄陵矿区回采工作面采空区60%～80%的瓦斯来自围岩。

黄陵矿区存在开采煤层、邻近煤层及顶底板砂岩等含气层，采掘工作面围岩瓦斯异常涌出和采空区瓦斯涌出量较大，亟须研究适合黄陵矿区的多维度立体化瓦斯综合抽采技术，实现空间全覆盖的“采前探（抽）、采中抽、采后抽”瓦斯探采，以期从根本上解决矿井瓦斯问题，保障采掘过程中的安全高效，提高矿井采掘和瓦斯抽采效率，为实现矿井开采时瓦斯治理的本质安全提供有力支撑。

◎项目研究的主要内容

（1）回采工作面采空区瓦斯与油型气涌出来源及构成研究。

（2）围岩定向长钻孔布设层位优选及钻孔布置方法研究。

（3）3号煤层瓦斯赋存规律及定向长钻孔抽采技术研究。

（4）围岩定向长钻孔钻探施工方法、工艺及地质地层随钻判识技术研究。

（5）围岩定向长钻孔瓦斯及油型气抽采效果考察。

◎解决的关键问题及创新点

（1）提出了煤油气共生矿井立体综合瓦斯预抽技术，创立了煤油气共生矿井空间尺度的顶板、底板、本煤层的“立体、分源”抽采，时间尺度的“采前预抽、采中卸压及拦截抽采、采后采空区抽采”的立体综合抽采模式。

（2）形成了一套包含地质条件分析、施工层位优选、孔身结构设计、钻进参数优化、岩性随钻判识的煤油气共生地质条件下定向长钻孔施工工艺，完成顶底板岩石钻孔单孔最大施工长度774 m、煤层钻孔单孔长度1000 m。

◎推广应用成效

该技术针对煤油气共生地质条件和灾害特点形成了集地质条件分析、施工层位优选、孔身结构设计、钻进参数优化、岩性随钻判识的定向长钻孔施工工艺，创立了煤油气共生矿井空间尺度顶板、底板、本煤层的“立体、分源”抽采，时间尺度“采前预抽、采中卸压及拦截抽采、采后采空区抽采”的立体综合抽采模式，增加了油型气防治的针对性、提高了钻孔利用率、节约了成本，取得了良好的应用效果，为黄陇煤田或国内外其他煤油气共生条件下的油型气（瓦斯）防治提供了理论、技术和装备借鉴作用，具有广阔的推广应用前景。

10. 瓦斯抽采超声波增透与液态二氧化碳驱替增效技术研究

主要完成单位 陕西陕煤黄陵矿业有限公司
陕西双龙煤业开发有限责任公司
西安科技大学

主要完成人员 周志群 仲照海 文 虎 黄维明 马功社
何光安 尚英智 黄克军 冯子涵 许文勇
邵 龙 陈鹏飞 王青如 张 科 闵 鹏

◎立项背景及目的、意义

双龙煤矿为高瓦斯矿井，采用瓦斯抽采方法进行瓦斯治理。矿井2号煤层钻孔瓦斯流量衰减系数为0.0456 d^{-1}，煤层透气系数为1.1529～9.7750 $m^2/(MPa^2 \cdot d)$，煤层透气性差，在瓦斯治理过程中瓦斯抽采率低，现有瓦斯抽采技术无法满足矿井灾害治理要求。

通过对煤层进行超声波作用：①借助水媒介减少超声波在煤体中的衰减，提高声场的作用范围；②借助水媒介，充分发挥声场的机械振动效应、空化效应，使煤体、水体、气体产生高频振动，实现固气分离、解堵，清洗渗流通道。利用空化作用产生几十至上百兆帕的气泡瞬间破裂破坏煤体，提高煤层的渗透率；③利用声场的热效应，使水的温度升高，降低水的黏度，使水力压裂效果更加显著，同时温度升高，气体运动速度加快，有利于甲烷脱附。然后再对煤层通过中压注液态CO_2，增加煤层透气性，改造煤层应力分布，对促进煤层瓦斯解吸、渗流扩散，提高瓦斯抽采效率及瓦斯治理具有积极作用。本项目拟分析双龙煤矿超声波增透与液态CO_2驱替置换煤层CH_4技术的可适用性，构建超声波增透与液态CO_2驱替置换煤层CH_4的理论模型，超声波增透与液态CO_2相变驱替置换煤层CH_4运移演化规律，考察超声波增透与液态CO_2相变驱替工艺研究及主要参数，并建立超声波增透与液态CO_2驱替置换煤层CH_4效果评价体系。对提升双龙煤矿瓦斯抽采效率，解决采-掘-抽平衡问题，提升矿区瓦斯综合治理水平具有重要意义。

◎项目研究的主要内容

（1）双龙煤矿地质条件研究。

（2）双龙煤矿超声波增透与液态CO_2相变驱替煤层瓦斯适用性及机理研究。

（3）超声波瓦斯抽采增效技术研究。

（4）超声波增透与液态CO_2相变驱替煤层瓦斯工艺研究及主要工艺参数。

（5）建立超声波增透与液态CO_2相变驱替置换煤层瓦斯效果评价体系。

◎解决的关键问题及创新点

（1）不同功率及钻孔深度下超声波作用煤层透气性及抽采效果变化规律研究。

（2）不同温压条件下液态CO_2压注煤层渗透率演化规律测试技术。

（3）超声波增透与液态CO_2相变驱替不同参数条件下驱替半径判定技术。

（4）煤层顺层钻孔超声波增透与液态CO_2相变驱替瓦斯有效性评价指标。

（5）分析大功率超声波场在煤层内的分布情况以及超声波在煤层内的衰减规律，考察大功率超声波作用下瓦斯抽采效果。

（6）揭示煤层顺层钻孔注液态CO_2相变驱替瓦斯规律。

（7）掌握煤层顺层钻孔液态CO_2压注参数与CO_2驱替半径的对应关系。

（8）提出了超声波增透与液态CO_2相变驱替瓦斯技术体系并建立了指标参数效果评价模型。

◎推广应用成效

形成一套适合双龙煤矿2号煤层顺层钻孔超声波增透与液态CO_2驱替煤层CH_4系统装备及工艺技术体系；确定超声波增透与液态CO_2驱替瓦斯关键技术参数，通过优化工艺参数实现单孔超声波增透直径，提高瓦斯抽采纯量，增加抽采活跃期。为高瓦斯煤层的瓦斯治理提供新的借鉴，以保证高瓦斯工作面安全连续高效开采，实现技术经济一体化，研究成果在类似矿区有一定的示范效应。

该项目可在黄陵矿区相似地质条件矿井继续开展相关试验研究，逐步完善相关技术体系并大范围推广。从我国煤炭可采储量看，高瓦斯煤层可采储量占总量的44%，随着采深逐渐延伸，高瓦斯厚煤层将逐渐成为我国煤矿的主力开采煤层。由此可见，该技术在黄陵矿区及国内其他类似生产地质条件的矿区具有重要而广泛的推广应用价值。

11. 基于高瓦斯矿井智能可视化打钻系统研究与工程实践

主要完成单位 陕西陕煤黄陵矿业有限公司
陕西黄陵矿业有限公司一号煤矿

主要完成人员 毛明仓 薛国华 焦稳锋 黄维明 马功社 高 亮
付天河 钱竹响 董亚楠 丁志超 路文文 吴 鑫

◎立项背景及目的、意义

一号煤矿为高瓦斯矿井，根据矿井2020年瓦斯等级鉴定结果，矿井绝对瓦斯涌出量为152.38 m³/min，相对瓦斯涌出量为11.85 m³/t；二氧化碳绝对涌出量为17.55 m³/ min，相对涌出量为1.36 m³/t；矿井总风量为26000 m³/min，核定生产能力为600万t。矿井在三、四号风井建有地面瓦斯泵站，每个泵站配备6台2BEC72型瓦斯抽采泵，井下设置两处移动瓦斯抽采泵站，矿井瓦斯抽采能力为3340 m³/min。

煤矿瓦斯抽采治理方面的技术和设备比较老旧，煤矿钻孔施工还主要依靠普通履带式坑道钻机，采用人工装退钻杆、操作手柄打钻以及人工数钻杆的传统验钻方式，设备的自动化和智能化水平低，职工的劳动强度大，作业环境存在风险，无法实现钻场可视智能化监管、自动验钻，与“智能矿井、智慧矿区”建设不匹配，设备智能化升级势在必行。

◎项目研究的主要内容

（1）研究适用于一号煤矿地质条件的智能化钻机，智能钻机能够实现无线遥控、一键全自动施工、自动上下钻杆、钻孔姿态自动调节、钻孔参数采集及存储、自适应钻进等功能。

（2）根据钻孔施工需要，完善智能钻机系统，实现钻孔轨迹记录、钻孔施工现场可视化、煤泥水分离、整箱钻杆装卸等功能。

（3）研究基于人工智能技术的钻场智能监测系统，实现手持终端及电脑端钻场施工现场的实时监控、AI智能验钻、现场语音通话、视频记录、以“一张图”方式查阅矿井瓦斯抽采系统运行状态及各地点钻孔施工参数等功能。

◎解决的关键问题及创新点

（1）研究基于智能技术的煤矿钻机自动化系统，形成适用于一号煤矿地质条件的智能化钻机，实现开孔角度显示与自动调整、钻孔轨迹记录、智能防卡钻等功能。

（2）研究全自动装卸钻杆技术，利用机械手、钻杆箱及双夹持器的配合，实现自动上下钻杆，全程无须人员搬运。

（3）研究基于人工智能技术的钻场智能监测系统，实现手持终端及电脑端钻场施工现场的实时监控、AI智能验钻、现场语音通话、视频记录、以“一张图”方式查阅矿井瓦斯抽采系统运行状态及各地点钻孔施工参数等功能。

创新点1：提出“钻机作业群”理论，施工人员同时操作2～3台钻机，充分发挥智能钻机操作简单、减少操作人员的作用，实现作业工效的最大化。

创新点2：实现钻机远程操作、自动上下钻杆、自适应钻进功能，将机器人技术引入钻孔施工作业中，提升矿井灾害治理工程智能化水平。

创新点3：自动验钻取代传统人工验钻，全方位监控钻孔施工过程，构建矿井抽采系统的“大数据平台”，使井下抽采数据实现智能分析、“随手可见”。

◎推广应用成效

该项目的实施能够实现钻孔智能化施工、钻孔深度自主计算验收，钻孔施工效率提升，作业人员劳动强度降低，杜绝了不按设计施工、虚假钻孔验收等安全隐患；钻孔施工人员由3人减至2人，操作人员远程操控钻孔施工，保证了施工人员的安全；实现了少人则安、无人则安、科技兴安，对智慧矿井的建设具有促进作用，具有较大的经济效益和社会效益，有望在行业形成广泛的影响。

目前煤矿智能化施钻与钻孔验收系统尚处于起步时期，该项目实施能够实现煤矿瓦斯钻孔施工过程中自动化打钻、智能视频验钻、实时监控等全过程信息化管理，有效杜绝谎报进尺、违章操作、打假孔等情况，减少瓦斯事故发生，对矿井智慧矿山建设、安全生产、减人提效具有重要意义，可在全国煤矿推广应用，具备良好的推广应用前景。未来有望实现方位角和倾角的自动调整，利用5G网络技术施钻人员实现地面远程控制操作等功能。

参考文献

[1] 国家安全生产监督管理总局. 煤的瓦斯放散初速度指标（Δp）测定方法：AQ 1080 — 2009［S］. 北京：煤炭工业出版社，2009.

[2] 国家安全生产监督管理总局. 煤矿井下煤层瓦斯压力的直接测定方法：AQ 1047 — 2007［S］. 北京：煤炭工业出版社，2007.

[3] 国家市场监督管理总局，中国国家标准化管理委员会. 煤层瓦斯含量井下直接测定方法：GB/T 23250 — 2009［S］. 北京：中国标准出版社，2009.

[4] 中华人民共和国国家质量监督检验检疫总局，中国国家标准化管理委员会.煤和岩石物理力学性质测定方法 第12部分：煤的坚固性系数测定方法：GB/T 23561.12 — 2010［S］. 北京：中国标准出版社，2010.

[5] 中华人民共和国国家质量监督检验检疫总局，中国国家标准化管理委员会. 煤的工业分析方法　仪器法：GB/T 30732 — 2014［S］. 北京：中国标准出版社，2014.

[6] 白清华. 鄂尔多斯盆地上三叠统延长组油沸石分布及成因探讨［D］. 西安：西北大学，2009：16-27.

[7] 陈冬冬. 煤油气共生矿井围岩气多因素耦合区域预测技术：以鄂尔多斯盆地黄陵矿区为例［J］. 煤田地质与勘探，2018，46（2）：49-53.

[8] 陈静，王继仁，贾宝山. 低透气性煤层瓦斯抽采技术与应用［J］. 煤炭技术，2009，28（3）：70-73.

[9] 杜天林，唐恩贤. 基于气测解释的黄陵矿区延安组含油气性研究［J］. 煤炭与化工，2016，39（6）：82-84, 87.

[10] 范京道. 煤矿油型气与瓦斯综合防治技术［M］. 徐州：中国矿业大学出版社，2019.

[11] 国家煤矿安全监察局. 防治煤与瓦斯突出细则［M］. 北京：煤炭业出版社，2019.

[12] 国家煤矿安全监察局. 煤矿安全生产标准化管理体系基本要求及评分方法（试行）执行说明［M］. 北京：应急管理出版社，2020.

[13] 韩颖，朱林剑，张飞燕. 顺层钻孔瓦斯抽采有效半径确定方法研究进展及展望［J］. 河南理工大学学报（自然科学版），2016，35（2）：156-161.

[14] 郝富昌，刘明举，孙丽娟. 瓦斯抽采半径确定方法的比较及存在问题研究［J］. 煤炭科学技术，2012，40（12）：55-58.

[15] 何国益. 矿井瓦斯治理实用技术［M］. 北京：煤炭工业出版社，2017.

[16] 胡杰，隆清明，李建功，等. 顺煤层钻孔瓦斯抽采时空演化规律研究［J］. 煤炭科学技术，2017，45（2）：83-88.

[17] 胡千庭. 煤矿瓦斯抽采与瓦斯灾害防治［M］. 徐州：中国矿业大学出版社，2007.

[18] 黄鹤. 潘一东煤矿煤层气智能抽采监控装备［J］. 煤矿安全，2018，49（10）：106-109.

[19] 李川，陈冬冬，牟全斌. “测压－抽采”一体化底板油型气压力测定技术［J］.

煤矿安全，2016，47（8）：73-75.
[20] 李树刚，李志梁，林海飞，等. 煤层瓦斯合理预抽期研究［J］. 矿业安全与环保，2014，41（6）：23-25.
[21] 李子文，林柏泉，郭明功，等. 基于一维径向流动确定钻孔瓦斯抽采有效影响半径［J］. 煤炭科学技术，2014，42（12）：62-64.
[22] 林柏泉，崔恒信. 矿井瓦斯防治理论与技术［M］. 徐州：中国矿业大学出版社，1998.
[23] 林柏泉，张建国. 矿井瓦斯抽放理论与技术［M］. 北京：科学出版社，2019.
[24] 刘三钧，马耕，卢杰，等. 基于瓦斯含量的相对压力测定有效半径技术［J］. 煤炭学报，2011，36（10）：1715-1719.
[25] 龙威成. 浅析钻孔瓦斯流量衰减系数测定方法［J］. 陕西煤炭，2012，（5）：20-21.
[26] 鲁义，申宏敏，秦波涛，等. 顺层钻孔瓦斯抽采半径及布孔间距研究［J］. 采矿与安全工程学报，2015，32（1）：156-162.
[27] 吕栋男，张民波. 瓦斯抽采钻孔布置参数优化及其工程应用［J］. 煤炭与化工，2017，40（10）：127-129，134.
[28] 吕贵春. 可解吸瓦斯含量降低法在顺层钻孔瓦斯抽采半径考察中的应用［J］. 矿业安全与环保，2012，39（2）：52-55.
[29] 马耕，苏现波，魏庆喜. 基于瓦斯流态的抽采半径确定方法［J］. 煤炭学报，2009，34（4）：501-504.
[30] 马功社，孙四清，郑凯歌，等. 采动效应下煤层底板变形破坏数值模拟［J］. 煤矿安全，2016，47（9）：202-206，209.
[31] 马功社，闫赞. 瓦斯精准抽采技术参数研究与探索［J］. 陕西煤炭，2019，38（2）：36-41.
[32] 石智军，李泉新，姚克，等. 煤矿井下随钻测量定向钻进技术与装备［M］. 北京：科学出版社，2019.
[33] 石智军，李泉新，姚克. 煤矿井下智能化定向钻探发展路径与关键技术分析［J］. 煤炭学报，2020，45（6）：2217-2224.
[34] 石智军，姚克，姚宁平，等. 我国煤矿井下坑道钻探技术装备40年发展与展望［J］. 煤炭科学技术，2020，48（4）：1-34.
[35] 孙东玲，孙海涛. 煤矿采动区地面井瓦斯抽采技术及其应用前景分析［J］. 煤炭科学技术，2014，42（6）：49-52, 39.
[36] 孙东玲，赵旭生，孙海涛. 煤矿瓦斯灾害防治实用新技术及应用实例［M］. 北京：煤炭工业出版社，2019.
[37] 孙东玲. 防治煤与瓦斯突出细则解读［M］. 北京：煤炭工业出版社，2019.
[38] 孙四清，陈冬冬，龙威成，等. 煤油气共存矿井油型气精准治理技术及工程实践［J］. 煤炭科学技术，2021，49（5）：60-66.

[39] 孙四清，曲少东，陈冬冬，等．陕西黄陵二号煤矿203工作面煤层底板沉积微相与瓦斯展布规律研究［J］．中国煤炭地质，2017，29（1）：31-34.
[40] 孙四清，张群，龙威成，等．煤矿井下长钻孔煤层瓦斯含量精准测试技术及装置［J］．煤田地质与勘探，2019，47（4）：1-5.
[41] 孙四清．煤油气共存矿井掘进工作面底板油型气涌出机理探讨［J］．矿业安全与环保，2017，44（4）：90-94.
[42] 唐兵，司春风，孟贤正．钻孔瓦斯抽采半径的确定方法及实践［J］．矿业安全与环保，2012，39（4）：43-45.
[43] 唐恩贤，李川．黄陵矿区瓦斯“精准抽采”技术管理体系建设的探索与实践［J］．煤矿安全，2019，50（1）：144-148.
[44] 唐恩贤．黄陵矿区煤层底板异常涌出气体成因类型［J］．煤田地质与勘探，2015，43（6）：8-11.
[45] 唐永志，周俊．中国煤矿典型瓦斯治理模式与技术［M］．北京：应急管理出版社，2020.
[46] 王春光．煤层气智能抽采与联动装置［J］．煤矿安全，2015，46（4）：94-96.
[47] 王春光．瓦斯智能抽采发展探讨［J］．煤矿安全，2015，46（12）：179-183.
[48] 王洪盘，闫本正，杨程涛，等．便携式瓦斯抽采参数检测装置的应用［J］．煤矿安全，2015，46（3）：85-87.
[49] 王洪远．基于神经网络的地面煤层气抽采智能控制方法［J］．煤矿安全，2016，47（4）：114-116.
[50] 王兆丰，李宏，杨宏民，等．采空区瓦斯治理及利用实践［J］．煤炭科学技术，2011，39（4）：55-59，113.
[51] 王兆丰，刘军．我国煤矿瓦斯抽放存在的问题及对策探讨［J］．煤矿安全，2005（3）：29-32，44.
[52] 王兆丰，周少华，李志强．瓦斯抽采钻孔有效抽采半径的数值计算方法［J］．煤炭工程，2011，（6）：82-84.
[53] 王振锋，周英，孙玉宁，等．新型瓦斯抽采钻孔注浆封孔方法及封堵机理［J］．煤炭学报，2015，40（3）：588-595.
[54] 谢和平，林柏泉，周宏伟，等．深部煤与瓦斯共采理论与技术［M］．北京：科学出版社，2016.
[55] 杨亚黎．顶板高位走向钻孔瓦斯抽采效果分析及技术优化［J］．煤炭工程，2014（3）：52-54，57.
[56] 殷民胜，陈冬冬，郑凯歌．基于混源气计算模型的煤油气共存采空区瓦斯定量分析［J］．矿业安全与环保，2016，43（5）：99-102.
[57] 于不凡．煤矿瓦斯灾害防治及利用技术手册［M］．北京：煤炭工业出版社，2000.
[58] 余陶，卢平，孙金华，等．基于钻孔瓦斯流量和压力测定有效抽采半径［J］.

采矿与安全工程学报，2012，29（4）：596-600.
[59] 俞启香．矿井瓦斯防治［M］．徐州：中国矿业大学出版社，1992.
[60] 袁亮，张平松．煤炭精准开采地质保障技术的发展现状及展望［J］．煤炭学报，2019，44（8）：2277-2284.
[61] 袁亮．煤矿安全规程2022解读［M］．北京：应急管理出版社，2022.
[62] 袁亮．煤炭精准开采科学构想［J］．煤炭学报，2017，42（1）：1-7.
[63] 翟成，林柏泉，王力．我国煤矿井下煤层气抽采利用现状及问题［J］．天然气工业，2008（7）：23-26.
[64] 翟光明．中国石油地质志（卷12）［M］．北京：石油工业出版社，1992.
[65] 张淑同，张庆华，李慧民，等．基于瓦斯涌出量的煤巷瓦斯排放带宽度研究［J］．矿业安全与环保，2009，36（6）：14-16，17.
[66] 张天军，宋爽，李树刚，等．瓦斯抽采钻孔封孔质量检测技术与应用［J］．西安科技大学学报，2017，37（5）：623-629.
[67] 张铁岗．矿井瓦斯综合治理技术［M］．北京：煤炭工业出版社，2001.
[68] 张肖峰，岳俊．钻孔瓦斯流量法在抽采钻孔间距确定中的应用研究［J］．能源与环保，2017，39（5）：1-5.
[69] 张子敏，张玉贵．瓦斯地质规律与瓦斯预测［M］．北京：煤炭工业出版社，2005.
[70] 张子敏．瓦斯地质学［M］．徐州：中国矿业大学出版社，2009.
[71] 赵继展，张群，郑凯歌，等．黄陵矿区煤矿井下围岩喷涌气体致灾机理及防治措施［J］．天然气工业，2018，38（11）：114-121.
[72] 赵旭生，马国龙．煤矿瓦斯智能抽采关键技术研究进展及展望［J］．煤炭科学技术，2021，49（5）：27-34.
[73] 中国煤炭建设协会．煤矿瓦斯抽采工程设计标准：GB 50471 — 2018［S］．北京：中国计划出版社，2018.
[74] 周厚权．基于预抽时间和抽采半径关系的钻孔间距优化设计［J］．煤矿安全，2016，47（4）：150-153.
[75] 周俊．端氏煤矿瓦斯抽采钻孔封孔质量检验方法应用研究［J］．矿业安全与环保，2018，45（4）：66-69.
[76] 周世宁，林柏泉．煤层瓦斯赋存与流动理论［M］．北京：煤炭工业出版社，1996.
[77] 周西华，牛玉平，白刚，等．抽采钻孔漏气对瓦斯抽采浓度影响因素研究［J］．辽宁工程技术大学学报：自然科学版，2019，38（6）：507-512.
[78] 诸利一，吕文生，杨鹏，等．2007 — 2016年全国煤矿事故统计及发生规律研究［J］．煤矿安全，2018，49（7）：237-240.
[79] 邹立双，李栋，王浩明．煤矿瓦斯抽采管网监控与分元评价系统研究与应用［J］．矿业安全与环保，2021，48（1）：69-74.

图书在版编目（CIP）数据

煤矿瓦斯与油型气精准治理技术及管理体系 / 唐恩贤主编. -- 北京：应急管理出版社，2023（2024. 4重印）

ISBN 978-7-5237-0073-0

Ⅰ. ①煤… Ⅱ. ①唐… Ⅲ. ①煤矿—瓦斯治理 Ⅳ. ①TD712

中国国家版本馆CIP数据核字（2023）第228347号

煤矿瓦斯与油型气精准治理技术及管理体系

主　　编　唐恩贤
责任编辑　郭玉娟
责任校对　孔青青
封面设计　天丰晶通

出版发行　应急管理出版社（北京市朝阳区芍药居35号　100029）
电　　话　010–84657898（总编室）　010–84657880（读者服务部）
网　　址　www.cciph.com.cn
印　　刷　北京地大彩印有限公司
经　　销　全国新华书店

开　　本　787mm × 1092mm $^{1}/_{16}$　**印张**　22 $^{1}/_{2}$　**字数**　415千字
版　　次　2023年12月第1版　2024年4月第2次印刷
社内编号　20230941　　　　**定价**　180.00元
